办公软件高级应用

主　编　宁　可　杜红艳
副主编　徐兵兵　徐　杨　郑笑嫣
　　　　陈　敏
编　委　陈　敏　宁　可　杜红艳
　　　　徐兵兵　徐　杨　郑笑嫣

中国原子能出版社

图书在版编目(CIP)数据

办公软件高级应用 / 宁可, 杜红艳主编. — 北京 :
中国原子能出版社, 2021.9(2023.1重印)
ISBN 978-7-5221-1593-1

Ⅰ.①办… Ⅱ.①宁… ②杜… Ⅲ.①办公自动化-
应用软件 Ⅳ.①TP317.1

中国版本图书馆 CIP 数据核字(2021)第 192004 号

内容简介

本书主要以 Office 2019 高级应用为主,对 Word、Excel、PowerPoint 等常用高级应用技术进行讲解,教材采用任务驱动教学模式,强调“做中学,学中做”的教学特色,通过任务要求、任务分析、任务实施及综合操作等环节训练,提高学生办公软件应用的分析及操作能力,教材在内容编排上图文并茂、易学易懂。

本书配有相应的课程素材和视频操作过程,适合高等院校非计算机专业基础教学使用,也可作为办公软件应用培训及自学参考教材。

办公软件高级应用

出版发行 中国原子能出版社(北京市海淀区阜成路 43 号 100048)
责任编辑 付 真
责任印制 赵 明
印 刷 河北宝昌佳彩印刷有限公司
经 销 全国新华书店
开 本 787 mm×1092 mm 1/16
印 张 18 **字 数** 450 千字
版 次 2021 年 9 月第 1 版 2023 年 1 月第 2 次印刷
书 号 ISBN 978-7-5221-1593-1 **定 价** 98.00 元

网址:http://www.aep.com.cn **E-mail:atomep123@126.com**
发行电话:010-68452845

前言 preface

本书作为计算机基础类应用教材，全书共分 Word 高级应用、Excel 高级应用及 Power Point 高级应用等三部分内容，每部分先有知识点导入，再示例讲解，内容由浅入深、易于理解，通过任务要求、任务完成效果、任务分析及任务实施等环节进行编排设计，培养学生实际分析及解决问题的能力。

其中 Word 高级应用主要包括“文档的批量制作”、“布局与样式应用”、“域与书签的应用”、“引用与目录的创建”、“批注与修订”及“视图大纲与主控文档”等内容；

Excel 高级应用主要包括“一般常用函数的应用”、“数学及统计函数的应用”、“查找引用与数据库函数的应用”、“财务函数的应用”及“数据工具与透视图表应用”等内容；

PowerPoint 高级应用主要包括“幻灯片母版、版式及主题设置”、“幻灯片的动画、切换和放映设置”等内容。

针对不同知识和技能需求，在实际学习中，可以根据实际需要选取不同的内容进行学习和训练。

本书的编写人员均为长期从事计算机应用基础教学一线的教师，主编为宁可、杜红艳。其中第一至三篇由宁可编写，杜红艳负责任务的编写及视频制作，徐兵兵、徐杨、郑笑嫣，陈敏等为教材编写提供了宝贵的意见。其中，宁可、杜红艳、徐兵兵、徐杨、郑笑嫣均为浙江纺织服装职业技术学院专业教师。

编者

目录

CONTENTS

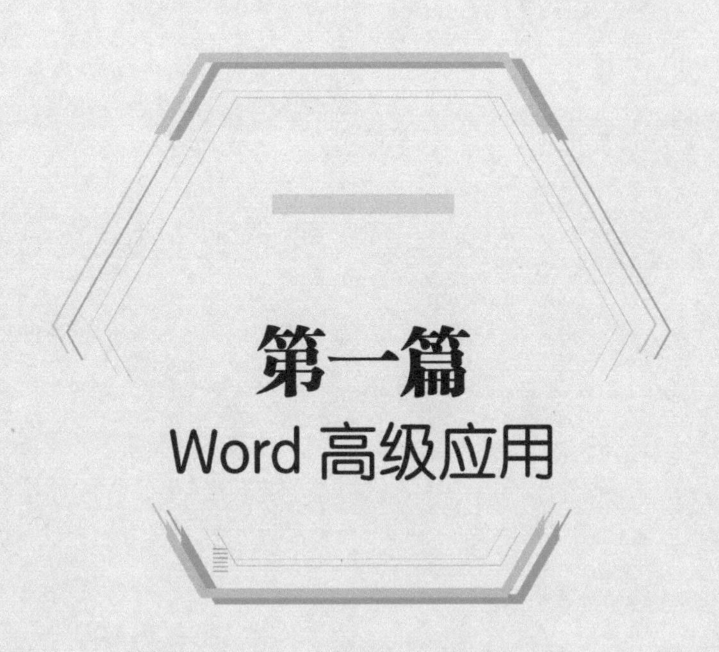

第一篇 Word 高级应用

本篇主要对 Word 2019 文字处理软件中有关部分高级应用的介绍，内容包括“文档的批量制作与处理”“布局与样式应用”“域与书签的应用”“引用与目录的创建”“批注与修订”和“视图大纲与主控文档”等，熟练地掌握上述内容，可使我们能够规范、高效地完成文章的编辑与排版工作。

项目一 文档的批量制作与处理

1.1.1 知识点

在日常工作中会遇见许多类似“学习成绩单”“信封”“录取通知书”“邀请函”等一类需要批量处理的文档,若一个个完成则工作量很大,本书以“邀请函”文档制作过程为例,介绍Word 中有关“书籍折页”设置与“邮件”功能,完成批量“邀请函”的制作。

1. “书籍折页”的设置

“书籍折页”是 Word 中用来将文档内容按照“居中折页”的方式打印出来,例如可将 A4排版好的文档,用 A3 纸横向居中折页的方式打印出来(即:一张横向 A3 纸的左右两面,以中间对折的方式可打印出两页排版好的 A4 页面内容),中间装订,第一页是封面,其他页可以像翻书一样翻阅。

对需要进行“书籍折页”设置的文档,其操作过程主要步骤如下:

1)“书籍折页”的设置过程

(1)打开 Word 文档窗口,切换到“布局”→“页面设置”分组中,单击显示“页面设置”对话框按钮,在打开“页面设置”对话框中,单击“页边距”标签页,在“纸张方向”区域中选择“横向”,在“页码范围”区域单击“多页”中的下拉三角按钮,并在打开的下拉菜单中选择“书籍折页”选项(其中“书籍折页”表示翻页时是“从左向右”,“反向书籍折页”则表示翻页时是“从右向左”),如图 1-1 所示。

(2)切换到“纸张”标签页,单击“纸张大小”下拉三角按钮,在打开的下拉菜单中选择合适的纸张类型。由于使用“书籍折页”页面设置后,纸张方向只能选择“横向”,因此用户应当选择 2 倍于书籍幅面的纸张类型。例如,如果书籍是 A4 幅面,则应该选择 A3 纸张;如果

书籍是 B5 幅面,则应该选择 B4 幅面,如图 1-2 所示,完成纸张大小的设置后单击“确定”按钮退出。

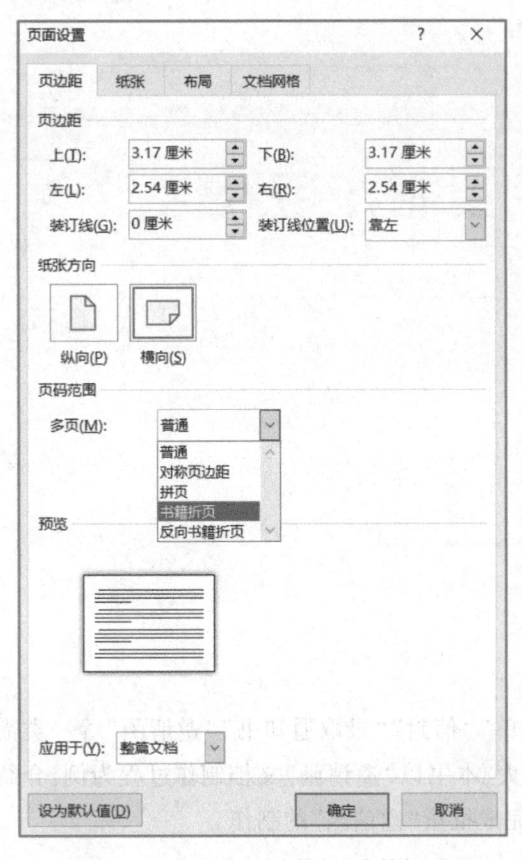

图 1-1 “页面设置”中选择“书籍折页”

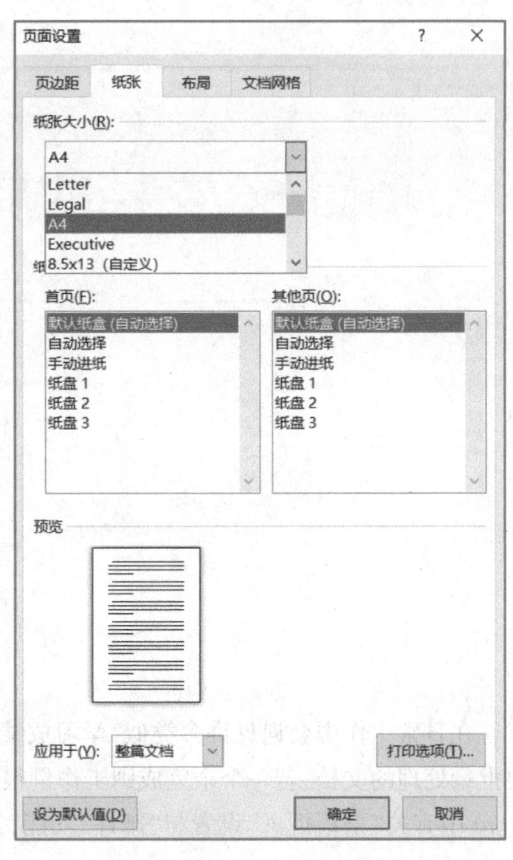

图 1-2 “页面设置”中选择“纸张大小”

在设置纸张大小时,当页面设置的纸张尺寸超过了当前打印机可打印的最大区域,即当前打印机不支持此种纸张类型时,系统会弹出如图 1-3 所示的窗口提示:“有一处或多处页面边距设在了页面的可打印区域之外,选择‘调整’按钮可适当增加页边距。”,解决的办法如下:

- 方法 1,增大页边距,使之有效的区域在打印机的可打印范围内。
- 方法 2,改变纸张尺寸,使之在当前打印机的有效范围内。

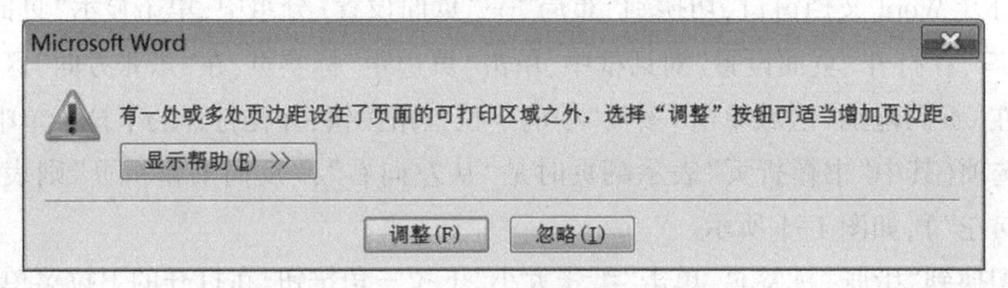

图 1-3 系统提示窗口

在设置好“书籍折页”后,因修改某些页面内容的格式而造成各个页面“横竖”不同时,需再次在“布局”→“页边距”中的“页码范围”区域中单击“多页”下拉三角按钮,在选项中先恢复至“普通”再选“书籍折页”即可。

(3)返回 Word 文档窗口,依次单击“文件”→“打印”按钮。在“设置”区域单击“单面打印”下拉三角按钮,并选择“双面打印”选项,然后单击“打印”按钮开始打印,打印出第一张的正面后需要将该纸张保持正面向上,转向 180°后放入打印机以打印反面。

2)打印“书籍折页”文档

需要注意的是,排版的显示效果与实际打印出的结果有可能不同,主要原因是打印出的“书籍折页”文档类似于书籍,若以封面和封底作为一页纸对折后,从“右向左”翻页时,则以封面作为第一页的缘故造成的。

对于文档中的页数不同,打印出的折页效果均不同,系统会根据打印纸张的多少,在某些纸张的“半页”处打印出空白内容(为了拼足一页)以满足“书籍”翻页的排序模式,例如对于 2、3、4、5 页的“书籍折页”的排版及打印实际效果如下:

• 若对 2 页 B5 纸的文档做“书籍折页”打印,显示的效果如图 1-4 所示,则打印的效果(一张 B4 纸折页后,一面可打印 B5 文档中的 2 页内容)如图 1-5 所示。

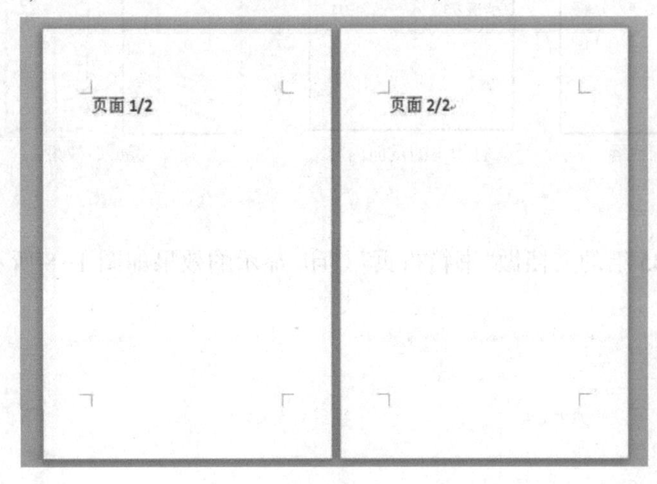

图 1-4　2 页折页时 Word 文档显示

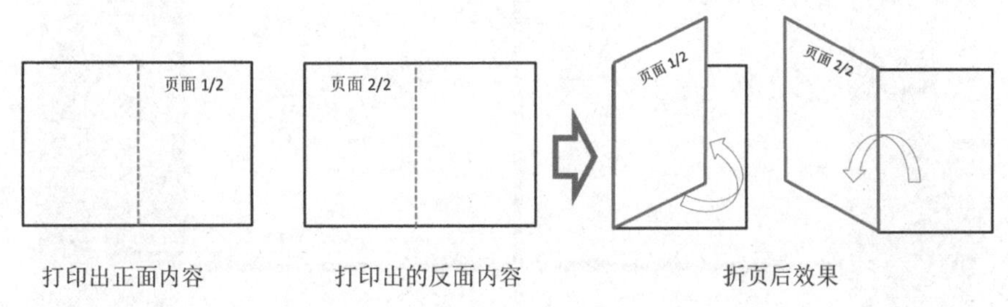

图 1-5　2 页 B5 纸文档经“书籍折页”打印在 B4 纸两面后的折页效果

• 若对 3 页 B5 纸的文档做“书籍折页”打印,显示的效果如图 1-6 所示,打印的效果如图 1-7 所示。

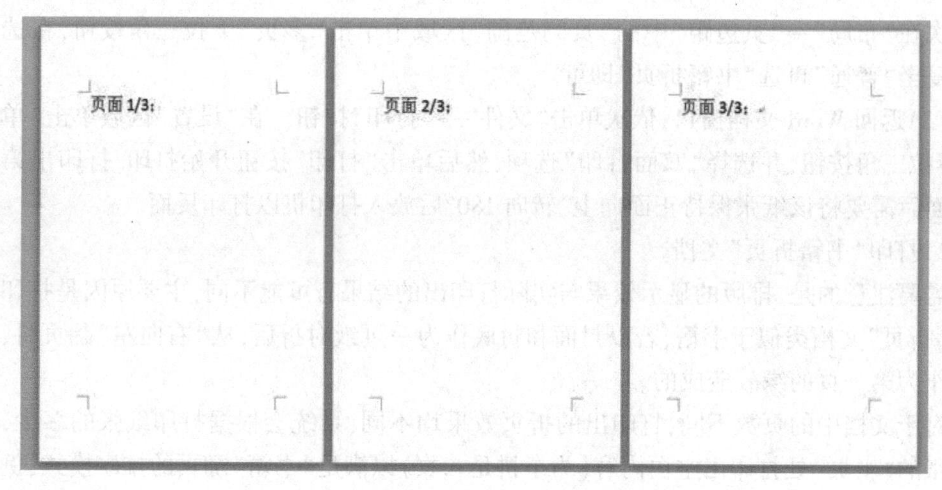

图 1-6　3 页折页时 Word 文档显示

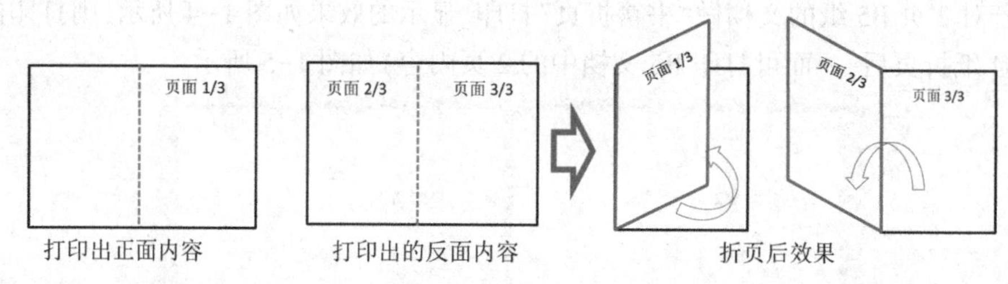

图 1-7　3 页 B5 纸文档经“书籍折页”打印在 B4 纸两面后的折页效果

• 若对 4 页 B5 纸的文档做“书籍折页”打印，显示的效果如图 1-8 所示，打印的效果如图 1-9 所示。

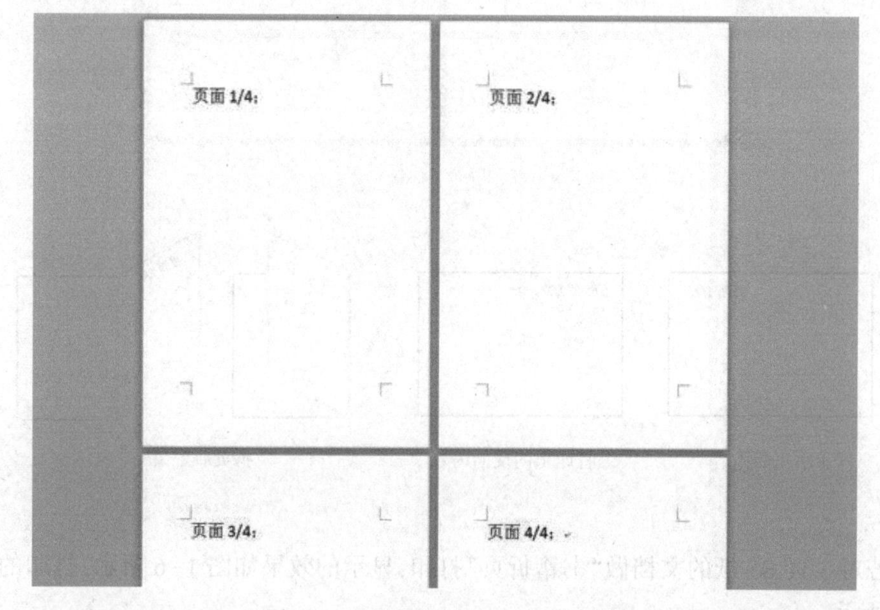

图 1-8　4 页折页时 Word 文档显示

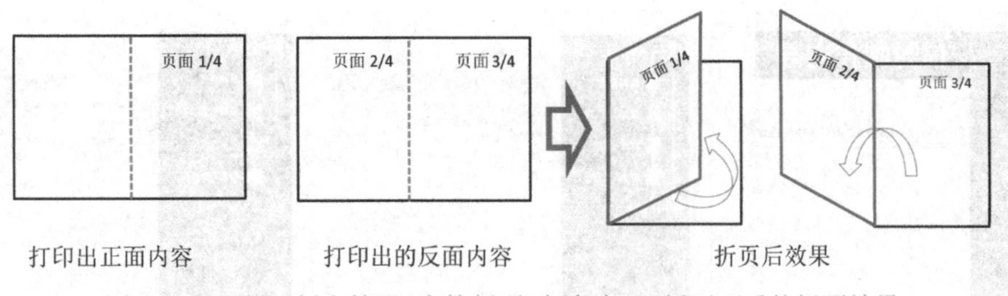

图 1-9 4 页 B5 纸文档经“书籍折页”打印在 B4 纸两面后的折页效果

- 若对 5 页 B5 纸的文档做“书籍折页”打印,则打印的效果如图 1-10 所示。

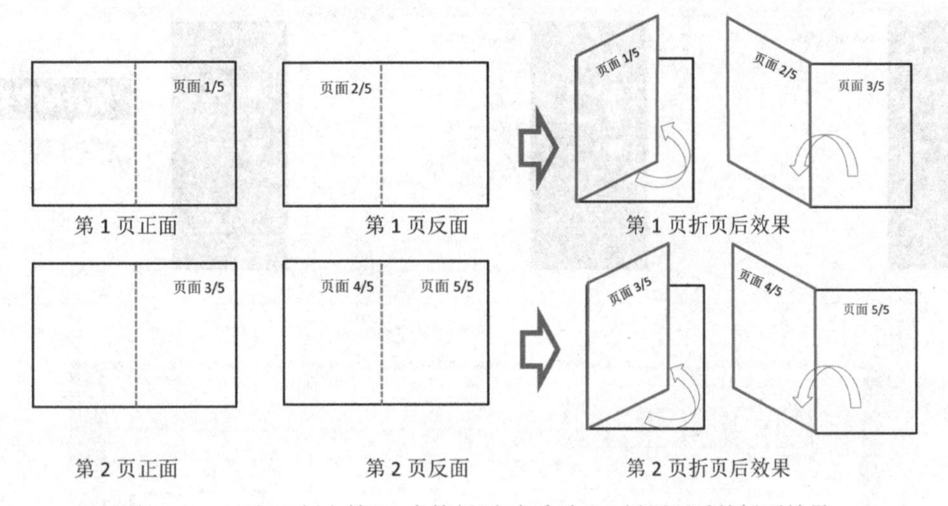

图 1-10 5 页 B5 纸文档经“书籍折页”打印在 B4 纸两面后的折页效果

2.邮件合并

在 Office 中,可以使用“邮件合并”功能,完成 Word 文档的批量制作与处理。

“邮件合并”的过程就是使得一个 Word 主文档与一个具有结构化信息的数据源文件(如电子表格、数据库文件等)相关联,按照一定格式将固定信息与动态数据相结合,成批量地生成具有固定格式的多个 Word 文档文件,例如可批量地生成信封、邮件、请柬、成绩单、工资单等。

在使用“邮件合并”功能前先建立两个文件,一个是 Word 主文档,另一个是数据源文件,所谓的“数据源”是具有一个标准的二维数据表,例如含有数据表格的 Word 文档、Excel 工作表、Access 数据库或 Outlook 通讯录等。

以制作“中文信封”为例,使用“邮件合并”功能生成批量信封的操作步骤如下:

1)建立 Word 主文档及数据源文件

(1)创建 Word 主文档。

“中文信封”主文档是指每封信中含有相同内容的部分文本。单击“邮件”→“创建”→“中文信封”按钮,启动信封制作向导,按照向导的提示创建中文信封,如图 1-11 所示,选择“键入收信人信息,生成单个信封”后点击一系列“下一步”按钮,最后生成信封式样如图 1-12 所示。

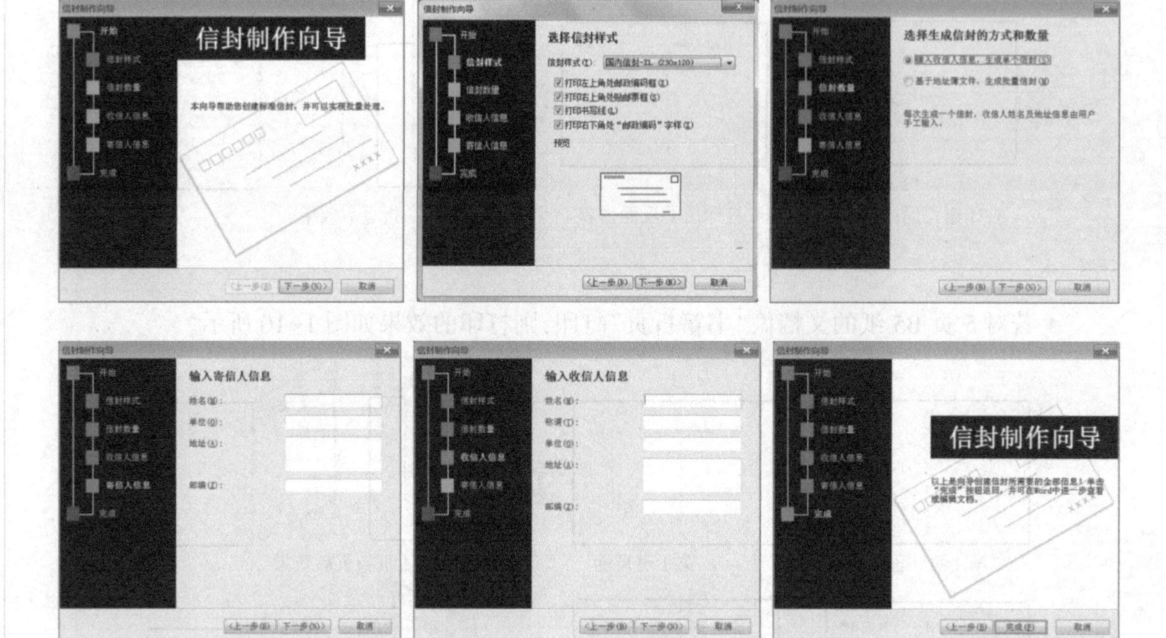

图 1-11　信封制作向导

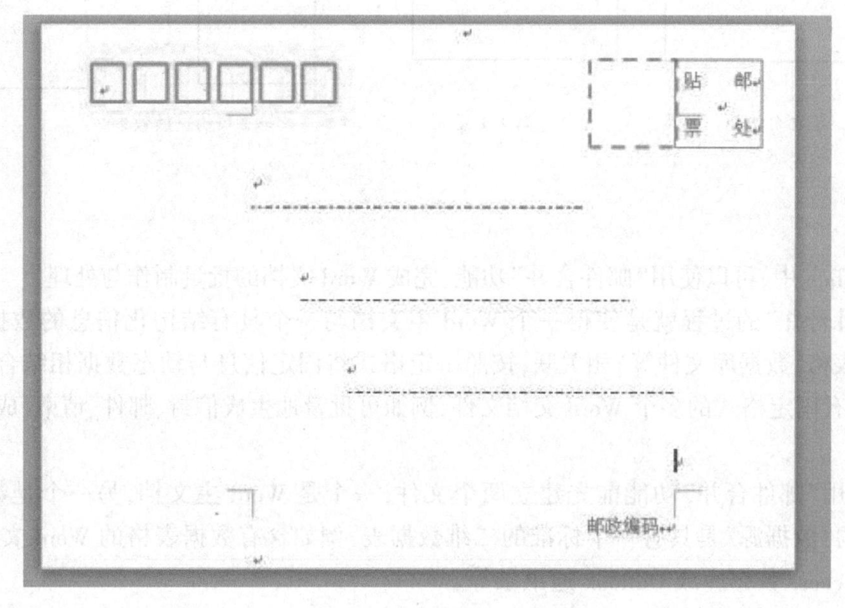

图 1-12　信封式样

(2)建立数据源文件

数据源文件需含有结构化信息(如二维数据表)的文件内容组成,文件类型既可是 Word 类型文件、也可是 Excel 类型文件等,需建立的文件内容,如图 1-13 和图 1-14 所示,文件名称均为“客户资料表”,其中数据表中含有“单位名称”“联系人”“联系人职务”“联系地址”“联系方式”“E-Mail”和“邮编”等内容。

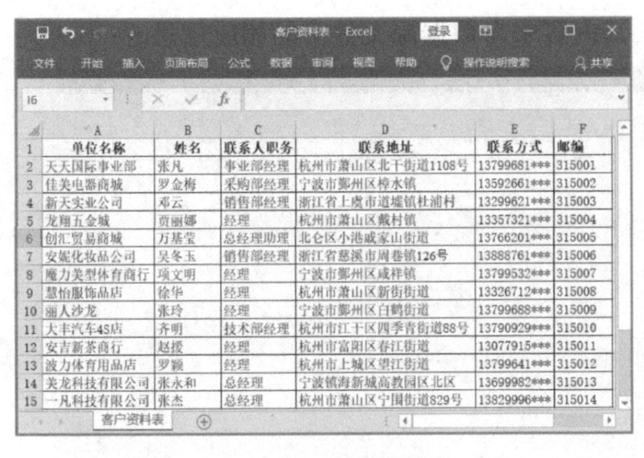

	A	B	C	D	E	F
1	单位名称	姓名	联系人职务	联系地址	联系方式	邮编
2	天天国际事业部	张凡	事业部经理	杭州市萧山区北干街道1108号	13799681***	315001
3	佳美电器商城	罗金梅	采购部经理	宁波市鄞州区樟水镇	13592661***	315002
4	新天实业公司	邓云	销售部经理	浙江省上虞市道墟镇杜浦村	13299621***	315003
5	龙翔五金城	贾丽娜	经理	杭州市萧山区戴村镇	13357321***	315004
6	创汇贸易商城	万基莹	总经理助理	北仑区小港戚家山街道	13766201***	315005
7	安妮化妆品公司	吴冬玉	销售部经理	浙江省慈溪市周巷镇126号	13888761***	315006
8	魔力美型体育商行	项文明	经理	宁波市鄞州区咸祥镇	13799532***	315007
9	慧怡服饰品店	徐华	经理	杭州市萧山区新街街道	13326712***	315008
10	丽人沙龙	张玲	经理	宁波市鄞州区白鹤街道	13799688***	315009
11	大丰汽车4S店	齐明	技术部经理	杭州市江干区四季青街道88号	13790929***	315010
12	安吉新茶商行	赵援	经理	杭州市富阳区春江街道	13077915***	315011
13	波力体育用品店	罗颖	经理	杭州市上城区望江街道	13799641***	315012
14	美龙科技有限公司	张永和	总经理	宁波镇海新城高教园区北区	13699982***	315013
15	一凡科技有限公司	张杰	总经理	杭州市萧山区宁围街道829号	13829996***	315014

图 1-13　Excel“客户资料表”内容

图 1-14　Word“客户资料表”内容

2）邮件合并

（1）选择数据源文件（选择收件人列表所在的文件）

打开已经建好的“中文信封”主文档，单击“邮件”→“开始邮件合并”→“选择收件人”中的“使用现有列表”选项，如图 1-15 所示，并从打开的“选择数据源”窗口中选择数据源文件，例如“客户资料表.xlsx”文件，则可单击“激活”的“邮件”→“开始邮件合并”→“编辑收件人列表”按钮，查看和编辑“客户资料表”中的信息，如图 1-16 所示。

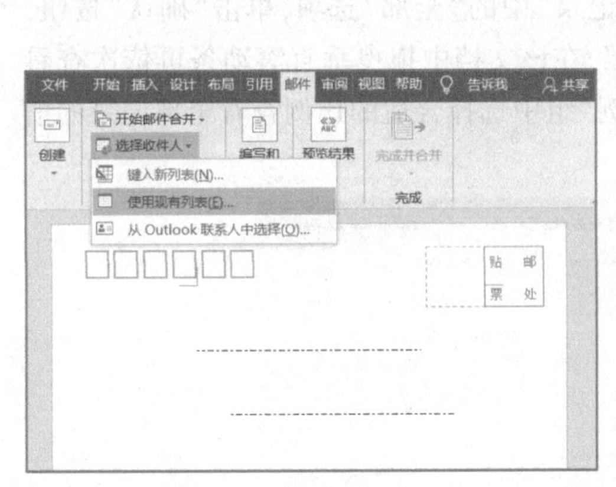

图 1-15　选择收件人列表

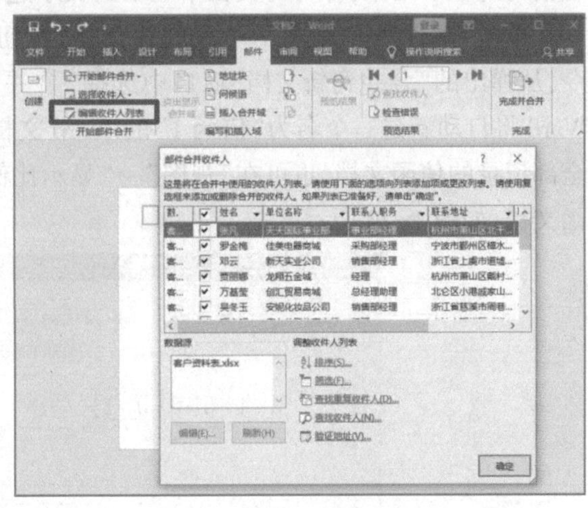

图 1-16　查看和编辑“客户资料表”中的信息

（2）插入合并域

插入合并域是指将数据源中的数据引用到主文档中相应的位置，首先应将文本插入点定位到需插入合并域的位置，如图 1-17 所示将鼠标定位至信封“邮编”位置处后，再点击“编写和插入域”→“插入合并域”按钮，在打开的下拉菜单中选择“邮编”选项，则主文档中原先空白的相应位置会出现“《邮编》”，依次在信封主文档相应位置处插入信封的各个合并域（如《联系地址》《单位名称》《联系人》等），并在信封的落款处输入“高教园区业务部”和寄出地址的邮编“315211”，结果如图 1-17 所示。

其中在主文档中有“《》”括起来的部分，其内容来自数据源文件中的相应信息。

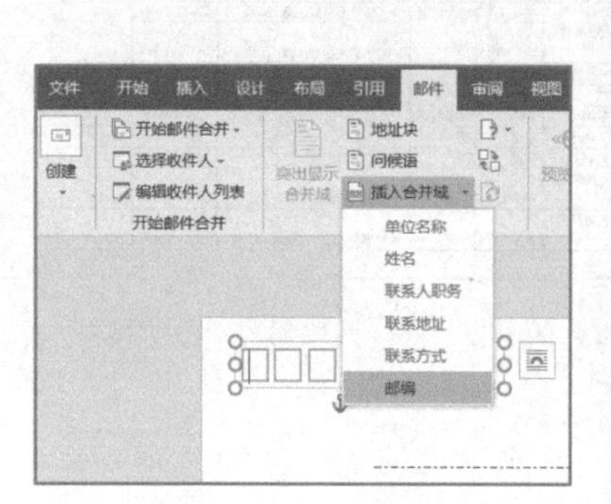

图 1-17 “插入合并域”中的“邮编”选项

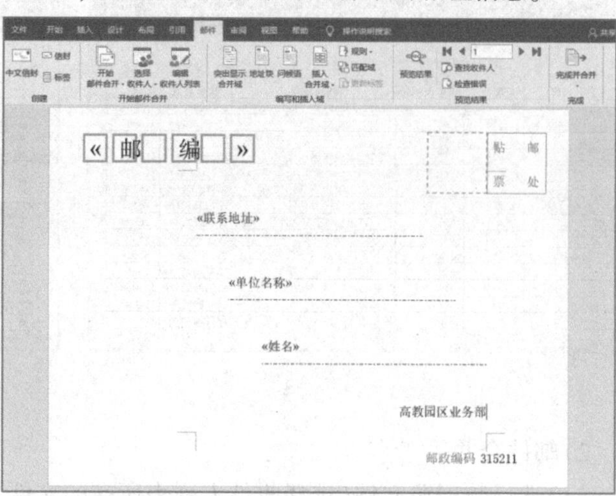

图 1-18 信封“插入合并域”后的结果显示

(3)完成合并，批量生成文档(“信封”)

在完成合并前，可单击“邮件”→“预览结果”组中“预览结果”按钮，如图 1-19 所示，查看信封的显示结果，并可对文档中显示的文字进行位置和字体格式的设置。

单击“邮件”→“完成”→“完成并合并”按钮，在打开的菜单中选择“编辑单个文档”命令，从弹出的“合并到新文档”窗口中选择“合并记录”中的“全部”选项，单击“确认”按钮，Word 将自动新建一个名为“信函 1”的 Word 文档，在该文档中拖曳垂直滚动条可依次查看全部记录的信函文档，也可在“视图”→“显示比例”组中选择合适的比例查看全部记录的信函文档，如图 1-20 所示。

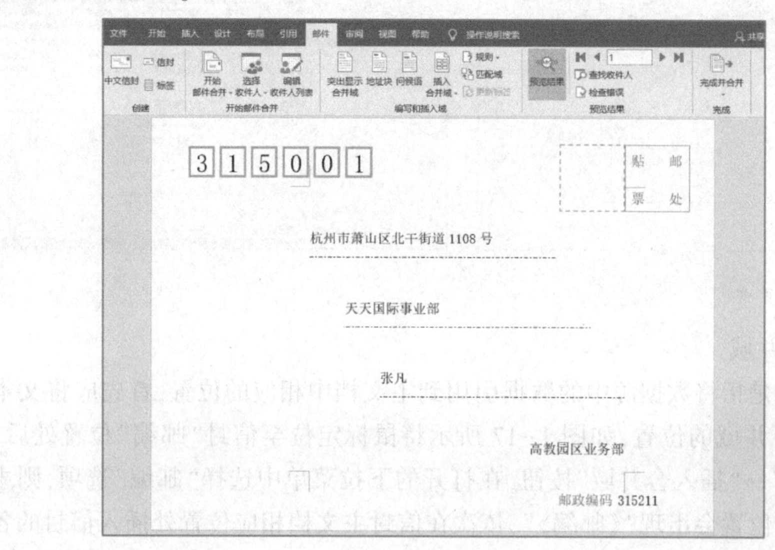

图 1-19 在“预览结果”中查看“信封”显示结果

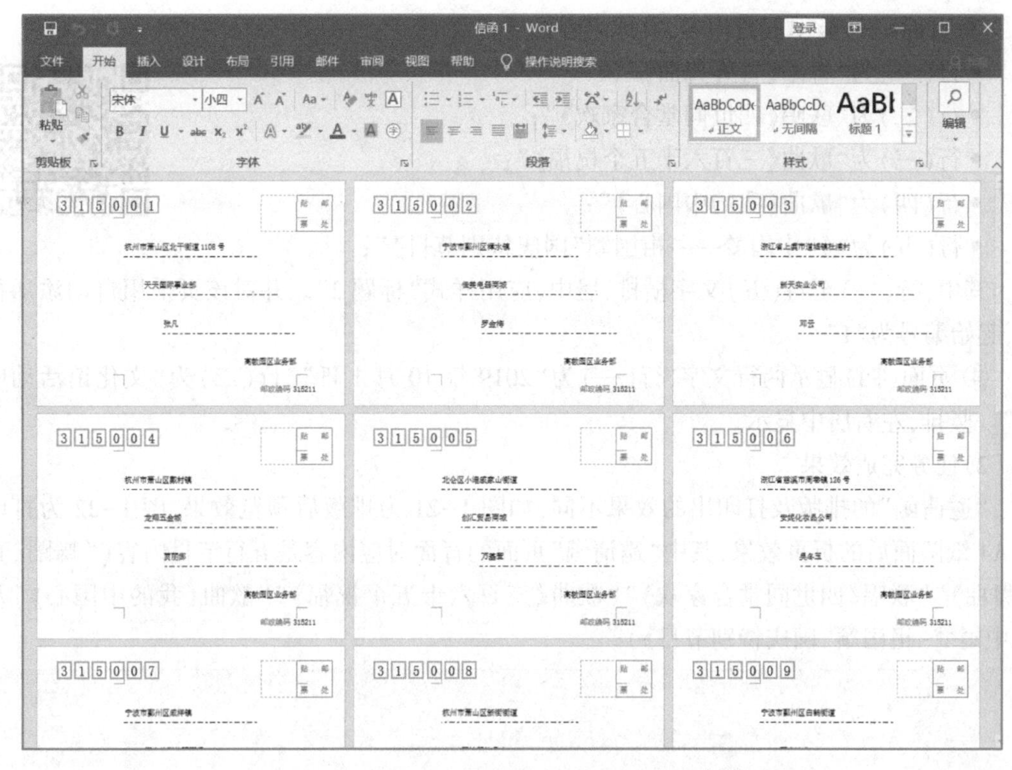

图 1-20　在"视图"标签页中查看全部记录的信函文档

1.1.2 任务一　《邀请函》的设计与制作

《邀请函》的设计与制作任务分成两个部分，其中第一部分是《邀请函》内容设计，第二部分是《邀请函》的批量制作。

1.《邀请函》内容设计

1）任务要求

（1）在一张 A4 纸上，采用"反向书籍折页"方式打印，横向对折后，从右侧打开。

（2）页面（一）和页面（四）打印在 A4 纸的同一面；页面（二）和页面（三）打印在 A4 纸的另一面。

（3）四个页面要求依次显示如下内容：

① 页面（一）显示"邀请函"三个字，上下左右均居中对齐显示，竖排，字体为"隶书"，大小为"72"号；

② 页面（二）显示两行文字，行（一）为"先生（女士）："，行（二）为"汇报演出定于 2019 年 10 月 1 日，在文化馆活动中心举行，敬请光临。"文字横排；

③ 页面(三)显示五行内容,具体内容如下:

邀请函内容设计

- 行(一)为“舞蹈《青春舞曲》”;
- 行(二)为“联唱《四世同堂合家欢》”;
- 行(三)为“歌曲《三百六十五个祝福》”;
- 行(四)为“歌曲《我的中国心》”;
- 行(五)为“《“中国梦——祖国颂”国庆特别节目》”;

其中,行(一)至行(五)文字横排,居中,应用样式“标题 2”。并对该页采用自动添加行号,起始编号为“1”。

④ 页面(四)显示两行文字,行(一)为“2019 年 10 月 1 日”,行(二)为“文化馆活动中心”。竖排,左右居中显示。

2)任务完成效果

“邀请函”的排版及打印出的效果不同,如图 1-21 为排版后预览效果,图 1-22 为打印在 A4 纸两面后的折页效果,其中“邀请函”页面的背面对应内容是五行节目内容(“舞蹈《青春舞曲》”“联唱《四世同堂合家欢》”“歌曲《三百六十五个祝福》”“歌曲《我的中国心》”及《“中国梦-祖国颂”国庆特别节目》)。

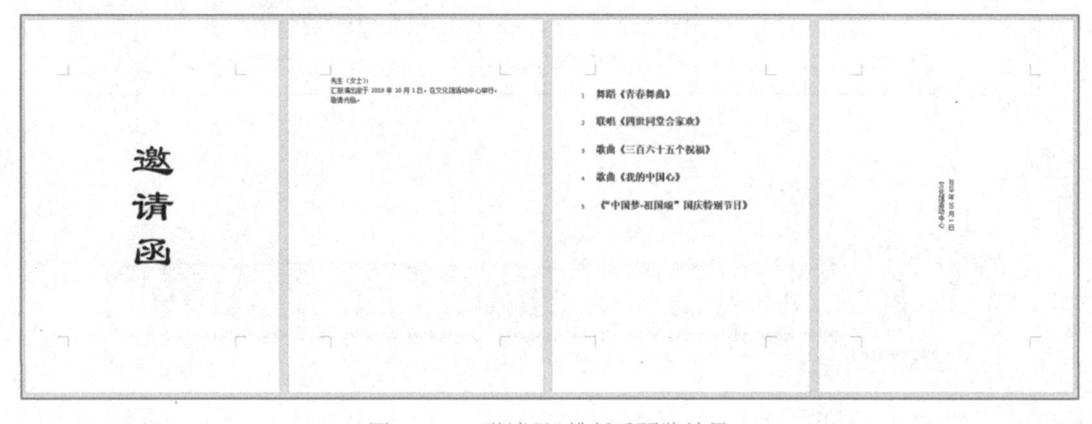

图 1-21 “邀请函”排版后预览效果

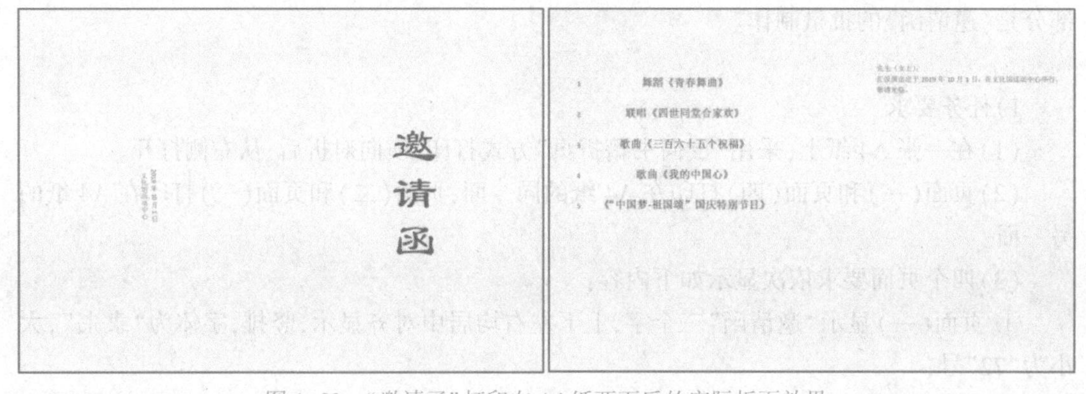

图 1-22 “邀请函”打印在 A4 纸两面后的实际折页效果

3)任务分析

本任务需掌握有关“页面设置”(文字方向、纸张大小、纸张方向、分节符、行号、书籍折页)的概念及设置方法,了解分节符在进行页面格式设置中的作用,以及“左右居中”与“页面垂直居中”的区别与设置方法。

4)任务实施

对照完成后的效果图,具体操作步骤如下:

第 1 步:新建文档,输入邀请函内所有文字信息内容。

第 2 步:如图 1-23 所示,需将文档中以“虚线”为分隔标志,将文档分成四节四页(分节是为便于对每页进行格式设置时互不影响)。方法是:光标定位至需分节的行首,依次单击“布局”→“分隔符”→“分节符”→“下一页”进行页面分节,分节后的效果如图 1-24 所示。

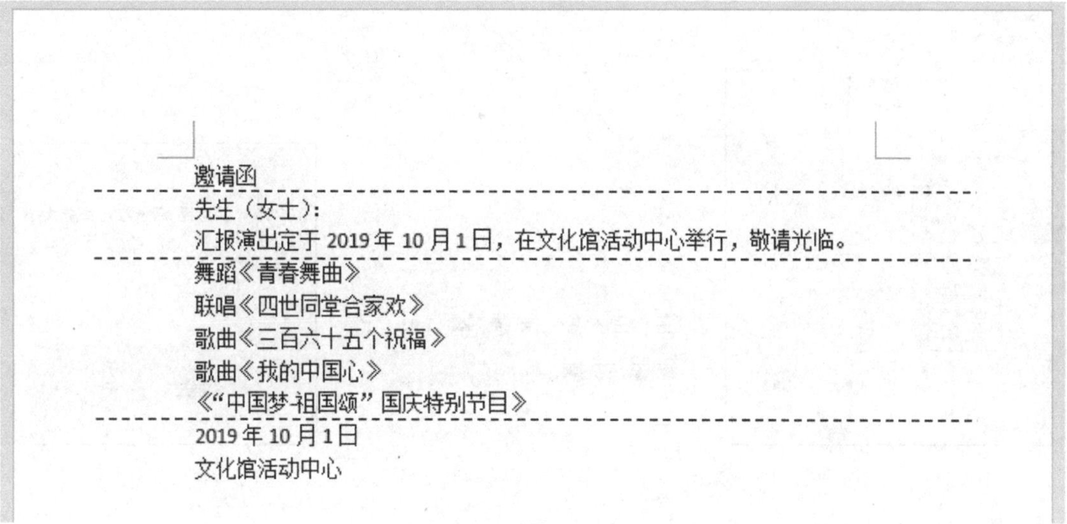

邀请函

先生(女士):

汇报演出定于 2019 年 10 月 1 日,在文化馆活动中心举行,敬请光临。

舞蹈《青春舞曲》

联唱《四世同堂合家欢》

歌曲《三百六十五个祝福》

歌曲《我的中国心》

《“中国梦·祖国颂”国庆特别节目》

2019 年 10 月 1 日

文化馆活动中心

图 1-23　“邀请函”内容

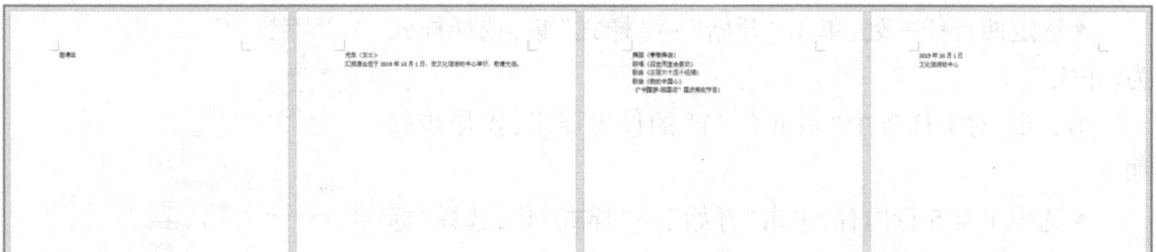

图 1-24　“邀请函”分节后的效果

第 3 步:对于任务中“页面(一)”的设置要求,操作步骤如下。

- “上下居中”的设置:光标定位至第 1 页文字中的任意位置处,单击“布局”→“页面设

置”→“布局”标签页，选择“垂直对齐方式”中的“居中”选项，如图 1-25 所示。

● “左右居中”的设置：光标定位至第 1 页文字中的任意位置处，单击“开始”→“段落”选项组中的“居中”命令按钮，如图 1-26 所示。

● “竖排”的设置：光标再次定位至第 1 页文字中的任意位置处，单击“布局”→“页面设置”选项组中“文字方向”命令按钮，选“垂直”选项，如图 1-27 所示。

● “字体”的设置：选中“邀请函”三字，单击“开始”→“字体”选项组，选择字体为“隶书”，字号为“72”。

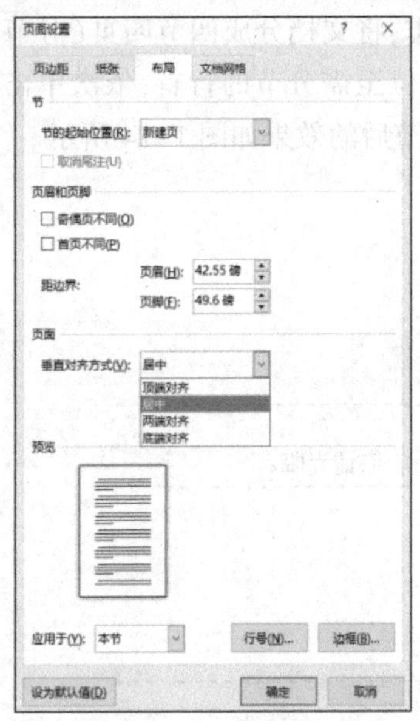

图 1-25 “上下居中”设置

图 1-26 “左右居中”设置

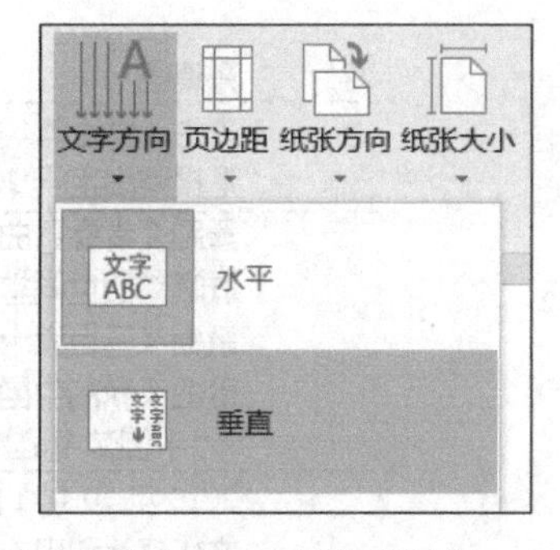

图 1-27 “竖排”设置

第 4 步：对于任务中“页面（二）”的设置要求，操作步骤如下。

● 选定两行任一处，单击“开始”→“样式”集，选择样式为“正文”。

第 5 步：对于任务中“页面（三）”的设置要求，操作步骤如下。

● 选中 1 至 5 行内容，单击“开始”→“样式”集，选择“标题 2”样式。

● 选中 1 至 5 行内容，单击“开始”→“段落”选项组，选择“居中”命令按钮。

● 定位第 3 页任一行位置处，单击“布局”→“页面设置”→“布局”标签页，设置“节的起始位置”为“新建页”；设置“应用于”为“本书”，并点击“行号”按钮，在打开的“行号”对话框中选中“添加行编号”及“每页重新编号”选项，其设置内容如

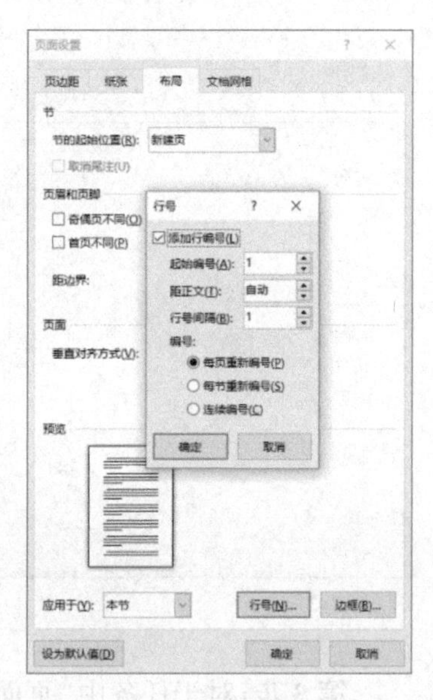

图 1-28 行号及编号设置

图 1-28 所示,页面设置后显示效果,如图 1-29 所示。

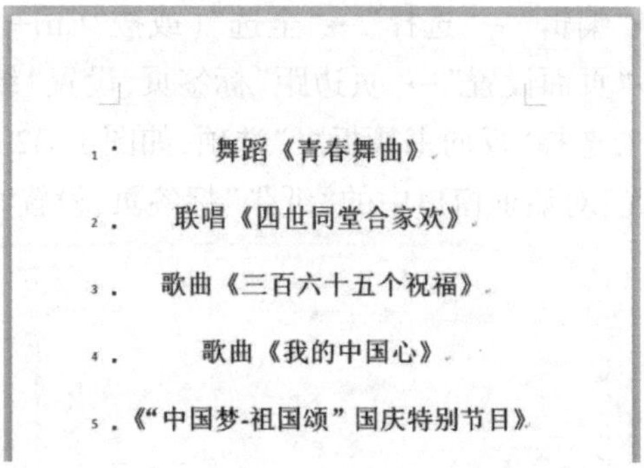

1. 舞蹈《青春舞曲》
2. 联唱《四世同堂合家欢》
3. 歌曲《三百六十五个祝福》
4. 歌曲《我的中国心》
5. 《“中国梦-祖国颂”国庆特别节目》

图 1-29 设置后显示效果

第 6 步:对于任务中“页面(四)”的设置要求,操作步骤如下。

• 选中 1 至 2 行内容(“2019 年 10 月 1 日”及“文化馆活动中心”),单击“开始”→“段落”选项组中的“居中”按钮。

• 定位本页任 1 行位置处,单击“布局”→“页面设置”→“布局”标签页,设置“页面垂直对齐方式”为“居中”;再次单击“页面设置”选项组中的“文字方向”命令按钮,选择“垂直”项。

上述步骤的操作效果,依次如图 1-30 所示,最后文档的显示效果图 1-31 所示。

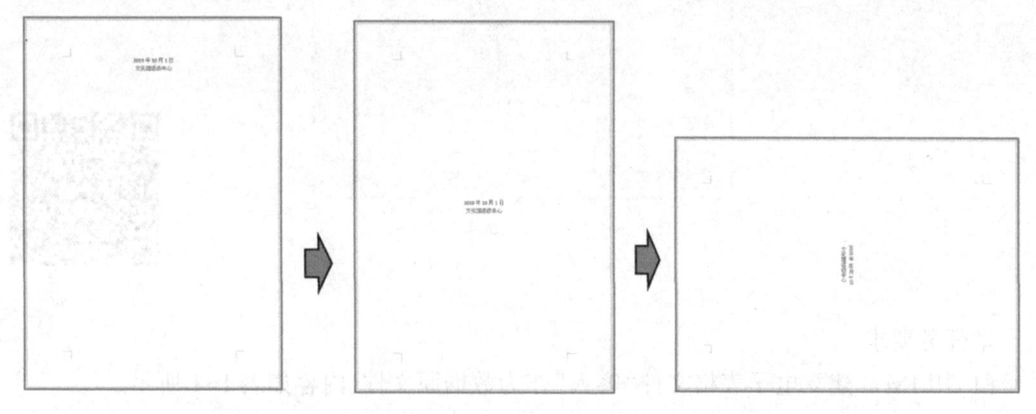

图 1-30 左右居中、上下居中和文字竖排

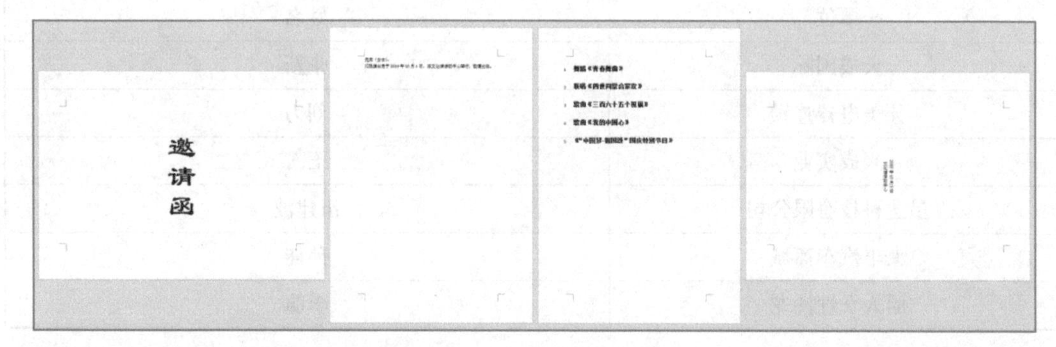

图 1-31 文档的显示效果图

第 7 步:“书籍折页”从右侧打开的操作步骤如下。

- 依次单击“开始”→“编辑”→“选择”→“全选”(或按“Ctrl+A”组合键)。
- 依次单击“布局”→“页面设置”→“页边距”标签页,设置“纸张方向”为“横向”;并在“页码范围”的“多页”栏中,选择“反向书籍折页”选项,如图 1-32 所示。
- 再次单击“页面设置”对话框窗口中的“纸张”标签页,设置“纸张大小”为“A4”。

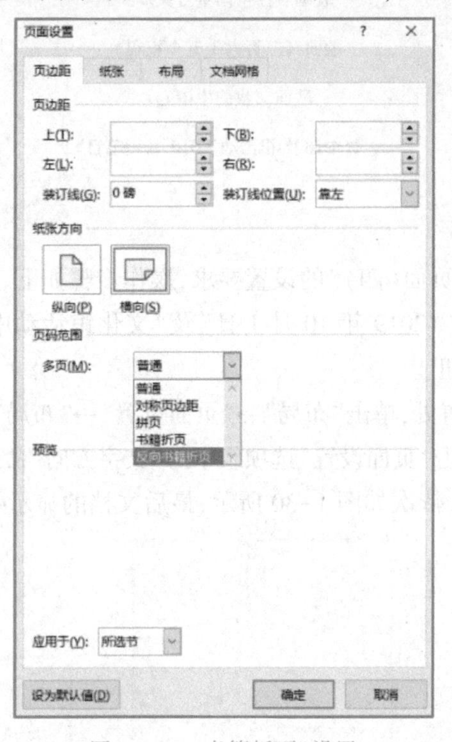

图 1-32 “书籍折页”设置

邀请函批量制作

2.《邀请函》批量制作

1)任务要求

(1)用 Excel 建立电子表格文件“客人”作为数据原文件,内容如表 1-1 所示。

表 1-1 “客人”文件内容列表

单位	姓名
天成国际	张新
佳美电器连锁	刘力
兴成实业	王凯
星达科技有限公司	伍建波
大丰汽车商城	孙佳
丽人女性沙龙	李萌

(2)利用上述建立的 Word“邀请函”文档,创建“邀请函”范本文件,内容如图 1-33 所示。

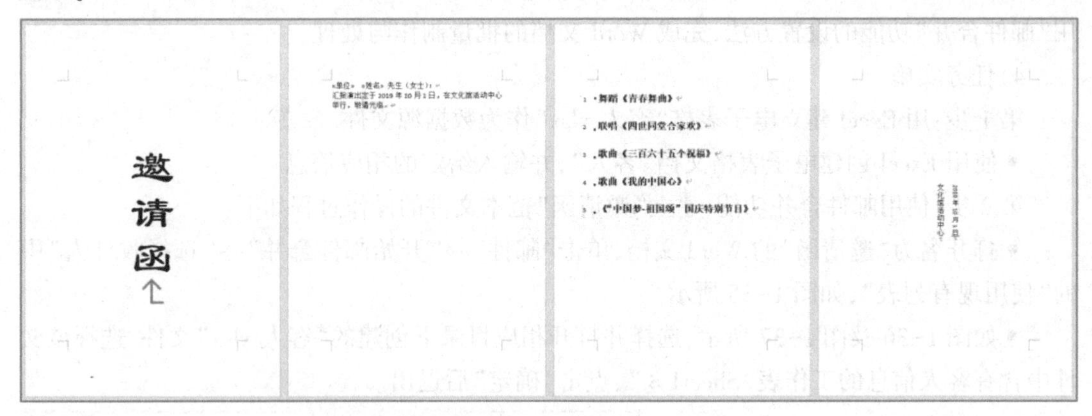

图 1-33　“邀请函”范本文件中的内容

(3)使用邮件合并功能,生成含有所有客人姓名及单位信息的 Word 邀请函文件,文件名为“邀请函-批量”。

2)任务完成效果

文件名为“邀请函-批量”的内容如图 1-34 所示,其内容包含文件“客人.xlsx”内给定所有客人姓名及单位信息。

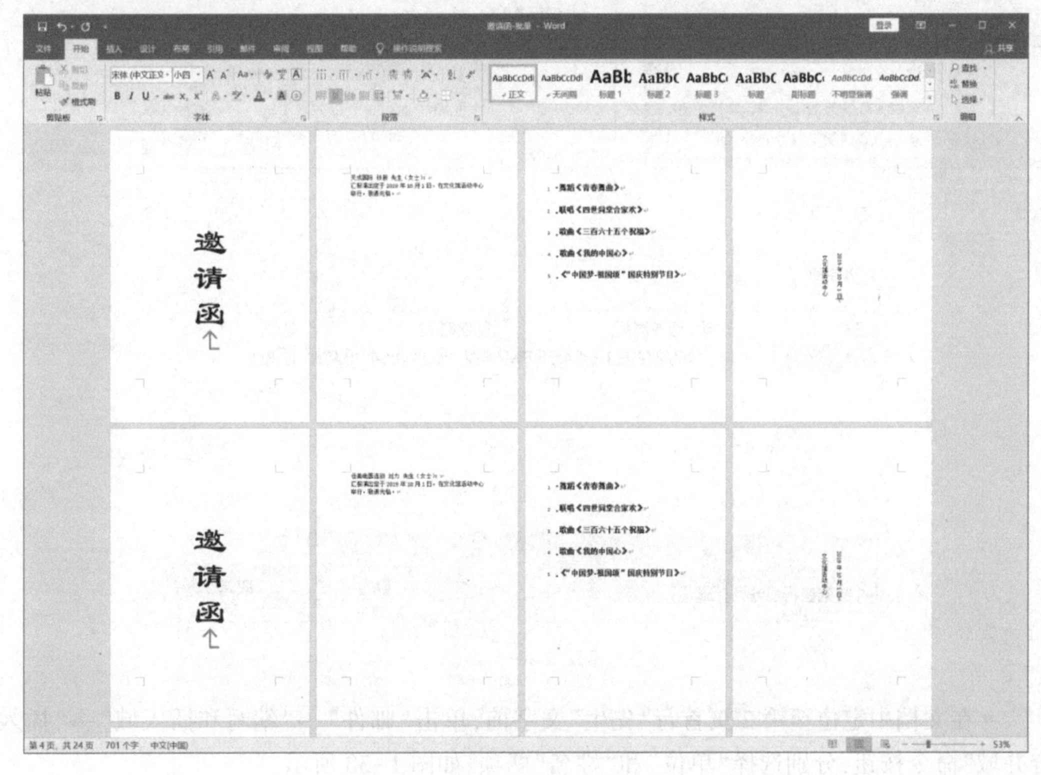

图 1-34　文件“邀请函-批量”的内容

3）任务分析

本任务要求使用 Excel 创建具有结构化信息（标准的二维数据表）的数据源文件，并使用“邮件合并”功能的设置方法，完成 Word 文档的批量制作与处理。

4）任务实施

第 1 步：用 Excel 建立电子表格“客人.xlsx”作为数据源文件。

• 使用 Excel 创建电子表格文档“客人”，并输入给定的相应信息。

第 2 步：使用邮件合并功能，建立“邀请函”范本文件的操作过程如下：

• 打开名为“邀请函”的 Word 文档，单击“邮件”→“开始邮件合并”→“选择收件人”中的“使用现有列表”，如图 1-35 所示。

• 如图 1-36 及图 1-37 所示，选择并打开相应目录下创建的“客人.xlsx”文件，选择该文件中含有客人信息的工作表“Sheet1 $ ”，点击“确定”后退出。

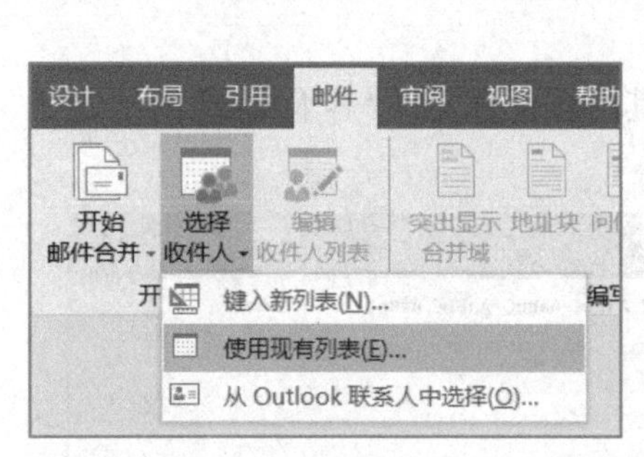

图 1-35　选择“使用现有列表”选项

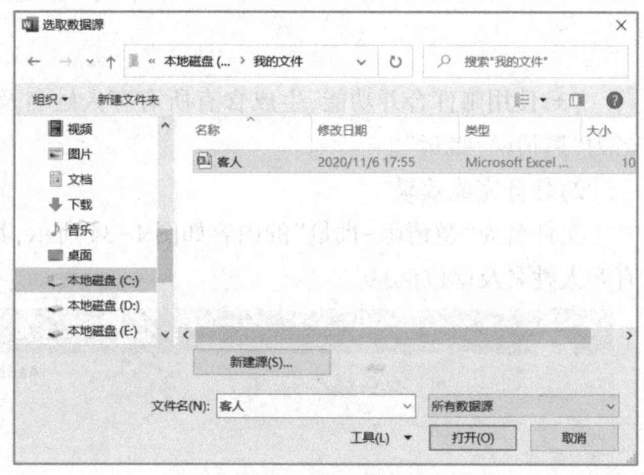

图 1-36　选择“客人.xlsx”文件

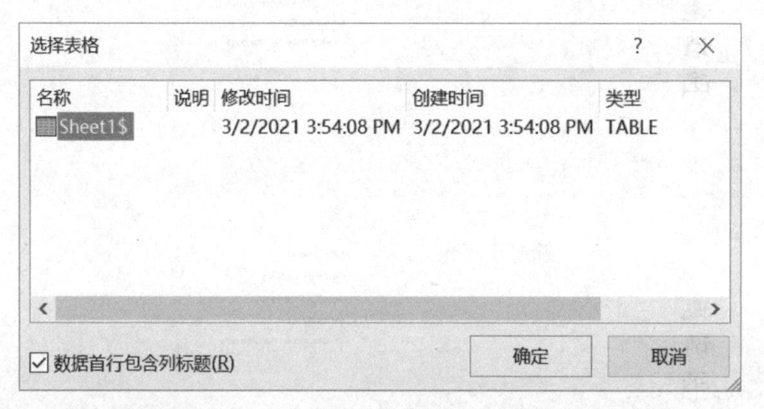

图 1-37　选择该文件中含有客人信息的工作表“Sheet1 $ ”

• 在文档中定位至第 2 页首行“先生”文字前，单击“邮件”→“编写和插入域”→“插入合并域”命令按钮，分别选择“单位”和“姓名”两项，如图 1-38 所示。

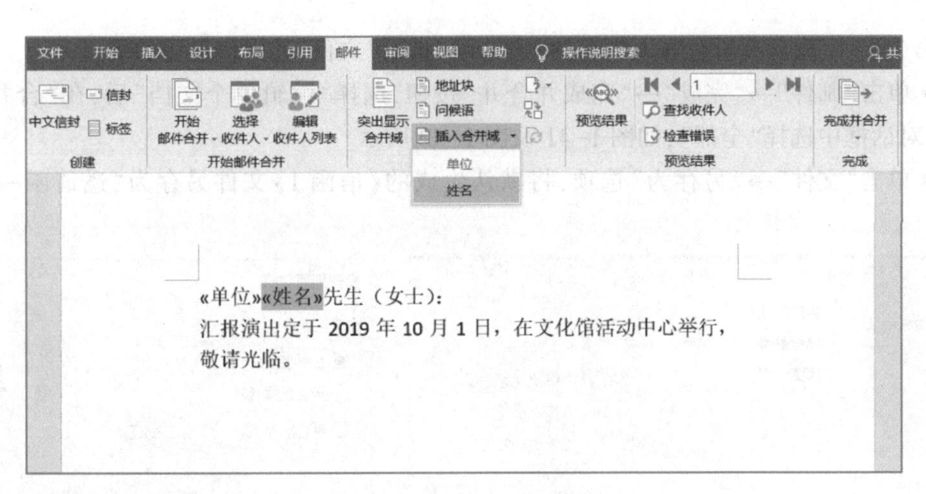

图 1-38 “插入合并域”操作

• 单击“邮件”→“预览结果”中的“预览结果”命令，其中“单页显示”效果如图 1-39 所示，“多页显示”效果如图 1-40 所示。

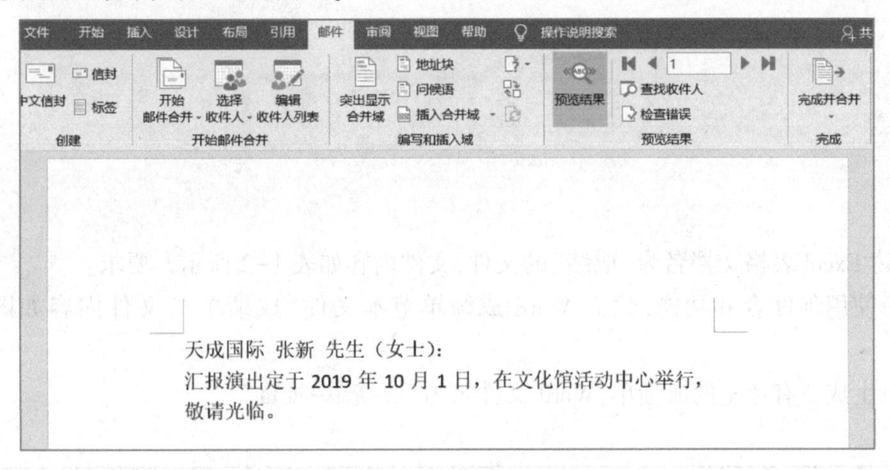

图 1-39 “单页显示”效果

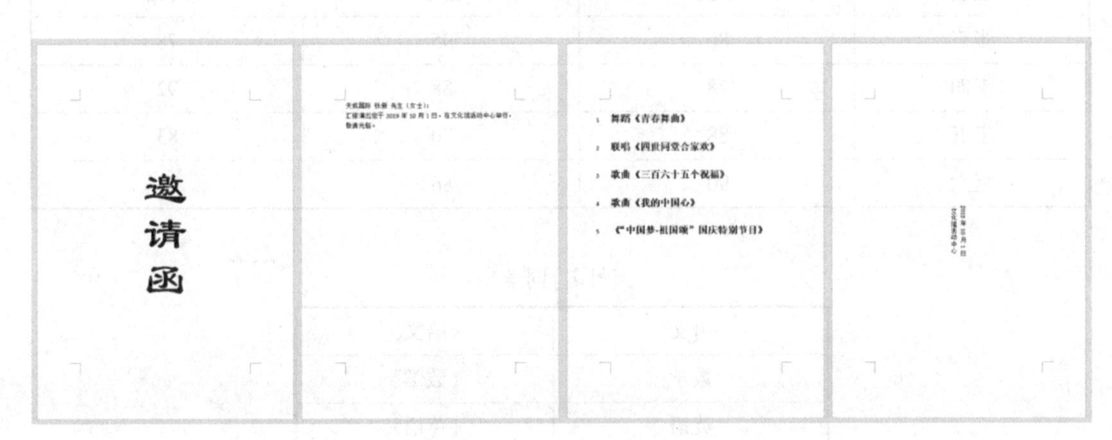

图 1-40 “多页显示”效果

第 3 步:生成含有所有客人内容的“邀请函-批量”文件,其操作过程如下。

• 单击“邮件”→“完成”→“完成并合并”按钮,选择“编辑单个文档”后,在“合并到新文档”对话框中选择“全部”,如图 1-41 及图 1-42 所示。

• 单击“文件”→“另存为”选项,将默认生成的《信函 1》文件另存为“邀请函-批量”文件。

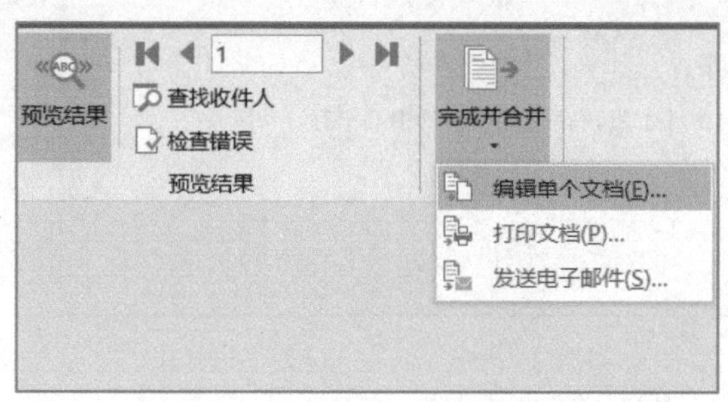

图 1-41　选择“编辑单个文档”

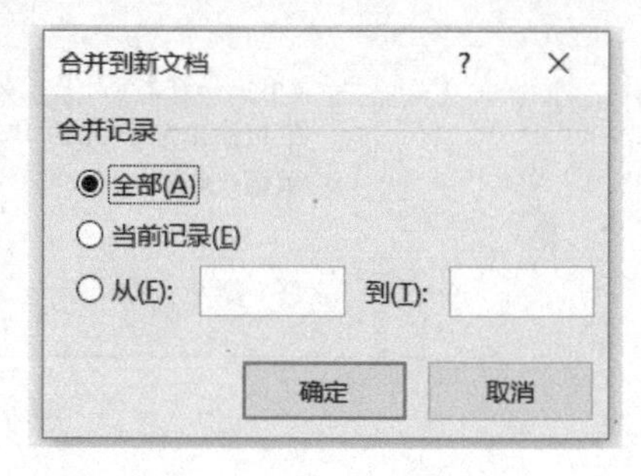

图 1-42　选择“全部”

1.1.3 操作练习

创建 Excel 表格文档名为“成绩”的文件,文件内容如表 1-2 所示。要求:

(1)使用邮件合并功能,建立 Word 成绩单范本文件“成绩单”,文件内容如图 1-43 所示。

(2)生成所有考生的成绩单,Word 文件名为“成绩单-批量”。

表 1-2　“成绩”文件内容

姓名	语文	数学	英语
张三	80	95	78
李四	78	88	92
王五	88	70	83
赵六	90	86	75

《姓名》同学

语文	《语文》
数学	《数学》
英语	《英语》

图 1-43　文件范本“成绩单”的显示内容

项目二 布局与样式应用

Word 提供了丰富的页面设置选项，允许用户根据自己的需要更改页面的大小，设置纸张方向，调整页边距大小，使用分节或分页符设置页面的版式等，来满足各种打印输出需求。

1.2.1 知识点

本书内容涉及页面布局中的相关页面设置，如页面大小、纸张方向、文字方向、页面版式及行号、文档网格、分栏、分隔符和页眉页脚设置方式等。

1.页面大小设置

Word 以办公最常使用的 A4 纸为默认页面。假如用户需要将文档打印到 A3、B4、信封、法律专用纸以及其他不同大小的纸张上，最好在编辑文档前，先行修改页面的大小。当然，这项操作也可以在编辑文档的过程中进行，不过要注意的是如果文档编辑完成后再设置页面大小，可能造成版式混乱。

Word 已经提供信纸、法律专用纸、A3、A4、B4、B5、Executive、Tabloid 等若干常见的纸张大小。如果这些纸张大小不能满足用户需求，既可以通过单击“布局”→“页面设置”→“纸张大小”按钮，也可单击“布局”选项卡“页面设置”组中右下角的“对话框开启按钮”，在弹出的“页面设置”对话框中选择“纸张”标签页，在“纸张大小”区域中进行选择，并可自定义纸张的宽度和高度，完成设置后单击“确定”按钮即可，如图 1-44 所示。

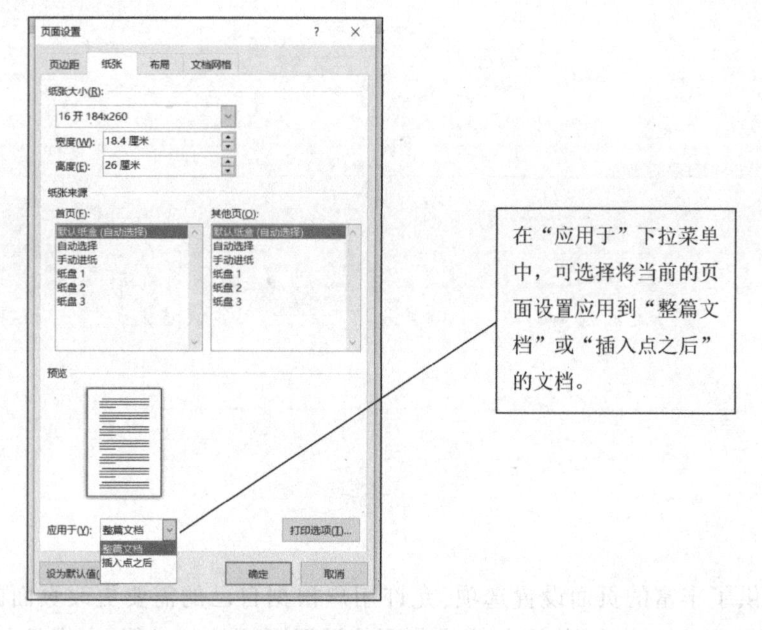

图 1-44　自定义纸张大小

2.纸张方向设置

默认状态下,Word 的纸张方向是纵向的,比如默认使用的 A4 纸张,纵向纸张宽度为 21 厘米,高度为 29.7 厘米。若要将宽、高互换,可以单击“布局”→“页面设置”→“纸张方向”按钮,在其下拉菜单中选择“横向”选项。也可在“页面设置”对话框中选择“页边距”标签页,将纸张方向设置为“横向”,其纸张宽度就变为 29.7 厘米,高度为 21 厘米,纸张“纵向”与“横向”方向的显示效果如图 1-45 所示。

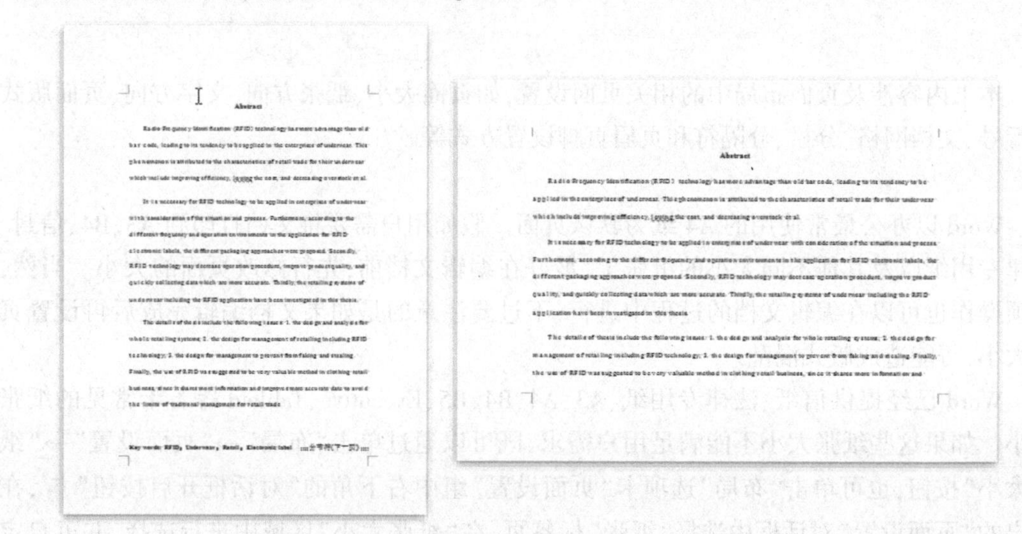

图 1-45　纸张“纵向”与“横向”显示效果

Word 已经提供有若干页边距样式,用户只要单击“布局”选项卡,在“页面设置”区域中单击“页边距”按钮,便可在出现的下拉菜单中选择相应的页边距样式,如图 1-46 所示。如果 Word 提供的页边距样式都不符合要求,可在“页边距”下拉菜单中选择“自定义边距”选项,弹出“页面设置”对话框后,可在“页边距”标签页中设置各项参数,包括上、下、左、右的边距大小,装订线大小及位置等,如图 1-47 所示。

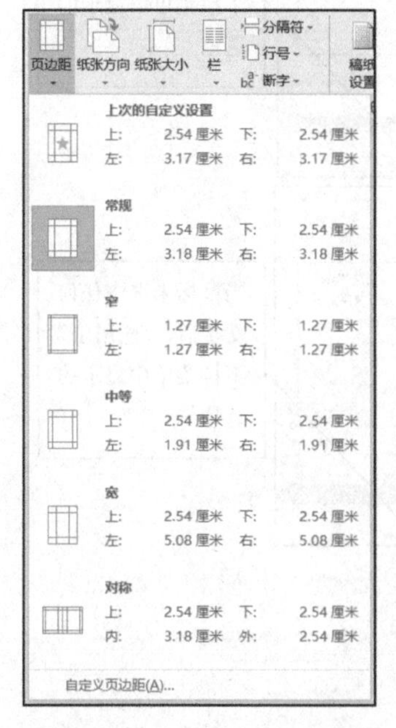

图 1-46 “页边距”按钮菜单

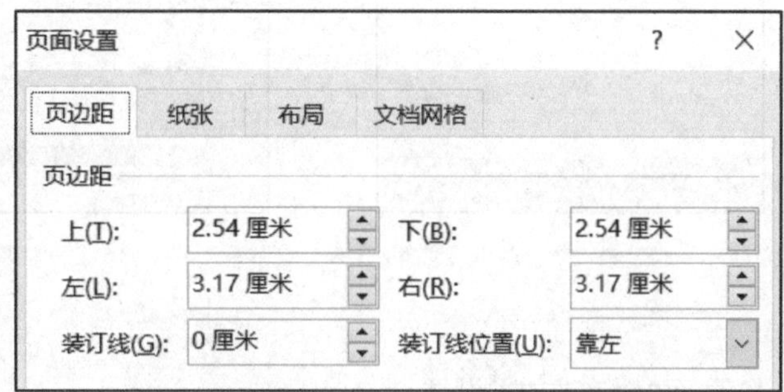

图 1-47 “页边距”标签页

3.文字方向设置

在 Word 文档中默认的文字方向是横向排列的,但在需要时可以调整文字的排列方向,设置时可以单击“布局”→“页面设置”→“文字方向”按钮,在打开的下拉菜单中选择文字排列样式,如图 1-48 所示。但根据具体操作的不同,设置的文字方向范围有所不同。设置的范围可以是“所选文字”“所选节”和“整篇文档”等,也可以是“本书”“插入点之后”和“整篇文档”。

(1)当用鼠标选中某些文字后,单击“布局”→“页面设置”→“文字方向”按钮,在打开的下拉菜单点击“文字方向选项”,在“文字方向-主文档”对话框中点击“应用于”旁的下拉三角按钮,如图 1-49 上图中“所选文字”,在选项中区域中可选择“所选文字”“所选节”和“整篇文档”等设置范围,同时可在预览区域预览效果,最后单击“确定”即可。

(2)当鼠标未选中任何文字,鼠标定位至某文字处(不选择文字),单击“布局”→“页面设置”→“文字方向”按钮,在打开的下拉菜单点击“文字方向选项”,在“文字方向-主文档”对话框中点击“应用于”旁的下拉三角按钮,如图 1-49 中选择“本书”,在选项中区域中可选择“本书”“插入点之后”和“整篇文档”等设置范围,同时可在预览区域预览效果,最后单击“确定”即可。

需注意文字方向设置后,“应用于”的范围选择,否则可能得到文字竖排效果与设想的不一致。

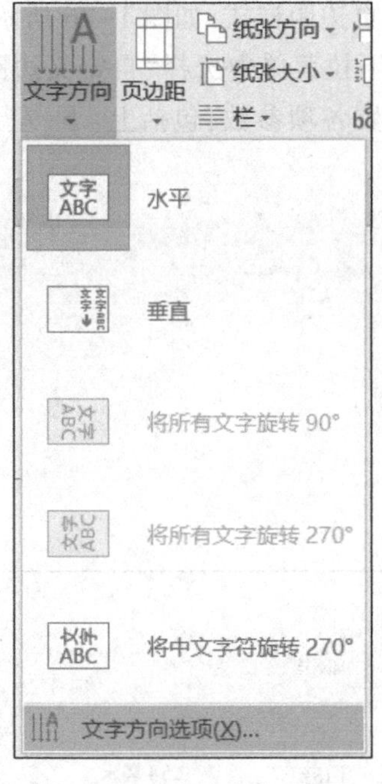

图 1-48 “文字方向”设置

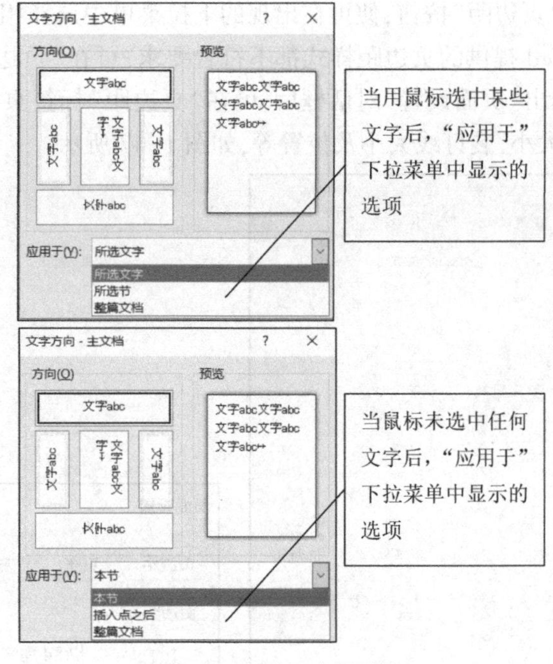

图 1-49 设置应用范围

4.页面版式设置

(1)页面“对齐方式”设置

在文字编辑排版过程中,需要在页面中设置文字(或图片)“水平(左右)居中”或“垂直(上下)居中”,可根据需要在不同的功能区选项卡中进行设置。

① 设置文字(或图片)“水平(左右)居中”

用鼠标选中文本中的某些文字(或图片),或将鼠标定位至某文字处(不选择文字),单击“开始”→“段落”组中“居中”按钮即可,如图 1-50 所示。

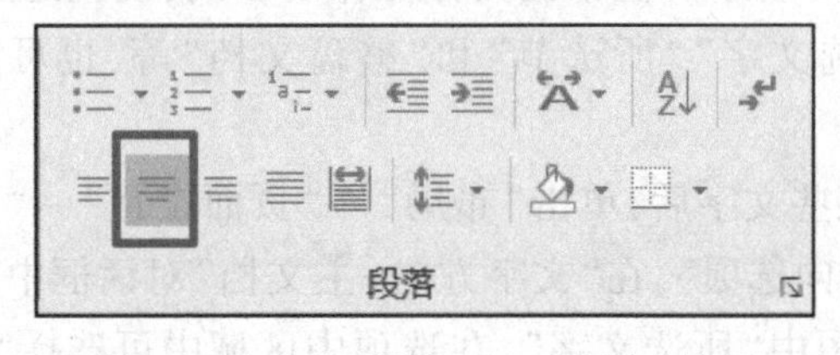

图 1-50 文字(图片)“左右居中”按钮

在本选项组中,还可进行页面文字(或图片)的“左对齐”“右对齐”“两端对齐”和“分散对齐”等方式的选择。

② 设置文字(或图片)“垂直(上下)居中”

用鼠标选中文本中的某些文字(或图片),或将鼠标定位至某文字处(不选择文字),单击“布局”→“页面设置”对话框箭头,在打开的“页面设置”对话框中,选择“布局”标签页,在“页面”“垂直对齐方式”的下拉菜单中选择选择“居中”项即可,如图 1-51 所示。

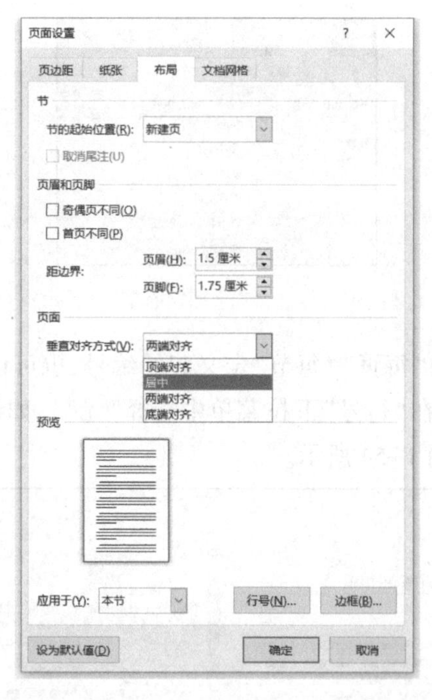

图 1-51 页面版式中“垂直对齐方式”的选择

在本选项组中,还可进行页面文字(或图片)的“顶端对齐”“两端对齐”和“底端对齐”方式的选择。

(2)页面“行号”设置

在使用 Word 进行编辑文档的过程中,有时需要为文档添加“行号”,以便于内容的定位或文字多少的计算,其中设置“行号”的操作有两种方式。

① 在打开的“页面设置”对话框中,选择“布局”标签页,点击对话框下部的“行号”按钮,在打开的“行号”对话框中可进行“添加行编号”设置,如图 1-52 所示。

② 单击“布局”→“页面设置”组中的“行号”按钮,则可从下拉菜单中进行设置,如图 1-52 所示,当需要详细设置时,可点击菜单中的“行编号选项”,从弹出“布局”标签页的对话框中,再次点击“行号”按钮进行设置。

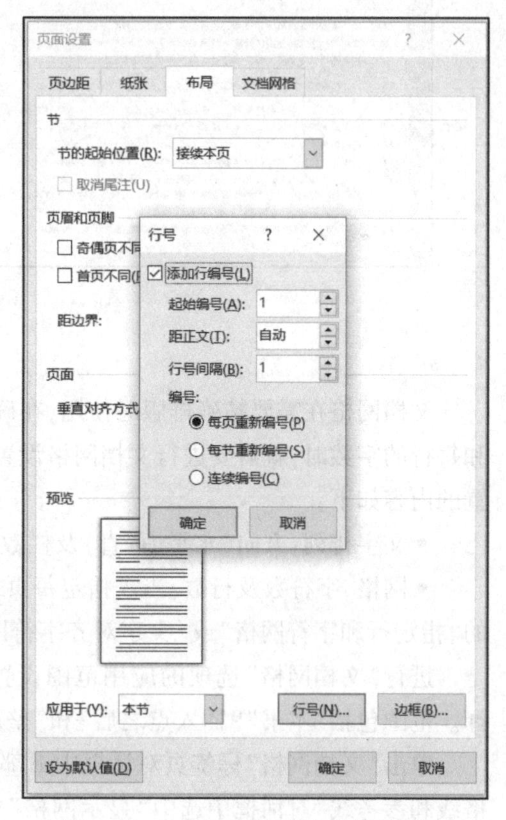

图 1-52 “行号”对话框中设置界面

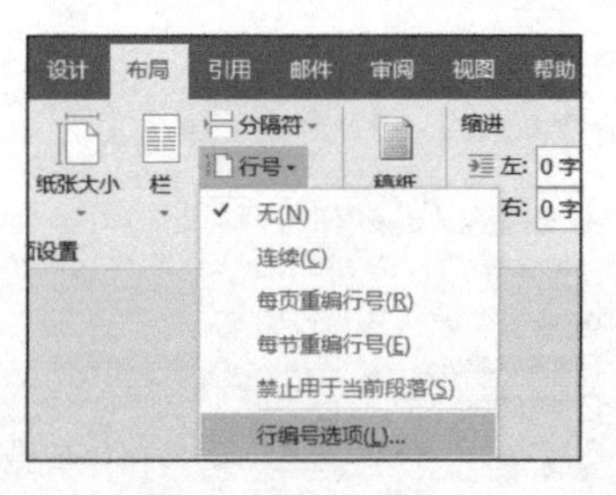

图 1-53　选择"行号"按钮进行设置

根据需要可对文档中的"每页""每节"定义起始编号,也可设置行号间距等。当不需要显示文档中的"行"编号,则在"行号"下拉菜单中选择"无"。如设置"添加行号""每页重新编号"后,文档显示效果如图 1-54 所示。

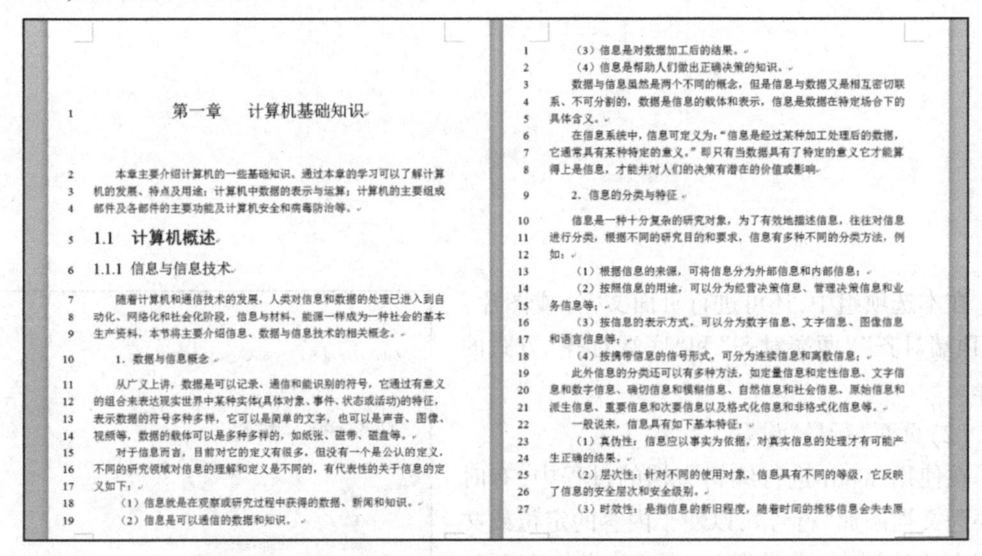

1 第一章　计算机基础知识

2 本章主要介绍计算机的一些基础知识。通过本章的学习可以了解计算
3 机的发展、特点及用途;计算机中数据的表示与运算;计算机的主要组成
4 部件及各部件的主要功能及计算机安全和病毒防治等。

5 1.1　计算机概述

6 1.1.1 信息与信息技术

7 随着计算机和通信技术的发展,人类对信息和数据的处理已进入到自
8 动化、网络化和社会化阶段,信息与材料、能源一样成为一种社会的基本
9 生产资料,本节将主要介绍信息、数据与信息技术的相关概念。

10 1. 数据与信息概念

11 从广义上讲,数据是可以记录、通信和能识别的符号,它通过有意义
12 的组合来表达现实世界中某种实体(具体对象、事件、状态或活动)的特征,
13 表示数据的符号多种多样,它可以是简单的文字,也可以是声音、图像、
14 视频等,数据的载体可以是多种多样的,如纸张、磁带、磁盘等。
15 对于信息而言,目前对它的定义有很多,但没有一个是公认的定义,
16 不同的研究领域对信息的理解和定义是不同的,有代表性的关于信息的定
17 义如下:
18 (1) 信息就是在观察或研究过程中获得的数据、新闻和知识。
19 (2) 信息是可以通信的数据和知识。

1 (3) 信息是对数据加工后的结果。
2 (4) 信息是帮助人们做出正确决策的知识。
3 数据与信息虽然是两个不同的概念,但是信息与数据又是相互密切联
4 系、不可分割的,数据是信息的载体和表示,信息是数据在特定场合下的
5 具体含义。
6 在信息系统中,信息可定义为:"信息是经过某种加工处理后的数据,
7 它通常具有某种特定的意义。"即只有当数据具有了特定的意义它才能算
8 得上是信息,才能并对人们的决策有潜在的价值或影响

9 2. 信息的分类与特征

10 信息是一种十分复杂的研究对象,为了有效地描述信息,往往对信息
11 进行分类,根据不同的研究目的和要求,信息有多种不同的分类方法,例
12 如:
13 (1) 根据信息的来源,可将信息分为外部信息和内部信息;
14 (2) 按照信息的用途,可以分为经营决策信息、管理决策信息和业
15 务信息等;
16 (3) 按信息的表示方式,可以分为数字信息、文字信息、图像信息
17 和语言信息等;
18 (4) 按携带信息的信号形式,可分为连续信息和离散信息;
19 此外信息的分类还可以有多种方法,如定量信息和定性信息、文字信
20 息和数字信息、确切信息和模糊信息、自然信息和社会信息、原始信息和
21 派生信息、重要信息和次要信息以及格式化信息和非格式化信息等。
22 一般说来,信息具有如下基本特征:
23 (1) 真伪性:信息应以事实为依据,对真实信息的处理才有可能产
24 生正确的结果。
25 (2) 层次性:针对不同的使用对象,信息具有不同的等级,它反映
26 了信息的安全层次和安全级别。
27 (3) 时效性:是指信息的新旧程度,随着时间的推移信息会失去原

图 1-54　"添加行号"及"每页重新编号"后文档显示效果

5.文档网格设置

文档网格在需要精确排版时使用,在确定了页面大小和页边距后,若再限定一页的行数和每行的字数时,就需要进行文档网格设置。如图 1-55 所示,可在"文档网格"标签页中设置的内容如下:

- 文字排列:方向(水平、垂直)及栏数。
- 网格、字符数及行数:当需指定每页行数及每行的字符数时,需选定"网格"选项栏内的"指定行和字符网格"或"文字对齐字符网格"选项。

进行"文档网格"选项的应用范围设置时,可通过点击"应用于"旁的下拉菜单进行选择。范围包括"本书""插入点之后"和"整篇文档"。

单击"文档网格"标签页对话框中下部的"绘图网格"按钮,可在弹出如图 1-56 所示"网格线和参考线"对话框中选中"显示网格"栏中的"在屏幕上显示网格线"选项,显示效果如图 1-57 所示。

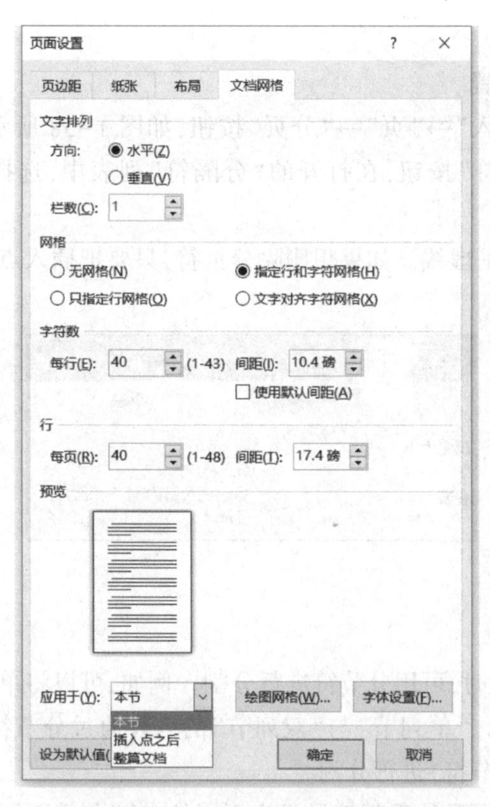

图 1-55 “文档网格”标签页对话框

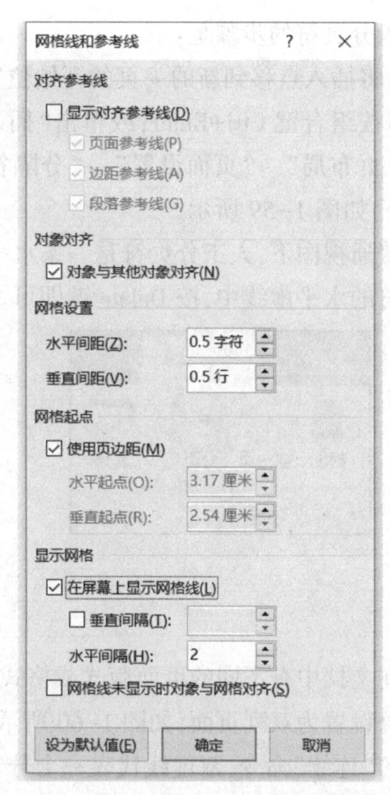

图 1-56 “网格线和参考线”对话框

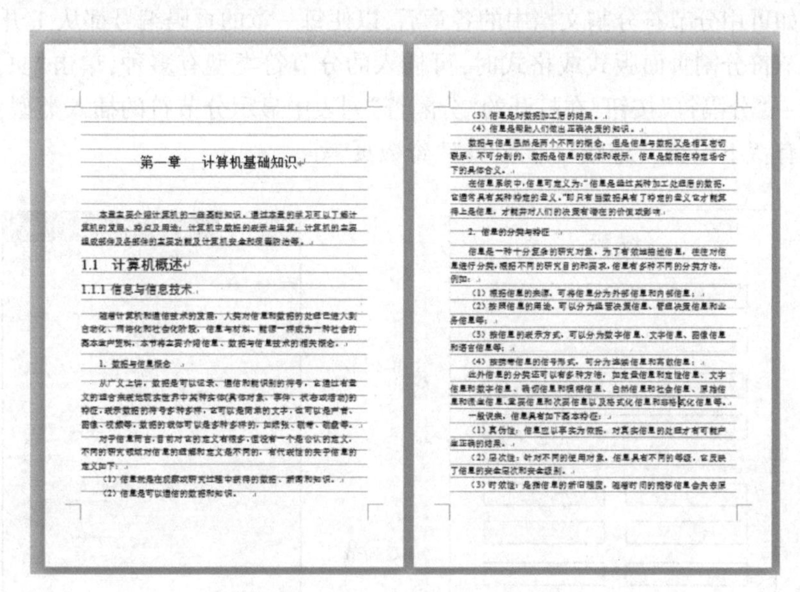

图 1-57 显示网格线的文档效果

6.插入分页符

Word 具有自动分页(或称为“软分页符”)的功能。但有时为了将文档的某一部分内容单独形成一页,可以插入分页符(或称为“硬分页符”)进行人工分页。

插入分页符的步骤是：

(1)将插入点移到新的一页的开始位置。

(2)按组合键 Ctrl+Enter；或单击“插入”→“页”→“分页”按钮，如图 1-58 所示；还可以单击“页布局”→“页面设置”→“分隔符”按钮，在打开的“分隔符”列表中，选择“分页符”命令，如图 1-59 所示。

在普通视图下，人工分页符是一条水平虚线。如果想删除分页符，只要把插入点移到人工分页符的水平虚线中，按 Delete 键即可。

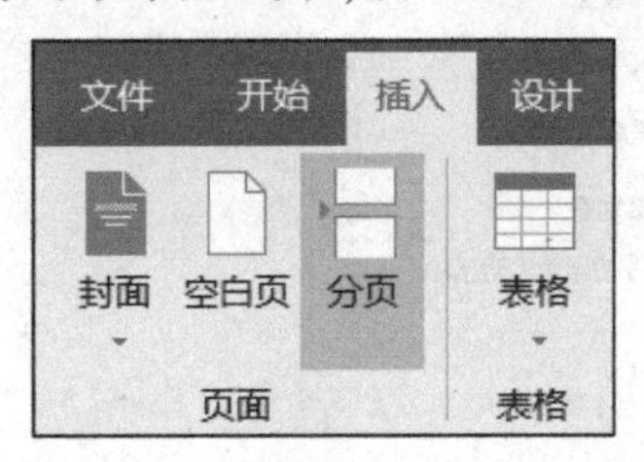

图 1-58 “插入”选项卡中的“分页”符按钮

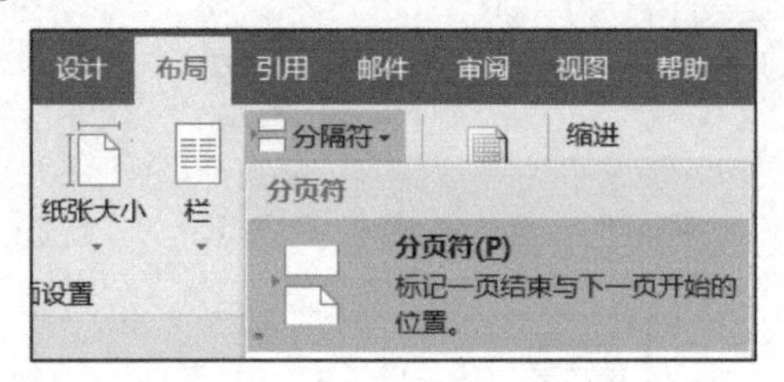

图 1-59 “布局”中的“分页”符按钮

7.插入分节符

当在文档中有不同的页面版式或格式时，可用分节符进行分割。例如，可以将单列页面的一部分设置为双列页面，如图 1-60 所示，“单列节”与“双列节”的内容通过分节符(插入分节符的“连续”命令，双虚线代表一个分节符)进行分割。

使用分节符，可以以“节”为单位进行页码的重新编号或为不同的“节”创建不同的页眉或页脚。例如可用分节符分割文档中的各章后，以便每一章的页码编号都从 1 开始等。

利用分节符分割页面版式或格式时，可插入的分节符类型有多种，单击“页面布局”→“页面设置”→“分隔符”按钮，在打开的“分隔符”列表中显示分节符的插入类型，如图 1-61 所示。分别有：“下一页”“连续”“偶数页”“奇数页”等。

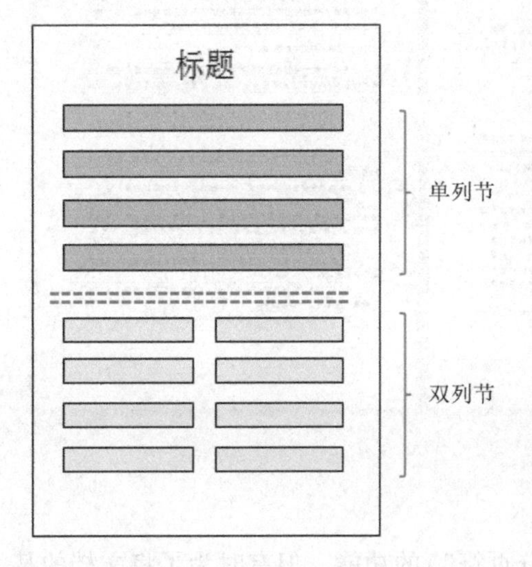

图 1-60 利用分节符分割“单节列”和“双节列”

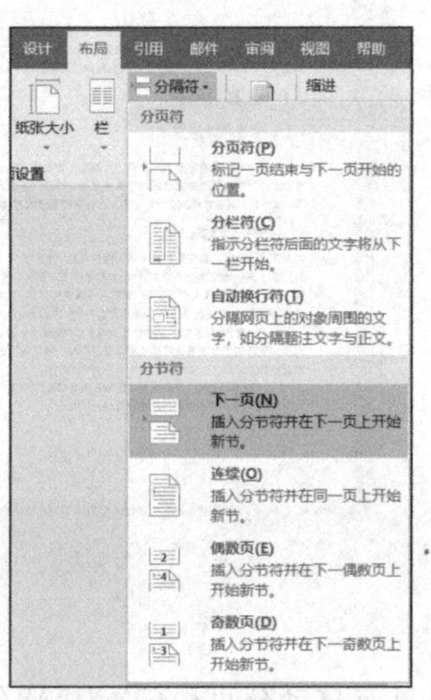

图 1-61 分节符的类型

分节符(在每个插图中,双虚线代表一个分节符)的插入类型分别描述如下:

(1)“下一页”

“下一页”命令插入一个分节符,并在下一页上开始新节,显示效果如图 1-62 所示。

需注意的是“分节符”中的“下一页”与“分页符”不同,分页符只是分页,页的前后既可能还是同一节,也可以是同一页中有不同的“节”。

(2)“连续”

“连续”命令插入一个分节符,新节从同一页开始,显示效果如图 1-63 所示。

(3)“奇数页”或“偶数页”

“奇数页”或“偶数页”命令插入一个分节符,新节从下一个奇数页或偶数页开始。如果希望文档各章始终从奇数页或偶数页开始,请使用“奇数页”或“偶数页”分节符选项。例如若新的一节内容始终从奇数页,显示效果如图 1-64 所示。

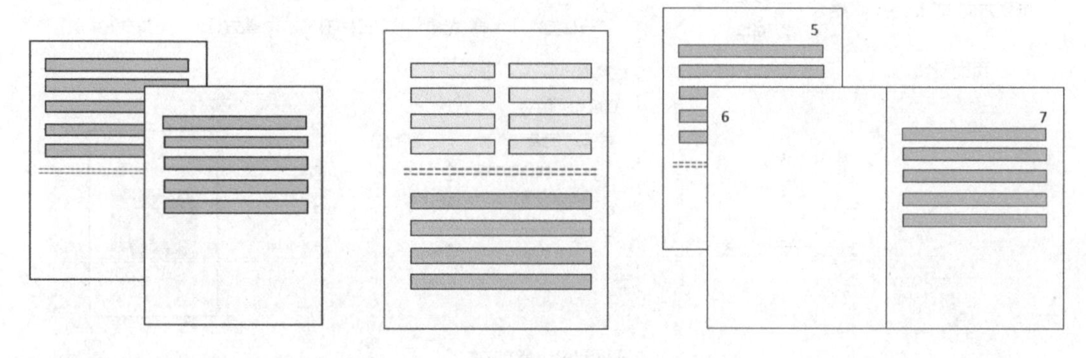

图 1-62　插入“下一页”分节符　图 1-63　插入“连续”分节符　图 1-64　插入“奇数页”分节符

8.分栏设置

分栏常用于报纸、杂志、论文的排版中,它将一篇文档分成多个纵栏,而其内容会从一栏的顶部排列到底部,然后再延伸到下一栏的开端。

是否需要分栏,要根据版面设计实际而定。在一篇没有设置“节”的文档中,整个文档都属于同一节,此时改变栏数,将改变整个文档版面中的栏数。如果只想改变文档某部分的栏数,就必须将该部分独立成一个节。

分栏可使用以下两种方法:

(1)使用“页面设置”对话框进行分栏。单击“布局”→“页面设置”组中右下角的“对话框开启按钮”,在“页面设置”对话框的“文档网格”标签页中,可以将文档分栏,设置文档的栏数,如图 1-65 所示。与“页面设置”对话框中的其他操作一样,选择应用于“整篇文档”即可对全文分栏,而选择应用于“本书”,只对本书分栏。在选取了某些文字后,可选取“所选文字”进行分栏。

(2)使用“布局”选项卡中的分栏功能。单击“布局”→“页面设置”→“栏”按钮可在预设的栏数中选择,可以是“一栏”“两栏”“三栏”“偏左”和“偏右”,其中“偏左”表示两栏左窄右宽,“偏右”表示两栏左宽右窄,如图 1-66 所示。如果预设的栏数无法满足要求,可以单击“更多栏”,打开“栏”对话框进行设置,如图 1-67 所示。

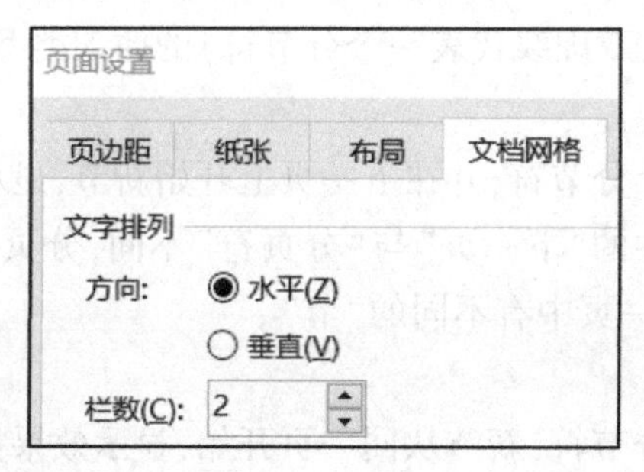

图1-65 "文档网格"标签页中设置分栏

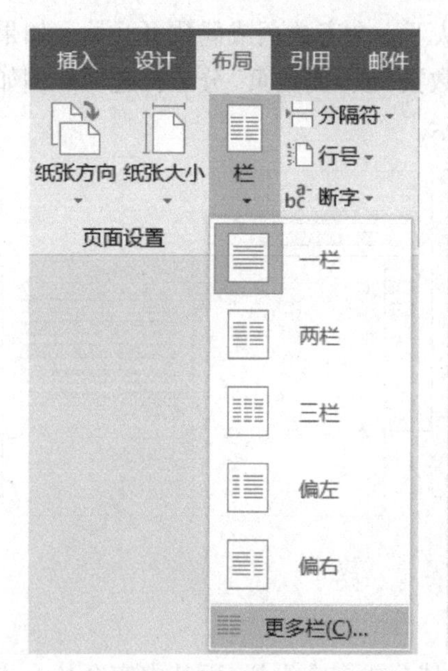

图1-66 "栏"菜单中预设栏数

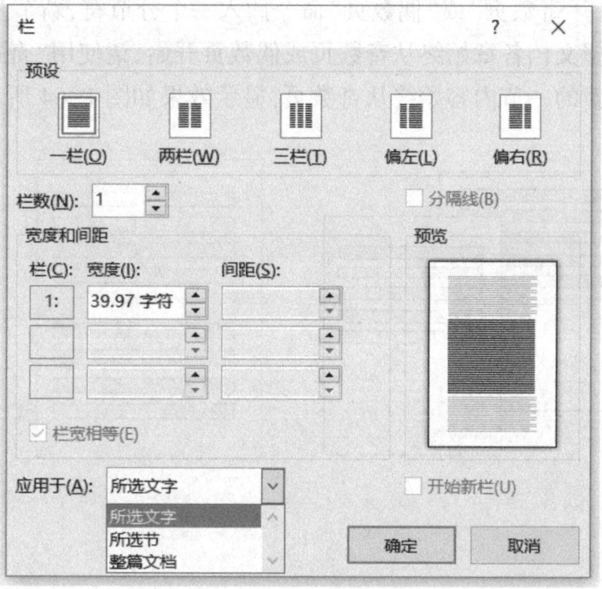

图1-67 "栏"对话框选项设置

"栏"对话框中还可以设置栏的宽度与间距。在"宽度"和"间距"框设置各栏的宽度,以及栏与栏之间的间距。要使各栏宽相等,可以选取"栏宽相等"复选框,Word 2019将自动把各栏的宽度调为一致。注意:Word 2019规定栏宽至少为3.43厘米,且无法设置三个以上栏数。

在"页面设置"中,务必注意某些选项,如进行"纸张大小""纸张方向""页面垂直对齐方式"等选项设置时,请注意设置后的应用范围选择。例如:

(1)若某文档只有一节但有若干页(或以"分页符"分割页面),若需每页的纸张大小不同,则操作方式为:需先选中文档中文字后进行设置,并在"应用于"选项中,选择"所选文字",否则设置效果将默认应用到"本书"即本文档的其他页面;

(2)若某文档有多节且每页以"分节符"中的"下一页"分割页面时,若需每页的纸张大小不同,则操作方式为:定位至相应页面(可不用选中文字)后进行设置,并在"应用于"选项中,选择"本书",则设置的效果仅应用于当前节。

9.“页眉页脚”设置

1) 页眉和页脚

页眉和页脚是打印在一页顶部和底部的注释性文字或图形。

(1) 建立页眉/页脚

① 单击“插入”→“页眉和页脚”→“页眉”按钮,打开内置“页眉”板式列表,如图 1-68 所示。

② 在内置“页眉”版式列表中选择所需要的页眉版式,并键入页眉内容。当选定页眉版式后,Word 窗口中会自动添加一个名为“页眉和页脚工具”的功能区并使其处于激活状态,此时,仅能对页眉内容进行编辑操作。

③ 如果内置“页眉”版式列表中没有所需要的页眉版式,可以单击内置“页眉”板式列表下方的“编辑页眉”命令,直接进入“页眉”编辑状态,输入页眉内容,并在“页眉和页脚工具”功能区中设置页眉的相关参数。

④ 默认情况下,整个文档的页眉或页脚都具有统一内容及格式,若某页所在“节”的页眉页脚内容与“前一节”的页眉页脚内容有所不同时,首先选定该页并在“页眉和页脚工具”的功能区中点击“链接到前一节”选项,使得灰色的“激活”状态变为无色的“非激活”状态,如图 1-69 所示,再输入相应内容。

⑤ 单击“关闭页眉和页脚”按钮,完成设置并返回文档编辑区。

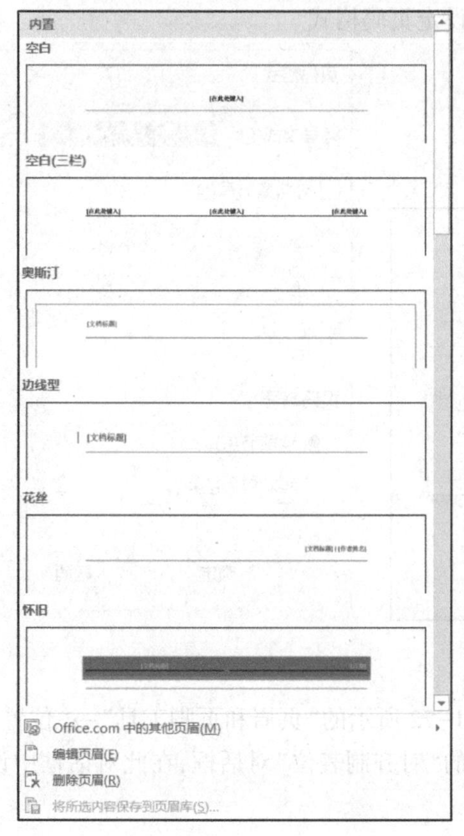

图 1-68 内置“页眉”版式列表

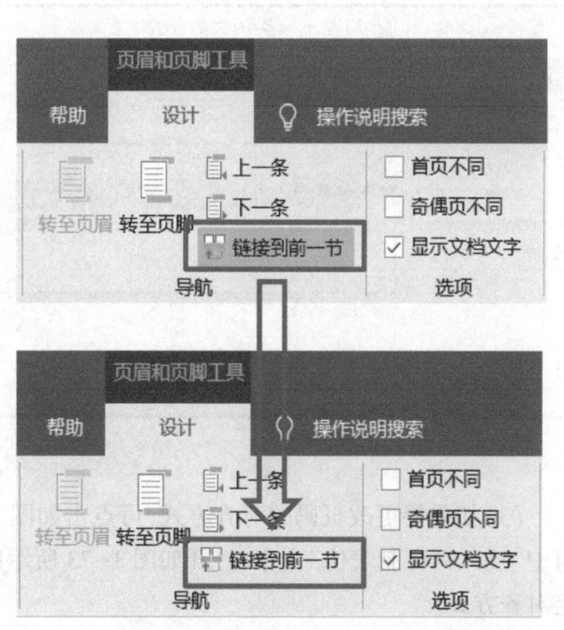

图 1-69 “链接到前一节”由“激活”状态变为“非激活”状态

(2) 建立奇偶页不同的页眉

在文档排版过程中，有时需要建立奇偶页不同的页眉。其建立步骤如下：

① 单击“插入”→“页眉和页脚”→“页眉”按钮的“编辑页眉”命令，进入页眉编辑状态。

② 选中“页眉和页脚工具”功能区“选项”组中的“奇偶页不同”复选框，这样就可以分别编辑奇偶页的页眉内容了。

③ 单击“关闭页眉和页脚”按钮，设置完毕。

(3) 页眉页脚的删除

执行“插入”→“页眉和页脚”→“页眉”下拉菜单中的“删除页眉”命令可以删除页眉；类似地，执行“页脚”下拉菜单中的“删除页脚”命令可以删除页脚。另外，选定页眉（或页脚）并按 Delete 键，也可删除页眉（或页脚）。

2) 插入页码

插入页码的具体步骤如下：

(1) 单击“插入”→“页眉和页脚”→“页码”按钮，在打开的“页码”下拉菜单中，根据所需在下拉菜单中选定页码的位置，如选择“页面底端”中“加粗显示的数字 2”方式（其中“X/Y”表示文档页码的显示方式，X 为当前页数，Y 为总页数），如图 1-70 所示。

(2) 如果要更改页码的格式，可执行“页码”下拉菜单中的“设置页码格式”命令，打开如图 1-71 所示的“页码格式”对话框，在此对话框中设定页码格式。

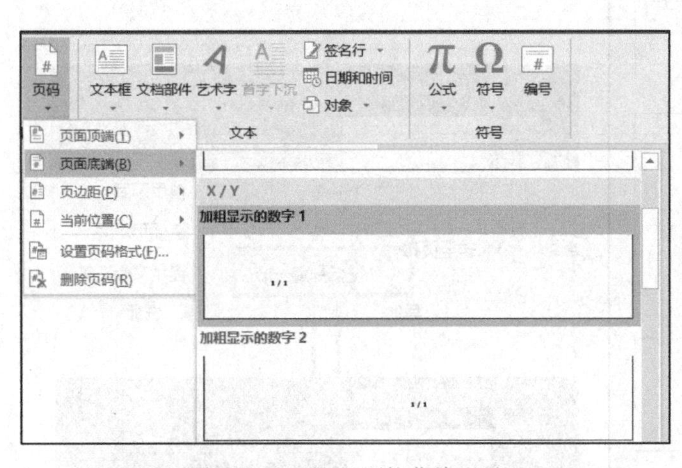

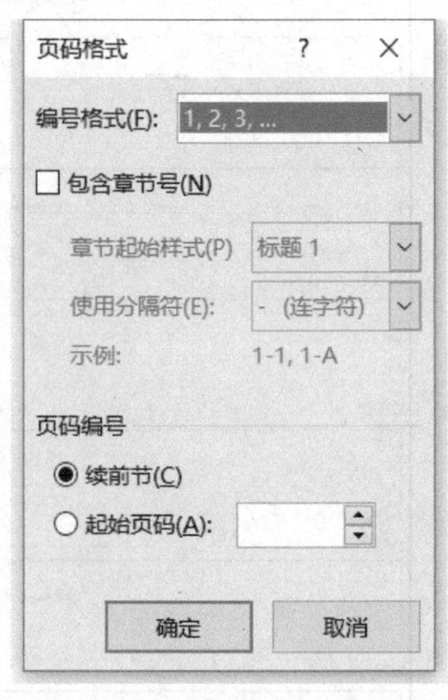

图 1-70 “页码”下拉菜单选项　　图 1-71 “页码格式”对话框

(3) 如果要更改页码的对齐方式，可点击如图 1-72 所示的“页眉和页脚工具”→“位置”组中“插入对齐制表位”命令，打开如图 1-73 所示的“对齐制表位”对话框，在此对话框中设定对齐方式。

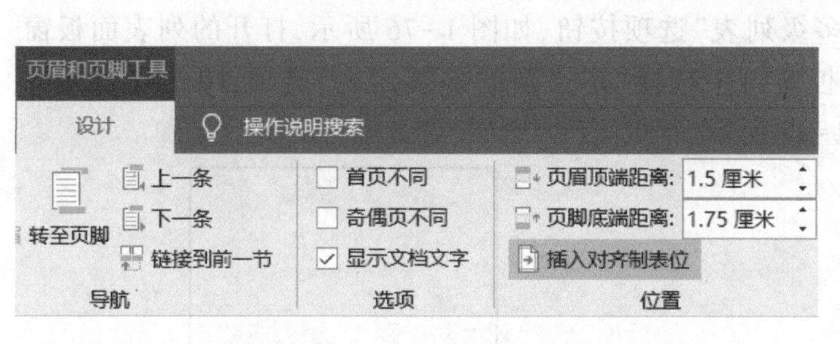

图 1-72 “页眉和页脚工具”中的位置“插入对齐制表位”

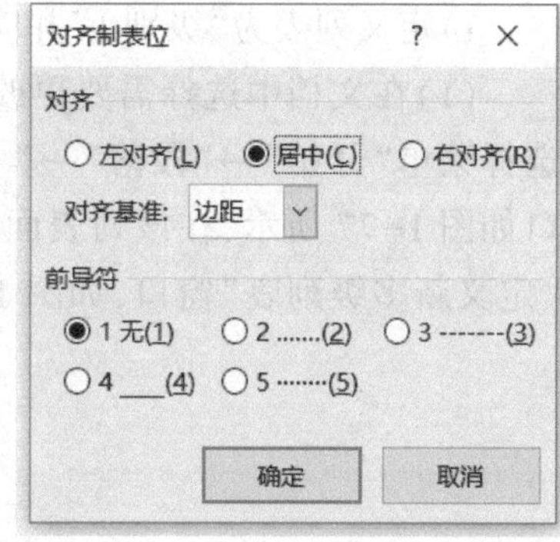

图 1-73 “对齐制表位”对话框

页码是页眉页脚的一部分,要删除页码必须进入页眉页脚编辑区,选定页码并按 Delete 键。另外只有在“页面视图”和“打印预览方式”下可以看到插入的页码,在其他视图下看不到页码。

10.多级列表

多级列表(也称多级符号列表),是用于为列表或文档设置层次结构而创建的列表。创建多级符号列表使列表具有复杂的结构形式。在 Word 文件中,为使得 Word 编号列表的逻辑关系更加清晰,可定义和修改多级列表,并可将定义和修改的级别链接到样式中。

如图 1-74 中的文档,分别使用样式“标题 1”和“标题 2”,对文档中的“章”和“节”序号进行自动编号,其中:

• 章号的自动编号格式为:第 X 章(例:第 1 章),其中 X 为自动排序且为阿拉伯数字。对应级别 1,居中显示。

• 节名的自动编号格式为: X.Y,X 为“章”数字序号,Y 为“节”数字序号(例如第 1 章第 1 节的编号为:1.1),X,Y 均为阿拉伯数字。对应级别 2,左对齐显示。

最后显示结果如图 1-75 所示。

第一章 计算机基础知识
　第 1 节 计算机概述
　第 2 节 计算机中数据的表示与运算
　第 3 节 计算机系统组成与应用
　第 4 节 计算机安全与病毒
第二章 Windows 操作系统
　第 1 节 Windows 7 基本操作
　第 2 节 Windows 7 文件与文件夹
　第 3 节 Windows 7 系统个性化设置

图 1-74 文档内容

第 1 章 计算机基础知识
　1.1 计算机概述
　1.2 计算机中数据的表示与运算
　1.3 计算机系统组成与应用
　1.4 计算机安全与病毒
第 2 章 Windows 操作系统
　2.1 Windows 7 基本操作
　2.2 Windows 7 文件与文件夹
　2.3 Windows 7 系统个性化设置

图 1-75 自动编号后的文档内容

具体设置过程如下所述,但需注意的是:在定义“级别 1”及“标题 1”内容后不要按“确定”按钮退出,而是紧接着定义完“级别 2”及“标题 2”内容后,再点击“确定”按钮退出。

1）定义列表为“级别 1”并应用于样式“标题 1”中

（1）在文档中选择需要更改或定义级别的文字内容（如“第 1 章 计算机基础知识”），选择菜单“开始”→“段落”→“多级列表”选项按钮，如图 1-76 所示，打开的列表面板窗口如图 1-77 所示，在该列表面板窗口中选择“定义新的多级列表”选项，单击后打开的“定义新多级列表”窗口，如图 1-78 所示。

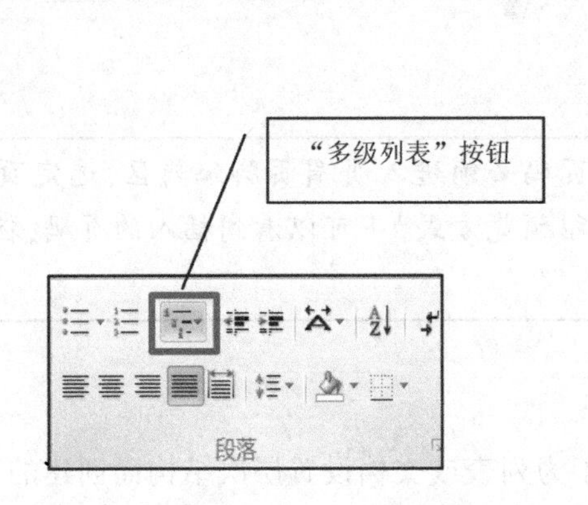

图 1-76 “段落”组中的“多级列表”

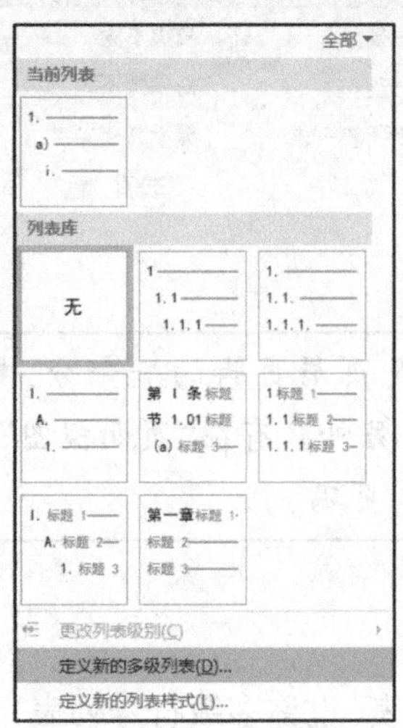

图 1-77 “多级列表”面板窗口

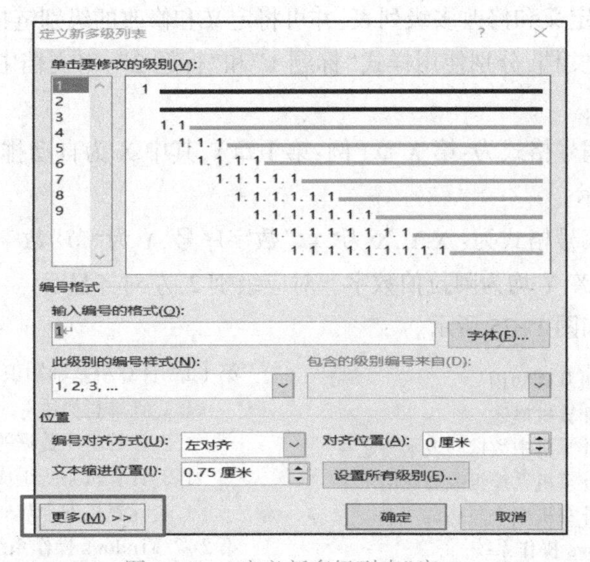

图 1-78 “定义新多级列表”窗口

（2）在“定义新多级列表”窗口中，选择并单击窗口左下角的“更多”按钮，打开具有更多选项的“定义新多级列表”窗口，在该窗口中的“单击要修改的级别”栏中选择“1”；在“输入编号的格式”栏中，如输入“第 1 章”，其中数字“1”为原系统默认的数字，该数字编号的样式可在“此级别的编号样式”栏中点击下拉三角按钮进行选择；在窗口的右侧中，选择“将级别链接到样式”为“标题 1”；在“要在库中显示的级别”栏中选择“级别 1”，设置结果如图 1-79 所示。

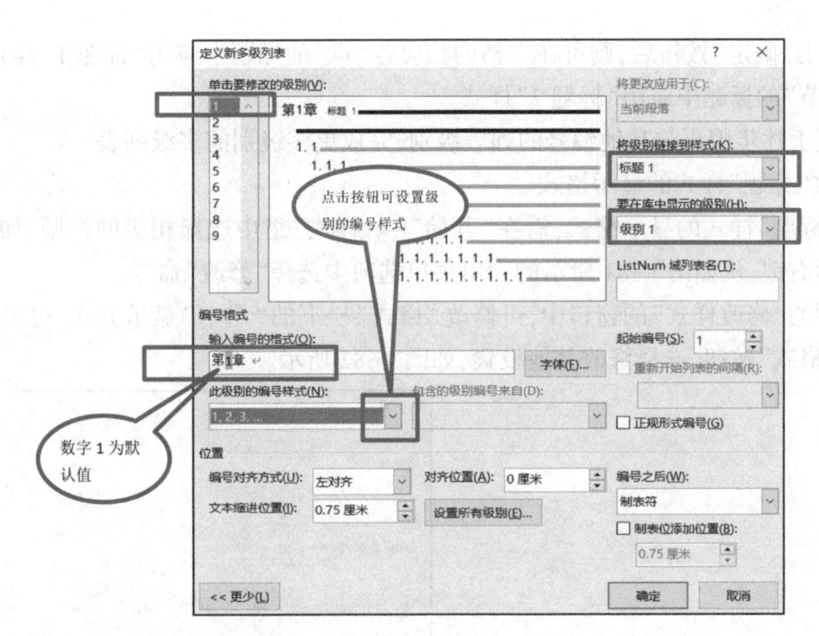

图 1-79　含有“更多”选项的“定义新多级列表”窗口中定义“标题 1”和“级别 1”

2)定义列表“级别 2”并应用于样式“标题 2”中

在图 1-80 所示的窗口中,在“单击要修改的级别”栏中选择“2”;其中“输入编号的格式”栏中,采用原系统默认的数字“1.1”(或者可将原系统默认的数字删除,重新从“包含的级别编号来自”中选择“级别 1”,输入英文状态下的“.”后,再从“此级别的编号样式”中选择“1,2,3,…”);在窗口的右侧中,选择“将级别链接到样式”为“标题 2”;在“要在库中显示的级别”栏中选择“级别 2”,设置过程如图 1-80 所示。

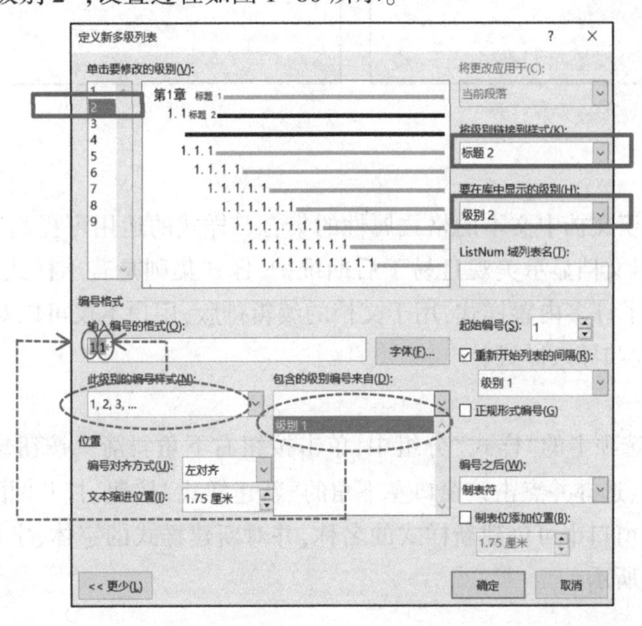

图 1-80　在“定义新多级列表”窗口中定义“标题 2”和“级别 2”

（2）单击“确定”按钮后，则可在文档的相应各“章”的标题中应用“标题 1”样式，在文档的相应各“节”的标题中应用“标题 2”样式。

可重复上述步骤更改其他编号的列表级别，完成更多级别的多级列表。

3）修改“标题”样式的显示格式

修改“标题”样式的显示格式，需在“开始”→“样式”组中选择相应的标题，如“标题 1”后点击鼠标右键，从如图 1-81 所示的弹出菜单选项中选择“修改”命令。

在打开的“修改样式”的窗口中，可修改“格式”栏下的“居中”显示方式，也可单击窗口左下角的“格式”按钮，选择修改其他设置，如图 1-82 所示。

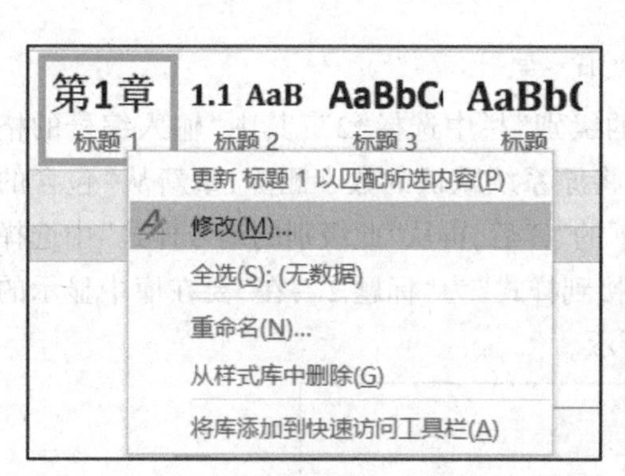

图 1-81　修改“标题 1”样式

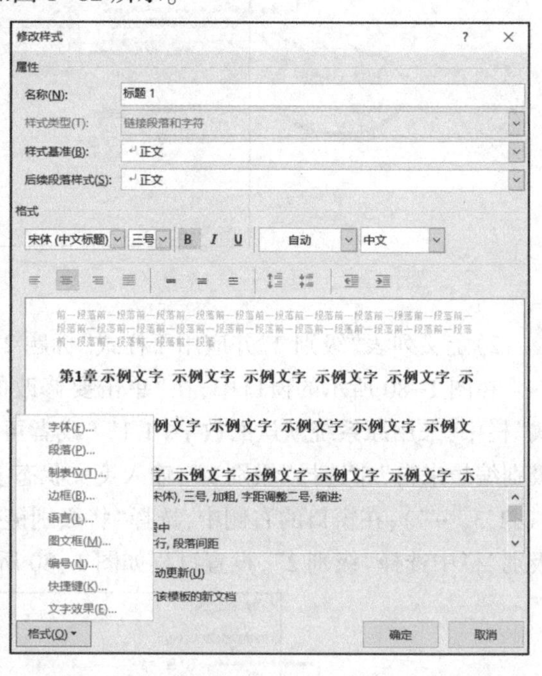

图 1-82　在“修改样式”的窗口中修改显示格式

11.样式的设置

样式是可应用于文档中文本的格式属性的集合。样式的运用可提高工作效率、提升文档的层次结构，使得文档显示美观且易于后期维护，样式集则是若干样式的集合。在 Word 文档中，Word 自带了许多内置样式，用于文档的编辑排版，用户不仅可以对原有样式进行修改，也可以新建样式和导入样式。

1）新建样式

（1）在“开始”选项卡的“样式”分组中，单击按钮右下角斜箭头按钮，弹出“样式”窗口，如图 1-83 所示，选择并点击该窗口左下角的“新建样式”按钮，打开“根据格式设置创建新样式”窗口，在该窗口中可创建新样式的名称，并对新建样式的字体、字号、样式类别等进行设置，如图 1-84 所示。

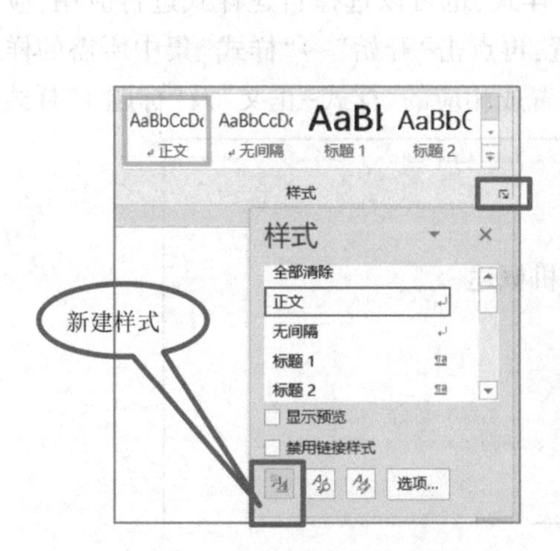

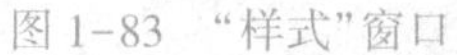

图 1-83 “样式”窗口

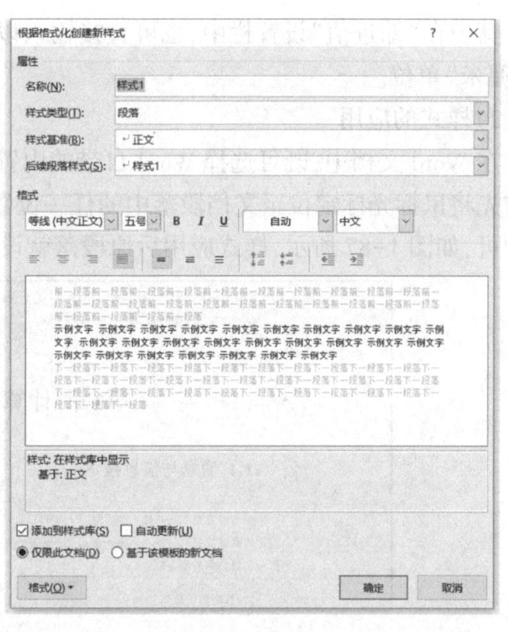

图 1-84 “根据格式设置创建新样式”窗口

(2)点击“根据格式设置创建新样式”窗口左下角“格式”按钮,如图 1-85 所示,从弹出的窗口中可选择“字体”“段落”“制表位”“边框”“语言”“图文框”“编号”“快捷键”和“文字效果”等选项进行设置,例如选择“段落”选项并单击后,在弹出的“段落”窗口中可对新建样式的进行段落的“常规”“缩进”“间距”等进行设置,如图 1-86 所示。

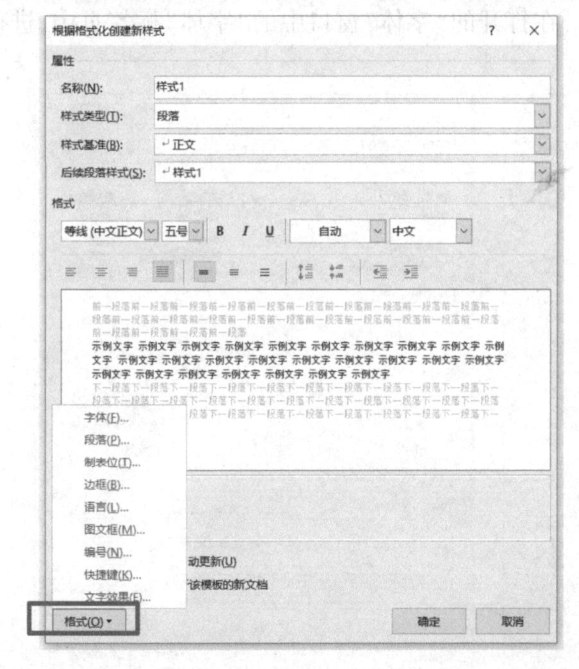

图 1-85 “根据格式化创建新样式”窗口中格式选项

图 1-86 样式的“段落”设置窗口

其中在“缩进值”设置栏中，也可直接输入以“厘米”为单位的数值，将“字符”单位转换为“厘米”单位。

2）样式的应用

在 Word 文档中，既可选择 Word 自带的内置样式，也可以选择自建样式进行应用，应用时首先将鼠标光标定位至文档段落中的任一位置，再点击“开始”→“样式”集中所需的样式名即可，如图 1-87 所示，样式应用后原段落就设置成相应的“样式-正文”及“标题 1”样式。

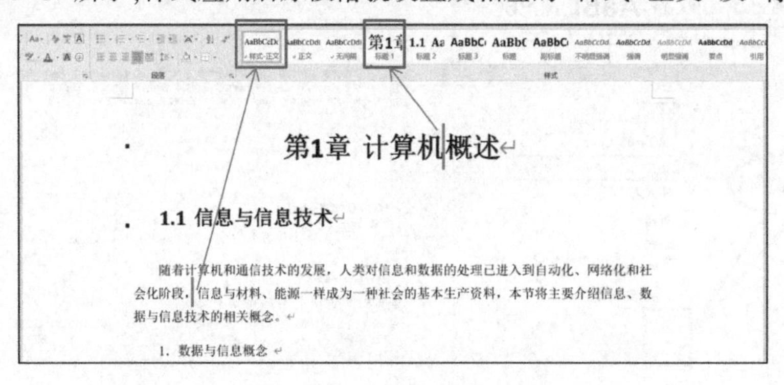

图 1-87 “样式-正文”及“标题 1”样式的应用

样式应用到整个文档后，若想改变某个已应用样式的设置效果，仅需对样式集中该样式进行修改即可，例如若将整个文档的正文字形由原来的“常规”设置成“倾斜”字形，可选择文档中任一正文位置处，单击“开始”→“样式”集中的“样式-正文”名，点击鼠标右键选择“修改”，在打开的“修改样式”窗口中“格式”设置栏中单击 *I*，如图 1-88 所示。也可单击该窗口左下角“格式”按钮选择“字体”命令，在打开的“字体”窗口中的“字体”标签页中，进行字形设置，如图 1-89 所示。

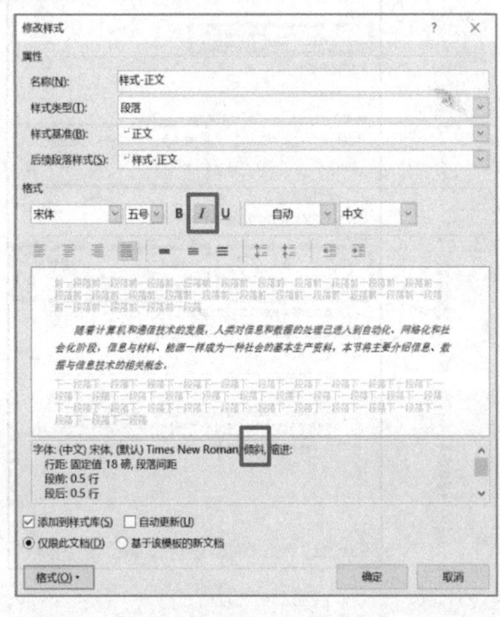

图 1-88 “修改样式”窗口中设置字形

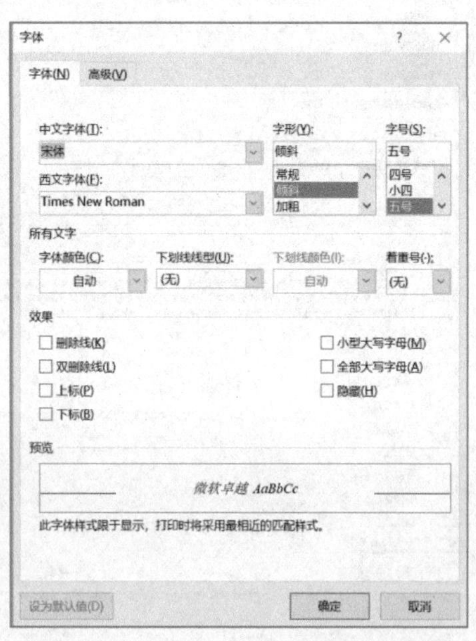

图 1-89 “字体”窗口中设置字形

“样式-正文”设置完成后，整个文档中具有该样式的段落文字均变为“倾斜”字形，效果如图 1-90 所示。这样对于已应用了各种样式的文档，只需简单地修改各样式的设置即可改变整个文档的显示效果，极大地提高了后期文档的维护效率。

第1章 计算机概述

1.1 信息与信息技术

随着计算机和通信技术的发展，人类对信息和数据的处理已进入到自动化、网络化和社会化阶段，信息与材料、能源一样成为一种社会的基本生产资料，本节将主要介绍信息、数据与信息技术的相关概念。

1. 数据与信息概念

从广义上讲，数据是可以记录、通信和能识别的符号，它通过有意义的组合来表达现实世界中某种实体(具体对象、事件、状态或活动)的特征，表示数据的符号多种多样，它可以是简单的文字，也可以是声音、图像、视频等，数据的载体可以是多种多样的，如纸张、磁带、磁盘等。

对于信息而言，目前对它的定义有很多，但没有一个是公认的定义，不同的研究领域对信息的理解和定义是不同的，有代表性的关于信息的定义如下：

图 1-90 “样式-正文”样式修改后文档的显示效果

1.2.2 任务二 文档的页面设置及样式应用

本任务包含“文档的页面设置”和“文档的样式应用”两部分内容，请打开 Word 文档“长文档-页面布局素材”，对文档进行以下操作并保存。

1.文档的页面设置

文档的页面设置

1）任务要求

（1）设置页面（纸张）大小

将文档的纸张大小设置为“A4”。

（2）设置纸张方向

将文档的纸张方向设置为“纵向”。

（3）页面版式设置

- 将文档中的所有图片、表格设置为“居中”显示；
- 将文档中的所有“图的说明”“表的说明”设置为“居中”显示。

（4）设置“文档网格”

将页面设置为每页 40 行，每行 40 个文字。

（5）插入分节符

正文中每章为单独一节。

（6）页眉页脚设置

- 设置页眉，要求为：对于相同的章，其含有的所有页面的页眉内容为“第 *n* 章”（*n* 表示

为数字1、2、3等),居中。

• 设置页码,要求为:页码位于“页面底端”,显示的方式为“X/Y”(其中“X/Y”表示文档页码的显示方式,X为当前页数,Y为总页数),居中。

2)任务完成效果

文档“长文档-页面布局素材”缩略图效果如图1-91所示,完成后文档“长文档-页面布局素材” 缩略图效果如图1-92所示。

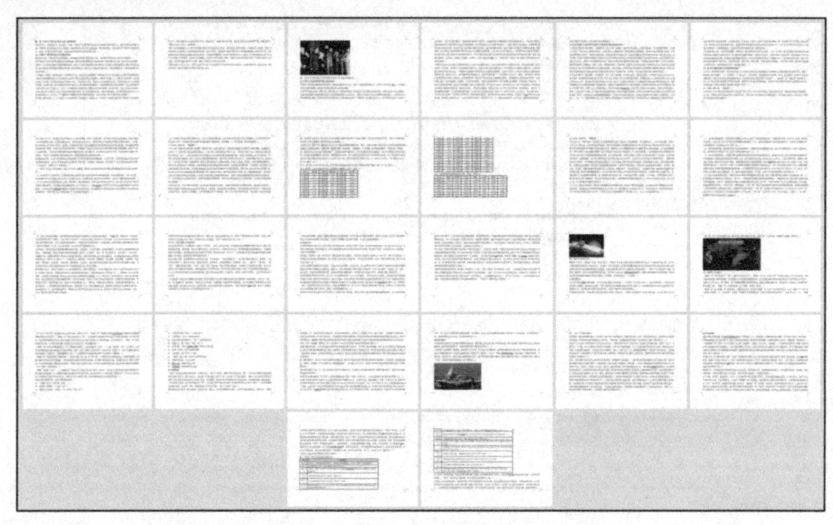

图1-91 “长文档-页面布局素材”缩略图

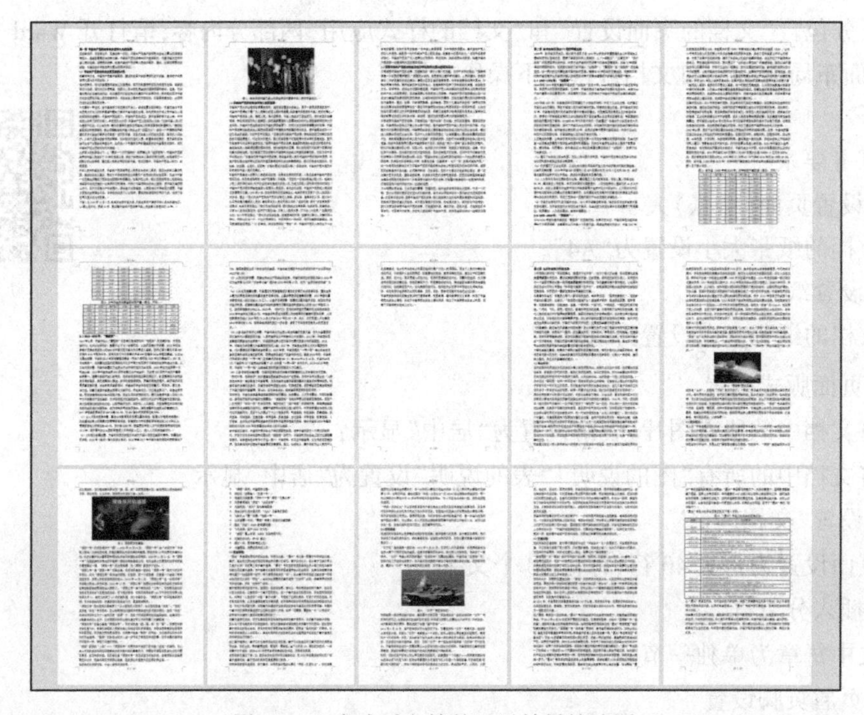

图1-92 完成后文档的显示效果缩略图

3)任务分析

按照任务要求,需掌握页面纸张大小及方向的设置;对文档中的图片表格等进行“居中”设置;并注意在文章中跨页“图”或“表”进行分页设置;在“文档网格”中进行每页行数,每行文字个数的设置;了解分节符和分页符的作用并能够按照要求进行相应的设置操作。

4)任务实施

第 1 步:单击“布局”→“页面设置”组中“纸张大小”按钮,在出现的列表中选择“A4(21 厘米 × 29.7 厘米)”选项,如图 1-93 所示,或者单击“布局”→“页面设置”组中右下方的“小箭头”,在打开的“页面设置”对话框“纸张”标签页中,单击“纸张大小”下拉列表框选择“A4”选项,如图 1-94 所示。

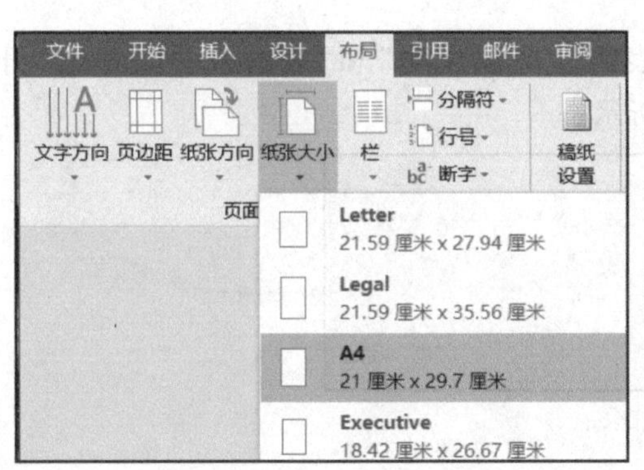

图 1-93 “纸张大小”按钮中纸张大小的设置

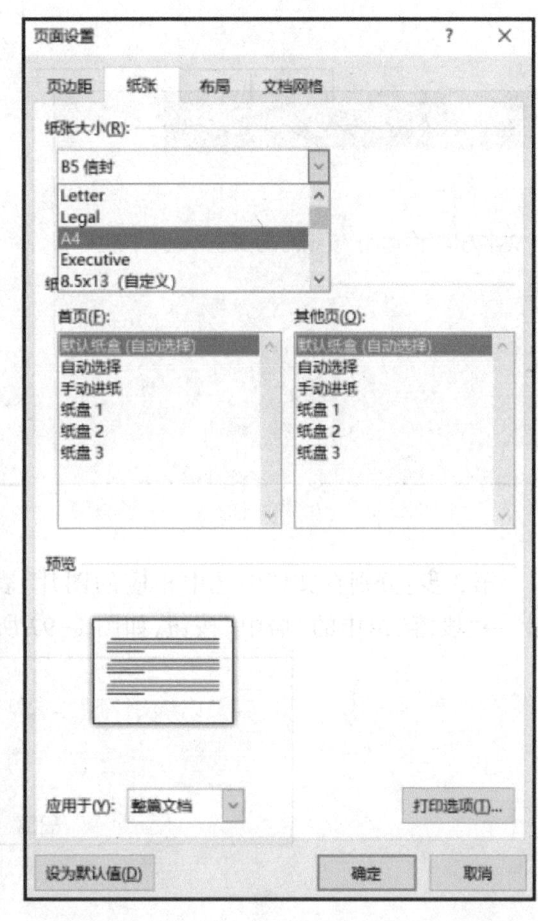

图 1-94 “页面设置”对话框中纸张大小的设置

第 2 步:单击“布局”→“页面设置”组中“纸张方向”按钮,在出现的列表中选择“纵向”选项,如图 1-95 所示,或者单击“布局”→“页面设置”组中右下方的“小箭头”,在打开的“页面设置”对话框中“页边距”标签页,选择“纸张方向”下的“纵向”选项,如图 1-96 所示。

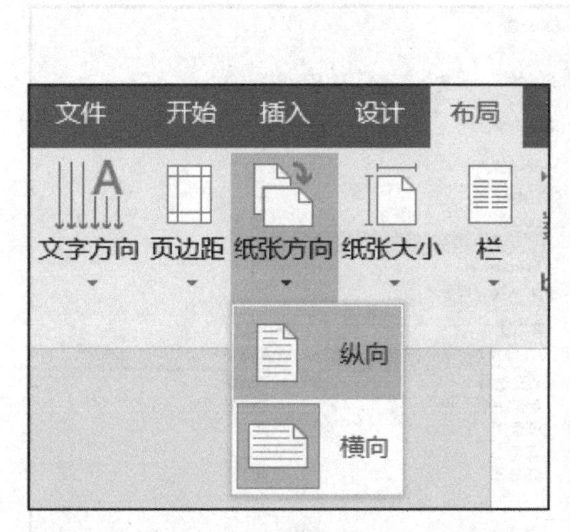

图 1-95 “纸张方向”按钮中纸张方向的设置

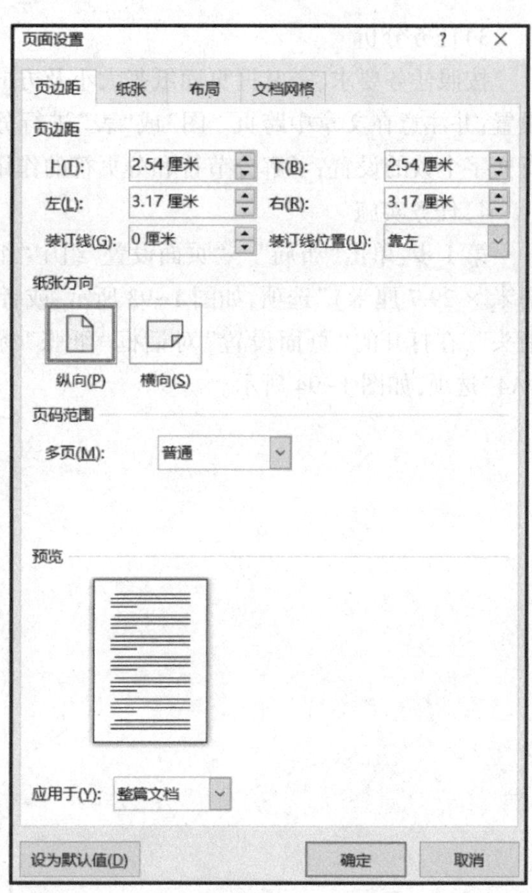

图 1-96 “页面设置”对话框中纸张方向的设置

第 3 步：分别在文档中选中相应的图片、表格、“图的说明”和“表的说明”，单击“开始”→“段落”组中的“居中”按钮，如图 1-97 所示。

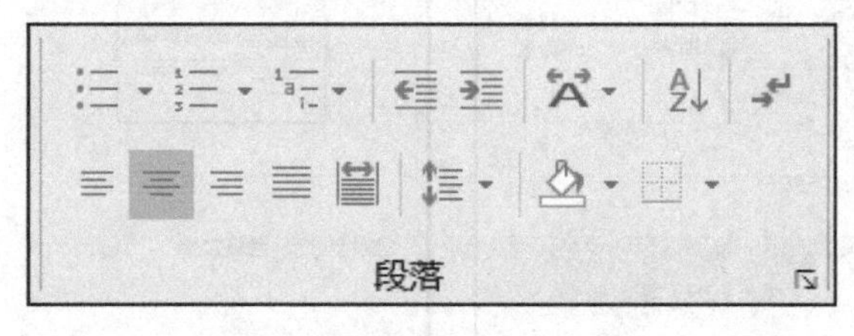

图 1-97 “左右”居中显示设置

第 4 步：单击“布局”→“页面设置”组中右下方的“小箭头”，在打开的“页面设置”对话框中选择“文档网格”标签页，做如下操作。

- 选中“网格”选项组中的“指定行和字符网格”单选框。
- 在“字符数”和“每行”选项组中分别指定每页的行数和每行的字数分别为 40。
- 单击“应用于”旁的下拉列表，选择“整篇文档”选项。

设置结果如图 1-98 所示。

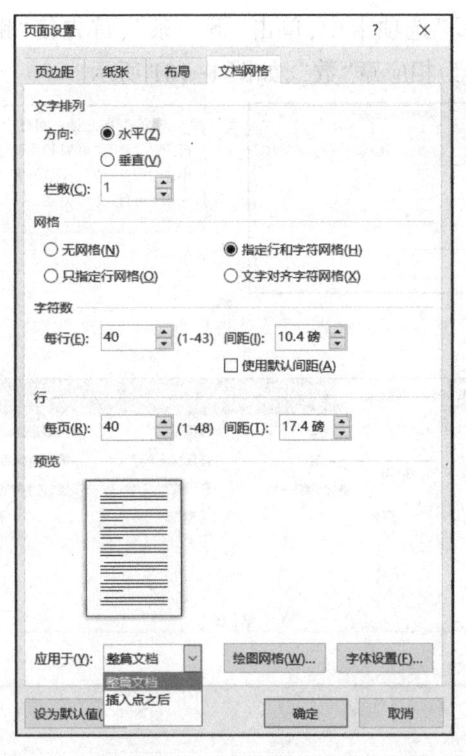

图 1-98 在“文档网格”标签页中设置每页行数及每行的字符个数

第 5 步:光标定位至每“章”前,单击“布局”→“分隔符”→“分节符”的“下一页”,如图 1-99 所示。

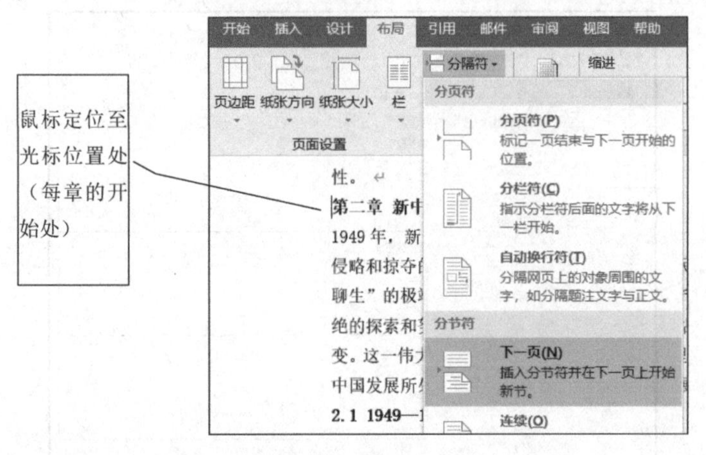

图 1-99 “分节符”中的“下一页”的设置

第 6 步:页眉页脚设置。

(1)页眉设置操作方式如下:

• 选择文档首页任一处,单击“插入”→“页眉页脚”→“内置”中“空白”(居中)方式,如图 1-100 所示,并输入“第 1 章”。

• 在“页眉和页脚工具”选项卡中，单击“下一条”，首先使“链接到前一节”处于“非激活”状态，再修改页眉内容为相应章“数”，如图 1-101 所示。

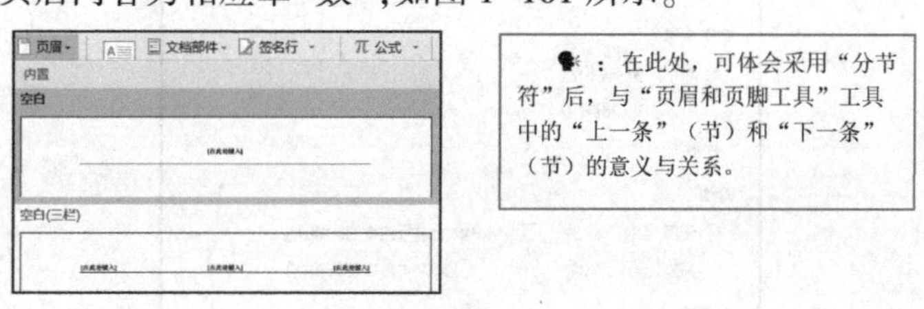

图 1-100 “空白”(居中)设置

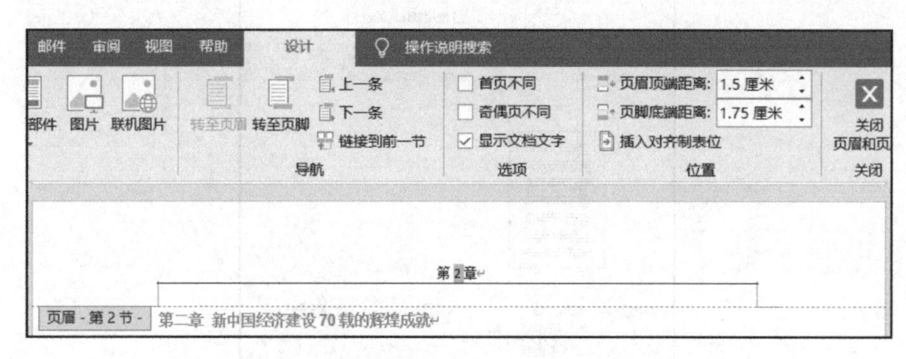

图 1-101 在“页眉和页脚工具”选项卡中，设置“下一节”

（2）页码设置操作方式如下：

• 选择文档任一处，单击“插入”→“页眉页脚”→“页码”选择“页面底部”的“X/Y”（加粗显示的数字 1）方式，设置方式如图 1-102 所示。

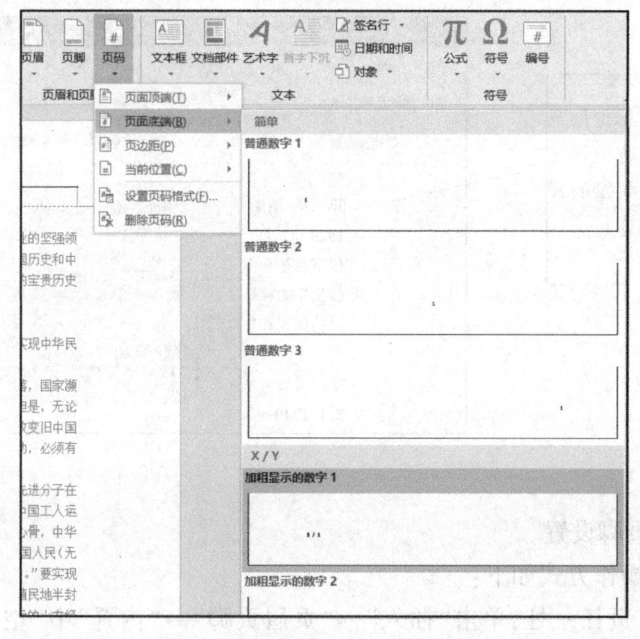

图 1-102 “页面底部”设置

• 在“页眉和页脚工具”选项卡中，单击“插入对齐制表位”，在打开的“对齐制表位”对话框窗口中选“居中”，如图 1-103 所示。

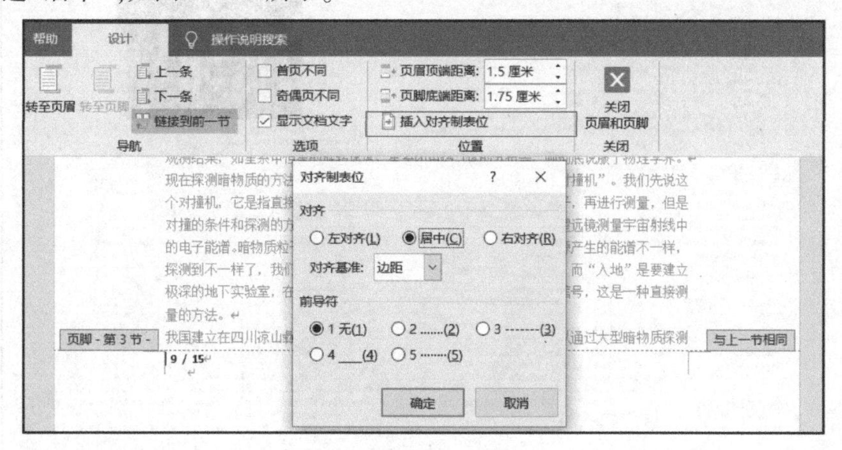

图 1-103 “居中”设置

2.文档的样式应用

文档的样式应用

1）任务要求

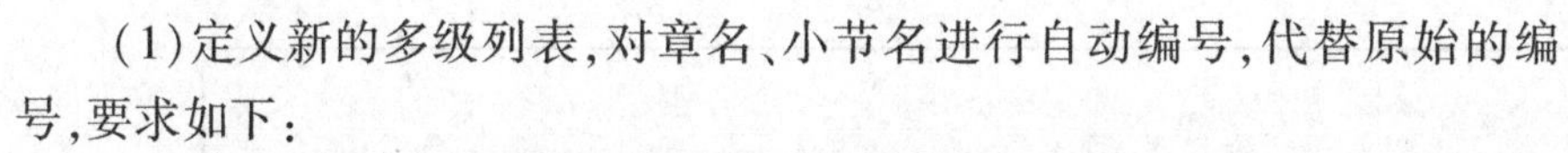

（1）定义新的多级列表，对章名、小节名进行自动编号，代替原始的编号，要求如下：

• 章号的自动编号格式为：第 X 章（例：第 1 章），其中 X 为自动排序，为阿拉伯数字序号。对应标题为“标题 1”，级别为 1。居中显示。

• 小节名的自动编号格式为：X.Y。X 为章数字序号，Y 为节数字序号（例：1.1）。X，Y 均为阿拉伯数字序号。对应标题为“标题 2”，对应级别 2。左对齐显示。

（2）样式的修改，要求如下：

• 修改标题为“标题 1”的样式，字体为“宋体（中文标题）”，字号为“三号”加粗，居中显示，标题的“段前”和“段后”间距均为“12 磅”

• 修改标题为“标题 2”的样式，字体为“宋体（中文标题）”，字号为“小四”加粗，标题的“段前”和“段后”间距均为“6 磅”。

（3）新建样式，样式取名如“样式-正文”，其中新建样式的要求如下：

• 字体：中文字体为“宋体”，西文字体为“Times News Roman”，字号为“5”。

• 段落：首行缩进 2 字符，段前 0.5 行，段后 0.5 行，行距为固定值 18 磅。两端对齐。其余格式默认设置。

（4）样式的应用。

• 将上述的新建的“标题 1”“标题 2”样式应用到文档中所有的章名和小节名；将新建的“样式-正文”应用到所有的正文段落中（除标题、图表说明文字，及含有“✧”号的项目符号外）。

2）任务完成效果

文档样式应用前后文档前 2 页的显示效果对比如图 1-104 和图 1-105 所示。

第 1 章

第一章 中国共产党的领导是历史和人民的选择

党政军民学，东西南北中，党是领导一切的。中国共产党是中国特色社会主义事业的坚强领导核心，是国家最高政治领导力量。中国共产党的领导地位不是自封的，而是中国历史和中国人民的选择。坚持党的领导，既是中国共产党领导人民进行革命、建设、改革的宝贵历史经验，也是实现中华民族伟大复兴的根本保证。

1.1 中国共产党的领导是历史发展的必然

回望百年历史，中国共产党是中国革命、建设和改革不断取得胜利的引领者，是实现中华民族伟大复兴的中流砥柱。

鸦片战争后，近代中国遭受帝国主义列强侵略，腐朽的封建专制政权日益走向没落，国家濒临灭亡边缘。面对内忧外患局面，无数仁人志士前赴后继进行道路探索和尝试。但是，无论是农民阶级还是地主阶级，无论是资产阶级改良派还是资产阶级革命派，都未能改变旧中国的社会性质和中国人民的悲惨命运。旧民主主义革命的失败证明，中国革命要成功，必须有先进阶级及其政党领导。

十月革命一声炮响，给中国送来了马克思列宁主义。经过反复比较和甄别，中国先进分子在马克思列宁主义的科学真理中看到了解决中国问题的出路。在马克思列宁主义同中国工人运动相结合的进程中，中国共产党诞生了。中国共产党的成立，使中国革命有了主心骨，中华民族从此有了新的引路人。早在党的二大时，中国共产党人就深刻认识到："加给中国人民（无论是资产阶级、工人或农民）最大的痛苦的是资本帝国主义和军阀官僚的封建势力。"要实现国家独立和民族解放，就必须推翻压在中国人民头上的"三座大山"。但在一个半殖民地半封建的东方大国进行革命谈何容易？彼时的中国，农民占全国人口的绝大多数，落后的小农经济、小生产及其社会影响根深蒂固，加之西方列强的入侵、封建军阀的横行，使中国的政治经济处在十分复杂的局面之中。如何在一个半殖民地半封建国家实现中国革命的胜利，成为中国共产党必须面对的时代课题。

从罗霄山脉到宝塔山下，从"最后一个农村指挥所"到带着队伍"进京赶考"，中国共产党团结带领中国人民进行了 28 年的艰苦斗争，实现了新民主主义革命的伟大胜利，彻底结束了一盘散沙的社会局面，建立起人民民主专政的新中国。在此过程中，中国共产党由小到大、由弱变强。

中华人民共和国成立后，中国共产党团结带领人民完成社会主义革命，确立社会主义基本制度，推进社会主义建设，完成了中华民族有史以来最为广泛而深刻的社会变革，为当代中国一切发展进步奠定了根本政治前提和制度基础。改革开放以来，我们党团结带领人民破除阻碍国家和民族发展的一切思想和体制障碍，开辟了中国特色社会主义道路，使中国大踏步赶上时代，生产力发展水平不断提升，综合国力日益增强，人民生活水平得到极大提高，中国日益走近世界舞台中央，中华民族迎来了从站起来、富起来到强起来的伟大飞跃，迎来了实现伟大复兴的光明前景。

图 1 为 1949 年 10 月 1 日，毛泽东主持开国大典，向全世界庄严宣告中华人民共和国成立，54 尊礼炮齐鸣，持续 28 响，象征着中国共产党领导中国人民英勇斗争走过的 28 年。

1 / 15

第 1 章

图 1：毛泽东在开国大典上向全世界庄严宣告中华人民共和国成立

1.2 中国共产党的领导是中国人民的选择

中国共产党之所以能够取得革命胜利，进而成功建设社会主义，其中一条根本原因就在于，中国共产党得到了最广大人民群众的衷心拥护和爱戴，始终是中华民族和中国人民的先锋队。

中国共产党来自人民、植根人民。鸦片战争后，中国人民经历了战乱频仍、民不聊生的深重苦难，争取民族独立和人民解放、实现国家富强和人民富裕成为近代以来我国面临的两大历史任务。中国共产党诞生在近代中国的特殊国情下，对两大历史任务有着最深的体悟，中国共产党领导的新民主主义革命彻底结束了半殖民地半封建的近代历史，使中国真正成为一个独立自主的国家。习近平总书记指出："如果没有中国共产党领导，完成民族独立和解放的任务就可能拖得更久、付出的代价更大，我们的国家更不可能取得今天这样的发展成就、更不可能具有今天这样的国际地位。"坚持中国共产党的领导，是国家和民族兴旺发达的根本所在，是全国各族人民幸福安康的根本所在。面对新冠肺炎疫情，我们在较短时间取得了疫情防控的重大战略成果，充分彰显了党的领导和中国特色社会主义制度的显著优势。正如习近平总书记指出的："正是因为有中国共产党领导、有全国各族人民对中国共产党的拥护和支持，中国才能创造出世所罕见的经济快速发展奇迹和社会长期稳定奇迹，我们才能成功战洪水、防非典、抗地震、化危机、应变局，才能打赢这次抗疫斗争。"实践证明，中国共产党不愧为中华民族和中国人民的先锋队。

中国共产党是全心全意为人民服务的政党，没有自己特殊的利益，人民立场是中国共产党的根本立场。马克思恩格斯在《共产党宣言》中写道："过去的一切运动都是少数人的，或者为少数人谋利益的运动。无产阶级的运动是绝大多数人的，为绝大多数人谋利益的独立的运动。"中国共产党的根本宗旨就是全心全意为人民服务，自成立之日起，中国共产党就把人民始终放在最高的位置。1944 年 9 月，在张思德同志的追悼会上，毛泽东同志发表了《为人民服务》的讲话，提出："我们的共产党和共产党所领导的八路军、新四军，是革命的队伍。我们这个队伍完全是为着解放人民的，是彻底地为人民的利益工作的。"延安时期，面对"历史周期率"的探问，毛泽东同志指出："我们已经找到新路，我们能跳出这周期率。这条新路，就是民主。只有让人民来监督政府，政府才不敢松懈。只有人人起来负责，才不会人亡政息。"改革开放之初，邓小平同志指出："我们的历史经验是，越是困难的时候，越要关心群众。只要你关心群众，同群众打成一片，不仅不搞特殊化，而且同群众一块吃苦，任何问题都容易解决，任何困难都能够克服。"70 多年来，在这场特殊的"考试"中，中国共产党向人民交出了一份

2 / 15

图 1-104　样式应用前 1 至 2 页显示效果

第 1 章

第1章 中国共产党的领导是历史和人民的选择

党政军民学，东西南北中，党是领导一切的。中国共产党是中国特色社会主义事业的坚强领导核心，是国家最高政治领导力量。中国共产党的领导地位不是自封的，而是中国历史和中国人民的选择。坚持党的领导，既是中国共产党领导人民进行革命、建设、改革的宝贵历史经验，也是实现中华民族伟大复兴的根本保证。

1.1　中国共产党的领导是历史发展的必然

回望百年历史，中国共产党是中国革命、建设和改革不断取得胜利的引领者，是实现中华民族伟大复兴的中流砥柱。

鸦片战争后，近代中国遭受帝国主义列强侵略，腐朽的封建专制政权日益走向没落，国家濒临灭亡边缘。面对内忧外患局面，无数仁人志士前赴后继进行道路探索和尝试。但是，无论是农民阶级还是地主阶级，无论是资产阶级改良派还是资产阶级革命派，都未能改变旧中国的社会性质和中国人民的悲惨命运。旧民主主义革命的失败证明，中国革命要成功，必须有先进阶级及其政党领导。

十月革命一声炮响，给中国送来了马克思列宁主义。经过反复比较和甄别，中国先进分子在马克思列宁主义的科学真理中看到了解决中国问题的出路。在马克思列宁主义同中国工人运动相结合的进程中，中国共产党诞生了。中国共产党的成立，使中国革命有了主心骨，中华民族从此有了新的引路人。早在党的二大时，中国共产党人就深刻认识到："加给中国人民（无论是资产阶级、工人或农民）最大的痛苦的是资本帝国主义和军阀官僚的封建势力。"要实现国家独立和民族解放，就必须推翻压在中国人民头上的"三座大山"。但在一个半殖民地半封建的东方大国进行革命谈何容易？彼时的中国，农民占全国人口的绝大多数，落后的小农经济、小生产及其社会影响根深蒂固，加之西方列强的入侵、封建军阀的横行，使中国的政治经济处在十分复杂的局面之中。如何在一个半殖民地半封建国家实现中国革命的胜利，成为中国共产党必须面对的时代课题。

从罗霄山脉到宝塔山下，从"最后一个农村指挥所"到带着队伍"进京赶考"，中国共产党团结带领中国人民进行了 28 年的艰苦斗争，实现了新民主主义革命的伟大胜利，彻底结束了一盘散沙的社会局面，建立起人民民主专政的新中国。在此过程中，中国共产党由小到大、由弱变强。

中华人民共和国成立后，中国共产党团结带领人民完成社会主义革命，确立社会主义基本制度，推进社会主义建设，完成了中华民族有史以来最为广泛而深刻的社会变革，为当代中国一切发展进步奠定了根本政治前提和制度基础。改革开放以来，我们党团结带领人民破除阻碍国家和民族发展的一切思想和体制障碍，开辟了中国特色社会主义道路，使中国大踏步赶上时代，生产力发展水平不断提升，综合国力日益增强，人民生活水平得到极大提高，

1 / 17

第 1 章

中国日益走近世界舞台中央，中华民族迎来了从站起来、富起来到强起来的伟大飞跃，迎来了实现伟大复兴的光明前景。

图 1 为 1949 年 10 月 1 日，毛泽东主持开国大典，向全世界庄严宣告中华人民共和国成立，54 尊礼炮齐鸣，持续 28 响，象征着中国共产党领导中国人民英勇斗争走过的 28 年。

图 1：毛泽东在开国大典上向全世界庄严宣告中华人民共和国成立

1.2　中国共产党的领导是中国人民的选择

中国共产党之所以能够取得革命胜利，进而成功建设社会主义，其中一条根本原因就在于，中国共产党得到了最广大人民群众的衷心拥护和爱戴，始终是中华民族和中国人民的先锋队。

中国共产党来自人民、植根人民。鸦片战争后，中国人民经历了战乱频仍、民不聊生的深重苦难，争取民族独立和人民解放、实现国家富强和人民富裕成为近代以来我国面临的两大历史任务。中国共产党诞生在近代中国的特殊国情下，对两大历史任务有着最深的体悟，中国共产党领导的新民主主义革命彻底结束了半殖民地半封建的近代历史，使中国真正成为一个独立自主的国家。习近平总书记指出："如果没有中国共产党领导，完成民族独立和解放的任务就可能拖得更久、付出的代价更大，我们的国家更不可能取得今天这样的发展成就、更不可能具有今天这样的国际地位。"坚持中国共产党的领导，是国家和民族兴旺发达的根本所在，是全国各族人民幸福安康的根本所在。面对新冠肺炎疫情，我们在较短时间取得了疫情防控的重大战略成果，充分彰显了党的领导和中国特色社会主义制度的显著优势。正如习近平总书记指出的："正是因为有中国共产党领导、有全国各族人民对中国共产党的拥护和支持，中国才能创造出世所罕见的经济快速发展奇迹和社会长期稳定奇迹，我们才能成功战洪水、防非典、抗地震、化危机、应变局，才能打赢这次抗疫斗争。"实践证明，中国共产党不愧为中华民族和中国人民的先锋队。

中国共产党是全心全意为人民服务的政党，没有自己特殊的利益，人民立场是中国共产党的根本立场。马克思恩格斯在《共产党宣言》中写道："过去的一切运动都是少数人的，或

2 / 17

图 1-105　样式应用后 1 至 2 页显示效果

3) 任务分析

多级列表及样式的应用,不仅使得文档层次结构清晰、提高排版效率,同时也使文档显示美观、易于维护。在文章排版过程中既可采用系统默认的多级列表及样式,也可另外进行定义或修改已有的多级列表或样式。本任务主要是掌握多级列表的创建过程,并能够将创建好的列表应用于样式中。

4)任务实施

第 1 步:定义新的多级列表,对章名、小节名进行自动编号,代替原始的编号的步骤如下。

• 定位至首行,单击“开始”→“段落”→“多级列表”,选择“定义新的多级列表”,如图 1-106 所示。

• 在“定义新多级列表”窗口中,选择并单击窗口左下角的“更多”按钮,如图 1-107 所示。

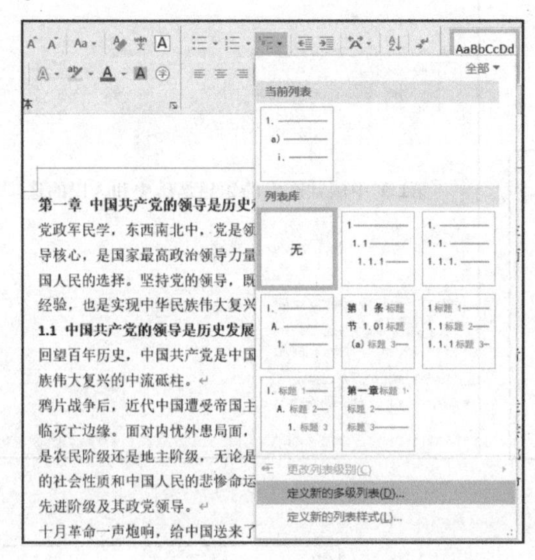

图 1-106 “多级列表”中选择“定义新的多级列表”

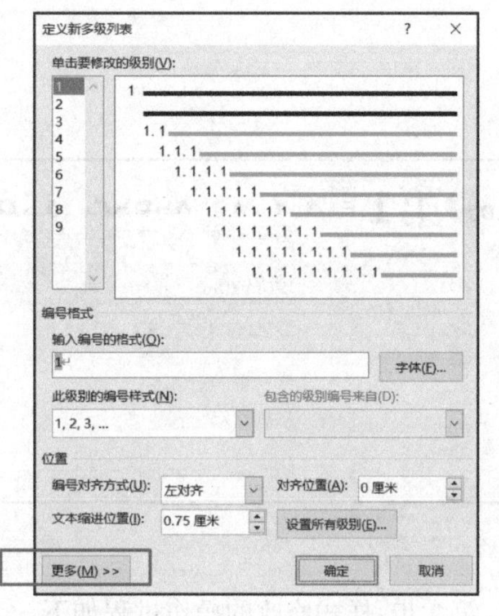

图 1-107 “定义新多级列表”窗口

• 在打开具有更多选项的“定义新多级列表”窗口,选择及输入的内容如图 1-108 及图 1-109 所示,其中“标题 1”设置完成后,紧接着设置“标题 2”内容。

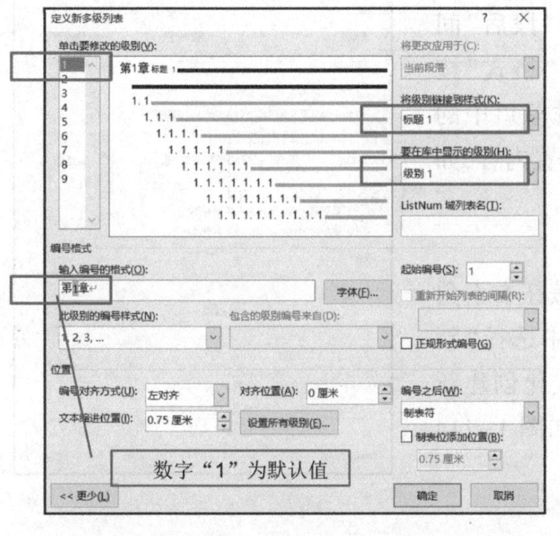

图 1-108 “标题 1”(“级别 1”及“章”)的设置

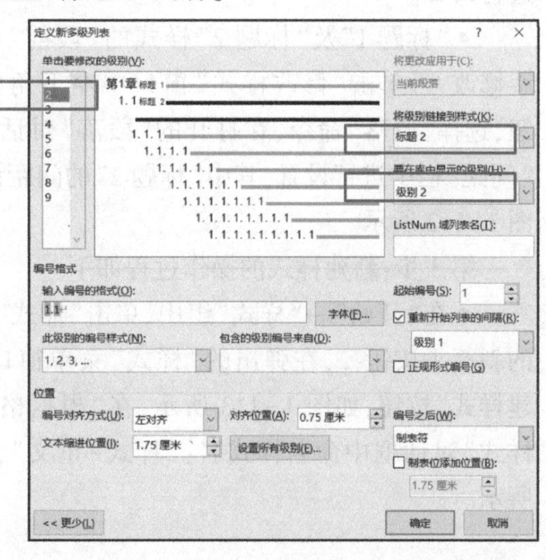

图 1-109 “标题 2”(“级别 2”及“节”)的设置

•设置“标题1”样式的显示格式为“居中”，则可在“开始”→“样式”中选择“标题1”，点击鼠标右键，如图1-110所示，选择“修改”命令，在打开的“修改样式”窗口“格式”栏中，选择“居中”按钮，如图1-111所示。

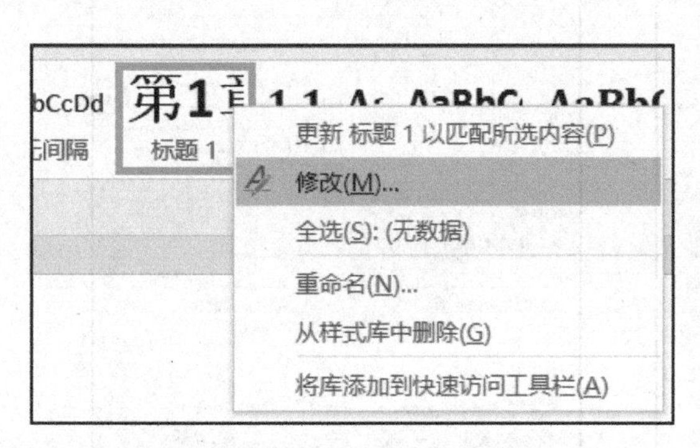

图1-110 修改“标题1”样式

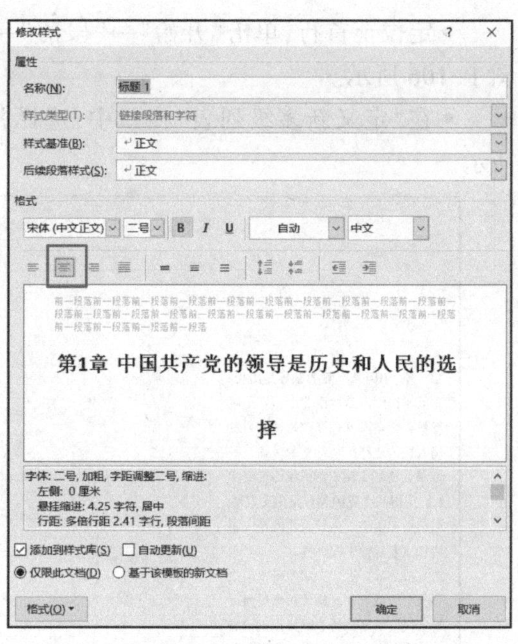

图1-111 设置“居中”显示

第2步：样式修改的操作过程如下。

•“标题1”和“标题2”样式的字体、字号及居中显示修改，其操作过程可参见图1-111，可在其“格式”栏中进行设置。

•“标题1”及“标题2”样式的“段前”和“段后”间距修改，可单击“修改样式”窗口中左下角的“格式”按钮，选择“段落”命令，在打开的“段落”对话框窗口中的“间距”栏中进行设置，其中“标题2”的间距设置内容，如图1-112所示。

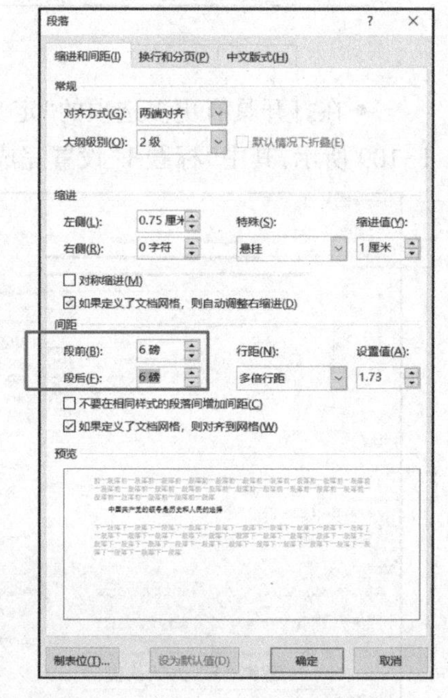

图1-112 “标题2”的“段前”和“段后”间距设置

第3步：新建样式的操作过程如下：

•在“开始”→“样式”组中，单击“样式”按钮右下角的斜箭头按钮，在弹出的“样式”菜单窗口中选择“新建样式”按钮，如图1-113所示，在“根据格式化创建新样式”对话框中命名样式名：“样式-正文”，如图1-114所示。

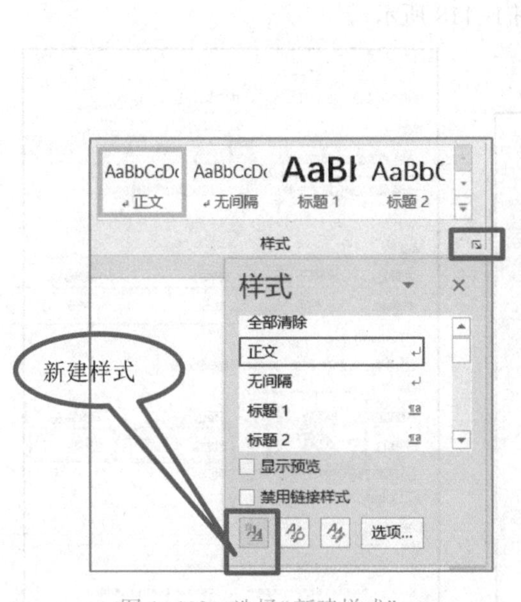

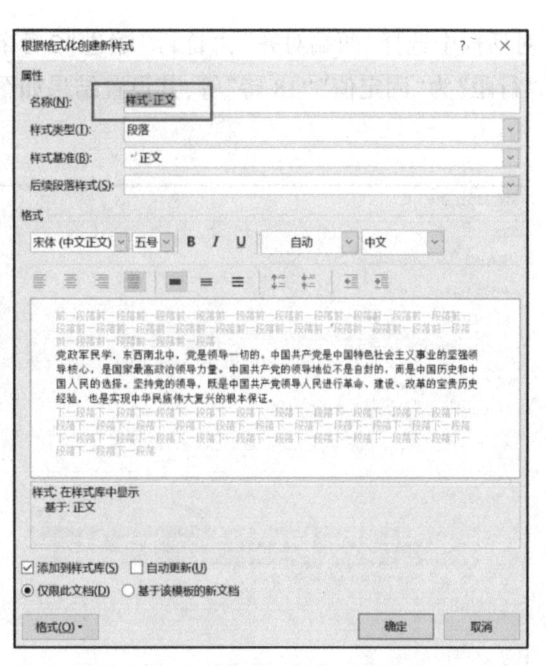

图 1-113　选择“新建样式”

图 1-114　在“根据格式化创建新样式”对话框中命名样式名

• 在图 1-115“根据格式化创建新样式”对话框中，单击“格式”按钮，选择“字体”命令，在弹出的“字体”对话框中，分别设置中文字体为“宋体”，西文字体为“Times New Roman”，字形为“常规”，字号为“5”，其设置结果如图 1-116 所示。

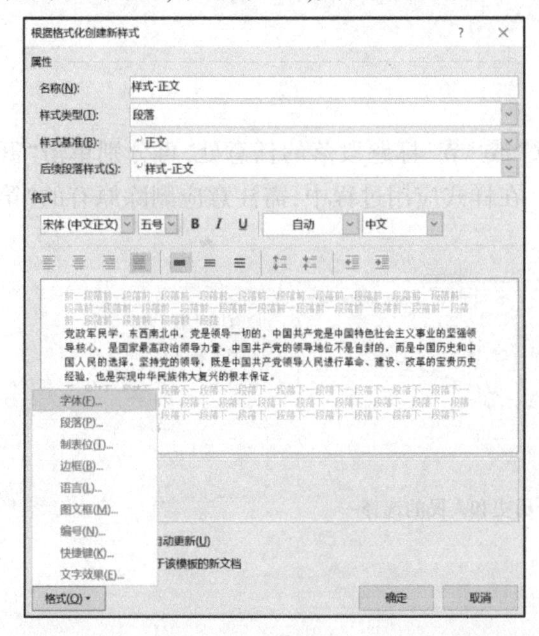

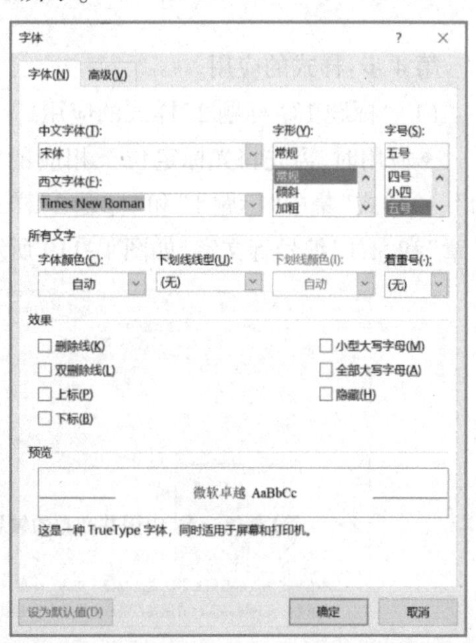

图 1-115　单击“格式”按钮，设置“字体”

图 1-116　字体设置结果

• 在图 1-117“根据格式化创建新样式”对话框中，选择“段落”命令，在弹出的“段落”

对话框中选择“两端对齐”,“首行”缩进“2 字符”,“段前”为“0.5 行”,“段后”为“0.5 行”,“行距”为“固定值”“18 磅”等,其设置结果如图 1-118 所示。

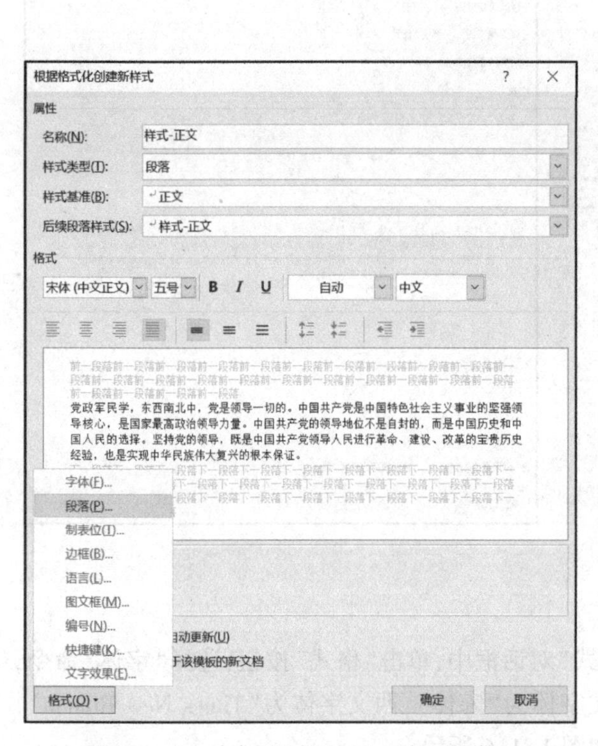

图 1-117　单击“格式”按钮,选择“段落”

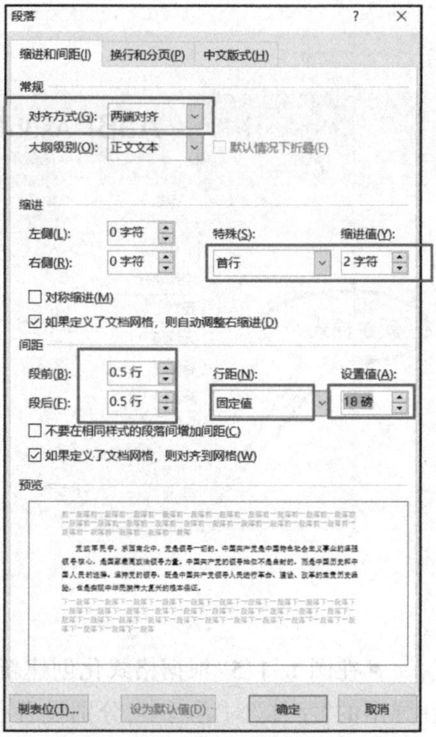

图 1-118　设置“段落”格式

第 4 步:样式的应用。

(1)“标题 1”“标题 2”样式的应用。

• 应用时,需先将光标定位至相应的“章”或“节”标题段落的任意处,再分别单击“开始”→“样式”集中“标题 1”和“标题 2”样式。在样式应用过程中,需注意应删除原有的“第一章”和“1.1”编号等文字,如图 1-119 所示。

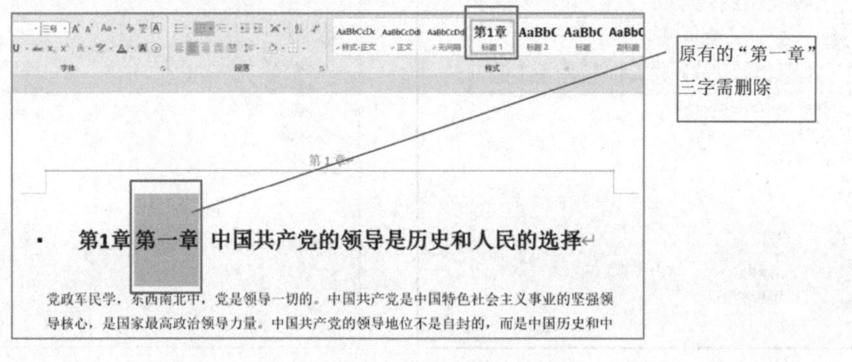

图 1-119　“标题 1”的样式应用

(2)新建的“样式 1”应用(除标题、图表说明文字及含有“✧”号的项目符号外)。

• 光标定位至正文段落中的任意处后，点击“样式”集中的“样式-正文”，则所选段落的原有样式将改变为“样式-正文”所设置的方式，如图 1-120 所示。

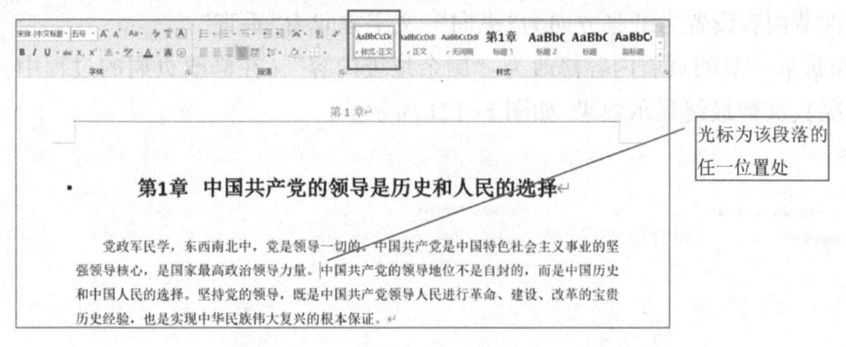

图 1-120 “样式-正文”的样式应用

1.2.3 操作练习

打开文件“人居环境的建设.docx”，按如下要求进行设置，并体会“样式”应用对文档维护带来的便捷性、分栏设置对分节的影响及分页与分节的不同处。

(1)分节及分页设置。

• 将文档分成四节，每个小标题内容为一节，其中“小知识：生活中的厨余垃圾”的内容为单独一节。

• 在第四节中，将“油脂部分则可用于制备生物燃料”后的其余部分设置成“下一页”。

(2)为文档添加页眉，页眉内容为：“人居环境的建设”（在添加页眉的过程中，请查看文档分节情况）。

(3)新建样式并命名为“段落正文”，样式内容设置如下：

• 样式类型：段落

• 样式基准：正文

• 字体：宋体(中文正文)，常规，小四

• 首行缩进：2 字符

• 对齐方式：两端对齐

(4)将新建的“段落正文”样式应用于文档中各个段落中(除标题和含有项目符号◇的段落外)。

(5)将含有项目符号◇的段落分成 2 栏，并将位置移动到合适的位置处。

(6)修改样式“段落正文”的字体颜色为“蓝色，个性色 1”，并查看整篇文档修改后的效果。

(7)页面布局设置如下：

- 第二节内容设置成每页 30 行显示。
- 第四节内容设置为纸张方向为“纵向”，文字方向为“垂直”。

(8)将最后一页的页眉内容修改为：“厨余垃圾内容”（在修改页眉的过程中，请查看文档分节情况），文档最终显示效果，如图 1-121 所示。

图 1-121　文件“人居环境的建设.docx”最终显示效果图

项目三 域与书签的应用

1.3.1 知识点

Word 中的“域”是一种特殊命令,它由花括号、域名(域代码)及选项开关构成。域代码类似于公式,域选项并关是特殊指令,在域中可触发特定的操作。在用 Word 处理文档时若能巧妙应用域,会给我们的工作带来极大的方便。

Word 书签是用于标记文档中的某一处位置或文字,使用书签可以快速定位到目标处,也可以用来设置超链接。

1.域的概念及运用

1)域的概念

域是文档中的变量,域分为域代码和域结果。域代码是由域特征字符、域类型、域指令和开关组成的字符串,域结果是域代码所代表的信息。域结果根据文档的变动或相应因素的变化而自动更新。域特征字符是指包围域代码的大括号“{}”,它不是从键盘上直接输入的,而是按“Ctrl+F9”键插入的一对域特征字符。域类型就是 Word 域的名称,域指令和开关是设定域类型如何工作的指令或开关。

例如,域代码{DATE\ * MERGEFORMAT}表示在文档中每出现此域代码的地方插入当前日期,其中“DATE”是域类型,“\ * MERGEFORMAT”是通用域开关。

如当前时间域:

域代码:{DATE \@ "yyyy′年′M′月′d′日′" \ * MERGEFORMAT}

域结果:2020 年 12 月 17 日(当天日期)

2)域能做什么

使用 Word 域可以实现许多复杂的工作。主要有:自动编页码以及插入图表的题注、脚

注、尾注的号码;按不同格式插入日期和时间;通过链接与引用在活动文档中插入其他文档的部分或整体;实现无需重新键入即可使文字保持最新状态;自动创建目录、关键词索引、图表目录;插入文档属性信息;实现邮件的自动合并与打印;执行加、减及其他数学运算;创建数学公式;调整文字位置等。

3)插入域

单击要插入域的位置,点击“插入”→“文本”→“文档部件”→“域”命令,打开“域”对话框。单击“类别”选项框中下拉箭头选择所需要的类别,如“日期和时间”,如图1-122所示,“域”对话框由“请选择域”“域属性”“域选项”三部分组成,前者是域对话框中必有的元素,后两者因域名的不同而不同。

用户可以通过编辑域代码来修改域,也可以在域对话框中修改域。点击“域”对话框中“域代码”按钮,可在“高级域属性”中查看域代码语法格式,如图1-123所示。点击“域”代码窗口中“选项”按钮,可对“域选项”进行格式设置,如图1-124所示。

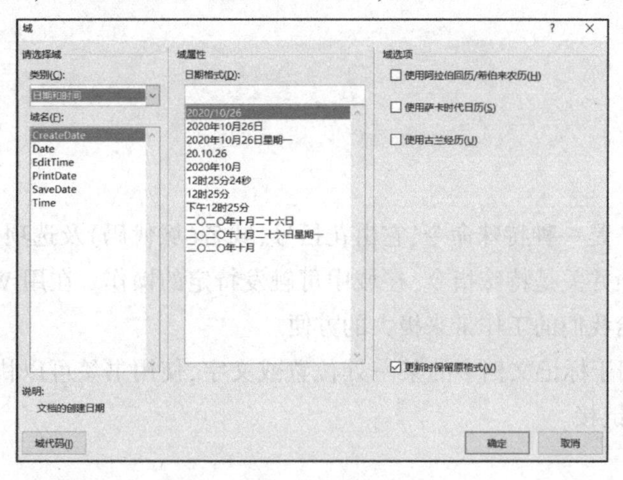

图1-122 “域”对话框

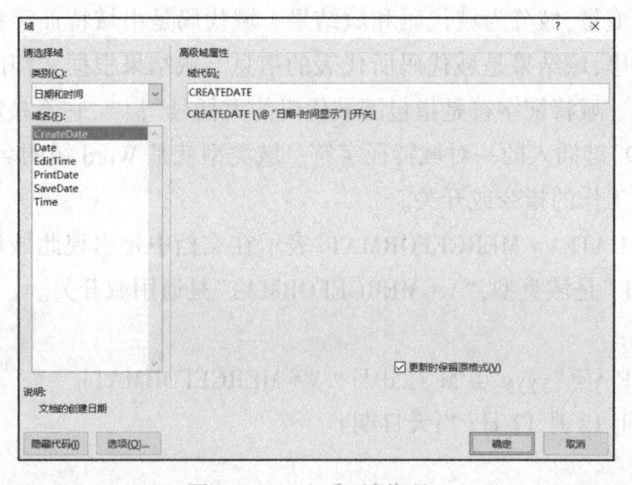

图1-123 查看“域代码”

图 1-124 在"域选项"对话框中设置格式

4)域的快捷键操作

运用快捷键使域的操作更简单、更快捷,域操作快捷键的用法可参见表 1-3。

表 1-3 域操作快捷键

快捷键	作用
Ctrl+F9	插入空域
F9	更新所选域
Shift+F9	在域代码和其结果之间进行切换
Alt+F9	在所有的域代码及其结果间进行切换
F11	定位至下一域
Shift+F11	定位至前一域

5)更新域操作

当 Word 文档中的域没有显示出最新信息时,用户应采取以下措施进行更新,以获得新域结果。

① 更新单个域:首先单击需要更新的域,然后按下"F9"键。

② 更新一篇文档中所有域:执行"编辑"→"全选"命令(或按下"Ctrl+A"组合键),选定整篇文档,按下"F9"键。

另外,用户也可选定区域后,点击鼠标右键,在弹出的菜单中选择"更新域"选项,如图 1-125 所示。

6)打印前更新域

打印前更新域是 Word 软件的一种打印选项,如果当前需要打印的 Word 文档中含有域,并且对域进行了修改,为了能够打印出更新后的域内容,则用户可以设置打印前更新域

功能。

以 Word 软件为例介绍设置打印前更新域的方法：

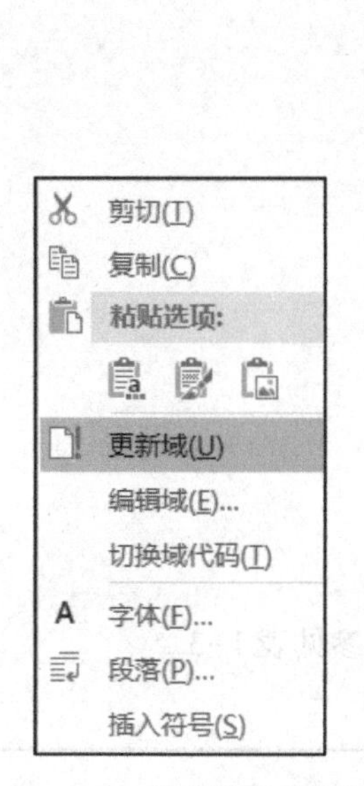

图 1-125 “更新域”对话框

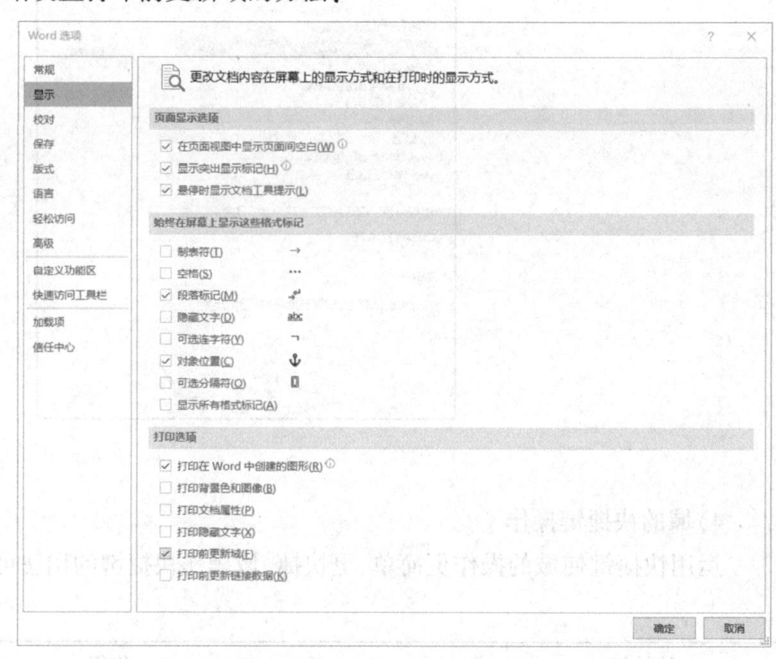

图 1-126 设置“打印前更新域”复选框

第 1 步，打开 Word 文档窗口，依次单击“文件”→“选项”命令。

第 2 步，打开“Word 选项”对话框，切换到“显示”选项卡。在“打印选项”区域选中“打印前更新域”复选框，如图 1-126 所示，并单击“确定”按钮即可。

7) 域的分类

Word 提供了 9 个大类共 73 个域。其中“编号域”“文档信息”“日期和时间”和“链接和引用”的域分别描述如下：

(1) 编号域

用于在文档中插入不同类型的编号，共有 10 种不同域，具体见表 1-4 所列。

表 1-4 “编号域”类别

域名	说明
AutoNum	插入自动段落编号
AutoNumLgl	插入正规格式的自动段落编号
AutoNunlOut	插入大纲格式的自动段落编号
Barcode	插入收信人邮政条码（美国邮政局使用的机器可读地址形式）
ListNum	在段落中的任意位置插入一组编号
Page	插入当前页码，经常用于页眉和页脚中创建页码
RavNum	插入文档的保存次数，该信息来自文档属性“统计”选项卡

续表

域名	说明
Section	插入当前节的编号
SectionPages	插入本书的总页数
Seq	插入自动序列号,用于对文档中的章节、表格、图表和其他项目按顺序编号

(2)文档信息

文档信息域对应于文件属性的“摘要”选项卡上的内容,共有 14 个域,具体见表 1-5 所列。

表 1-5 “文档信息”类别

域名	说明
Author	“摘要”信息中文档作者的姓名
Comments	“摘要”信息中的备注
DocProperty	插入指定的 26 项文档属性中的一项,而不仅仅是文档信息域类别中的内容
FileName	当前文件的名称
FileSize	文件的存储大小
Info	插入指定的“摘要”信息中的一项
KeyWords	“摘要”信息中的关键字
LastSaveBy	最后更改并保存文档的修改者姓名,来自“统计”信息
NumChars	文档包含的字符数,来自“统计”信息
NumPages	文档的总页数,来自“统计”信息
NumWords	文档的总字数,来自“统计”信息
Subject	“摘要”信息中的文档主题
Template	文档选用的模板名,来自“摘要”信息
Title	“摘要”信息中的文档标题

(3)日期和时间

在“日期和时间”类别下有 6 个域,具体见表 1-6 所列。

表 1-6 “日期和时间”类别

域名	说明
CreateDate	文档创建时间
Date	当前日期
EditTime	文档编辑时间总计

续表

域名	说明
PrintDate	上次打印文档的日期
SaveDate	上次保存文档的日期
Time	当前时间

(4)链接和引用

链接和引用域用于将外部文件与当前文档链接起来,或将当前文档的一部分与另一部分链接起来,共有 11 个域,具体见表 1-7 所列。

表 1-7 "链接和引用域"类别

域名	说明
AutoText	插入指定的"自动图文集"词条
AutoTextListl	为活动模板中的"自动图文集"词条创建下拉列表,列表会随着应用于"自动图文集"词条的样式而改变
Hyperlink	插入带有提示文字的超级链接,可以从此处跳转至其他位置
IncludePicture	通过文件插入图片
IncludeText	通过文件插入文字
Link	使用 OLE 插入文件的一部分
NoteRef	插入脚注或尾注编号,用于多次引用同一注释或交叉引用脚注或尾注
PageRef	插入包含指定书签的页码,作为交叉引用
Quote	插入文字类型的文本
Ref	插入用书签标记的文本
StyleRef	插入具有指定样式的文本

域代码的大括号"{}",它不是从键盘上直接输入的,按"Ctrl+F9"键可插入这对域特征字符,域代码{DATE \@ "yyyy′年′M′月′d′日′" \ * MERGEFORMAT}中的域指令须使用西文状态下的引号。

2.书签的运用

Word 书签用于标记文档中的某一处位置或文字,使用书签可以快速定位到目标处,也可以用来设置超链接,设置书签方法及步骤如下:

(1)设置书签

将光标定位到要设置书签的地方,或选中要设置书签的文字,点击"插入"选项卡的"链接"组中"书签"按钮。,在打开的"书签"对话框,输入书签名后,点击"添加"即可,如

图 1-127 所示(注意:书签名必须以字母或汉字开头,可以包含数字和下划线,但不能包含"@""#""~""-"等符号)。

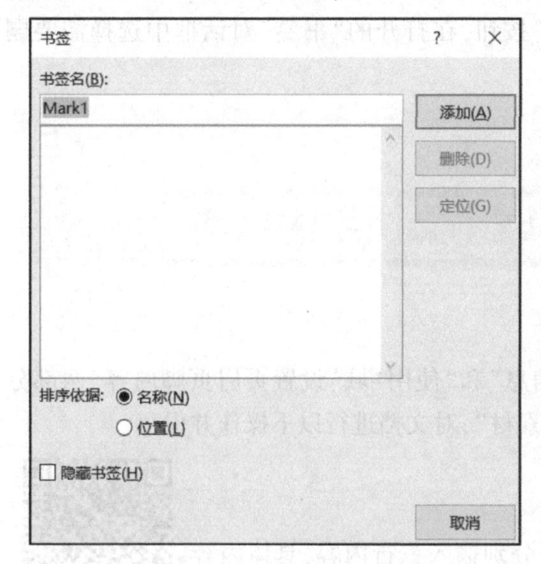

图 1-127　"书签"对话框中添加书签

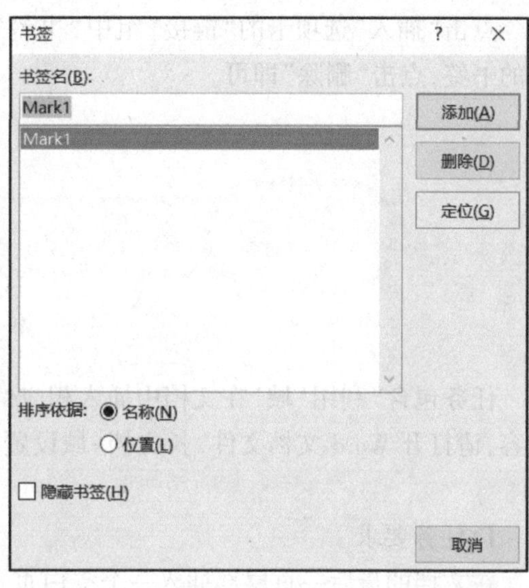

图 1-128　在"书签"对话框中定位到相应书签处

(2)使用书签

点击"插入"选项卡的"链接"组中"书签"按钮,在打开的"书签"对话框中选择需要定位的书签,双击该书签可以直接跳转到书签处,或选中书签,点击"定位",如图 1-128 所示,也可以跳转到书签处。

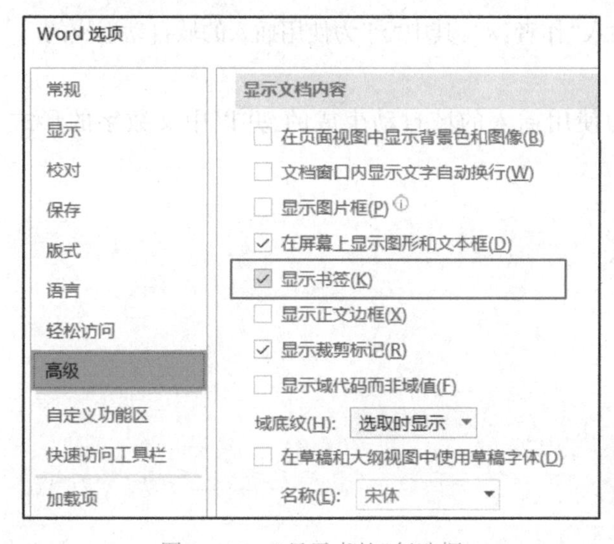

图 1-129　"显示书签"复选框

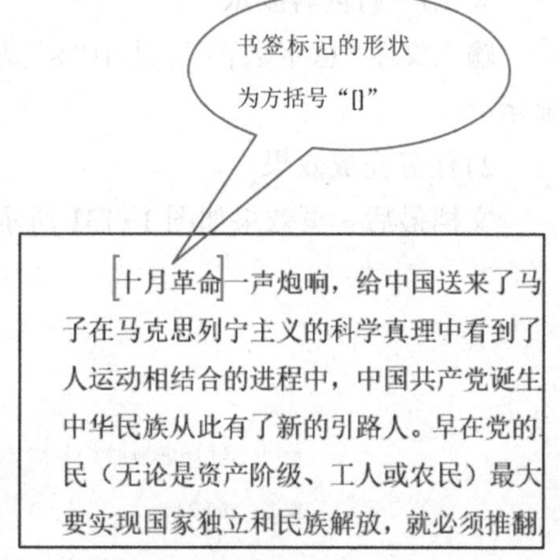

图 1-130　文档中显示书签标记

(3)显示书签

默认书签设置了之后,文档中是没有任何标记的,想要在文档中显示出书签标记,就请点击"文件"→"选项",在"高级"选项卡下,选中"显示书签"复选框,如图 1-129 所示。这样 Word 文档中就会显示处书签标记,书签标记的形状为方括号,如图 1-130 所示。

(4)删除书签

点击“插入”选项卡的“链接”组中“书签”按钮,在打开的“书签”对话框中选择需要删除的书签,点击“删除”即可。

1.3.2 任务三 域在文档中的应用

任务包含“利用‘域’在文档中插入相应信息”和“使用‘域’设置页眉页脚内容”两部分内容,请打开 Word 文档文件“长文档-域设置素材”,对文档进行以下操作并保存。

1.利用“域”在文档中插入相应信息

1)任务要求

在文档的最后一页尾部插入一个空白页,分别输入三行内容,具体内容如下:

域信息的插入

① 第一行内容要求

输入内容“备注:文档完成时间”,且在输入的内容后通过“域”为文档建立“文档创建日期”(日期格式为“×年×月×日”,并以中文数字的形式显示)。

② 第二行内容要求

将文档的作者改为自己的姓名后,输入“作者:×”,其中“×”为使用插入的域自动生成的。

③ 第三行内容要求

输入文字“总字数:×”,其中“×”为使用插入的域自动生成的,并以中文数字的形式显示。

2)任务完成效果

文档最后一页效果如图 1-131 所示。

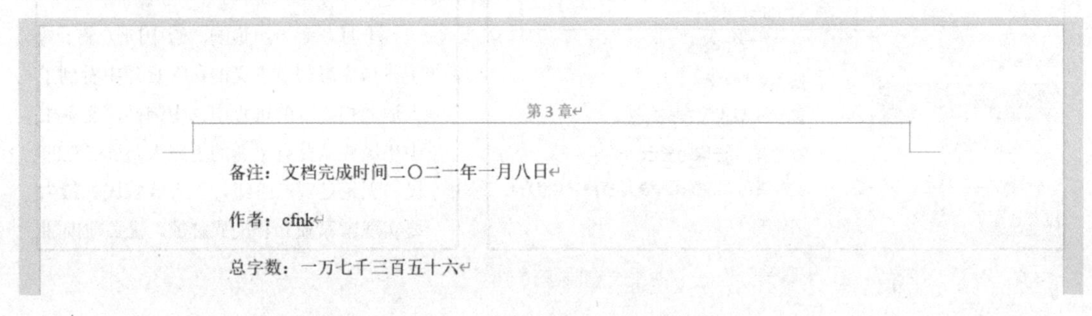

图 1-131 文档最后一页显示效果

3)任务分析

本任务主要是利用 Word 中的“域”,完成“日期和时间”和“文档信息”中相关内容的自动插入。

4)任务实施

第 1 步:定位至文档的最后一页的尾部,插入一个空白页后,在空白页的第一行中输入内容“备注:文档完成时间”后,可通过两种“域”的方法为文档建立“文档创建日期”,具体操作步骤如下。

• 方法 1:单击“插入”→“文本”→“文档部件”,选择“域”,如图 1-132 所示,并在打开的“域”窗口中选择“日期和时间”类别,“域名”框中选择“CreateDate”,“域属性”中选择“二〇二〇年十二月二十八日”,如图 1-133 所示。

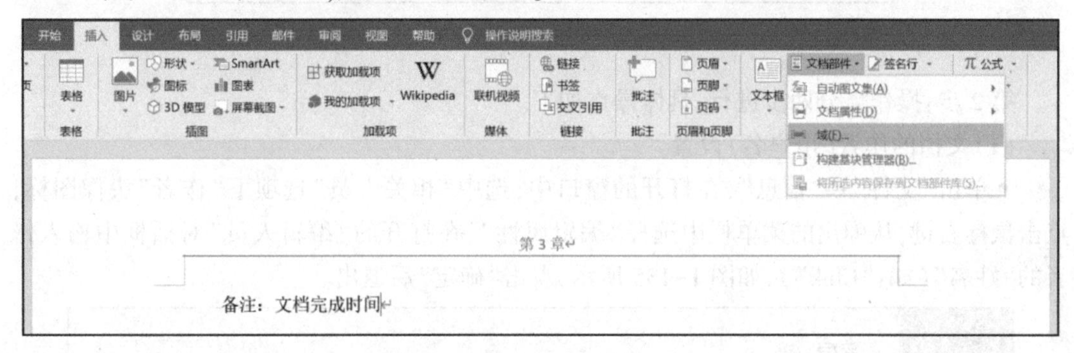

图 1-132 文档部件中选择“域”

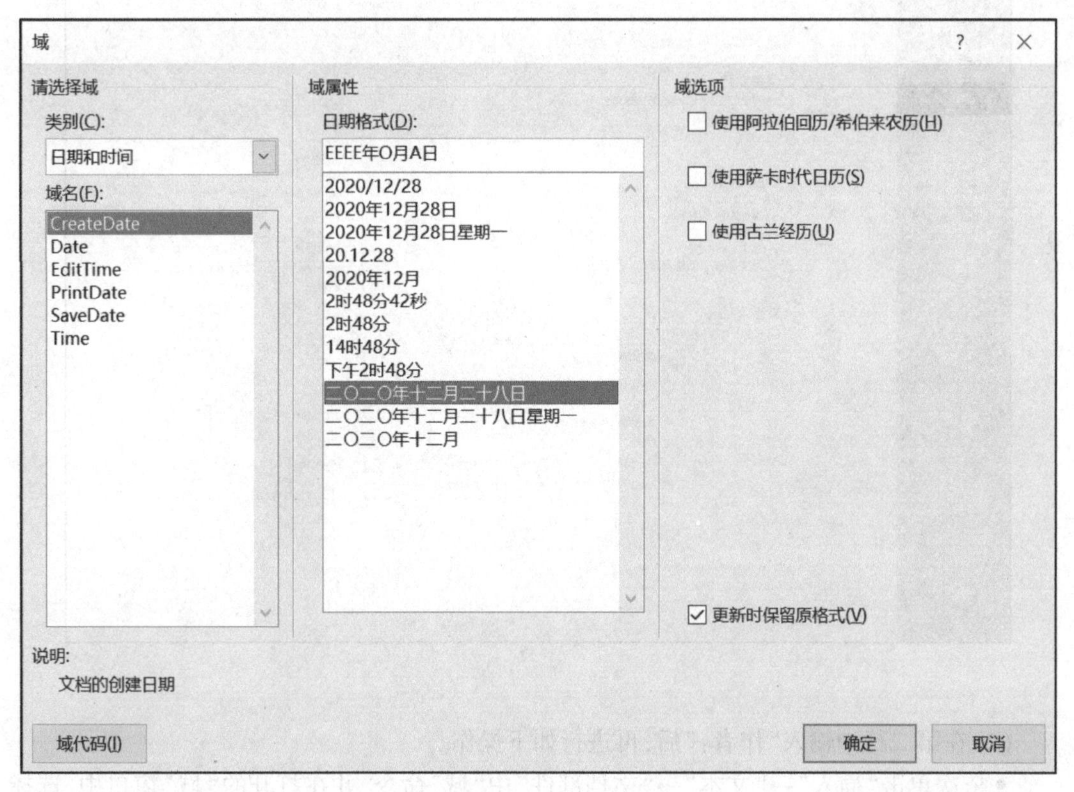

图 1-133 “域”窗口中的设置选项

• 方法 2:按"Ctrl+F9"后,如图 1-134 所示,可输入"域"命令:"CREATEDATE \@ " EEEE 年 O 月 A 日" ",点击鼠标右键选择"更新域"(或按"F9"键)后可查看结果。

图 1-134 输入"域"命令

第 2 步:操作需分两步进行,具体操作如下。

(1)文档的作者(用户名)设置。

• 单击"文件"→"信息",在打开的窗口中,选中"相关人员"选项下"作者"头像图标,点击鼠标右键,从弹出的菜单栏中选择"编辑属性",在打开的"编辑人员"对话框中输入作者的"姓名"(如:"Cfnk"),如图 1-135 所示,点击"确定"后退出。

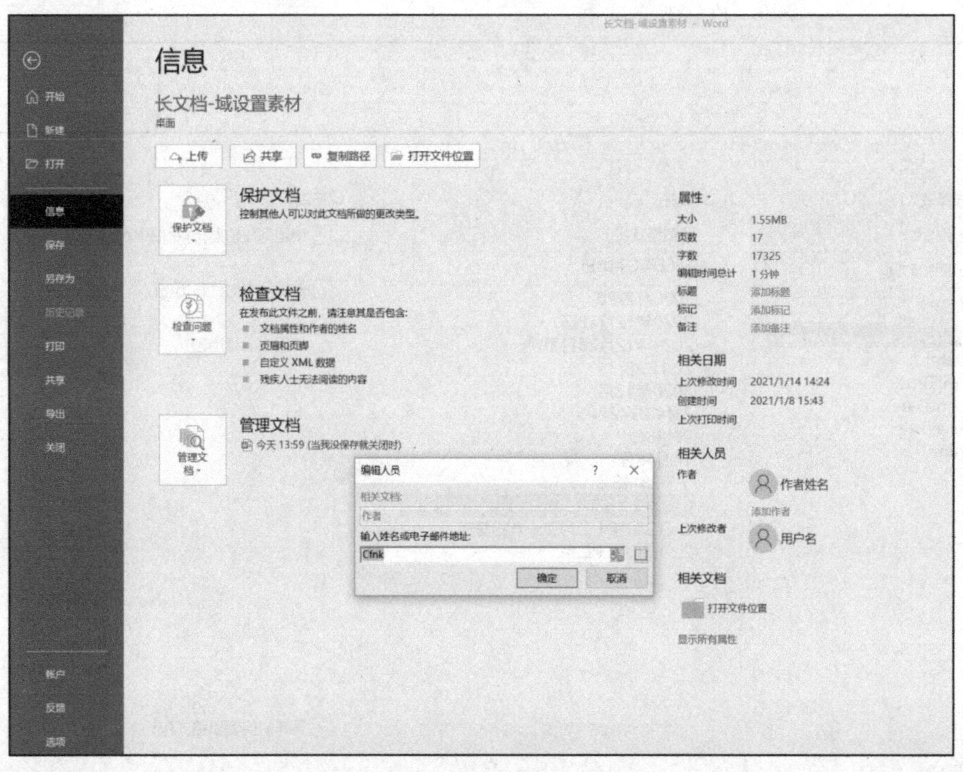

图 1-135 文档作者的设置

(2)在第二行中输入"作者:"后,再进行如下操作。

• 依次单击"插入"→"文本"→"文档部件"中"域"命令,并在打开的"域"窗口中,选择类别"文档信息","域名"为"Author","域属性"中"格式"为"无",如图 1-136 所示。

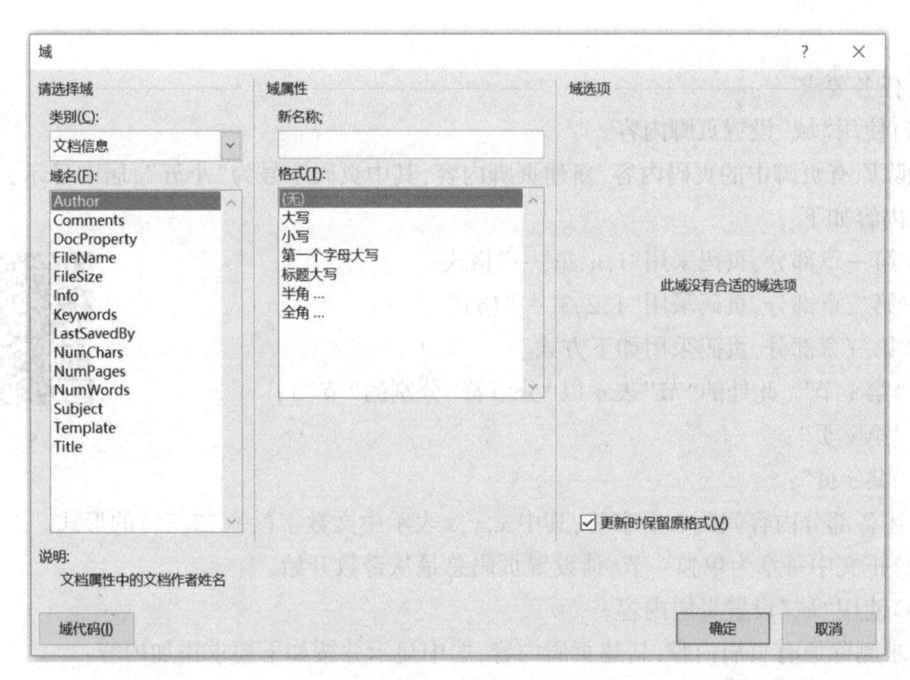

图 1-136　文档的作者姓名域设置

第 3 步:定位至第三行,输入“总字数:”,再进行如下操作。

• 依次单击“插入”→“文本”→“文档部件”中“域”命令,并在打开的“域”窗口中,选择“文档信息”类别,“域名”为“NumWords”,“域属性”格式为“一,二,三(简)…”,如图 1-137 所示。

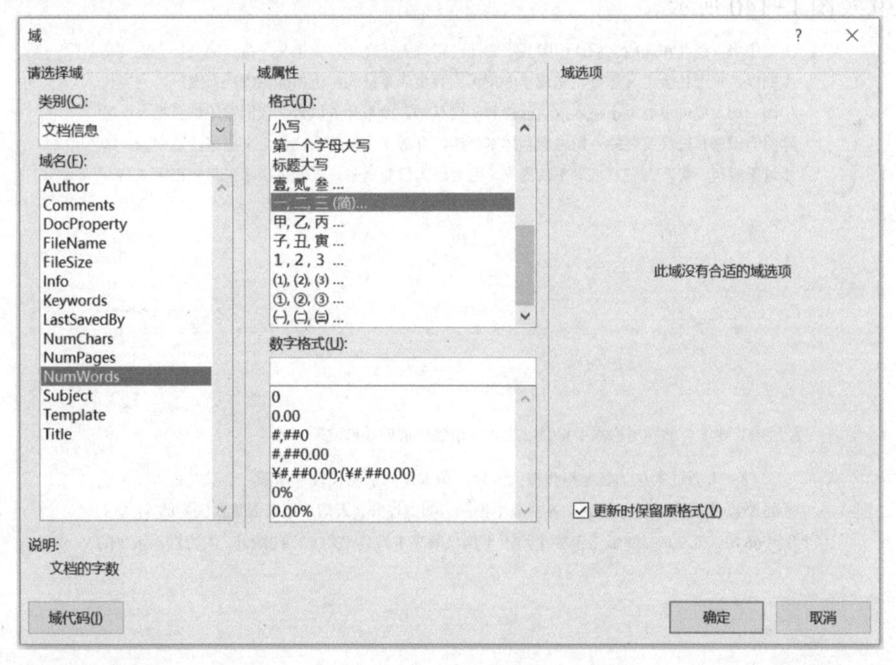

图 1-137　文档的字数域设置

2.利用“域”设置页眉页脚内容

1)任务要求

(1)使用“域”设置页脚内容。

删除原有页脚中的页码内容,新建页脚内容,其中页码字号为“小五”,居中显示,具体显示要求内容如下:

① 第一章部分,页码采用“i,ii,iii,…”格式。

② 第二章部分,页码采用“1,2,3,…”格式。

③ 第三章部分,页码采用如下方式。

- “第 x 节”(此处的“节”表示以“分节符”分割的“节”);
- “第 y 页”;
- “共 z 页”;

域在页眉页脚中的应用

上述各部分内容间距2个字符,其中 x,y,z 表示中文数字(一、二、三)的形式。

(2)正文中每章为单独一节,请设置页码总是从奇数开始。

(3)使用“域”设置页眉内容。

要求删除原有页眉内容,新建页眉内容,居中显示并按如下要求添加内容:

① 对于奇数页,页眉中的文字为“章序名”+“章名”(例如:第1章 XXX);

② 对于偶数页,页眉中的文字为“节序名”+“节名”(例如:1.1 XXX)。

2)任务完成效果

(1)使用“域”设置页脚内容完成后,第1至3章各首页页码的显示结果如图1-138、图1-139及图1-140所示。

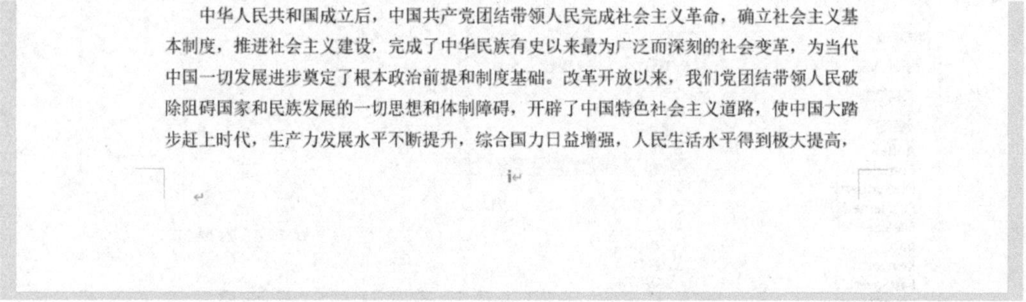

中华人民共和国成立后,中国共产党团结带领人民完成社会主义革命,确立社会主义基本制度,推进社会主义建设,完成了中华民族有史以来最为广泛而深刻的社会变革,为当代中国一切发展进步奠定了根本政治前提和制度基础。改革开放以来,我们党团结带领人民破除阻碍国家和民族发展的一切思想和体制障碍,开辟了中国特色社会主义道路,使中国大踏步赶上时代,生产力发展水平不断提升,综合国力日益增强,人民生活水平得到极大提高,

i

图1-138 第1章首页页码显示结果

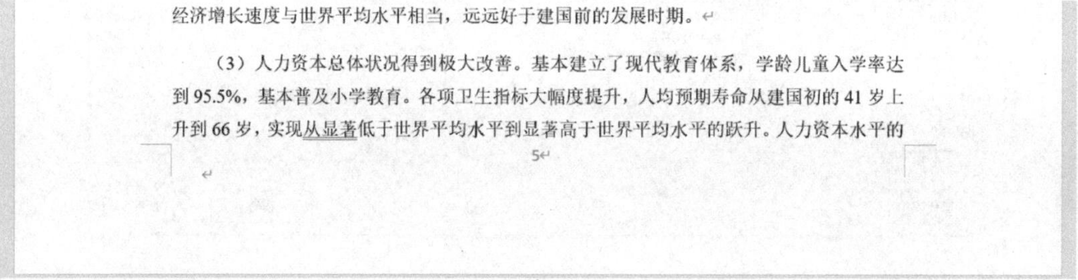

经济增长速度与世界平均水平相当,远远好于建国前的发展时期。

(3)人力资本总体状况得到极大改善。基本建立了现代教育体系,学龄儿童入学率达到95.5%,基本普及小学教育。各项卫生指标大幅度提升,人均预期寿命从建国初的41岁上升到66岁,实现从显著低于世界平均水平到显著高于世界平均水平的跃升。人力资本水平的

5

图1-139 第2章首页页码显示结果

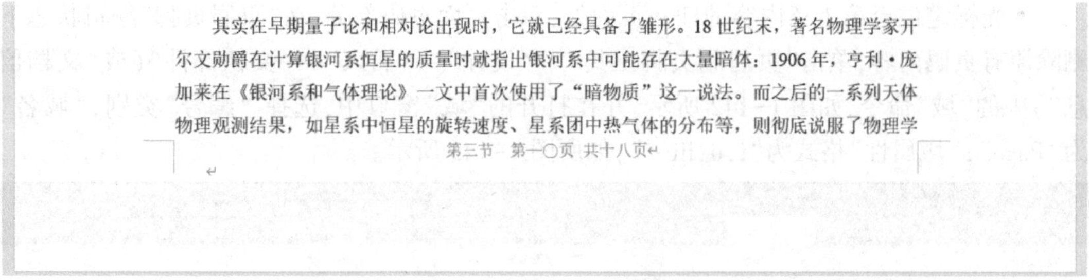

其实在早期量子论和相对论出现时，它就已经具备了雏形。18 世纪末，著名物理学家开尔文勋爵在计算银河系恒星的质量时就指出银河系中可能存在大量暗体：1906 年，亨利・庞加莱在《银河系和气体理论》一文中首次使用了“暗物质”这一说法。而之后的一系列天体物理观测结果，如星系中恒星的旋转速度、星系团中热气体的分布等，则彻底说服了物理学

第三节　第一〇页 共十八页

图 1-140　第 3 章首页页码显示结果

(2)正文中每章为单独一节，设置页码总是从奇数开始，设置完成后第 1 至 2 章首页的页码分别是“i”和“5”，第 3 章首页页码的显示为“第三节　第一一页　共十九页”。

(3)使用“域”设置页眉内容，完成后第 1 至 2 页的页眉显示结果如图 1-141 所示。

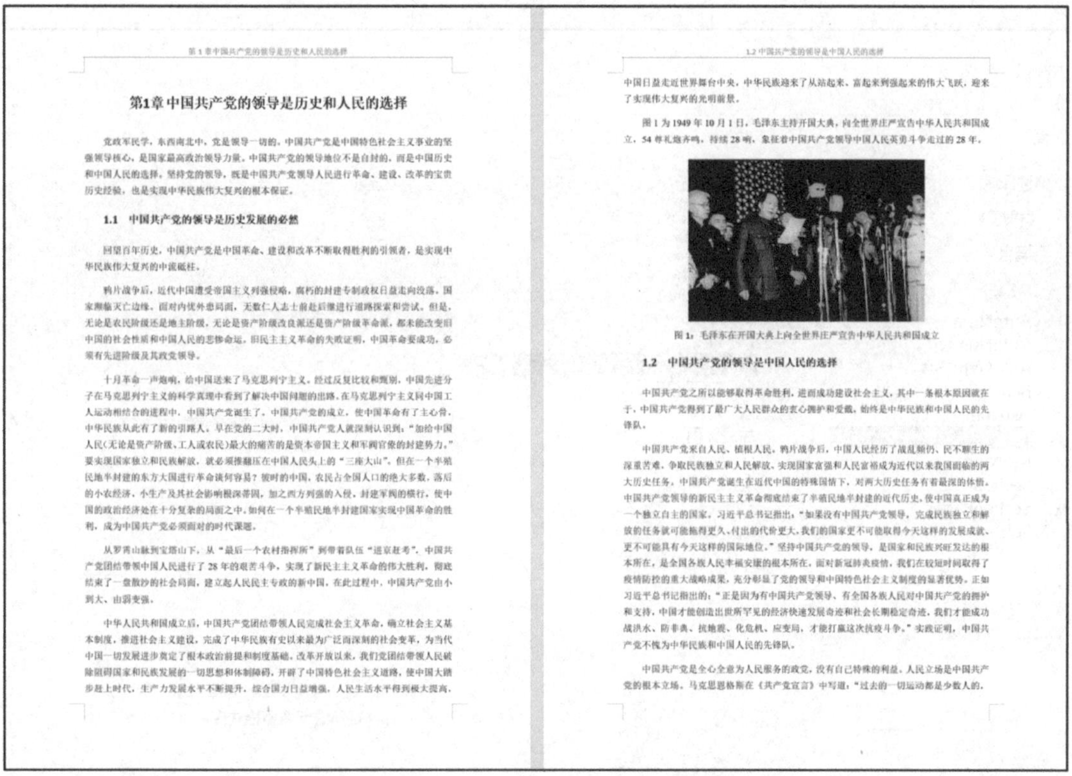

第 1 章中国共产党的领导是历史和人民的选择

第1章 中国共产党的领导是历史和人民的选择

党政军民学，东西南北中，党是领导一切的。中国共产党是中国特色社会主义事业的坚强领导核心，是国家最高政治领导力量。中国共产党的领导地位不是自封的，而是中国历史和中国人民的选择。坚持党的领导，既是中国共产党领导人民进行革命、建设、改革的宝贵历史经验，也是实现中华民族伟大复兴的根本保证。

1.1　中国共产党的领导是历史发展的必然

回望百年历史，中国共产党是中国革命、建设和改革不断取得胜利的引领者，是实现中华民族伟大复兴的中流砥柱。

鸦片战争后，近代中国遭受帝国主义列强侵略，腐朽的封建专制政权日益走向没落，国家濒临灭亡边缘。面对内忧外患局面，无数仁人志士前赴后继进行道路探索和尝试。但是，无论是农民阶级还是地主阶级，无论是资产阶级改良派还是资产阶级革命派，都未能改变旧中国的社会性质和中国人民的悲惨命运。旧民主主义革命的失败证明，中国革命要成功，必须有先进阶级及其政党领导。

十月革命一声炮响，给中国送来了马克思列宁主义。经过反复比较和甄别，中国先进分子在马克思列宁主义的科学真理中看到了解决中国问题的出路。在马克思列宁主义同中国工人运动相结合的进程中，中国共产党诞生了。中国共产党的成立，使中国革命有了主心骨，中华民族从此有了新的引路人。早在党的二大时，中国共产党人就深刻认识到：“加给中国人民(无论是资产阶级、工人或农民)最大的痛苦的是资本帝国主义和军阀官僚的封建势力。”要实现国家独立和民族解放，就必须推翻压在中国人民头上的“三座大山”。但在一个半殖民地半封建的东方大国进行革命谈何容易？彼时的中国，农民占全国人口的绝大多数，落后的小农经济、小生产及其社会影响根深蒂固，加之西方列强的入侵，封建军阀的横行，使中国的政治经济处在十分复杂的局面之中。如何在一个半殖民地半封建国家实现中国革命的胜利，成为中国共产党必须面对的时代课题。

从罗霄山脉到宝塔山下，从“最后一个农村指挥所”到带着队伍“进京赶考”，中国共产党团结带领中国人民进行了 28 年的艰苦斗争，实现了新民主主义革命的伟大胜利，彻底结束了一盘散沙的社会局面，建立起人民民主专政的新中国。在此过程中，中国共产党由小到大、由弱变强。

中华人民共和国成立后，中国共产党团结带领人民完成社会主义革命，确立社会主义基本制度，推进社会主义建设，完成了中华民族有史以来最为广泛而深刻的社会变革，为当代中国一切发展进步奠定了根本政治前提和制度基础。改革开放以来，我们党团结带领人民破除阻碍国家和民族发展的一切思想和体制障碍，开辟了中国特色社会主义道路，使中国大踏步赶上时代，生产力发展水平不断提升，综合国力日益增强，人民生活水平得到极大提高，

i

1.2 中国共产党的领导是中国人民的选择

中国日益走近世界舞台中央，中华民族迎来了从站起来、富起来到强起来的伟大飞跃，迎来了实现伟大复兴的光明前景。

图 1 为 1949 年 10 月 1 日，毛泽东主持开国大典，向全世界庄严宣告中华人民共和国成立，54 尊礼炮齐鸣，持续 28 响，象征着中国共产党领导中国人民英勇斗争走过的 28 年。

图 1：毛泽东在开国大典上向全世界庄严宣告中华人民共和国成立

1.2　中国共产党的领导是中国人民的选择

中国共产党之所以能够取得革命胜利，进而成功建设社会主义，其中一条根本原因就在于，中国共产党得到了最广大人民群众的衷心拥护和爱戴，始终是中华民族和中国人民的先锋队。

中国共产党来自人民、植根人民。鸦片战争后，中国人民经历了战乱频仍、民不聊生的深重苦难，争取民族独立和人民解放、实现国家富强和人民富裕成为近代以来我国面临的两大历史任务。中国共产党诞生在近代中国的特殊国情下，对两大历史任务有着最深的体悟。中国共产党领导的新民主主义革命彻底结束了半殖民地半封建的近代历史，使中国真正成为一个独立自主的国家。习近平总书记指出：“如果没有中国共产党领导，完成民族独立和解放的任务就可能拖得更久、付出的代价更大，我们的国家更不可能取得今天这样的发展成就、更不可能具有今天这样的国际地位。”坚持中国共产党的领导，是国家和民族兴旺发达的根本所在，是全国各族人民幸福安康的根本所在。面对新冠肺炎疫情，我们在较短时间取得了疫情防控的重大战略成果，充分彰显了党的领导和中国特色社会主义制度的显著优势。正如习近平总书记指出的：“正是因为有中国共产党领导、有全国各族人民对中国共产党的拥护和支持，中国才能创造出世所罕见的经济快速发展奇迹和社会长期稳定奇迹，我们才能成功战洪水、防非典、抗地震、化危机、应变局，才能打赢这次抗疫斗争。”实践证明，中国共产党不愧为中华民族和中国人民的先锋队。

中国共产党是全心全意为人民服务的政党，没有自己特殊的利益。人民立场是中国共产党的根本立场。马克思恩格斯在《共产党宣言》中写道：“过去的一切运动都是少数人的，

图 1-141　第 1 至 2 页的页眉显示结果

3)任务分析

主要是运用“域”命令，并结合“节”的特点，掌握特定页眉页脚内容的设置方法，其中包括“编号”类别中“域属性”的格式设置、“节的起始位置”设置及奇偶页的页眉设置等。

4)任务实施

第 1 步：使用“域”设置页脚内容。

(1)第一章部分，页码采用“i，ii，iii，…”格式。

• 光标定位至第 1 章内容的任一页面处,双击页面页码部分,在“页眉页脚”编辑状态下删除原有页码内容,单击“页眉和页脚工具”→“设计”→“插入”→“文档部件”(或“文档信息”)中的“域”命令,如图 1-142 所示,并在打开的“域”窗口中,选择 “编号”类别,“域名”为“Page”,“域属性”格式为“i,ii,iii…”,如所图 1-143 所示。

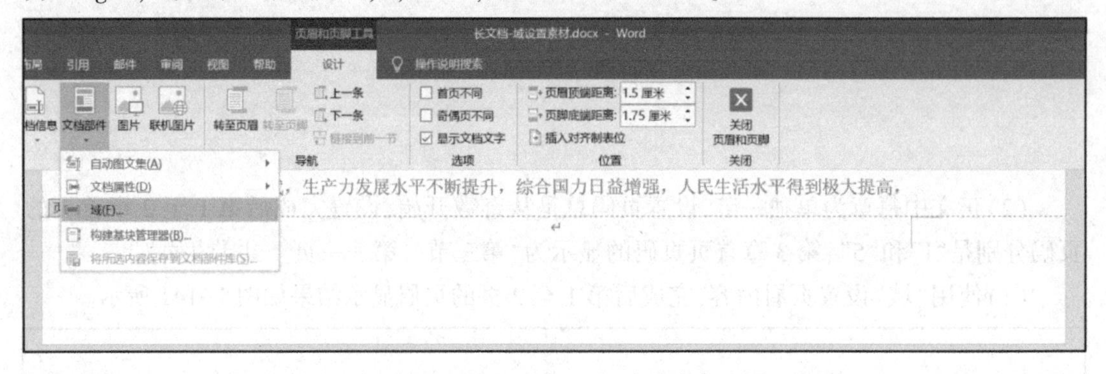

图 1-142 “页眉页脚工具”中域命令选择

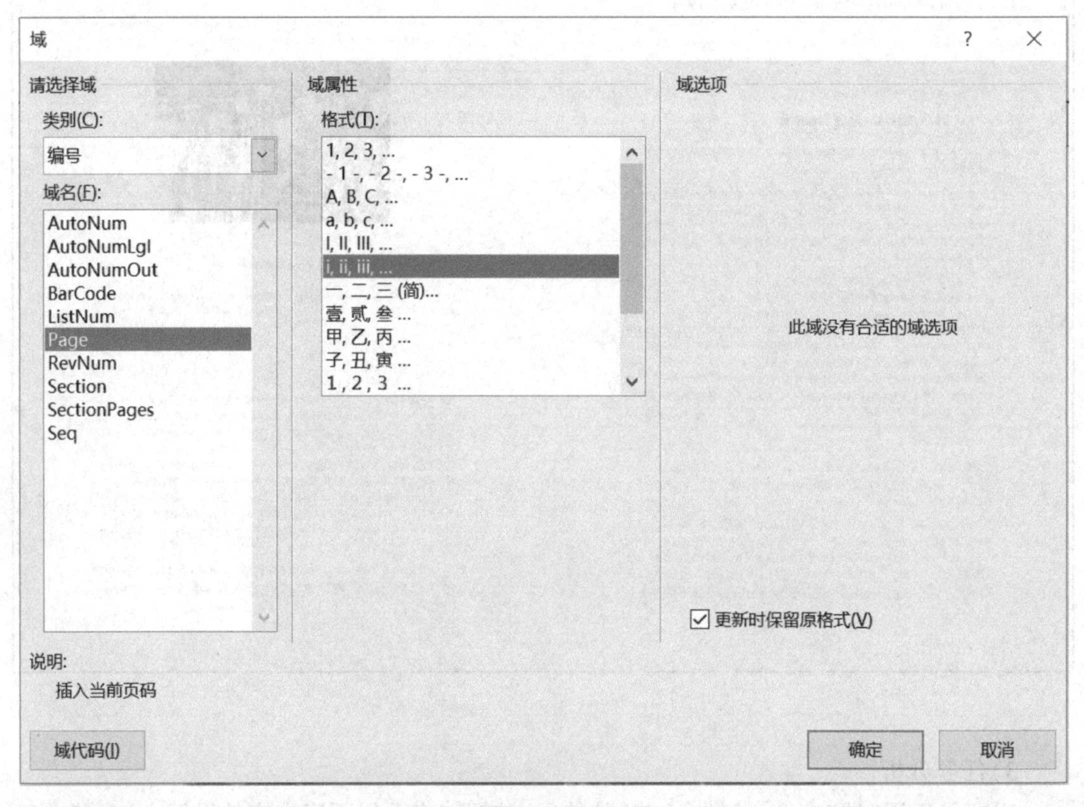

图 1-143 页码“i,ii,iii,..”格式设置

(2)第二章部分,页码采用“1,2,3,…”格式。

• 在“页眉和页脚”编辑状态下,光标定位至第 2 章首页页码处,单击“页眉和页脚工具”→“设计”→“导航”中“链接到前一节”命令,使其处于“非激活”状态(从灰色变为无色状态),如图 1-144 所示。

• 删除当前页页码后,插入“域”命令,并在打开的“域”窗口中,选择“编号”类别,域名为“Page”,域属性格式为“1,2,3,…”。

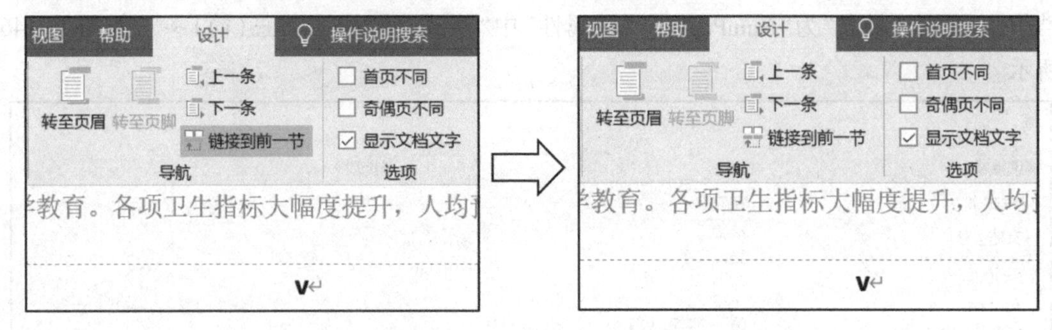

图 1-144 设置“链接到前一节”处于“非激活”状态

(3)第三章部分,页码采用“第 x 节”“第 y 页”及“共 z 页”。

• 在页眉和页脚编辑状态下,光标定位至第 3 章首页页码处,单击“页眉和页脚工具”→“设计”→“导航”中“链接到前一节”命令,使其处于“非激活”状态(从灰色变为无色状态)。

• 删除当前页页码,居中输入“第节”,光标定位至“第”与“节”中间,插入“域”命令,选择“编号”类别,“域名”为“Section”,“域属性”中“格式”为“一,二,三(简)…”,如图 1-145 所示。

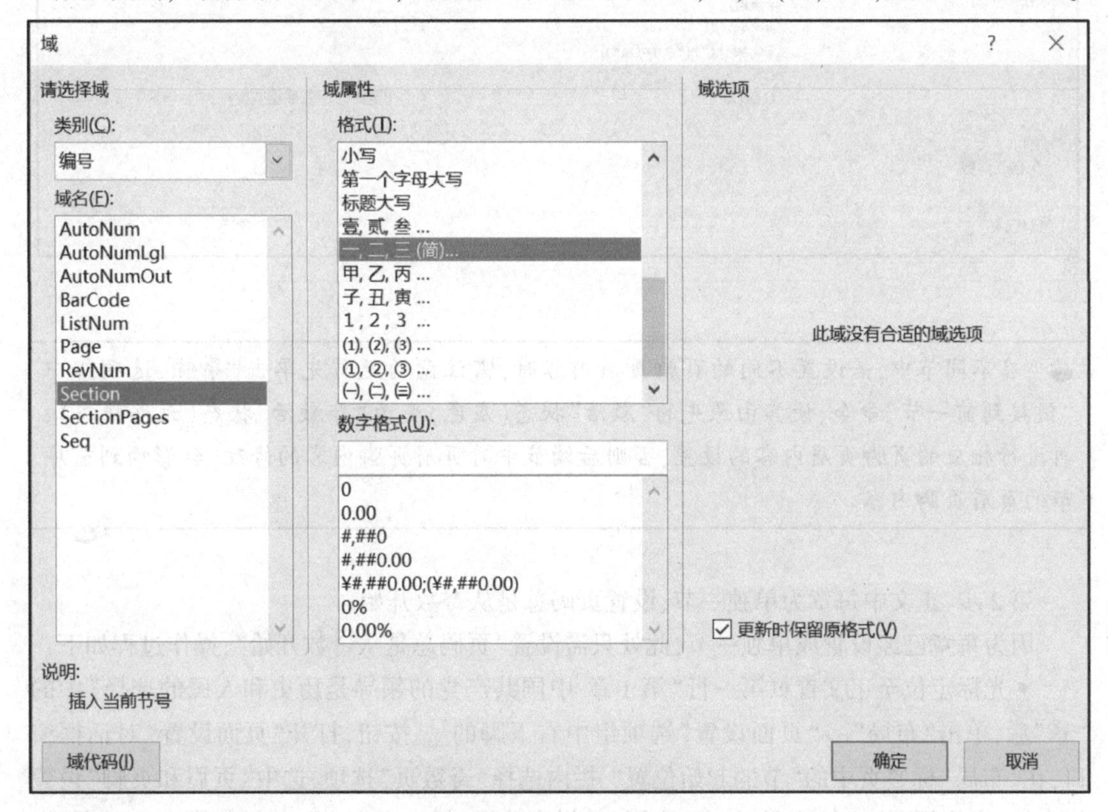

图 1-145 当前“节”的设置

• 页码处空两个字符后，输入“第页”，光标定位至“第”与“页”中间，插入“域”命令，选择 “编号”类别，“域名”为“Page”，“域属性”格式为“一，二，三（简）…”。

• 再空两个字符后，输入“共页”，光标定位至“共”与“页”中间，插入“域”命令，选择 “文档信息”类别，“域名”为“NumPages”，“域属性”中“格式”为“一，二，三（简）…”，如图 1-146 所示。

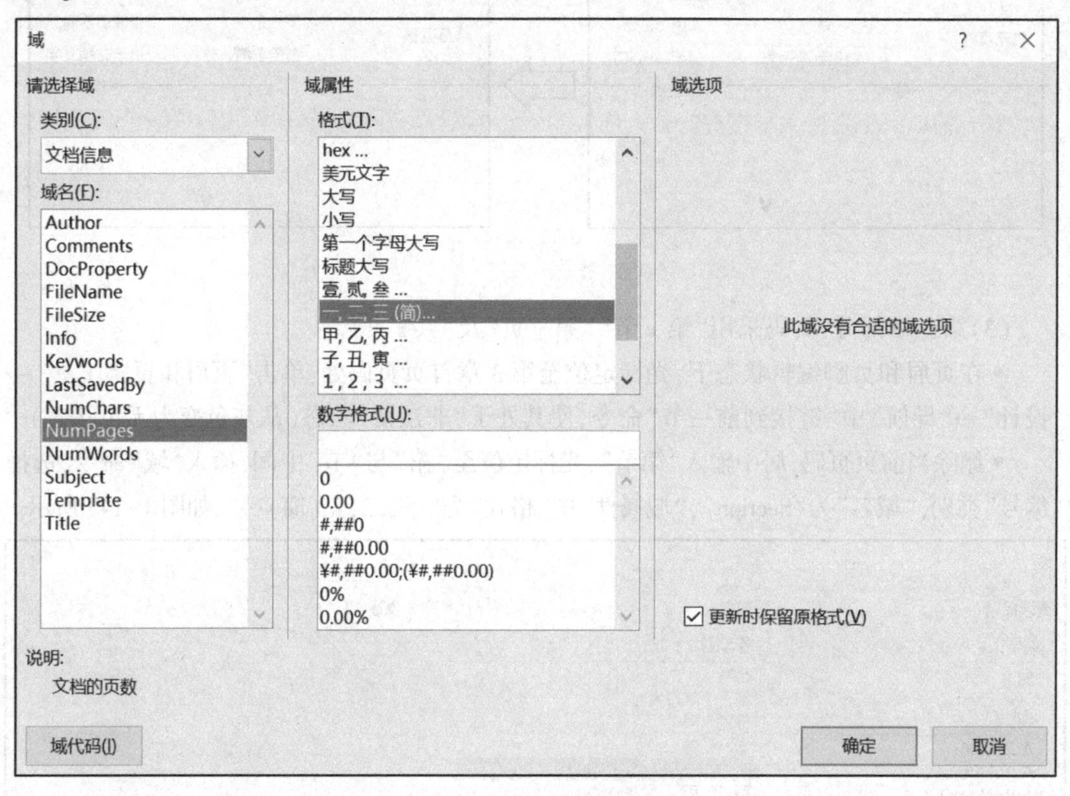

图 1-146　文档的页数设置

在不同节中，若设置不同的页脚页眉内容时，需注意的是首先单击“导航”选项组中“链接到前一节”命令，使其由原先的“激活”状态（灰色）变为“非激活”状态（无色状态），再进行相应的页脚页眉内容的设置，否则后续节中对页眉页脚内容的修改，会影响到前序节的页眉页脚内容。

第 2 步：正文中每章为单独一节，设置页码总是从奇数开始。

因为每章已经设置成单独一节，此处只需设置“页码总是从奇数开始”，操作过程如下：

• 光标定位至正文首页第一行“第 1 章 中国共产党的领导是历史和人民的选择”中的“章”后，单击“布局”→“页面设置”选项组中右下脚的 按钮，打开“页面设置”对话框窗口，在“布局”标签页中的“节的起始位置” 栏内选择“奇数页”选项，选中“页眉和页脚”设置栏中的“奇偶页不同”复选框，并在“应用于”栏中选择“插入点之后”，设置如图 1-147 所示。

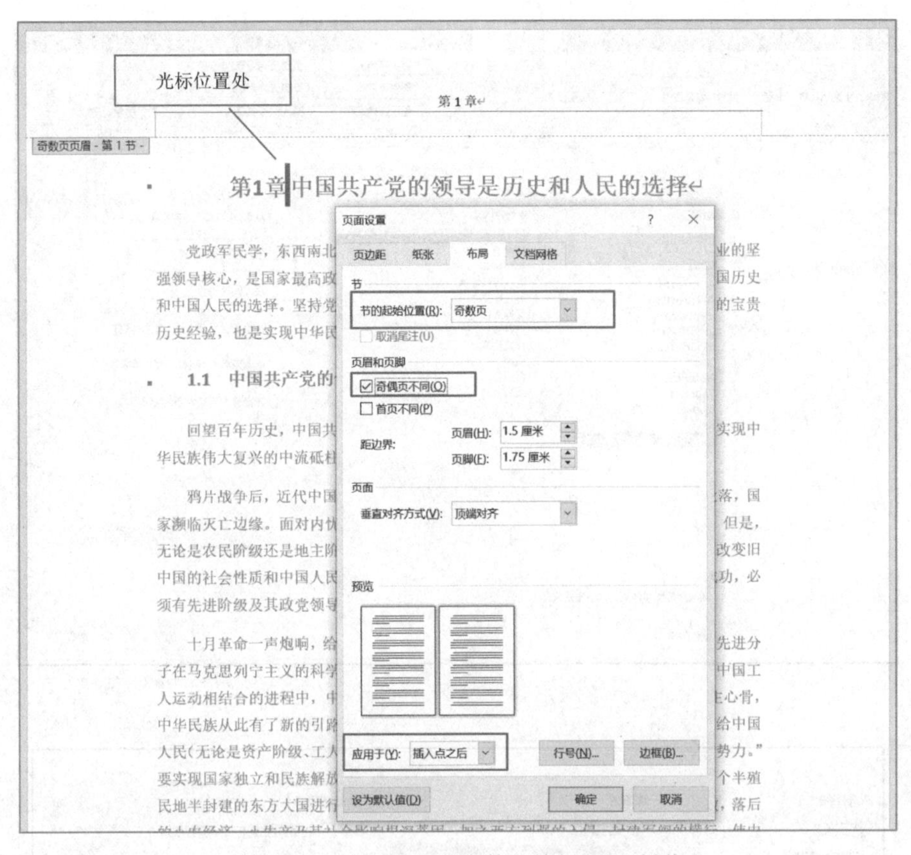

图 1-147 “页码总是从奇数开始”的设置操作

选中页眉页脚设置中的“奇偶页不同”选项后,将会影响到文档中原有偶数页的页眉页脚内容,因此,本次操作后,原有文档中偶数页原有的页眉及页脚内容显示为空。

第 3 步:使用“域”设置页眉内容。

(1)对于奇数页,页眉中的文字为“章序名”+“章名”(例如:第 1 章 XXX);

• 鼠标光标定位至文档正文第 1 页页眉处,双击鼠标左键(或单击“插入”→“页眉页脚”→“页眉”中的“编辑页眉”命令),删除原有页眉内容(如“第 1 章”)。

• “章序名”设置:在确保“选项”选项组中“奇偶页不同”选项被选中情况下(注释:选中此项后,文档偶数页的页码将不显示);单击“页眉和页脚工具”→“插入”→“文档部件”(或“文档信息”)中的“域”命令,在打开的“域”窗口中,选择“链接和引用”类别,“域名”为“StyleRef”,“域属性”的“样式名”为“标题 1”,选中“插入段落编号”域选项复选框,点击“确定”按钮退出,设置过程如图 1-148 所示。

• “章名”的设置:再次插入“域”命令,在打开的“域”窗口中,选择“链接和引用”类别,“域名”为 “StyleRef”,“域属性”的“样式名”为“标题 1”,点击“确定”按钮退出,设置过程如图 1-149 所示。

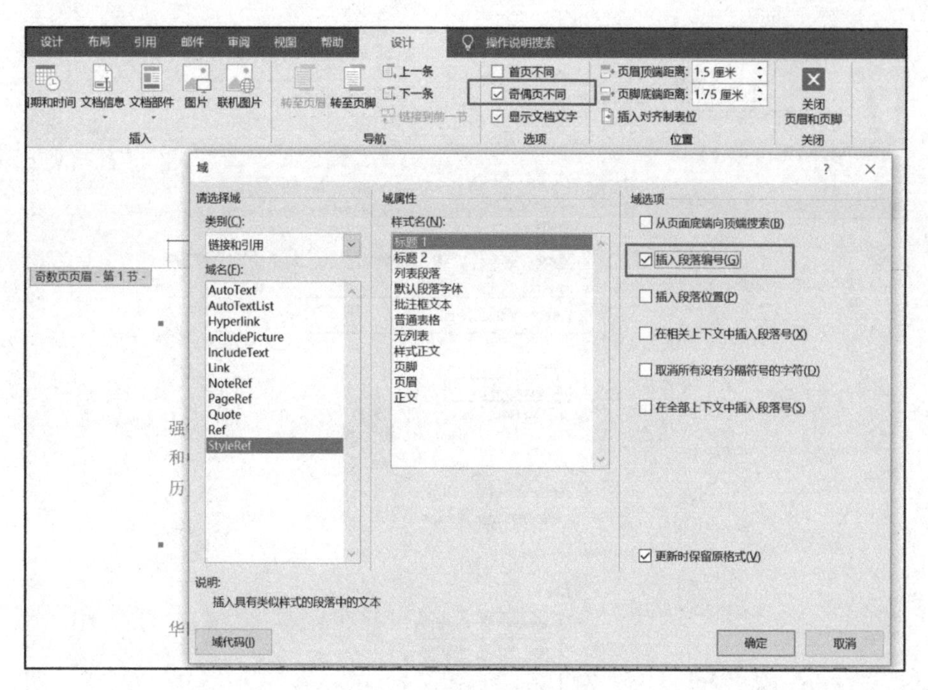

图 1-148 “章序名”的设置

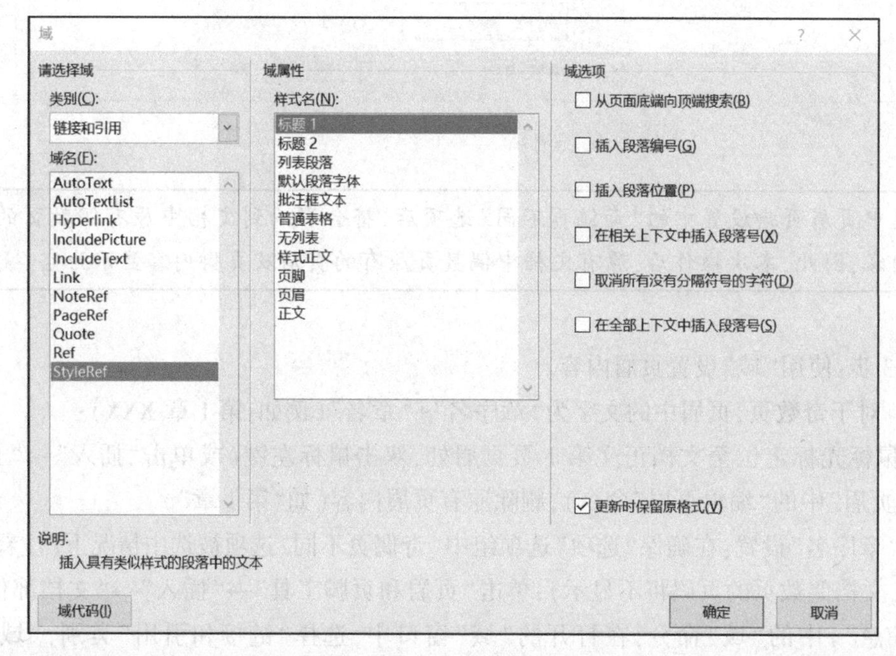

图 1-149 “章名”的设置

(2)对于偶数页,页眉中的文字为“节序名”+“节名”(例如:1.1 XXX)。

• “节序名”设置:在页眉编辑状态中,将光标定位至正文第 2 页页眉处。插入“域”命令,在打开的“域”窗口中,选择“链接和引用”类别,“域名”为“StyleRef”,“域属性”的“样式名”为“标题 2”,选中“插入段落编号”域选项复选框,点击“确定”按钮退出,设置过程如图 1

-150 所示。

● “节名”设置：再次插入“域”命令，在“域”窗口中，选择“链接和引用”类别，“域名”为“StyleRef”，“域属性”的“样式名”为“标题 2”，点击“确定”按钮退出，设置过程如图 1-151 所示。

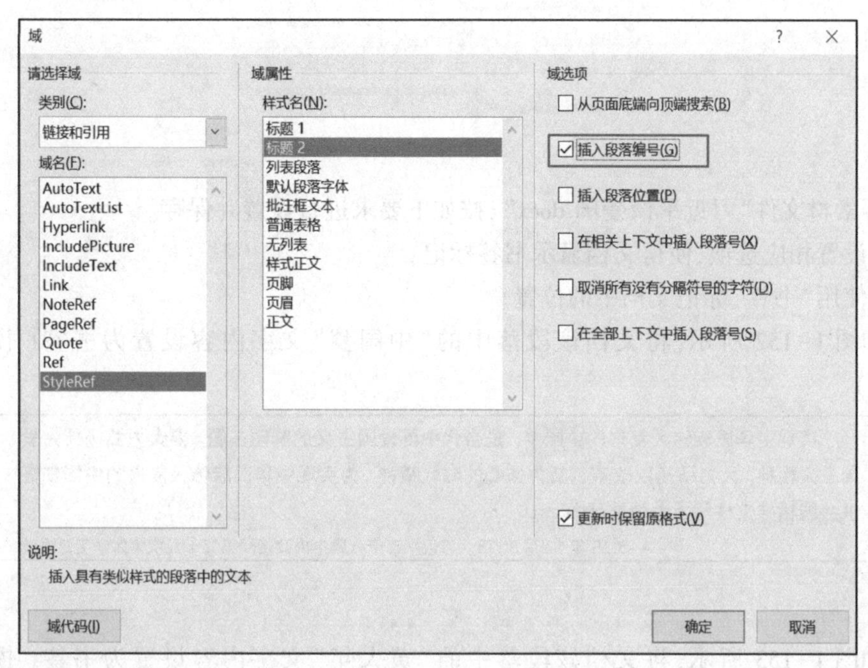

图 1-150 “节序名”的设置

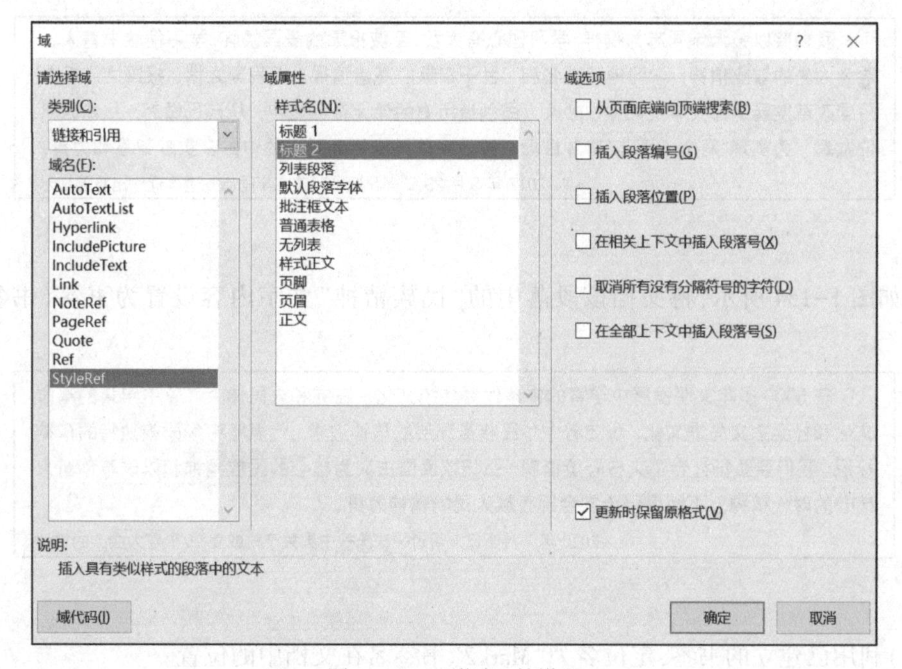

图 1-151 “节名”的设置

因为本文档中的各小节页眉之间，取消了“链接到前一节”选项，在完成第 1 节奇偶页页眉设置后，需依次对第 2、3 节的奇数页页眉进行设置，设置方法相同。

1.2.3 操作练习

打开素材文件“习近平谈爱国.docx”，按如下要求进行设置并保存。

(1)设置相应选项，使得文档显示书签标记。

(2)使用“书签”标记文档中的位置。

• 如图 1-152 所示，将文档该段落中的“中国梦”文字内容设置为书签(书签名为“Mark1”)。

> 实现中华民族伟大复兴的中国梦，是当代中国爱国主义的鲜明主题。要大力弘扬伟大爱国主义精神，大力弘扬以改革创新为核心的时代精神，为实现中华民族伟大复兴的中国梦提供共同精神支柱和强大精神动力。
>
> ——2015 年 12 月 30 日，习近平在十八届中央政治局第二十九次集体学习时强调

图 1-152　为“中国梦”设置书签

• 如图 1-153 所示，将文档该段落中的“黄大年”文字内容设置为书签(书签名为“Mark2”)。

> 我们要以黄大年同志为榜样，学习他心有大我、至诚报国的爱国情怀，学习他教书育人、敢为人先的敬业精神，学习他淡泊名利、甘于奉献的高尚情操，把爱国之情、报国之志融入祖国改革发展的伟大事业之中、融入人民创造历史的伟大奋斗之中，从自己做起，从本职岗位做起，为实现“两个一百年”奋斗目标、实现中华民族伟大复兴的中国梦贡献智慧和力量。
>
> ——2017 年 5 月 25 日，习近平对黄大年同志先进事迹作出重要指示

图 1-153　为“黄大年”设置书签

• 如图 1-154 所示，将文档该段落中的“民族精神”文字内容设置为书签(书签名为“Mark3”)。

> 在 5000 多年文明发展中孕育的中华优秀传统文化，在党和人民伟大斗争中孕育的革命文化和社会主义先进文化，积淀着中华民族最深层的精神追求，代表着中华民族独特的精神标识。我们要弘扬社会主义核心价值观，弘扬以爱国主义为核心的民族精神和以改革创新为核心的时代精神，不断增强全党全国各族人民的精神力量。
>
> ——2016 年 7 月 1 日，习近平在庆祝中国共产党成立 95 周年大会上的讲话

图 1-154　为“民族精神”设置书签

(3)利用已建立的书签，定位名为“Mark2”书签名在文档中的位置。

(4)删除书签名为“Mark2”的书签。

项目四 引用与目录的创建

1.4.1 知识点

从文档的一处引用文档另一处的内容或位置有多种方式,如脚注、尾注、题注、索引及目录等。本书主要描述的是如何设置快速定位或查找所需内容的若干方法。

1.脚注与尾注

脚注和尾注是主要用于对文档中的某些术语提供解释,如对专业型名词进行说明、引用某人的观点或标明参考文献的出处等,脚注出现在当前页的底端,而尾注出现在整个文档的末尾。

1)脚注和尾注的添加

添加脚注和尾注的操作步骤如下:

(1)定位(或选定)需要插入脚注或尾注的位置(或内容)。如图 1-155 所示,单击“引用”→“脚注”选项组中的“插入脚注”或“插入尾注”命令。

(2)在选定的位置上会出现一个上标序号“1”,在页面底端也会出现一个序号“1”,且光标在底端序号“1”后闪烁,可在此处输入相应的脚注信息(若添加的是脚注,则内容显示在本页的底端,若是尾注则显示在文档的末尾),如图 1-156 所示。

(3)当鼠标定位至文档中含有脚注或尾注标记时,如图 1-157 所示,系统会自动显示相应的脚注内容。

(4)文档添加多个脚注或尾注时,系统会根据文档中已有的脚注或尾注数自动编号。

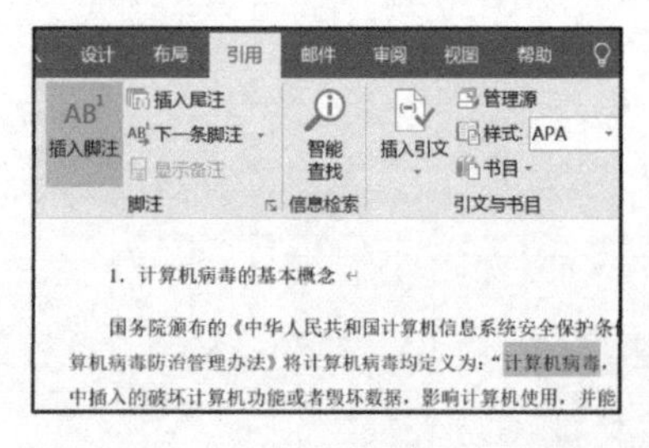

图 1-155 选定文档内容插入脚注

计算机病毒不但本身具有破坏性，而且所有的病毒程序都具有传染性，是否具有传染性是判别一个程序是否为计算机病毒的最重要条件。计算机病毒的传染性是指病毒程序在其运行过程中，能寻找适宜的程序或存储介质作为新的寄生对象并通过修改磁盘扇区信息或文件内容，把自身嵌入到该程序或存储介质中，并通过这些程序或存储介质，传染给其他计算机系统。

[1] 一组计算机指令或者程序代码

15 / 17

图 1-156 在页面底部"脚注"序号后输入脚注信息

3.2 计算机病毒及防护

1. 计算机病毒的基本概念

国务院颁布的《中华人民共和国计算机信息系统安全保护条[一组计算机指令或者程序代码]部出台的《计算机病毒防治管理办法》将计算机病毒均定义为："计算机病毒[1]，是指编制或者在计算机程序中插入的破坏计算机功能或者毁坏数据，影响计算机使用，并能自我复制的一组计算机指令或者程序代码。"

图 1-157 定位至脚注标记时显示相应的脚注内容

2)脚注和尾注的删除

若需删除文档中的脚注或尾注，只需在文档中定位至相应编号处，删除编号即可，此时页面底端的脚注信息，或文档尾端的尾注信息也会自动删除。

2.索引的创建

所谓索引，就是列出文档中出现的关键词语和它们所在的页码。建立索引的目的，就是为了方便在文档中查找这些关键信息。在 Word 中，可以先创建贯穿整个文档的许多"标记索引项"组成的索引，然后再创建该索引目录，一般创建的索引目录放在文档尾，便于根据索引找到所需的页面。

索引的创建有两种方式，一种是在文档中直接创建，另一种是通过索引"自动标记文件"创建。索引创建方式分别描述如下：

1)在文档中直接创建索引

在创建索引之前，应该首先标记文档中的词语、单词和符号等索引项。索引项是标记索引中特定的域代码。在标记了所有的索引项后，就能够确定并建立相应的索引。

以下述文字为例，如图 1-158 所示，需要在该文件中创建"数据"索引。具体步骤如下：

随着计算机和通信技术的发展，人类对信息和数据的处理已进入到自动化、网络化和社会化阶段，信息与材料、能源一样成为一种社会的基本生产资料，本节将主要介绍信息、数据与信息技术的相关概念。

1. 数据与信息概念

从广义上讲，***数据是可以记录、通信和能识别的符号***，它通过有意义的组合来表达现实世界中某种实体(具体对象、事件、状态或活动)的特征，表示数据的符号多种多样，它可以是简单的文字，也可以是声音、图像、视频等，数据的载体可以是多种多样的，如纸张、磁带、磁盘等。

对于信息而言，目前对它的定义有很多，但没有一个是公认的定义，不同的研究领域对信息的理解和定义是不同的，有代表性的关于信息的定义如下：

图 1-158 Word 文件示例

(1)标记索引项

① 选定要作为索引项使用的文本(例如选取文字中的“数据”二字作为索引项内容)。

② 单击“引用”→“索引”→“标记条目”按钮,可弹出“标记索引项”对话框,如图 1-159 所示。

③ 在“标记索引项”对话框中,其“主索引项”内容为“数据”(该内容也可通过键盘编辑输入),若只对当前所选的文字(例如“数据”)进行索引的创建,则点击对话框底部的“标记”按钮,若需要对全部文章出现的“数据”都需要创建索引,则选择“标记全部”按钮。

④ 不要关闭“标记索引项”对话框,用鼠标可直接在文档窗口选定其他要制作索引的文本,然后单击“标记索引项”对话框,单击“标记”按钮即可实现继续标记。

⑤ 如果要选择“页面范围”选项,则需事先通过“插入”菜单中的“书签”菜单项命名相应“书签”,来标记出需索引的文字或页码的页面范围,Word 将自动计算出该书签所对应的页码范围。

⑥ 当标记过一个索引项后,“标记索引项”对话框中的“取消”按钮将变为“关闭”按钮。单击该按钮,即可关闭“标记索引项”对话框。例如,点击“标记”按钮后,原文档处选择的“数据”后将显示“{XE"数据"}”符号,如图 1-160 所示。

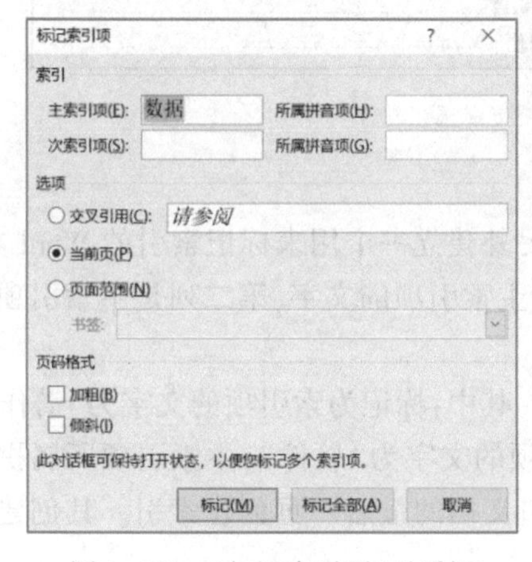

图 1-159　“标记索引项”对话框

算机和通信技术的发展，人类对信息和数据的处理
原一样成为一种社会的基本生产资料，本节将主要
与信息概念
上讲，数据{ XE "数据" }是可以记录、通信和能识
体(具体对象、事件、状态或活动)的特征，表示数
图像、视频等，数据的载体可以是多种多样的，
息而言，目前对它的定义有很多，但没有一个是公
有代表性的关于信息的定义如下：
息就是在观察或研究过程中获得的数据、新闻和
息是可以通信的数据和知识。
息是对数据加工后的结果

图 1-160　显示“{XE"数据"}”标记符号

(2)创建索引

标记完索引项后,就可创建索引了,其步骤如下:

① 将插入点移到要出现索引的位置上。

② 单击“引用”→“索引”→“插入索引”按钮,可弹出“索引”对话框,如图 1-161 所示。

③ 在该对话窗口也可点击“标记索引项”按钮进行标记,可以通过“格式”“类型”“栏数”等设置索引显示的风格、样式等,也可通过窗口左下角“修改”按钮改变索引样式的字体段落风格。

④ 可选择“页码右对齐”,并采用栏数“2”显示,点击“确定”按钮后,结果显示如图 1-162 所示,其中索引“数据”在文本的第 2 页。

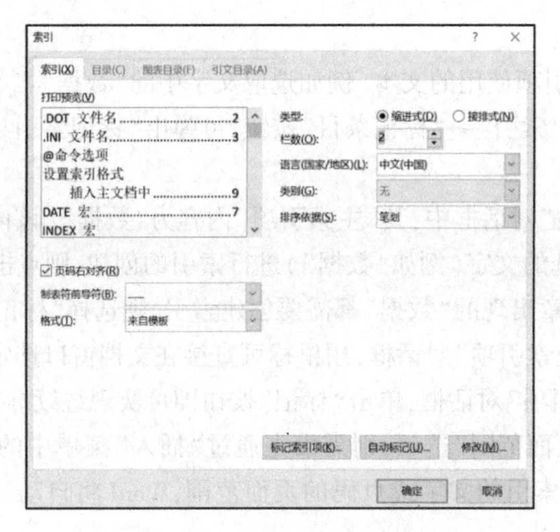

图 1-161 插入“索引”对话框

索引目录

《计算机软件保护条例》.....39	法律.....39
计算机软件的著作权.....*32*	指令.....37–38
计算机病毒.....38	高级语言.....38
软件.....39	***数据*****.....2**

图 1-162 索引显示结果

2)“自动标记文件”创建索引

在使用“自动标记文件”创建索引之前，首先另外建立一个用来标记索引的 Word 文件，该文件内容是 2×2 的表格。表格中第一列内容是主索引项的文字，第二列是主索引项文字的所属拼音项。

例如，建立索引自动标记文件“MyIndex.docx”，其中：标记为索引项的文字为“著作权”，主索引项所属拼音项“ZhuZuoQuan”；标记为索引项的文字为“软件”，主索引项所属拼音项为“RuanJian”。使用自动标记文件，在需建立索引文档的最后一页创建索引。其创建索引的具体步骤如下：

(1)建立索引自动标记文件

新建 Word 文件“MyIndex.docx”，文件内容如图 1-163 所示。

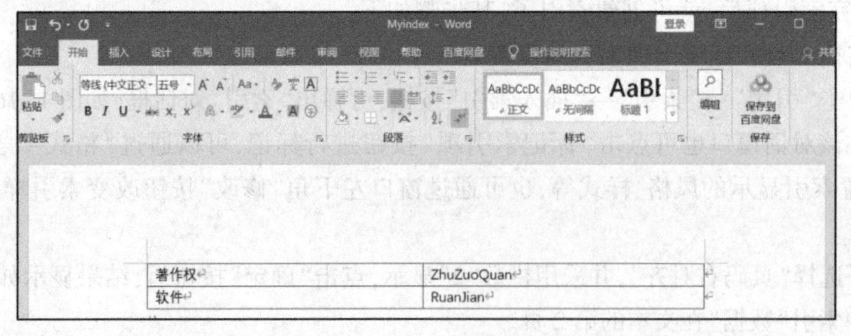

图 1-163 “MyIndex.docx”内容

(2)在文档中创建索引

利用自动标记文件创建索引时,需要分两步操作,第一步是在需建立索引的文件中选取并“打开”建好的自动标记文件,第二部步是再次选取“插入索引”按钮,并直接点击“确定”按钮进行索引的创建。具体步骤如下:

打开需建立索引的 Word 文件。

① 首先单击“引用”→“索引”→“插入索引”按钮,可弹出“索引”对话框,如图 1-164 所示。

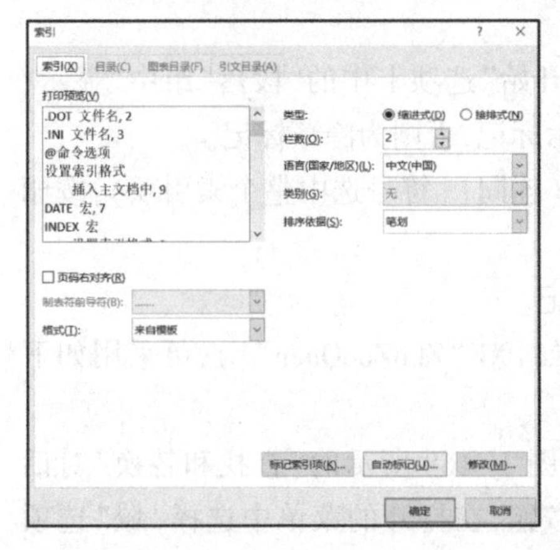

图 1-164 “索引”对话框

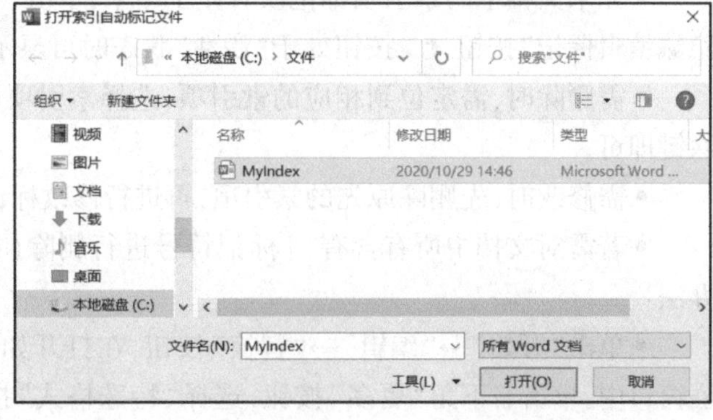

图 1-165 “打开索引自动标记文件”对话框

② 在“索引”对话框中,点击“自动标记”按钮,在打开的“打开索引自动标记文件”对话框中选择“MyIndex.docx”文件,如图 1-165 所示,并点击“打开”按钮,则需建立索引文档中有关“著作权”“软件”的文字后面均出现“{XE" ZhuZuoQuan"}”“{XE" RuanJian"}”符号,其索引标记显示结果如图 1-166 所示。需注意的是,当段落中出现多个相同的索引项时,仅标记在段落中出现的第一个索引项。

(3) 计算机软件{ XE "RuanJian" }著作权{ XE "ZhuZuoQuan" }登记办法
《计算机软件{ XE "RuanJian" }著作权{ XE "ZhuZuoQuan" }登记办法》
2002 年 2 月 20 日国家版权局发布了新的《计算机软件著作权登记办法》,此
权的申请、登记及公告的管理,主要条款如下。
第四条□软件{ XE "RuanJian" }著作权{ XE "ZhuZuoQuan" }登记申请人
通过继承、受让或者承受软件著作权的自然人、法人或者其他组织。
软件{ XE "RuanJian" }著作权{ XE "ZhuZuoQuan" }合同登记的申请人,应
或者转让合同的当事人。
第七条 申请登记的软件{ XE "RuanJian" }应是独立开发的,或者经原著作
可对原有软件修改后形成的在功能或者性能方面有重要改进的软件。
第八条 合作开发的软件{ XE "RuanJian" }进行著作权{ XE "ZhuZuoQuan"
人协商确定一名著作权人作为代表办理。著作权人协商不一致的,任何著作权
利益的前提下申请登记,但应当注明其他著作权人。
第十一条□申请软件{ XE "RuanJian" }著作权{ XE "ZhuZuoQuan" }登记

图 1-166 索引标记显示结果

③ 选择该文档的最后一页,将鼠标插入点定位到页尾处,再次选择“引用”→“索引”→“插入索引”按钮,可弹出“索引”对话框,并直接点击“确定”,创建的索引显示结果,如图 1-167 所示。

RuanJian, 1, 4, 5, 6, 8, 18, 20, 21, 22, 23, 24, 25, 29, 30, 31, 32, 33, 34, 35, 36, 38, 39, 40

ZhuZuoQuan, 30, 31, 32, 33, 34, 35, 36, 39, 40

图 1-167　创建的索引显示结果

在标记了索引项和创建了索引后，文档中未显示索引项标记或对索引项进行删除及修改操作，其方法如下。

• 如果文档中的索引项标记没有显示出来，单击“开始”选项卡中的“段落”组中“显示/隐藏编辑标记”按钮 ↵，按钮处于“激活”状态时可显示标记，否则为隐藏标记。

• 需删除时，需定位到相应的索引项，选择索引项（连同{}符号选中整个索引项），按删除键即可。

• 需修改时，先删除原先的索引项，再进行修改标记。

• 若需对文档中所有含有{}标记符号进行删除（如{XE“ZhuZuoQuan”}），可采用如下办法：

• 单击“开始”→“编辑”→“替换”按钮，在打开如图 1-168 所示的“查找和替换”对话框窗口中，单击右下角“更多”按钮，选择“特殊格式”按钮，在打开的菜单中选择“域”选项后，查找内容变为“^d”，单击“全部替换”按钮即可。

图 1-168　“查找和替换”对话框窗口

3.题注与交叉引用

区别于“脚注”和“尾注”,“题注”主要针对文字、表格、图片和图形混合编排的大型文稿。题注设定在对象的上下两边,为对象添加带编号的注释说明,可保持编号在编辑过程中的相对连续性,以方便对该类对象的编辑操作。

1)题注

在 Word 中,可为表格、图片或图形、公式以及其他选定项目加上自动编号的题注。“题注”由标签及编号组成。用户可以选择 Word 提供的一些标签的项目及编号的方式,也可以自己创建标签项目,并在标签及编号之后加入说明文字。

(1)“插入题注”对话框的设置

选定要添加题注的项目,如图形、表格、公式等,或将插入点定位于要插入题注的位置。选择“引用”“题注”组中的“插入题注”命令,出现“题注”对话框,如图 1-169 所示,有关题注设置的相关说明如下:

• 题注对话框中默认显示“Figure1”(图片),其中的“Figure”为标签,“1”为自动编号。可在标签编号后输入需要说明的文本。

• 可根据需要,点击“标签”下拉列表,如图 1-170 所示,选取所选项目的标签名称,默认的标签有:公式(Equation)、图片(Figure) 和表格(Table)。

• 在“位置”下拉列表框中,如图 1-171 所示,可选择题注的位置:“所选项目下方”或“所选项目上方”。一般文档中,图片和图形的题注在其下方,表格的题注在其上方(当在文档中选中了需加题注的文字时,“位置”列表框处于“激活”状态)。

若 Word 自带的标签不满足需要,可单击下方的“新建标签”按钮,自定义标签。在中文文档撰写中,一般需要新建“图”“表”两个标签。

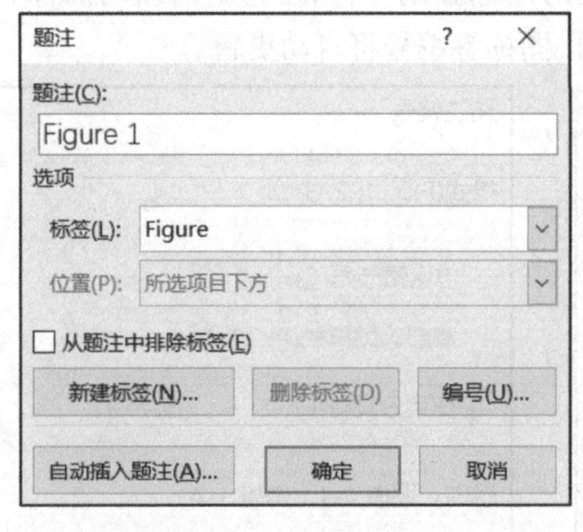

图 1-169 “题注”对话框

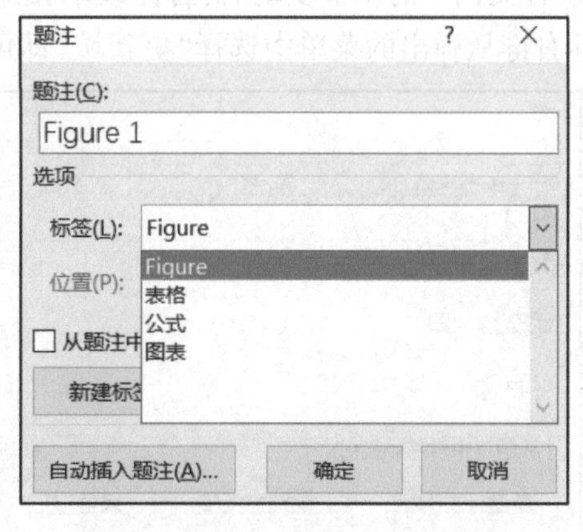

图 1-170 “题注”对话框中的“标签”选项

(2)新建标签

创建新标签,如“图”标签,其操作步骤如下:

① 首先定位或选择添加题注的项目文字后,点击“题注”对话框中的“新建标签”按钮,并在“新建标签”窗口中标签栏中输入“图”,如图 1-172 所示,点击“确认”按钮退出。

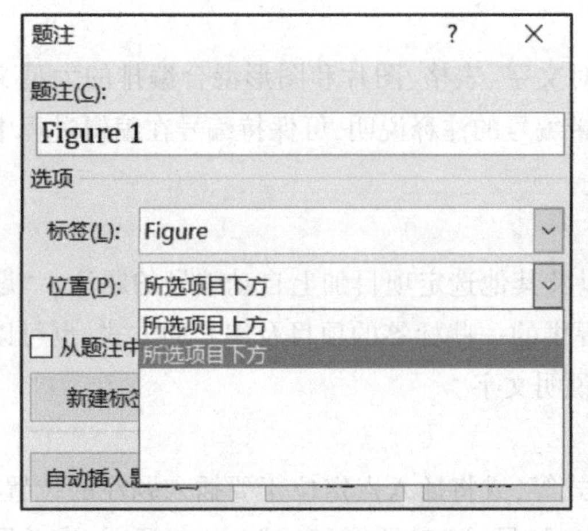

图 1-171 “激活”状态下的“位置”选项

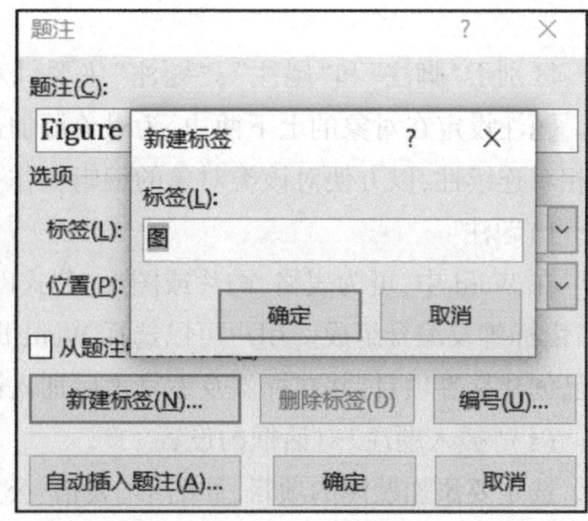

图 1-172 在“新建标签”窗口中新建“图”标签

② 已创建的“图”标签窗口如图 1-173 所示，其中题注栏中“图”后自动加编号“1”，点击“编号”按钮后可在打开的如图 1-174 所示的“题注编号”窗口中对编号进行设置，选中“包含章节号”选项，可使得题注编号中含有相应的章节编号，并可在该窗口中对编号“格式”“章节起始样式”及“使用分隔符”等进行设置，点击“确定”按钮后，创建后的“图”标签如图 1-175 所示，其中题注栏中已自动生成题注编号“图 1-1”（表示第 1 章中，序号是第 1 张的图片）。

③ “图”标签应用到文档中时，首先定位至项目文字前，单击“引用”→“题注”→“插入题注”在打开的“题注”窗口中选定标签名“图”后，点击“确定”按钮。图标签编号自动添加至项目前，如图 1-176 中的“图 1-1”所示。

④ 若文档中的章节变动后，若需改动相应的图标签编号，只需选定需改动的标签后点击鼠标右键从弹出的菜单中选择“更新域”即可，图标签编号将自动更新。

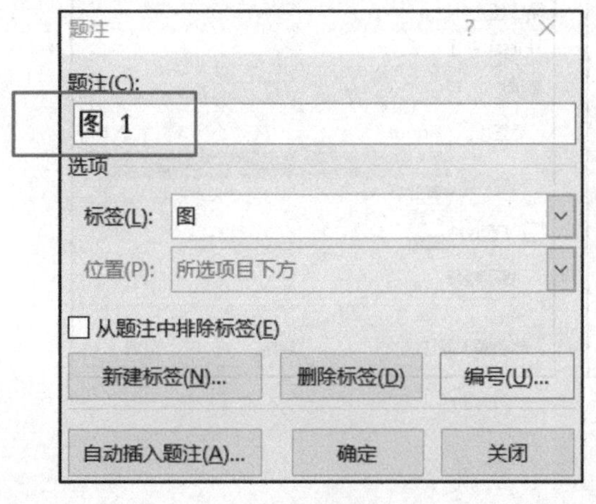

图 1-173 创建“图”标签窗口

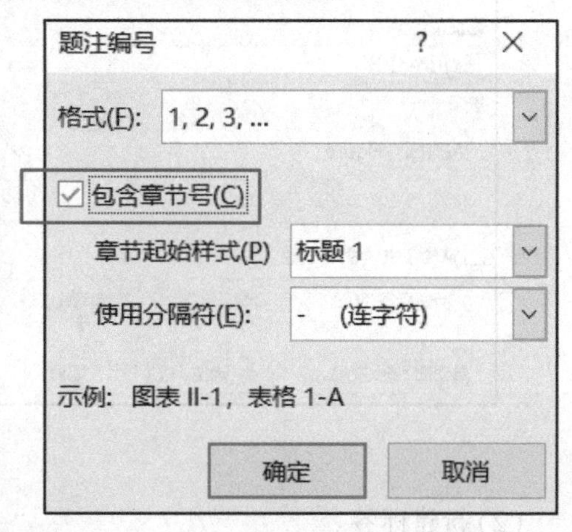

图 1-174 “题注编号”设置窗口

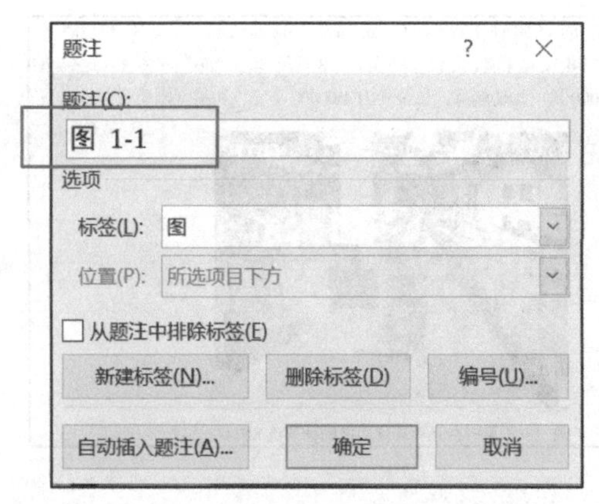

图 1-175 创建"图"题注标签最后效果

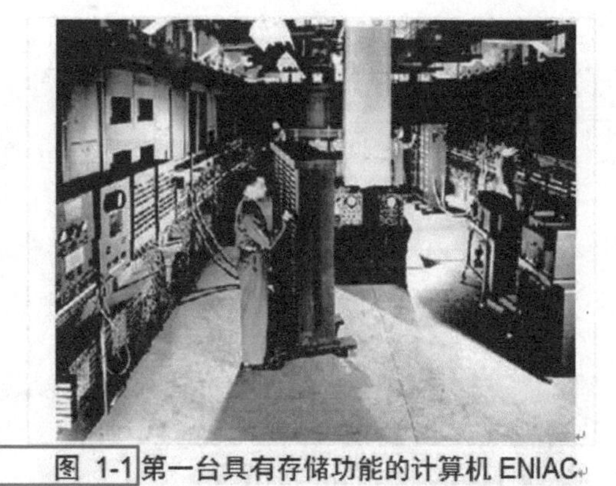

图 1-176 题注编号(图 1-1)自动添加至项目前

如果需要在编号中包含章节号,必须在文档的撰写过程中,事先建立好"多级列表"并将每个章节的标题设置为相应的标题样式,否则在添加题注编号时无法找到在"题注编号"对话框中所设定的样式类型,系统将提示如下窗口内容或出现"错误！文档中没有指定样式的文字-"信息。

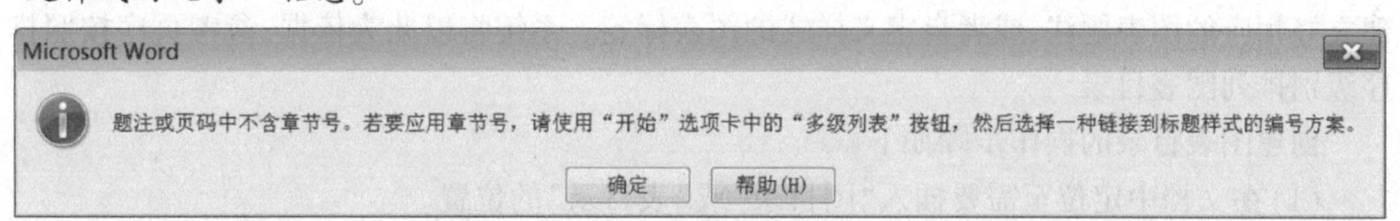

此外,在标题样式中必须采用项目自动编号,即章节号必须为 Word 的自动编号,Word 无法识别手动输入的章节号数字。如果不设置自动编号,将会出现出错提示。且添加的题注显示为"0—*X*"的编号,0 就表示了无法识别的章节号。

2)交叉引用

交叉引用就是在文档的一个位置引用文档另一个位置的内容。交叉引用常应用于需要互相引用内容的情况下,可以使用户尽快找到想要找到的内容,同时能够保证文档的结构条理清晰。

创建交叉引用的操作步骤如下:

(1)在文档中选择需要引用图标签编号的介绍文字,例如选中"如上(下)图"中的"图"字。

(2)单击"插入"→"链接"→"交叉引用"命令(或执行"引用"→"题注"→"交叉引用"命令),打开"交叉引用"对话框。

(3)在"交叉引用"窗口中,单击"引用类型"下拉三角按钮,在打开的列表中选择"图"选项。单击"引用内容"下拉三角按钮,在列表中选择"仅标签和编号"选项,如图 1-177 所示。保持"插入为超链接"复选框的选中状态,然后在"引用哪一个题注"列表中选择合适的题注,并单击"插入"按钮完成设置,设置效果如图 1-178 所示。

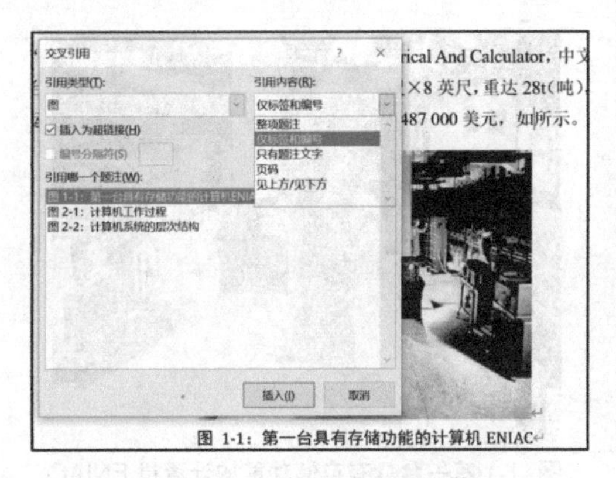

图 1-177 “交叉引用”对话框

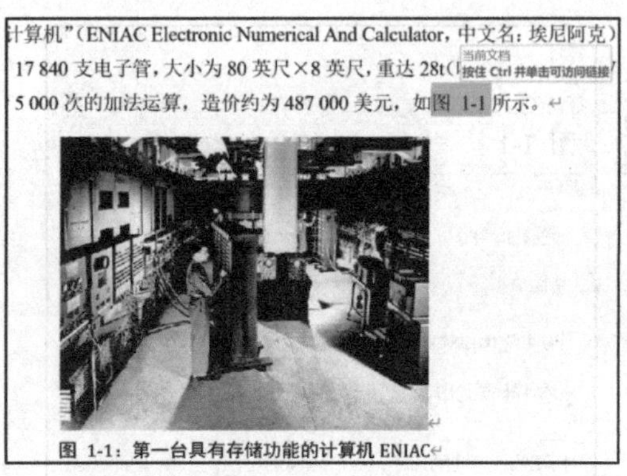

图 1-178 设置效果

(4)在文档“图 3-1”处，按住“Ctrl”键并单击可访问链接。

文档中的章节变动后，若需改动相应的图标签编号，只需选定需改动的标签后点击鼠标右键从弹出的菜单中选择“更新域”即可，图标签编号也将自动更新。

4.图表目录的创建

如果 Word 文档中图片和表格较多，也可以建立图表目录。在建立图表目录前，应事先建立好相应的图表题注，或者自定义样式的图表标签。系统将以此为依据，参考页序按照排序级别排列图表目录。

创建图表目录的操作步骤如下：

(1)在文档中定位至需要插入“图目录”或“表目录”的位置。

(2)单击“引用”→“题注”选项组中的“插入表目录”命令，如图所示。在打开的“图表目录”对话框中，点击“常规”栏下的“题注标签”下拉三角按钮，并选择“图”标签选项(创建“表目录”时选择“表”)，如图 1-179 所示。

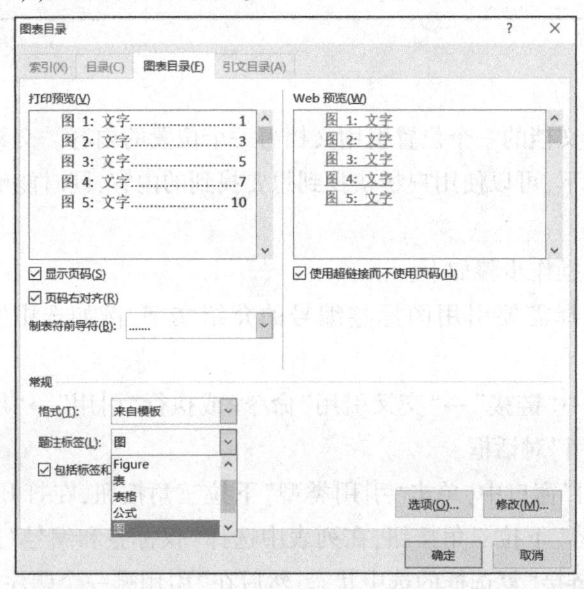

图 1-179 “图表目录”对话框中

(3)完成设置后单击“确定”按钮,生成的“图目录”效果如图 1-180 所示。

图 1-180 生成的“图目录”效果

同“目录”创建过程相同,“图目录”或“表目录”生成后,当图表题注的编号有修改或变化后,会导致页码有变化,可定位至“图”或“表”目录区域,点击鼠标右键,选择“更新域”可更新至最新状态。

5.文档目录的创建

文档目录反映了文档中内容的层次结构,Word 文档中目录设置需经过两个步骤。

1)设置目录的标题级别样式

设置标题样式有多种方式,其中既可以通过单击“开始”→“样式”集中选择相应的标题样式,也可通过单击“视图”→“大纲视图”按钮选项进行设置,具体操作如下:

在文档中对需要生成的目录内容,可根据需要设置不同的带有级别的标题样式,单击“视图”→“大纲视图”,将光标点到标题行后选择相应的“大纲级别”(系统默认有 9 级),如图 1-181 所示,可将“第 1 章 计算机概述”等设置为“1 级”标题样式,将“1.1 信息与信息技术”等设置为“2 级”标题样式。其中,标题的升降级可通过点击“大纲级别”栏旁两侧的左右按钮 ← → 进行设置。

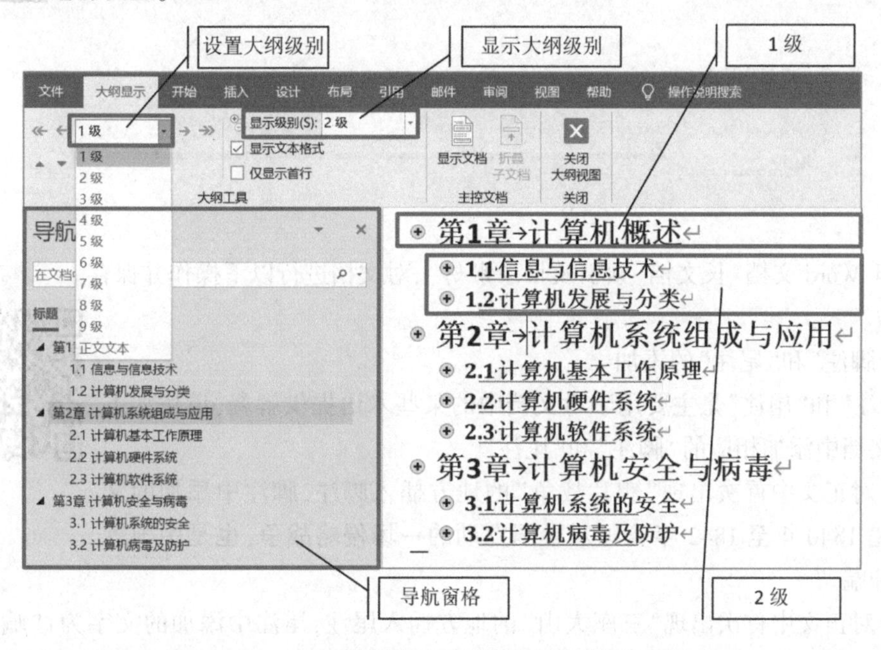

图 1-181 根据需要设置不同的带有级别的标题样式

2)自动生成目录

点击“关闭大纲试图”按钮后,在文档中定位至需要生成目录的页面,单击“引用”→“目

录”→“自定义目录”，在打开的“目录”窗口中点击“确认”按钮，如图 1-182 所示。如果目录生成后，正文的标题或内容有修改，导致页码有变化了，可通过更新目录来实现标题和页码的更新，方法为：定位至目录区域，点击鼠标右键，选择“更新域”，如图 1-183 所示，目录内容即可更新至最新状态。

图 1-182 目录生成窗口

图 1-183 通过“更新域”更新目录

1.4.2 任务四 索引及目录的创建

打开 Word 文档“长文档-索引及目录素材”，对文档进行以下操作并保存。

1.任务要求

1）“脚注”和“尾注”的添加

“脚注”和“尾注”是主要用于对文档中的某些术语提供解释，请按如下要求在文档中添加相应的“脚注”和“尾注”。

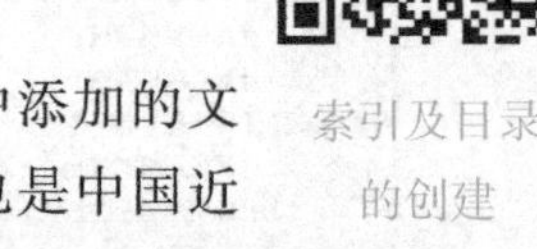

索引及目录的创建

（1）对正文中首次出现“鸦片战争”的地方插入脚注，脚注中添加的文字为：“是 1840 年至 1842 年英国对中国发动的一场侵略战争，也是中国近代史的开端。”

（2）对正文中首次出现“三座大山”的地方插入尾注，尾注中添加的文字为：“喻指中国新民主主义革命时期压迫中国人民的三大敌人，即帝国主义、封建主义和官僚资本主义。”

2）在文档中直接创建索引

所谓索引，就是列出在文档中出现的关键词语和它们所在的页码，一般创建的索引目录放在最后，便于根据索引找到所需的页面。

(1)使用“标记索引项”在该文档中直接创建“中华”和“历史”索引。

(2)在文档的最后一页输入文字“索引”，并建立索引目录。

(3)将文档的“显示/隐藏编辑标记”设置由“显示”状态改为“隐藏”状态。

3)题注及交叉引用的设置

题注是为文档对象(表格、图片或图形、公式等)添加带编号的注释说明。

(1)添加题注“图”并设置相应的“交叉引用”。

• 对正文中的“图的说明部分”添加题注“图”，图的说明位于图下方，图的编号为“章序名”-“图在章中的序号”(例如第1章中的第1幅图，题注编号为1-1)，图及题注说明均居中。

• 对正文中出现如“上(下)图所示”中的“图 n”两字，使用交叉引用，改为“图 $X-Y$”，其中“$X-Y$”为图题注的编号。

(2)添加题注“表”并设置相应的“交叉引用”。

• 对正文中的“表的说明部分”添加题注“表”，表的说明位于表上方，表的编号为“章序名”-“表在章中的序号”(例如第1章中的第2张表，题注编号为1-2)，表及题注说明均居中。

• 对正文中出现如“上(下)表所示”中的“表 n”两字，使用交叉引用，改为“表 $X-Y$”，其中“$X-Y$”为表题注的编号。

4)文档目录及图表目录的创建

(1)文档目录反映了文档中内容的层次结构，Word文档中的目录可以自动生成。但生成目录前，文档中需已经设置好带有级别的标题样式。

• 在正文前插入节，使用Word提供的功能，自动生成文档的目录。其中含有目录项(即含有目录结构)的页面中，首行“目录”二字使用样式“标题1”，并居中，标题“目录”下为目录项。

(2)在Word文档中也可以建立图表目录，但在建立图表目录前，应事先建立好相应的图表题注，或者自定义样式的图表标签。

• 使用Word提供的功能，在上述文档目录后自动生成“图目录”和“表目录”，其中生成的“图目录”和“表目录”结构前，请分别加上“图目录”和“表目录”三字，样式为“标题1”，并居中。

(3)运用页眉和页脚工具进行设置，满足如下要求。

• 设置目录项所在页面不显示页眉页脚内容。

• 文档正文首页的页码从“i”开始。

(4)分别对上述生成的各项目录(目录、图目录、表目录)内容进行更新。

2.任务完成效果

(1)“脚注”和“尾注”的添加内容完成后，第一页及最后一页的“脚注”与“尾注”显示效果如图1-184及图1-185所示。

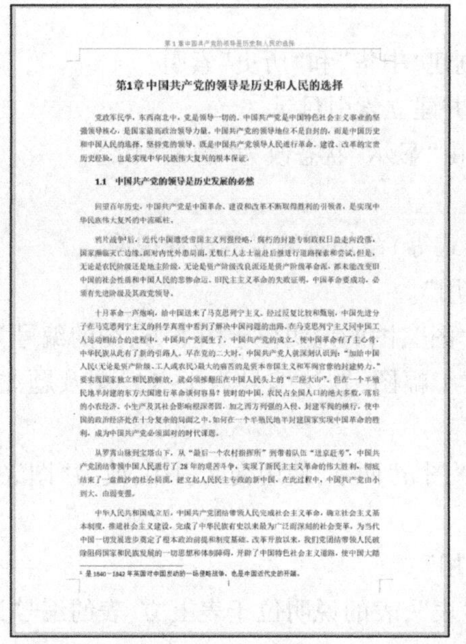

第1章中国共产党的领导是历史和人民的选择

第1章中国共产党的领导是历史和人民的选择

党政军民学，东西南北中，党是领导一切的。中国共产党是中国特色社会主义事业的坚强领导核心，是国家最高政治领导力量。中国共产党的领导地位不是自封的，而是中国历史和中国人民的选择。坚持党的领导，既是中国共产党领导人民进行革命、建设、改革的宝贵历史经验，也是实现中华民族伟大复兴的根本保证。

1.1 中国共产党的领导是历史发展的必然

回望百年历史，中国共产党是中国革命、建设和改革不断取得胜利的引领者，是实现中华民族伟大复兴的中流砥柱。

鸦片战争[1]后，近代中国遭受帝国主义列强侵略，腐朽的封建专制政权日益走向没落，国家濒临天亡边缘。面对内忧外患局面，无数仁人志士前赴后继进行道路探索和尝试。但是，无论是农民阶级还是地主阶级，无论是资产阶级改良派还是资产阶级革命派，都未能改变旧中国的社会性质和中国人民的悲惨命运。旧民主主义革命的失败证明，中国革命要成功，必须有先进阶级及其政党领导。

十月革命一声炮响，给中国送来了马克思列宁主义。经过反复比较和甄别，中国先进分子在马克思列宁主义的科学真理中看到了解决中国问题的出路。在马克思列宁主义同中国工人运动相结合的进程中，中国共产党诞生了。中国共产党的成立，使中国革命有了主心骨，中华民族从此有了新的引路人。早在党的二大时，中国共产党人就深刻认识到："加给中国人民（无论是资产阶级、工人或农民）最大的痛苦的是资本帝国主义和军阀官僚的封建势力。"要实现国家独立和民族解放，就必须推翻压在中国人民头上的"三座大山"。但在一个半殖民地半封建的东方大国进行革命谈何容易？彼时的中国，农民占全国人口的绝大多数，落后的小农经济、小生产及其社会影响根深蒂固，加之西方列强的入侵、封建军阀的横行，使中国的政治经济处在十分复杂的局面之中。如何在一个半殖民地半封建国家实现中国革命的胜利，成为中国共产党必须面对的时代课题。

从罗霄山脉到宝塔山下，从"最后一个农村指挥所"到带着队伍"进京赶考"，中国共产党团结带领中国人民进行了28年的艰苦斗争，实现了新民主主义革命的伟大胜利，彻底结束了一盘散沙的社会局面，建立起人民民主专政的新中国。在此过程中，中国共产党由小到大、由弱变强。

中华人民共和国成立后，中国共产党团结带领人民完成社会主义革命，确立社会主义基本制度，推进社会主义建设，完成了中华民族有史以来最为广泛而深刻的社会变革，为当代中国一切发展进步奠定了根本政治前提和制度基础。改革开放以来，我们党团结带领人民破除阻碍国家和民族发展的一切思想和体制障碍，开辟了中国特色社会主义道路，使中国大踏

[1] 是1840－1842年英国对中国发动的一场侵略战争，也是中国近代史的开端。

1

图1-184　第一页脚注添加完成后显示效果

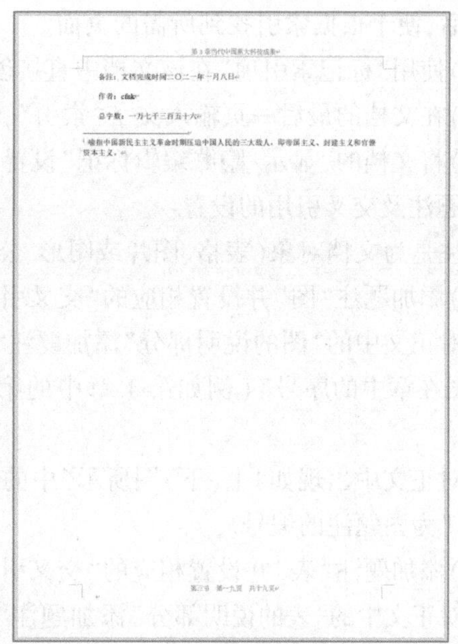

第3章当代中国重大科技成果

备注：文档完成时间二〇二一年一月八日

作者：cfnk

总字数：一万七千三百五十六

[1] 喻指中国新民主主义革命时期压迫中国人民的三大敌人，即帝国主义、封建主义和官僚资本主义。

图1-185　尾注添加完成后显示效果

(2)在文档中直接创建索引目录后，其创建效果如图1-186所示。

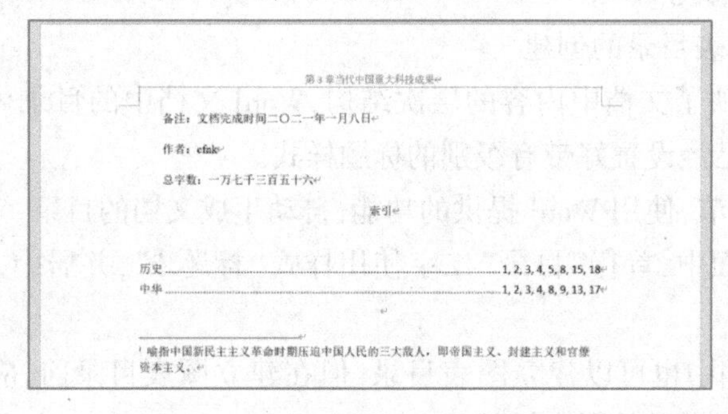

第3章当代中国重大科技成果

备注：文档完成时间二〇二一年一月八日

作者：cfnk

总字数：一万七千三百五十六

索引

[1] 喻指中国新民主主义革命时期压迫中国人民的三大敌人，即帝国主义、封建主义和官僚资本主义。

图1-186　索引目录创建效果

(3)题注及交叉引用的设置完成后，部分图及表的效果如图1-187及图1-188所示。

1.2中国共产党的领导是中国人民的选择

步赶上时代，生产力发展水平不断提升，综合国力日益增强，人民生活水平得到极大提高，中国日益走近世界舞台中央，中华民族迎来了从站起来、富起来到强起来的伟大飞跃，迎来了实现伟

当前文档
按住 Ctrl 并单击可访问链接

图1-1为1949年10月1日，毛泽东主持开国大典，向全世界庄严宣告中华人民共和国成立，54尊礼炮齐鸣，持续28响，象征着中国共产党领导中国人民英勇斗争走过的28年。

图1-1：毛泽东在开国大典上向全世界庄严宣告中华人民共和国成立

图1-187　题注"图"显示效果

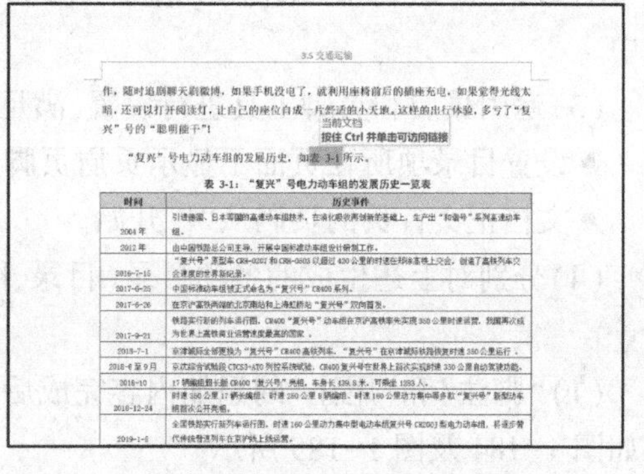

3.5交通运输

作，随时追剧聊天刷微博，如果手机没电了，就利用座椅前后的插座充电，如果觉得光线太暗，还可以打开阅读灯，让自己的座位自成一片舒适的小天地。这样的出行体验，多亏了"复兴"号的"聪明能干"！

当前文档
按住 Ctrl 并单击可访问链接

"复兴"号电力动车组的发展历史，如表3-1所示。

表3-1："复兴"号电力动车组的发展历史一览表

时间	历史事件
2004年	引进德国、日本等国的高速动车组技术，在消化吸收再创新的基础上，生产出"和谐号"系列高速动车组。
2012年	由中国铁路总公司主导，开展中国标准动车组设计研制工作。
2016-7-15	"复兴号"原型车CRH-0207和CRH-0503以超过420公里的时速在郑徐高铁上交会，创造了高铁列车交会速度的世界新纪录。
2017-6-25	中国标准动车组被正式命名为"复兴号"CR400系列。
2017-6-26	在京沪高铁两端的北京南站和上海虹桥站"复兴号"双向首发。
2017-9-21	铁路实行新的列车运行图，CR400"复兴号"动车组在京沪高铁率先实现350公里时速运营，我国再次成为世界上高铁商业运营速度最高的国家。
2018-7-1	京津城际全部更换为"复兴号"CR400高铁列车，"复兴号"在京津城际铁路恢复时速350公里运行。
2018-6至9月	京沈综合试验段CTCS3+ATO列控系统试验，CR400复兴号在世界上首次实现时速330公里自动驾驶功能。
2018-10	17辆编组超长版CR400"复兴号"亮相，车身长439.8米，可乘坐1283人。
2018-12-24	时速350公里17辆长编组、时速250公里8辆编组、时速160公里动力集中等多款"复兴号"新型动车组首次公开亮相。
2019-1-5	全国铁路实行新列车运行图，时速160公里动力集中型电动车组复兴号CR200J型电力动车组，将逐步替代传统普速列车在京沪线上线运营。

图1-188　题注"表"显示效果

(4) 文档目录及图表目录的创建完成后，文档第 1 至 2 页的显示效果如图 1-189 所示。

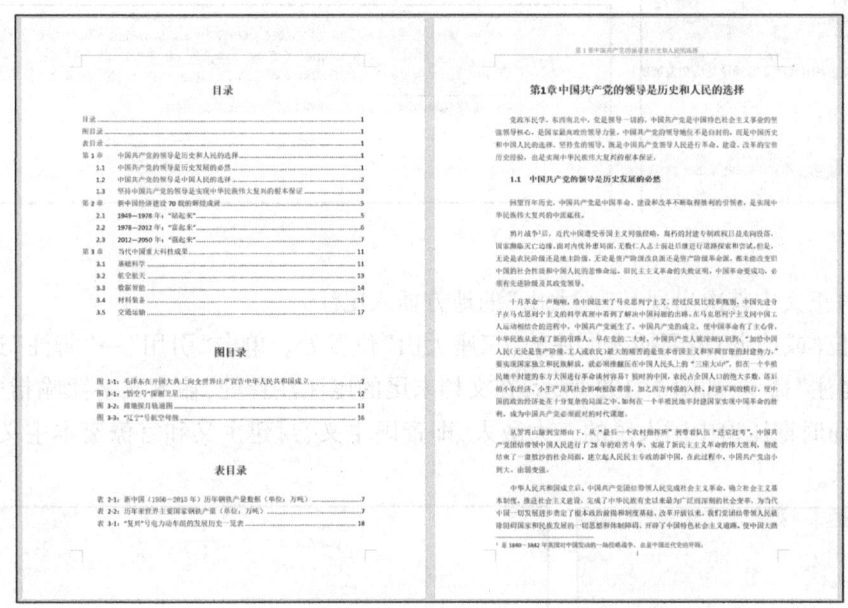

目录

图目录

表目录

第1章中国共产党的领导是历史和人民的选择

1.1　中国共产党的领导是历史发展的必然

图 1-189　目录创建完成后，文档第 1 至 2 页的显示效果

3.任务分析

在文档中需要对文档中的某些术语提供解释(或说明)时，可使用脚注和尾注方式，其中脚注的内容显示在本页的底端，尾注则显示在文档的末尾。当鼠标定位至已经添加脚注或尾注的术语时，系统会自动在旁边显示相应的注释信息。

索引既可在文档中通过"标记索引项"直接创建，也可通过 "索引自动标记文件"进行创建，本任务要求对文档中全部的"中华"和"历史"关键字，通过"标记索引项"直接创建索引，索引目录放在最后一页。

任务要求对于文档中出现的图和表，按"章节" 编号添加相应的题注"图" 和题注"表"，并设置相应的交叉引用，设置好交叉引用后，可通过"Ctrl"键以及单击鼠标"左"键的方式快速链接至相应的图或表，题注图表的添加利于今后图表目录的建立。

文档目录创建前必须事先已经设置好带有级别的标题样式，本任务的素材已经设置好相应的标题样式，创建完文档目录及图表目录后，还需通过 "首页不同"和"页码格式" 的设置对相应的页眉及页脚内容进行修改。

4.任务实施

第 1 步："脚注"和"尾注"的添加。

(1) 对正文中首次出现"鸦片战争"的地方插入脚注。

• 定位(或选定)需要插入脚注的"鸦片战争"位置处。单击"引用"→"脚注"选项组中的"插入脚注" 命令，如图 1-190 所示，并在当前页页尾处的脚注中输入文字："是 1840—1842 年英国对中国发动的一场侵略战争，也是中国近代史的开端。"，(其中，连接号一字线"—"是全角状态下按"-"键输入) 如图 1-191 所示。

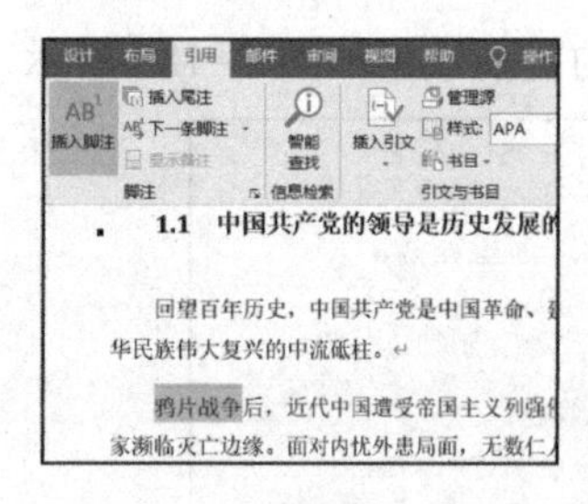

图 1-190 “鸦片战争”脚注的插入

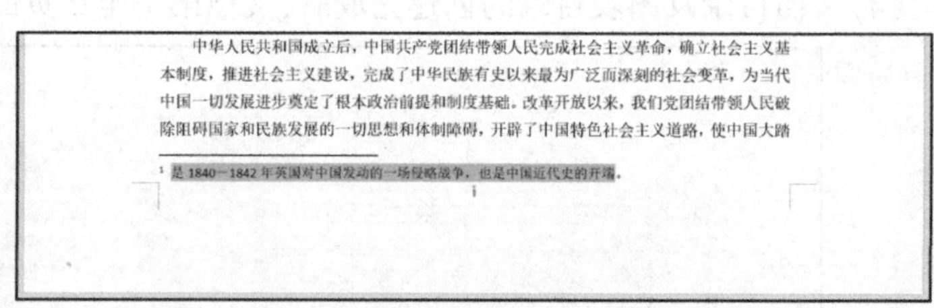

图 1-191 “鸦片战争”脚注内容的添加

(2)对正文中首次出现“三座大山”的地方插入尾注。

• 定位(或选定)需要插入尾注的“三座大山”位置处。单击“引用”→“脚注”选项组中的“插入尾注”命令，如图 1-192 所示，在文档末尾的尾注注释处，输入文字：“喻指中国新民主主义革命时期压迫中国人民的三大敌人，即帝国主义、封建主义和官僚资本主义。”，如图 1-193 所示。

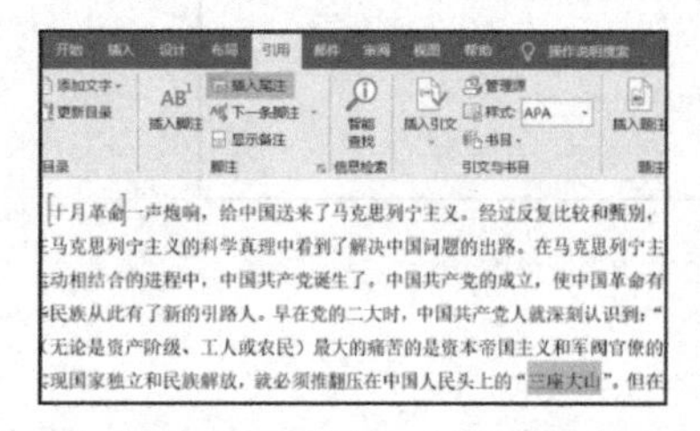

图 1-192 “三座大山”尾注的插入

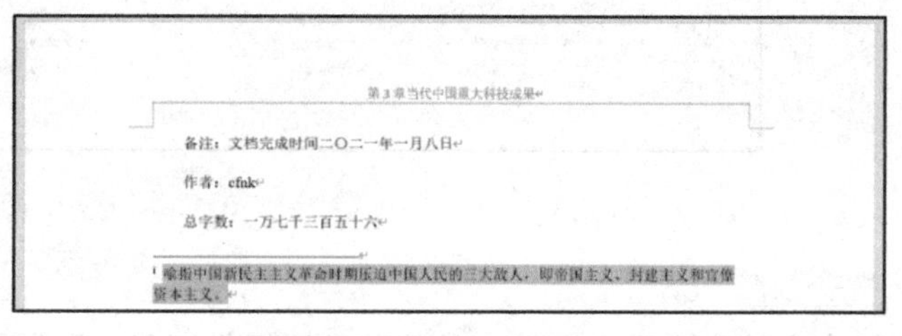

图 1-193 “三座大山”尾注内容的添加

第 2 步：在文档中直接创建索引。

(1)创建“中华”和“历史”索引。

• 文档首页正文第一段中，选中“中华”，单击“引用”→“索引”→“标记条目”，在打开的“标记索引项”对话框中点击“标记全部”(当选择“标记”按钮时，表示仅“标记”当前页中所选的关键词语)，如图 1-194 及图 1-195 所示，标记完成后“标记索引项”对话框则显示为非激活状态(灰色状态)，如图 1-196 所示。

• 在不关闭“标记索引项”对话框状态下，点击正文，并选择文字“历史”后，再次点击“标记索引项”对话框窗口任意处，激活该窗口，选择“标记全部”，点击“关闭”按钮退出，如图 1-197 所示。

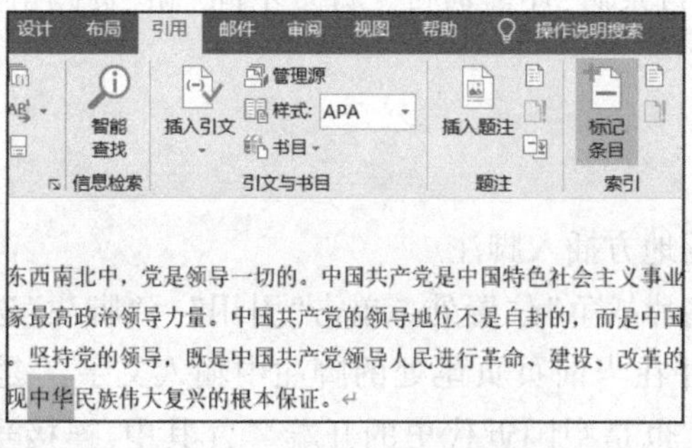

图 1-194 选中“中华”后标记索引项

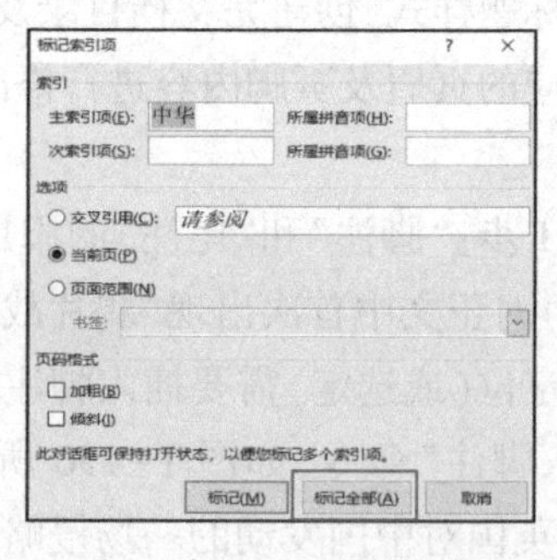

图 1-195 “标记索引项”对话框中点击“标记”

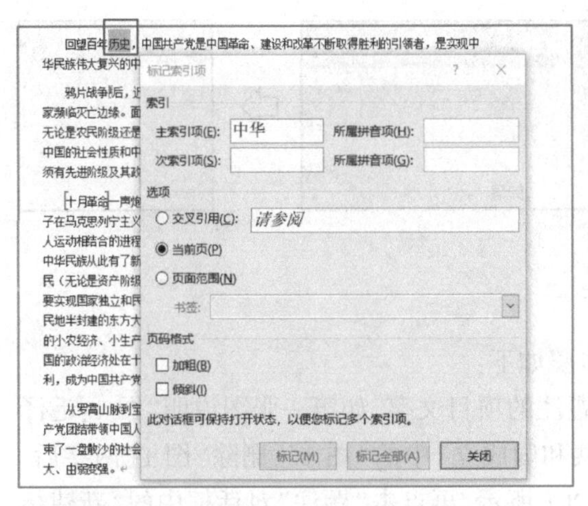

图 1-196　“标记索引项”对话框为非激活状态

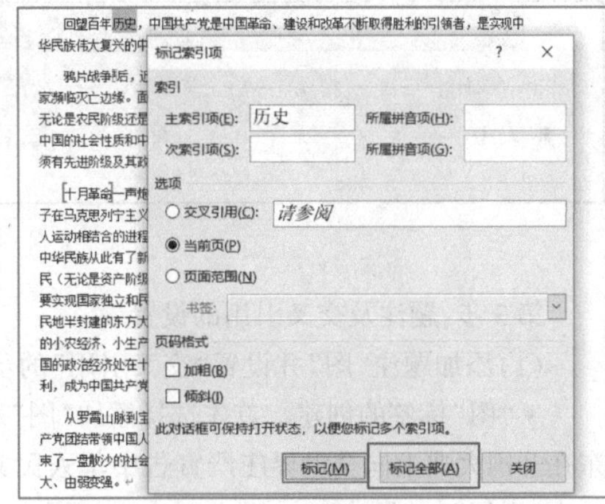

图 1-197　“标记索引项”对话框为激活状态

在打开的“标记索引项”对话框中，当仅需要对当前页中的某一个关键词语创建索引时，选择“标记”按钮；当需要对整个文档中该关键词语都创建索引时，则点击“标记全部”按钮。

---

(2)建立索引目录。

● 如图 1-198 所示，鼠标定位至最后一页，输入“索引”两字并设置“居中”显示后，单击“引用”→“索引”→“插入索引”，在打开的“索引”对话框窗口中，可根据需要对“栏数”及“页码右对齐”等方式进行设置，点击“确认”按钮后退出，如图 1-199 所示。

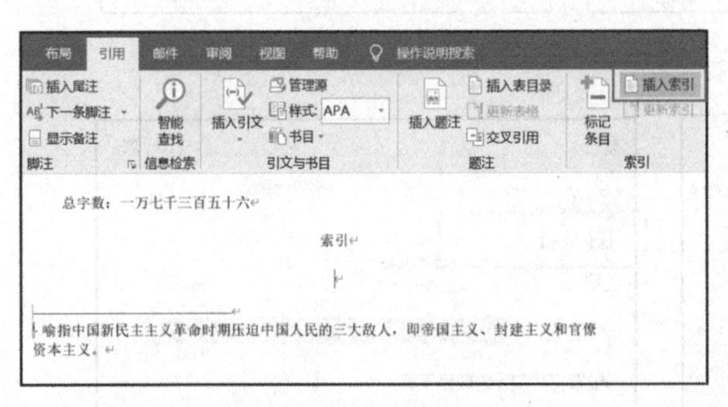

图 1-198　定位至最后一页

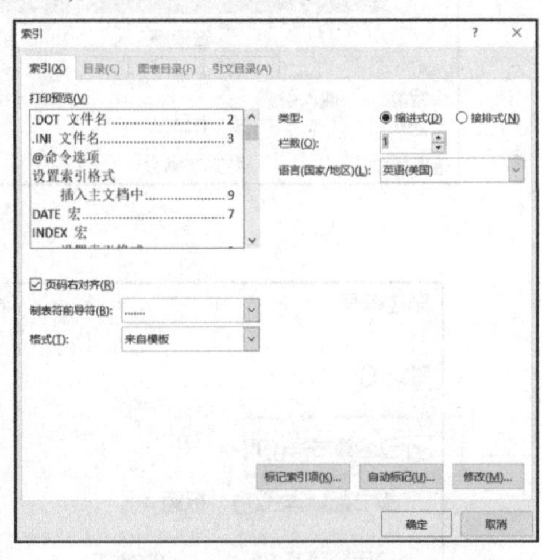

图 1-199　“索引”对话框中进行设置

(3)设置“编辑标记”由“显示”状态改为“隐藏”状态。

● 单击“开始”→“段落”中的“显示/隐藏编辑标记”命令按钮，由“显示”状态(灰色的激活状态 ↵)变为“隐藏”状态(无色的非激活状态 ↵)，如图 1-200 所示。

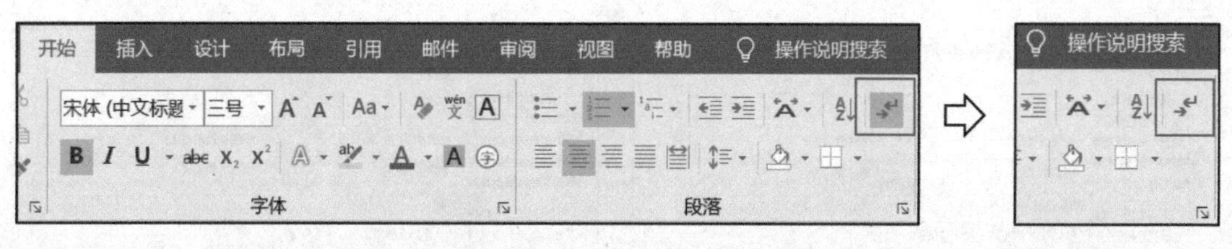

图 1-200 设置“编辑标记”的“显示/隐藏”状态

第 3 步:题注及交叉引用的设置。

(1)添加题注“图”并设置“交叉引用”的步骤如下:

• “图”标签的创建。首先选择添加“图”题注的项目文字,如第一张图说明“图 1:毛泽东在开国大典上向全世界庄严宣告中华人民共和国成立”中的“图 1”,删除“图 1”两字后,单击“引用”→“题注”→“插入题注”,如图 1-201 所示,再点击“题注”对话框中的“新建标签”按钮,并在“新建标签”窗口中标签栏中输入“图”,如图 1-202 所示。

• 选择已创建的“图”标签窗口,点击“编号”按钮在“题注编号”窗口中对“编号”进行设置,选中“包含章节号”选项,如图 1-203 所示,点击“确定”按钮后,创建后的“图”标签设置结果如图 1-204 所示,其中“题注”栏中已自动生成题注编号“图 1-1”。

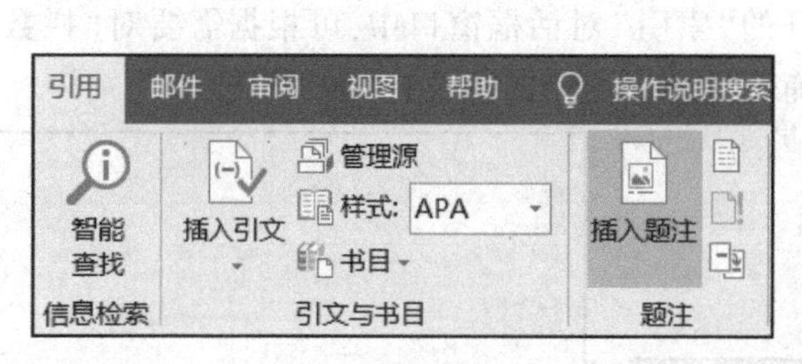

图 1-201 定位并“插入题注”

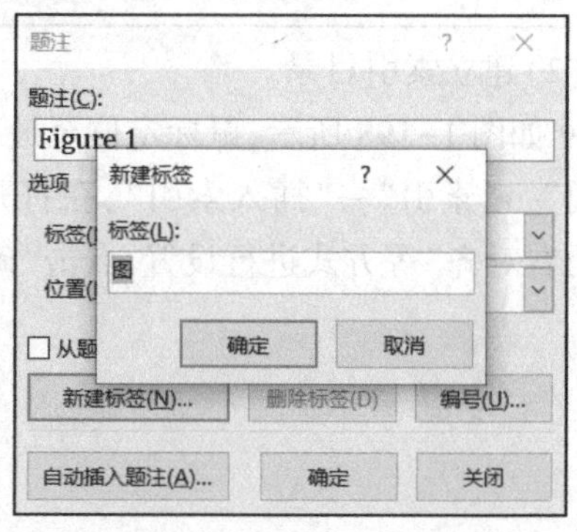

图 1-202 新建“图”标签

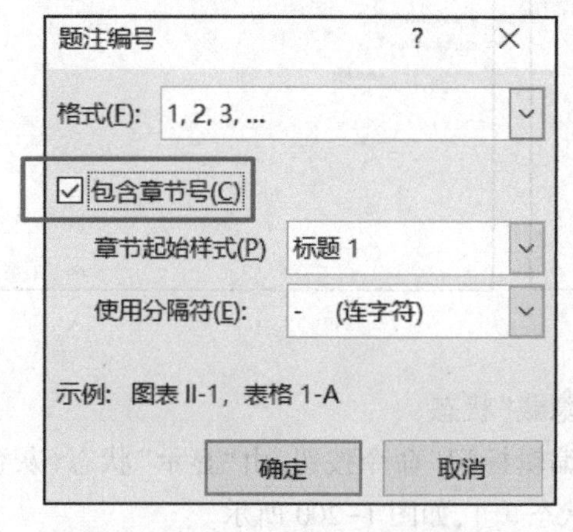

图 1-203 “题注编号”窗口的设置选项

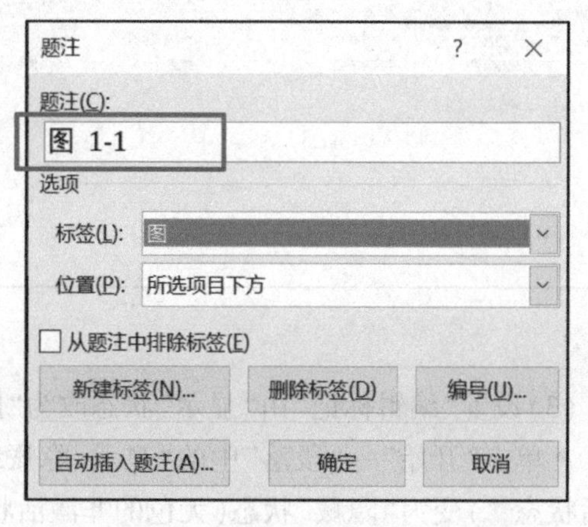

图 1-204 “题注”中图标签的设置结果

• 再依次定位至需添加“图”题注的项目文字，并删除原文档中的“图 n”两字，单击“引用”→“题注”→“插入题注”，在打开的题注的窗口中选择“图”标签，点击“确认”按钮，如图 1-205 所示。

图 1-205 “图”题注的插入

• 创建交叉引用的操作步骤为：在文档中选择需要引用图标签编号的介绍文字，如“上(下)图 n”中的“图 n”字，单击“引用”→“题注”→“交叉引用”命令(或执行“插入”→“链接”→“交叉引用”命令)，打开“交叉引用”对话框。

• 在上述对话框窗口中，单击“引用类型”下拉三角按钮，在打开的列表中选择“图”选项。单击“引用内容”下拉三角按钮，在列表中选择“仅标签和编号”选项，如图 1-206 所示。保持“插入为超链接”复选框的选中状态，然后在“引用哪一个题注”列表中选择相应的题注，点击“插入”按钮后完成设置，设置效果如图 1-207 所示。

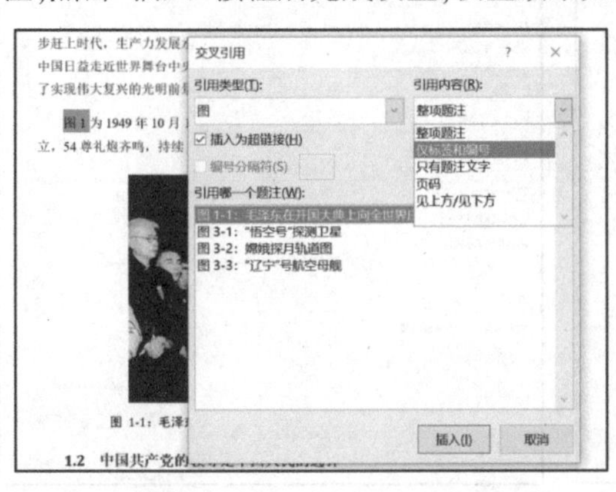

图 1-206 “交叉引用”对话框

图 1-207 设置效果

• 依次将文档正文中如“上(下)图 n”的文字与相应的题注“图”建立交叉引用，在文档正文处的类似“图 1-1”处，按住“Ctrl”键并单击后可直接链接访问。

(2) 添加题注“表”的步骤与题注“图”添加过程类似，操作步骤略。

第 4 步:文章目录及图表目录的创建。

(1)文章目录的建立。

● 定位至文档首页首行:“第 1 章 中国共产党……”文字中“中”前,单击“页面布局”→“页面设置”→“分隔符”,选择“分节符”中的“下一页”,如图 1-208 所示。

● 输入“目录”并设置好“标题 1”式样后(需删除自动生成的“第 1 章”三字),单击“引用”→“目录”→“自定义目录”,如图 1-209 所示。

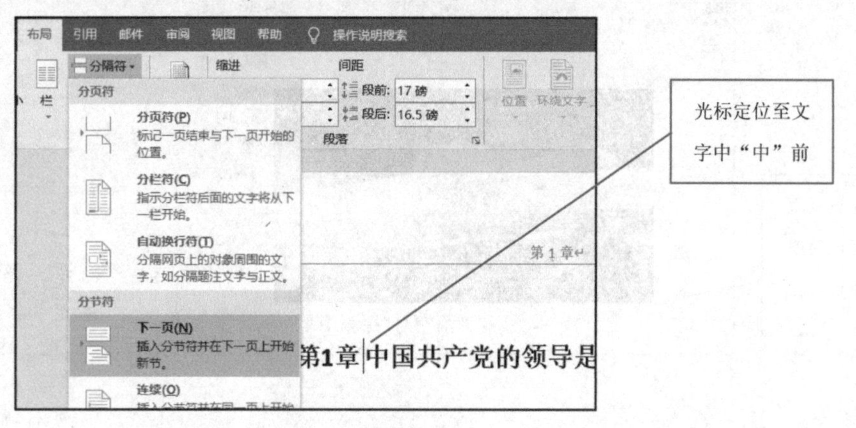

图 1-208 插入分节符

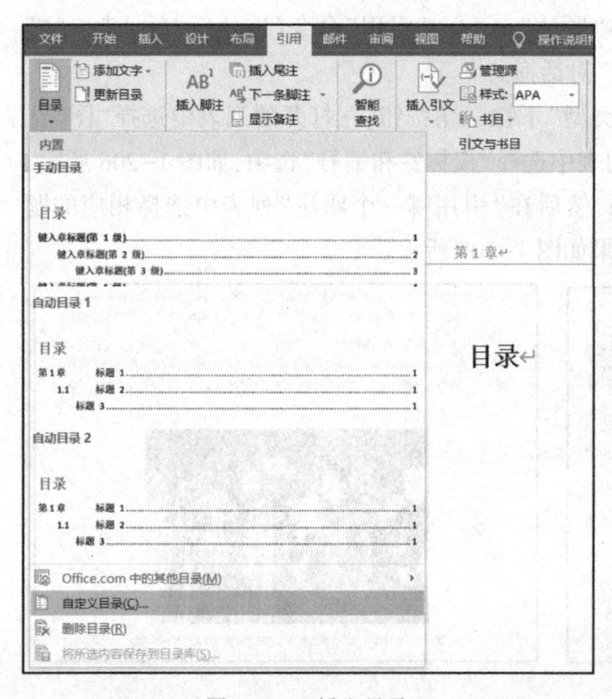

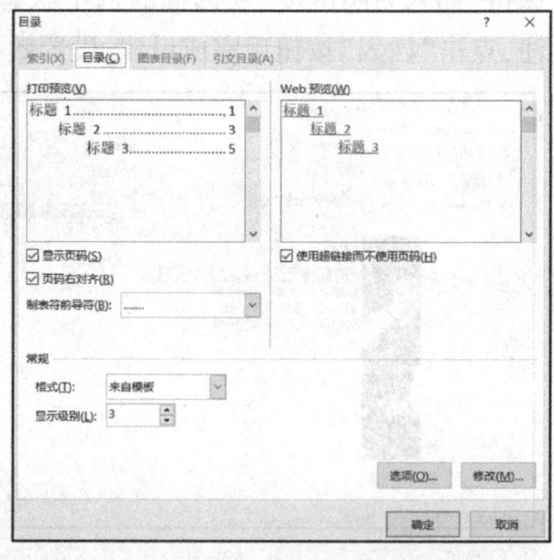

图 1-209 插入目录

图 1-210 “目录”对话框中的选项设置

● 在如图 1-210 所示的“目录”对话框中,选择“目录”标签页,直接点击“确定”,最后生成目录结果,如图 1-211 所示。

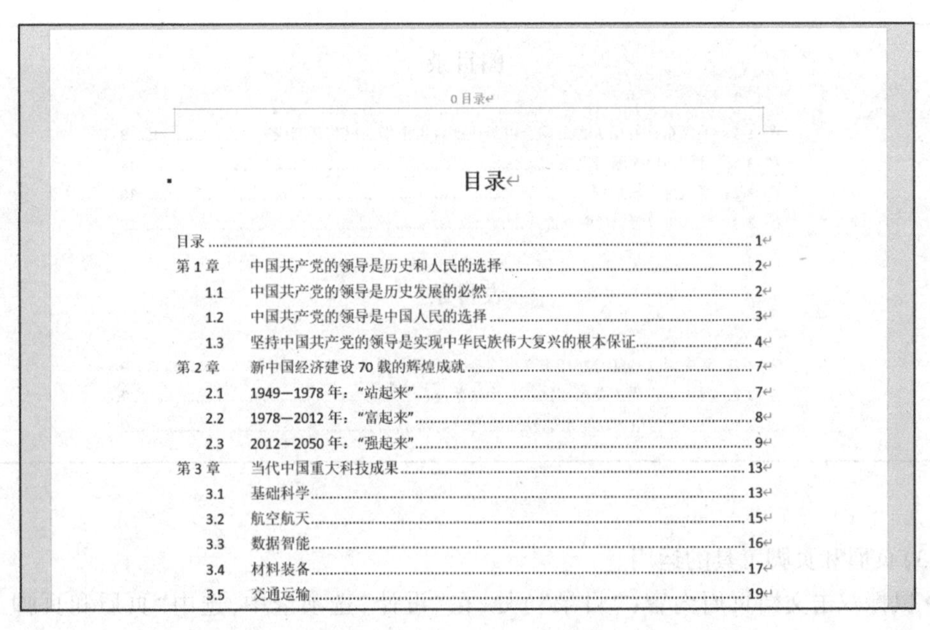

图 1-211　目录生成结果

(2)图表目录的创建。

●按回车键后，另起一行分别输入"图目录"和"表目录"三字，并设置样式为"标题 1"，设置"居中"显示，单击"引用"→"题注"→"插入表目录"，如图 1-212 所示。

●分别生成"图目录"和"表目录"时，则在"图表目录"对话框中的"常规"选项组中，分别选择"题注标签"旁下拉框中的"图"或"表"，如图 1-213 所示。

图表目录生成结果，如图 1-214 所示。

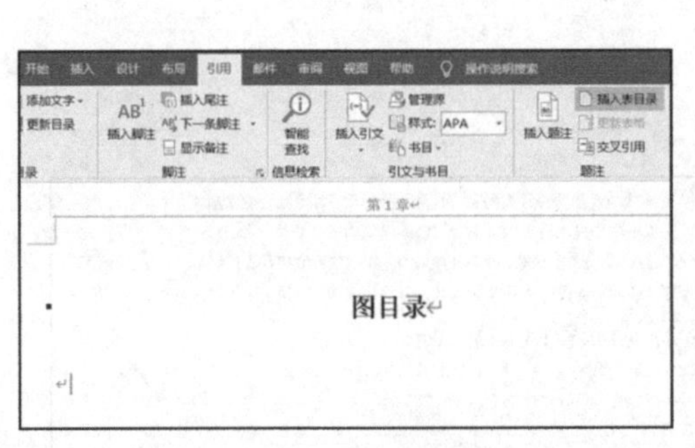

图 1-212　"插入表目录"

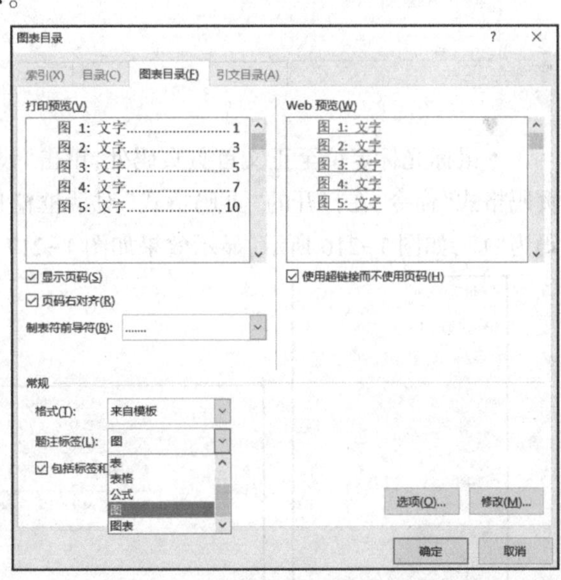

图 1-213　"图表目录"对话框中的设置

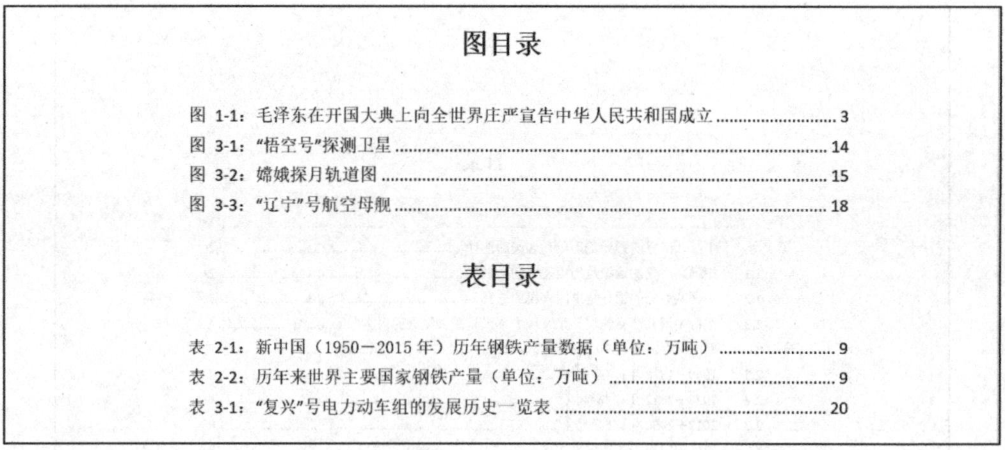

图目录

表目录

图 1-214　图表目录生成结果

(3) 页眉和页脚工具的运用。

• 鼠标双击文档页眉内容(“目录”)处,在“设计”选项卡中,选中“页眉和页脚工具”“选项”中“首页不同”复选框,该复选框选中后,首页页眉页脚的原有内容将不再显示,其页眉显示情况如图 1-215 所示。

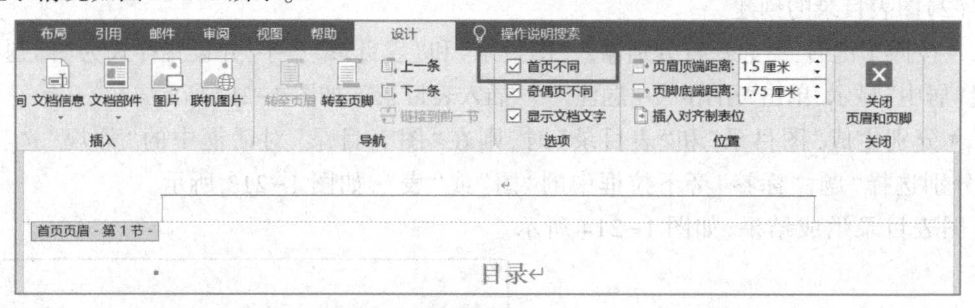

图 1-215　选中“首页不同”复选框后页眉显示情况

• 鼠标光标定位至正文首页页码处,单击“设计”“页眉和页脚”“页码”按钮,选择“设置页码格式”命令,在打开的“页码格式”对话框窗口中,选中“起始页码”单选按钮,并设置页码为“1”,如图 1-216 所示,显示效果如图 1-217 所示。

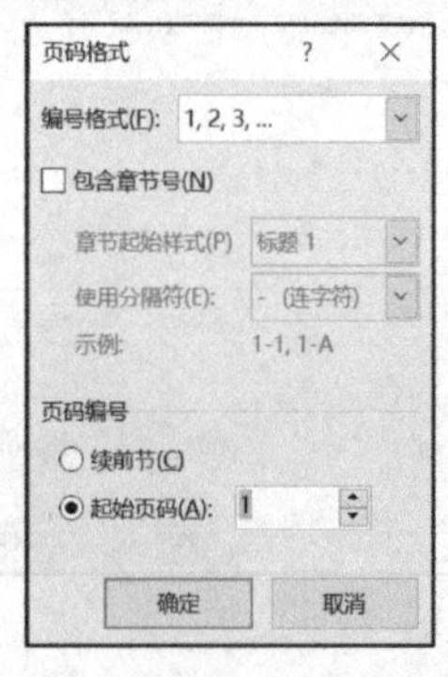

图 1-216　“起始页码”设置

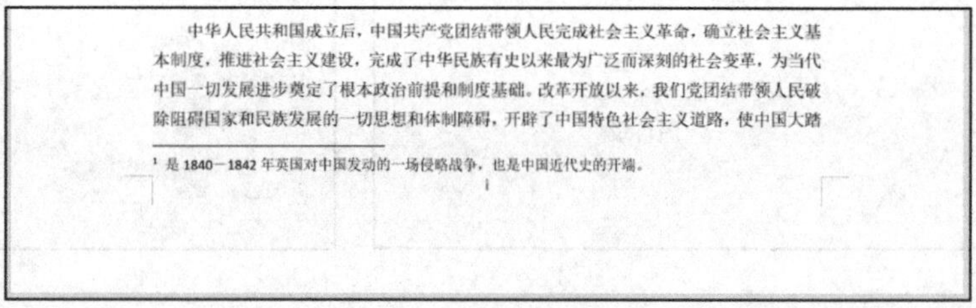

中华人民共和国成立后，中国共产党团结带领人民完成社会主义革命，确立社会主义基本制度，推进社会主义建设，完成了中华民族有史以来最为广泛而深刻的社会变革，为当代中国一切发展进步奠定了根本政治前提和制度基础。改革开放以来，我们党团结带领人民破除阻碍国家和民族发展的一切思想和体制障碍，开辟了中国特色社会主义道路，使中国大踏

[1] 是 1840－1842 年英国对中国发动的一场侵略战争，也是中国近代史的开端。

1

图 1-217　正文首页页码显示效果

(4)分别对上述生成的各项目录(目录、图目录、表目录)内容进行更新。

● 分别选择目录、图目录、表目录等目录显示区域,单击鼠标右键,在弹出的工具栏菜单中选择“更新域”,并在打开的“更新目录”及“更新图表目录”窗口中,选择“更新整个目录”,如图 1-218 所示,单击“确定”按钮。

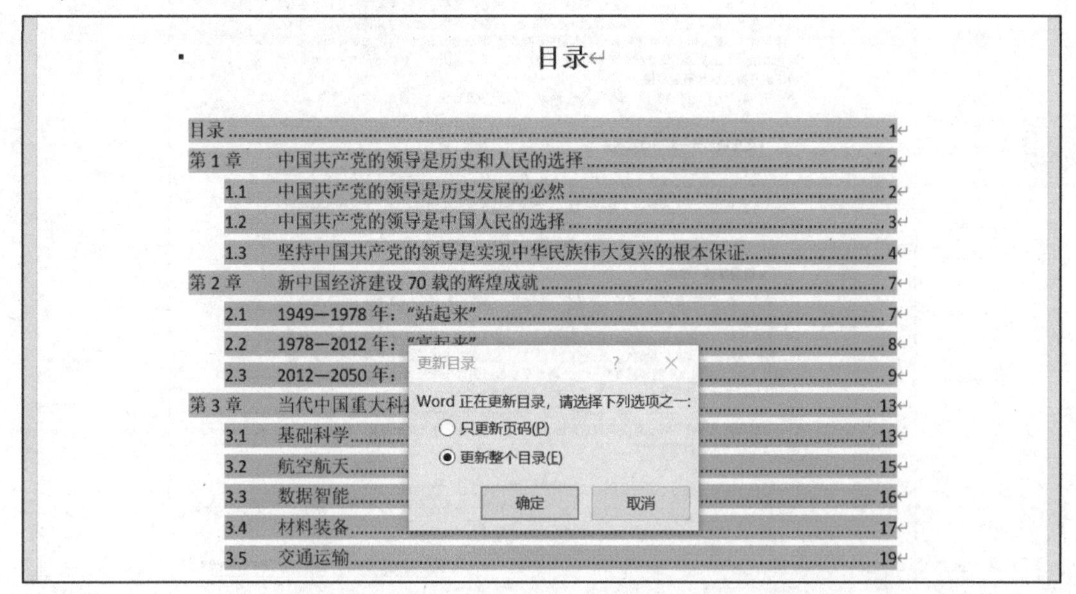

图 1-218 更新目录操作

1.4.3 操作练习

索引的创建有两种方式,一种是在文档中通过“标记索引项”直接创建,另一种是通过“自动标记文件”创建索引。

打开素材文件“青年寄语.docx”,按如下要求,通过索引“自动标记文件”创建索引并保存。

(1)使用自动索引方式,建立索引自动标记文件“我的索引.docx”,其中:标记为索引项的文字 1 为“青年”,主索引项 1 为“qingnian”;标记为索引项的文字 2 为“青春”,主索引项 2 为“qingchun”。

(2)使用自动标记文件,在文档的最后一页中创建索引。

(3)将文档的“显示/隐藏编辑标记”设置由“显示”状态改为“隐藏”状态,并观察设置前后正文文档内容显示上的变化。

其中,当“显示/隐藏编辑标记”为“显示”状态时,文档最后一页的显示效果,如图 1-219 所示。

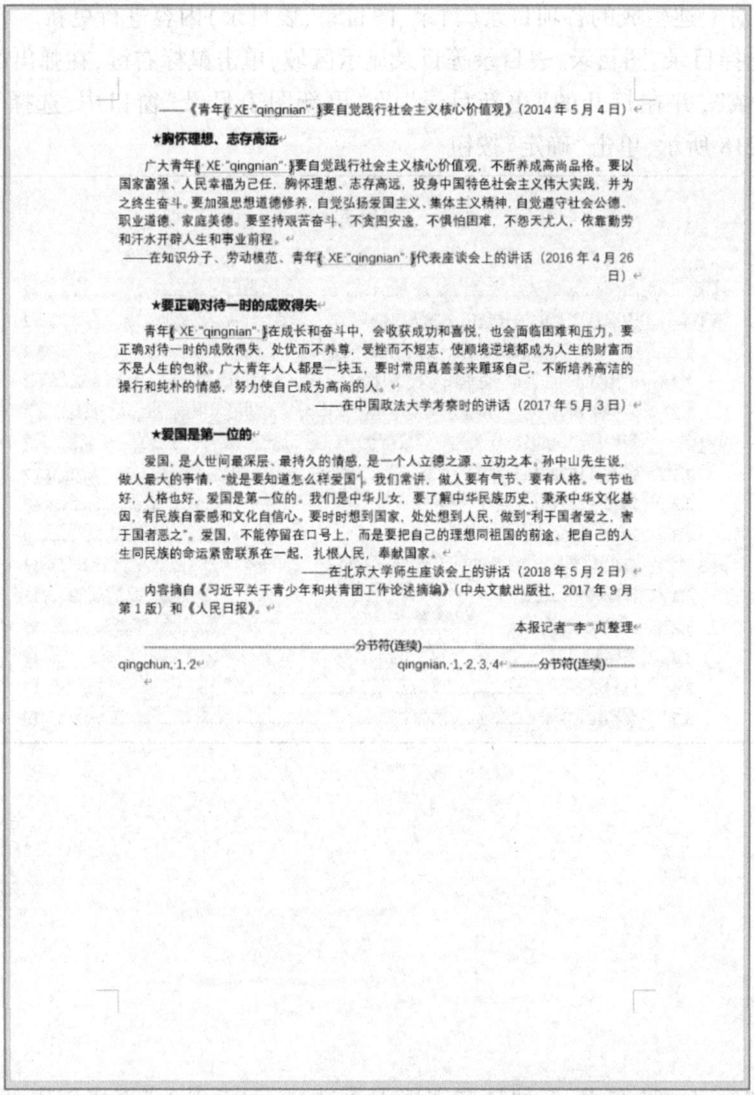

——《青年{ XE "qingnian" }要自觉践行社会主义核心价值观》(2014 年 5 月 4 日)

★胸怀理想、志存高远

广大青年{ XE "qingnian" }要自觉践行社会主义核心价值观，不断养成高尚品格。要以国家富强、人民幸福为己任，胸怀理想、志存高远，投身中国特色社会主义伟大实践，并为之终生奋斗。要加强思想道德修养，自觉弘扬爱国主义、集体主义精神，自觉遵守社会公德、职业道德、家庭美德。要坚持艰苦奋斗，不贪图安逸，不惧怕困难，不怨天尤人，依靠勤劳和汗水开辟人生和事业前程。

——在知识分子、劳动模范、青年{ XE "qingnian" }代表座谈会上的讲话（2016 年 4 月 26 日）

★要正确对待一时的成败得失

青年{ XE "qingnian" }在成长和奋斗中，会收获成功和喜悦，也会面临困难和压力。要正确对待一时的成败得失，处优而不养尊，受挫而不短志，使顺境逆境都成为人生的财富而不是人生的包袱。广大青年人人都是一块玉，要时常用真善美来雕琢自己，不断培养高洁的操行和纯朴的情感，努力使自己成为高尚的人。

——在中国政法大学考察时的讲话（2017 年 5 月 3 日）

★爱国是第一位的

爱国，是人世间最深层、最持久的情感，是一个人立德之源、立功之本。孙中山先生说，做人最大的事情，"就是要知道怎么样爱国"。我们常讲，做人要有气节、要有人格。气节也好，人格也好，爱国是第一位的。我们是中华儿女，要了解中华民族历史，秉承中华文化基因，有民族自豪感和文化自信心。要时时想到国家，处处想到人民，做到"利于国者爱之，害于国者恶之"。爱国，不能停留在口号上，而是要把自己的理想同祖国的前途、把自己的人生同民族的命运紧密联系在一起，扎根人民，奉献国家。

——在北京大学师生座谈会上的讲话（2018 年 5 月 2 日）

内容摘自《习近平关于青少年和共青团工作论述摘编》(中央文献出版社，2017 年 9 月第 1 版）和《人民日报》。

本报记者 李 贞整理

————————分节符(连续)————————

qingchun, 1, 2　　　　qingnian, 1, 2, 3, 4 ——分节符(连续)——

图 1-219　文档最后一页的显示效果

项目五 批注与修订

1.5.1 知识点

批注仅是作者或审阅者为文档的一部分内容所做的注释,并不对文档本身进行修改。批注用于表达审阅者的意见或对文本提出质疑时非常有用。

修订用来标记对文档中所做的编辑操作。用户可以根据需要接受或拒绝每处的修订,只有接受修订,文档的编辑才能生效,否则文档将保留原内容。

在对文档进行批注和修订之前,可通过“显示标记”设置来标记批注或修订内容的位置、外观等。

1.批注及修订的显示方式设置

(1)设置批注和修订的位置

默认设置下,对内容进行修改后,将在原位置处显示修订后的新内容,仅在批注框中显示批注和格式修改,也可以选择在批注框中显示修订信息或以嵌入方式显示所有修订。在“审阅”选项卡的“修订”组中,单击“显示标记”→“批注框”,选择显示方式,如图 1-220 所示,不同的选项显示效果不同。

例如,在查看此文档修订方式为“所有标记”的情况下,对某文档中的文字“数据教学资源库”中的“数据”通过批注注释“需删除此处‘数据’”,对文档中的文字“计算机”通过修订方式进行删除,则“批注框”中三个显示选项“在批注框中显示修订”“以嵌入方式显示所有修订”和“仅在批注框中显示备注和格式设置”,其显示效果分别如图 1-221、图 1-222 和图 1-223 所示。

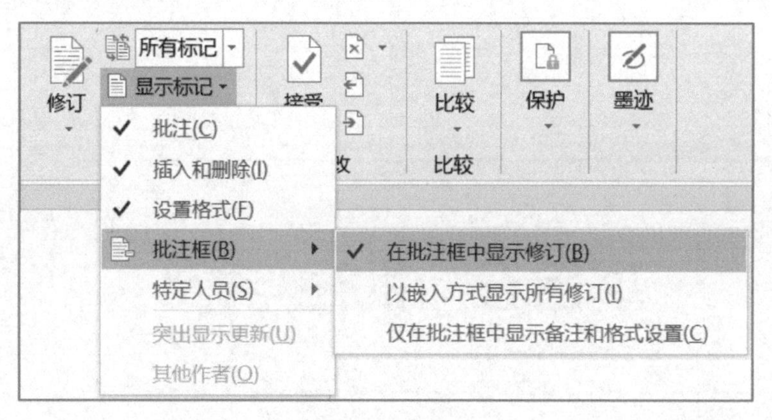

图 1-220 设置批注修订的显示方式

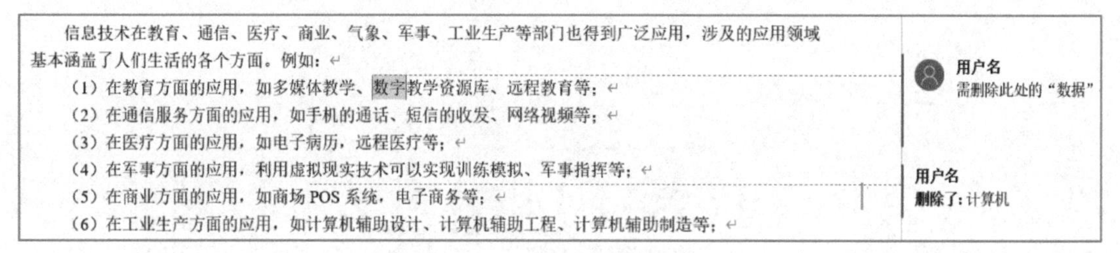

图 1-221 “在批注框中显示修订”的显示效果

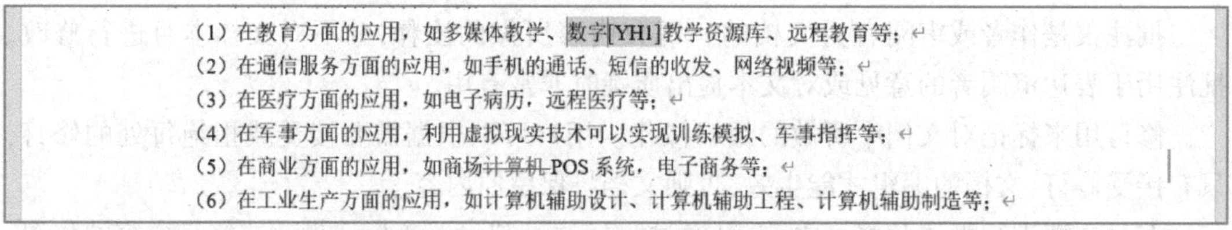

（1）在教育方面的应用，如多媒体教学、数字[YH1]教学资源库、远程教育等；
（2）在通信服务方面的应用，如手机的通话、短信的收发、网络视频等；
（3）在医疗方面的应用，如电子病历，远程医疗等；
（4）在军事方面的应用，利用虚拟现实技术可以实现训练模拟、军事指挥等；
（5）在商业方面的应用，如商场计算机 POS 系统，电子商务等；
（6）在工业生产方面的应用，如计算机辅助设计、计算机辅助工程、计算机辅助制造等；

图 1-222 “以嵌入方式显示所有修订”的显示效果

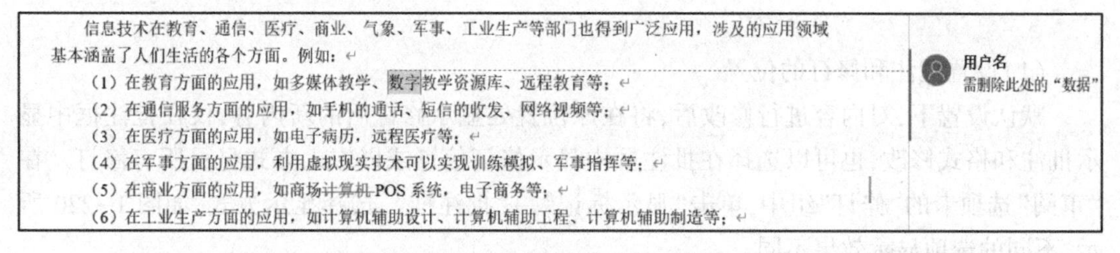

图 1-223 “仅在批注框中显示备注和格式设置”的显示效果

(2)设置批注和修订外观

单击“审阅”→“修订”→“修订选项”箭头按钮，在“修订选项”对话框窗口中，单击“高级选项”按钮，可根据个人对颜色的喜好，对批注和修订标记的颜色等进行设置。如图 1-224 所示。

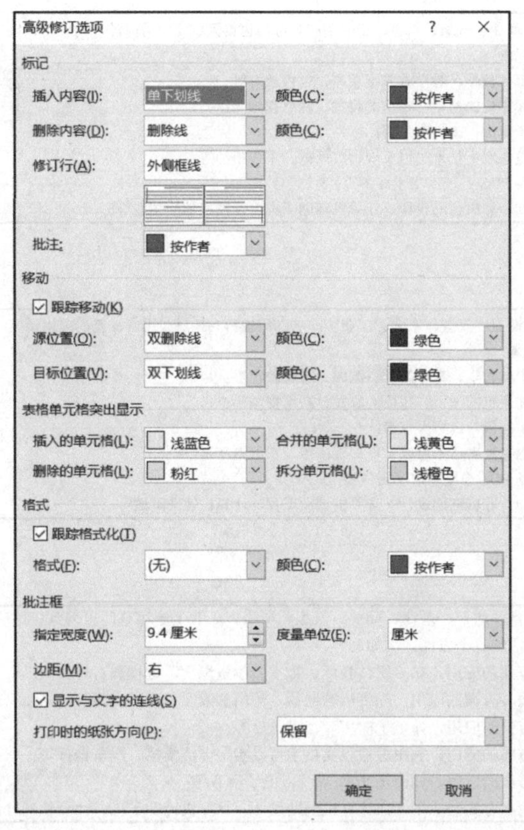

图 1-224 “修订选项”对话框

(3)查看文档的修订方式

单击“审阅”→“修订”选项组中图标旁“显示以供审阅”命令按钮,查看文档的修订方式有“简单标记”“所有标记”“无标记”和“原始版本”四种,如图 1-225 所示。

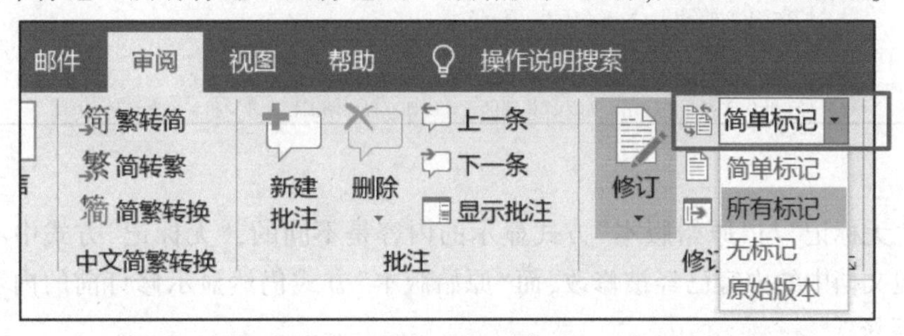

图 1-225 “查看此文档的修订”的四种方式

例如,在“显示标记”中设定“在批注框中显示修订”的情况下,对某文档中的文字“数据教学资源库”中的“数据”通过批注注释“需删除此处‘数据’”,对文档中的文字“计算机”通过修订方式进行删除,则“简单标记”“所有标记”“无标记”和“原始版本”四种方式的显示效果分别如图 1-226、图 1-227、图 1-228 和图 1-229 所示。

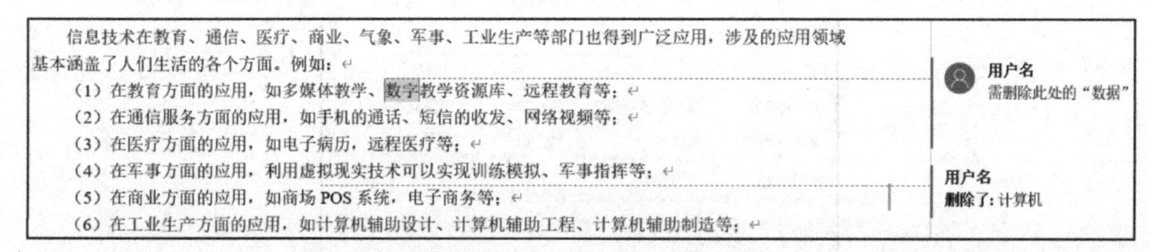

信息技术在教育、通信、医疗、商业、气象、军事、工业生产等部门也得到广泛应用，涉及的应用领域基本涵盖了人们生活的各个方面。例如：

（1）在教育方面的应用，如多媒体教学、数字教学资源库、远程教育等；

（2）在通信服务方面的应用，如手机的通话、短信的收发、网络视频等；

（3）在医疗方面的应用，如电子病历，远程医疗等；

（4）在军事方面的应用，利用虚拟现实技术可以实现训练模拟、军事指挥等；

（5）在商业方面的应用，如商场 POS 系统，电子商务等；

（6）在工业生产方面的应用，如计算机辅助设计、计算机辅助工程、计算机辅助制造等；

用户名
需删除此处的“数据”

用户名
删除了：计算机

图 1-226 “简单标记”显示效果

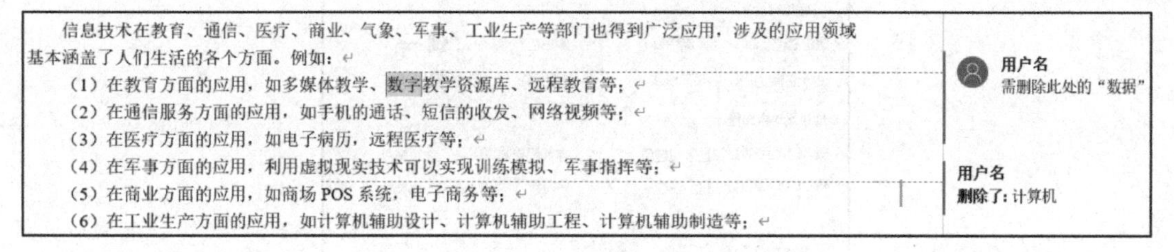

信息技术在教育、通信、医疗、商业、气象、军事、工业生产等部门也得到广泛应用，涉及的应用领域基本涵盖了人们生活的各个方面。例如：

（1）在教育方面的应用，如多媒体教学、数字教学资源库、远程教育等；

（2）在通信服务方面的应用，如手机的通话、短信的收发、网络视频等；

（3）在医疗方面的应用，如电子病历，远程医疗等；

（4）在军事方面的应用，利用虚拟现实技术可以实现训练模拟、军事指挥等；

（5）在商业方面的应用，如商场 POS 系统，电子商务等；

（6）在工业生产方面的应用，如计算机辅助设计、计算机辅助工程、计算机辅助制造等；

用户名
需删除此处的“数据”

用户名
删除了：计算机

图 1-227 “所有标记”显示效果

信息技术在教育、通信、医疗、商业、气象、军事、工业生产等部门也得到广泛应用，涉及的应用领域基本涵盖了人们生活的各个方面。例如：

（1）在教育方面的应用，如多媒体教学、数字教学资源库、远程教育等；

（2）在通信服务方面的应用，如手机的通话、短信的收发、网络视频等；

（3）在医疗方面的应用，如电子病历，远程医疗等；

（4）在军事方面的应用，利用虚拟现实技术可以实现训练模拟、军事指挥等；

（5）在商业方面的应用，如商场 POS 系统，电子商务等；

（6）在工业生产方面的应用，如计算机辅助设计、计算机辅助工程、计算机辅助制造等；

图 1-228 “无标记”显示效果

信息技术在教育、通信、医疗、商业、气象、军事、工业生产等部门也得到广泛应用，涉及的应用领域基本涵盖了人们生活的各个方面。例如：

（1）在教育方面的应用，如多媒体教学、数字教学资源库、远程教育等；

（2）在通信服务方面的应用，如手机的通话、短信的收发、网络视频等；

（3）在医疗方面的应用，如电子病历，远程医疗等；

（4）在军事方面的应用，利用虚拟现实技术可以实现训练模拟、军事指挥等；

（5）在商业方面的应用，如商场计算机 POS 系统，电子商务等；

（6）在工业生产方面的应用，如计算机辅助设计、计算机辅助工程、计算机辅助制造等；

图 1-229 “原始版本”显示效果

其中，“无标记”与“原始版本”方式显示的内容是不同的，“无标记”方式中不显示“修订”标记，但文档中的内容已经被修改，而“原始版本”方式仍然显示修订前的内容“商场计算机 POS 系统”。

2.批注

批注是作者或审阅者为文档的一部分内容所做的注释，或用于表达审阅者的意见或对文本提出的质疑，并不对文档本身进行修改。

(1)建立批注

先在文档中选择要进行批注的内容，单击“审阅”→“批注”→“新建批注”命令按钮，将在页面右侧显示一个“批注框”。直接在“批注框”中输入批注，单击“批注框”外的任何区域,即可完成批注的建立。

(2)编辑批注

如果批注意见需要修改,单击“批注框”,进行修改后再单击“批注框”外的任何区域即可。

(3)查看批注

• 指定审阅者。

可以有多人参与批注或修订操作,文档默认状态是显示所有审阅者的批注和修订。可以进行指定审阅者操作后,文档中仅显示指定审阅者的批注和修订,便于用户更加了解该审阅者的编辑意见。

• 查看批注。

对于加了许多批注的长文档,直接用鼠标翻页的方法进行批注查看,既费神又容易遗漏,Word 提供了自动逐条定位批注的功能。在“审阅”→“批注”组中,单击“上一条”或“下一条”命令对所显示的批注进行逐条查看。需注意的是批注不是文档的一部分,作者可参考批注的建议和意见,若要将批注框内的内容直接用于文档,要通过复制粘贴的方法进行操作。

(4)删除批注

可以将已查看并接纳的多余批注删除,使得文档显示比较简洁。可以有选择性地进行单个或部分删除,也可以一次性删除所有批注。

• 删除单个批注。右击需要删除的“批注框”,单击“删除批注”快捷命令。也可以单击需要删除的“批注框”,在“审阅”→“批注”组中,单击“删除”命令删除当前批注。

• 删除所有批注。先单击任何一个批注框,选择“审阅”→“批注”→“删除”→“删除文档中的所有批注”,将文档中的批注全删掉。

• 删除指定审阅者的批注。先进行审阅者指定操作,再单击所显示的任何一个批注,再选择“审阅”→“批注”→“删除”→“删除所有显示的批注”,就将指定审阅者的所有批注删除。

3.修订

修订用来标记对文档中所做的编辑操作。用户可以根据需要接受或拒绝每处的修订,只有接受修订,文档的编辑才能生效,否则文档将保留原内容。

(1)打开/关闭文档修订功能

选择需修订的位置后,单击“审阅”→“修订”→“修订”。如果“修订”命令是以加亮突出方式显示,则打开了文档的修订功能,否则文档的修订功能处于关闭状态。启用文档修订功能后,作者或审阅者的每一次插入、删除、修改或更改格式,都会被自动标记出来。用户可以在日后对修订进行确认或取消操作,防止误操作对文档带来的损害,提高了文档的安全性和严谨性。

(2)查看修订

单击“审阅”→“批注”→“上一条”或“下一条”命令,可以逐条显示修订标记。与查看批注一样,如果参与修订的审阅者超过一个,可以先指定审阅者后进行查看。单击“审阅”→

“修订”→“审阅窗格”→“水平审阅窗格”或“垂直审阅窗格”，如图 1-230 所示，在审阅窗格中可以查看所有的修订和批注以及标记修订和插入批注的用户名，若鼠标放置在文档中的批注处，系统会显示修订和插入批注的日期及时间。

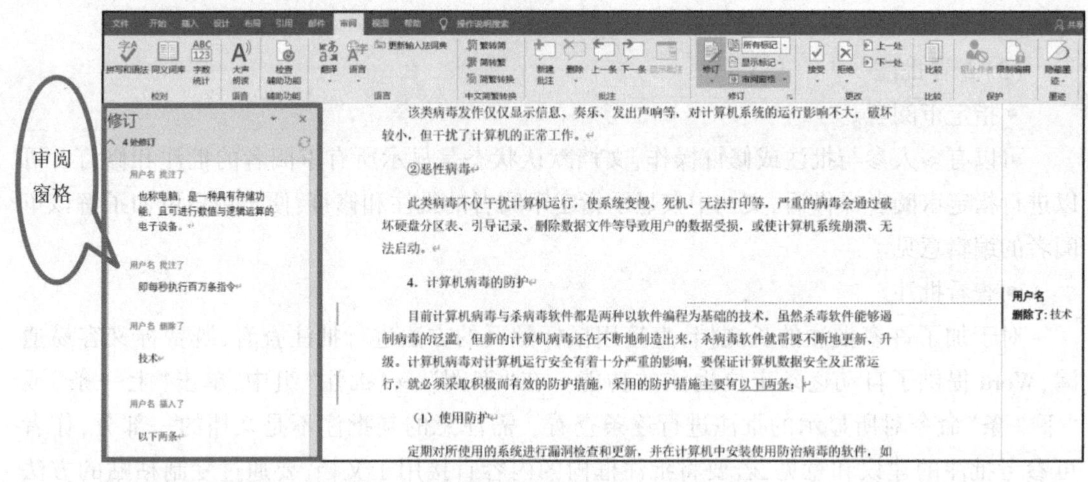

图 1-230　在审阅窗格中查看所有的修订和批注

(3)审阅修订

在查看修订的过程中，作者可以接受或拒绝审阅者的修订。

① 接受修订。单击“审阅”→“更改”→“接受”下拉箭头，可以根据需要选择相应接受修订命令。

- “接受并移到下一处”：表示接受当前修订并移到下一条修订处。
- “接受此修订”：表示接受当前修订。
- “接受所有显示的修订”：表示接受指定审阅者所做的修订。
- “接受所有修订”：表示接受文档中所有的修订。
- “接受所有更改并停止修订”：表示接受文档中所有的修订，并使“修订”命令按钮处于“非激活状态”。

② 拒绝更改。单击“审阅”“更改”→“拒绝”→下拉箭头，可以根据需要选择相应拒绝更改命令。

- “拒绝并移到下一处”：表示拒绝当前修订并移到下一条修订处。
- “拒绝更改”：表示拒绝当前修订。
- “拒绝所有显示的修订”：表示拒绝指定审阅者所做的修订。
- “拒绝所有修订”：表示拒绝文档中所有的修订。
- “拒绝所有更改并停止修订”：表示拒绝文档中所有的修订，并使“修订”命令按钮处于“非激活状态”。

1.5.2 任务五 批注与修订的添加

打开 Word 文档“长文档-批注与修订素材”，对文档进行以下操作并保存。

1.任务要求

1）批注的添加与删除

批注仅是作者或审阅者为文档的一部分内容所做的注释，并不对文档本身进行修改，批注用于表达审阅者的意见或对文本提出质疑。

批注与修订的添加

（1）批注和修订显示方式设置。

- 设置“查看此文档修订的方式”为“所有标记”。
- 请设置显示批注的方式为“在批注框中显示修订”。

（2）批注的创建。

- 请对正文 3.5 节中的“云计算”添加一条批注，内容为“分布式计算，通过网络解决任务分发，并进行计算结果的合并。”。
- 请对正文 3.5 节中的“‘复兴’号” 添加一条批注，内容为“是否取意于中华民族伟大复兴?”。

（3）批注的答复。

- 请对上述有关“复兴号”的批注进行答复，答复内容为“是”。

（4）批注的删除。

- 请删除（2）中创建的对“云计算”三个字的批注。

2）修订的添加与查看

修订用来标记对文档中所做的编辑操作。作者可以根据需要接受或拒绝每处的修订，只有接受修订，文档的编辑才能生效，否则文档将保留原内容。

（1）修订的添加。

- 请将“3.5 交通运输”小节第四段段尾处“如果觉得光线太暗”中的“觉得”两字删除。
- 请将 “3.5 交通运输”小节中最后一页正文及表说明文字中的“‘复兴’号电力动车组的发展历史”句子添加一条修订，增加“主要”二字，修订后该句显示为“‘复兴’号电力动车组主要发展历史”。

（2）批注、修订的查看与显示。

- 单击“审阅”→“修订”→“审阅窗格”中的命令选项查看文档中的批注与修订。

3）修订的接受与拒绝

（1）接受修订。

- 请接受上述操作中对“主要”二字的增加修订。

(2)拒绝更改。

● 请拒绝上述操作中对“觉得”二字的删除修订。

2.任务完成效果

1)批注的添加与删除

(1)批注和修订的显示设置操作如图 1-231 所示。

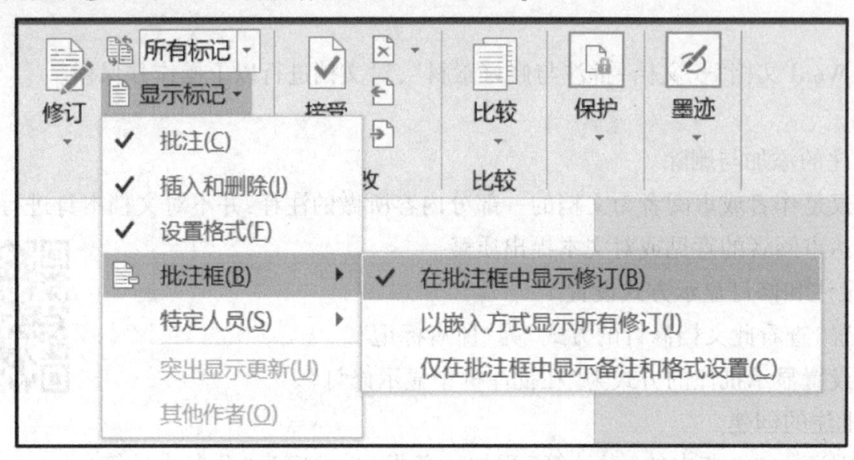

图 1-231　批注和修订后显示设置操作

(2)“云计算”和“复兴号”添加批注的显示结果,如图 1-232 所示。

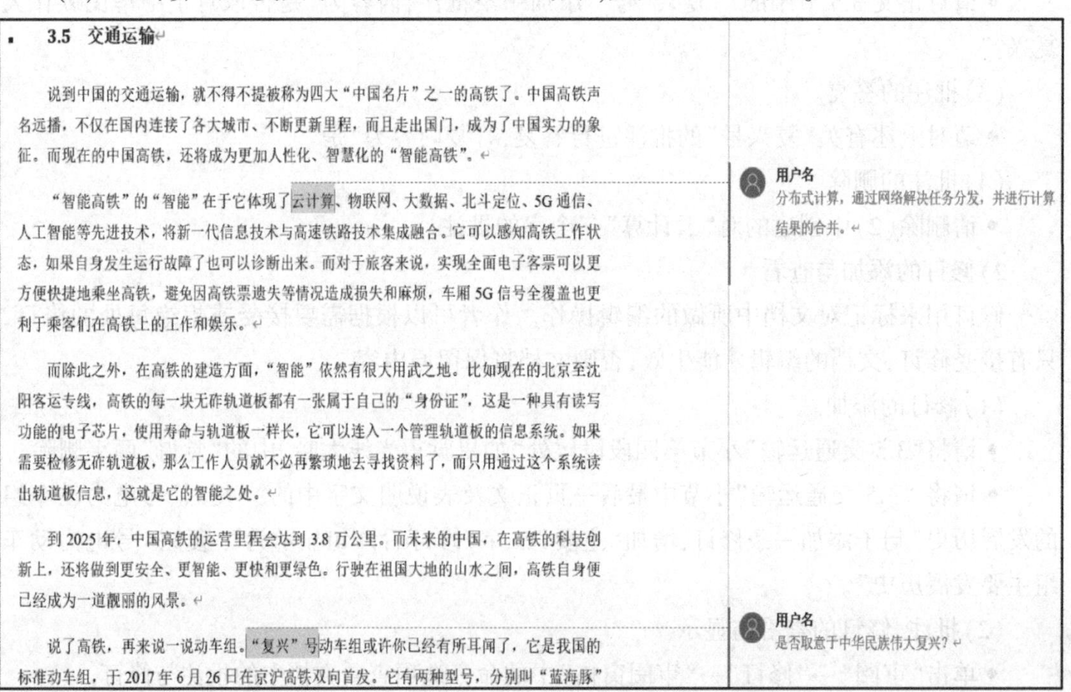

3.5　交通运输

说到中国的交通运输，就不得不提被称为四大“中国名片”之一的高铁了。中国高铁声名远播，不仅在国内连接了各大城市、不断更新里程，而且走出国门，成为了中国实力的象征。而现在的中国高铁，还将成为更加人性化、智慧化的“智能高铁”。

“智能高铁”的“智能”在于它体现了云计算、物联网、大数据、北斗定位、5G 通信、人工智能等先进技术，将新一代信息技术与高速铁路技术集成融合。它可以感知高铁工作状态，如果自身发生运行故障了也可以诊断出来。而对于旅客来说，实现全面电子客票可以更方便快捷地乘坐高铁，避免因高铁票遗失等情况造成损失和麻烦，车厢 5G 信号全覆盖也更利于乘客们在高铁上的工作和娱乐。

而除此之外，在高铁的建造方面，“智能”依然有很大用武之地。比如现在的北京至沈阳客运专线，高铁的每一块无砟轨道板都有一张属于自己的“身份证”，这是一种具有读写功能的电子芯片，使用寿命与轨道板一样长，它可以连入一个管理轨道板的信息系统。如果需要检修无砟轨道板，那么工作人员就不必再繁琐地去寻找资料了，而只用通过这个系统读出轨道板信息，这就是它的智能之处。

到 2025 年，中国高铁的运营里程会达到 3.8 万公里。而未来的中国，在高铁的科技创新上，还将做到更安全、更智能、更快和更绿色。行驶在祖国大地的山水之间，高铁自身便已经成为一道靓丽的风景。

说了高铁，再来说一说动车组。“复兴”号动车组或许你已经有所耳闻了，它是我国的标准动车组，于 2017 年 6 月 26 日在京沪高铁双向首发。它有两种型号，分别叫“蓝海豚”

图 1-232　“云计算”和“‘复兴’号”添加批注的显示结果

(3)批注“复兴号”答复后的显示结果如图 1-233 所示。

到 2025 年，中国高铁的运营里程会达到 3.8 万公里。而未来的中国，在高铁的科技创新上，还将做到更安全、更智能、更快和更绿色。行驶在祖国大地的山水之间，高铁自身便已经成为一道靓丽的风景。↵

说了高铁，再来说一说动车组。“复兴”号动车组或许你已经有所耳闻了，它是我国的标准动车组，于 2017 年 6 月 26 日在京沪高铁双向首发。它有两种型号，分别叫“蓝海豚”和“金凤凰”，海豚和凤凰分别来自海洋和天空，这两种型号仿佛也在说明“复兴”号拥有更广阔的前景和更强大的实力。“蓝海豚”和“金凤凰”带来的，是中国标准动车组时代。之所以这么说，是因为它与普通动车有所不同。和我国许多傲人的科技成果一样，“复兴”

用户名 2 分钟以前
是否取意于中华民族伟大复兴？↵
用户名 几秒以前
是↵
答复 解决

图 1-233 批注“‘复兴’号”答复后的显示结果

(4)批注“云计算”删除后的显示结果如图 1-234 所示。

“智能高铁”的“智能”在于它体现了云计算、物联网、大数据、北斗定位、5G 通信、人工智能等先进技术，将新一代信息技术与高速铁路技术集成融合。它可以感知高铁工作状态，如果自身发生运行故障了也可以诊断出来。而对于旅客来说，实现全面电子客票可以更方便快捷地乘坐高铁，避免因高铁票遗失等情况造成损失和麻烦，车厢 5G 信号全覆盖也更利于乘客们在高铁上的工作和娱乐。↵

而除此之外，在高铁的建造方面，“智能”依然有很大用武之地。比如现在的北京至沈阳客运专线，高铁的每一块无砟轨道板都有一张属于自己的“身份证”，这是一种具有读写功能的电子芯片，使用寿命与轨道板一样长，它可以连入一个管理轨道板的信息系统。如果需要检修无砟轨道板，那么工作人员就不必再繁琐地去寻找资料了，而只用通过这个系统读出轨道板信息，这就是它的智能之处。↵

到 2025 年，中国高铁的运营里程会达到 3.8 万公里。而未来的中国，在高铁的科技创新上，还将做到更安全、更智能、更快和更绿色。行驶在祖国大地的山水之间，高铁自身便已经成为一道靓丽的风景。↵

说了高铁，再来说一说动车组。“复兴”号动车组或许你已经有所耳闻了，它是我国的标准动车组，于 2017 年 6 月 26 日在京沪高铁双向首发。它有两种型号，分别叫“蓝海豚”和“金凤凰”，海豚和凤凰分别来自海洋和天空，这两种型号仿佛也在说明“复兴”号拥有

用户名
是否取意于中华民族伟大复兴？↵
用户名
是↵

图 1-234 批注“云计算”删除后的显示结果

2)修订的添加与查看

修订添加完成后，通过“审阅窗格”查看显示结果，如图 1-235 所示。

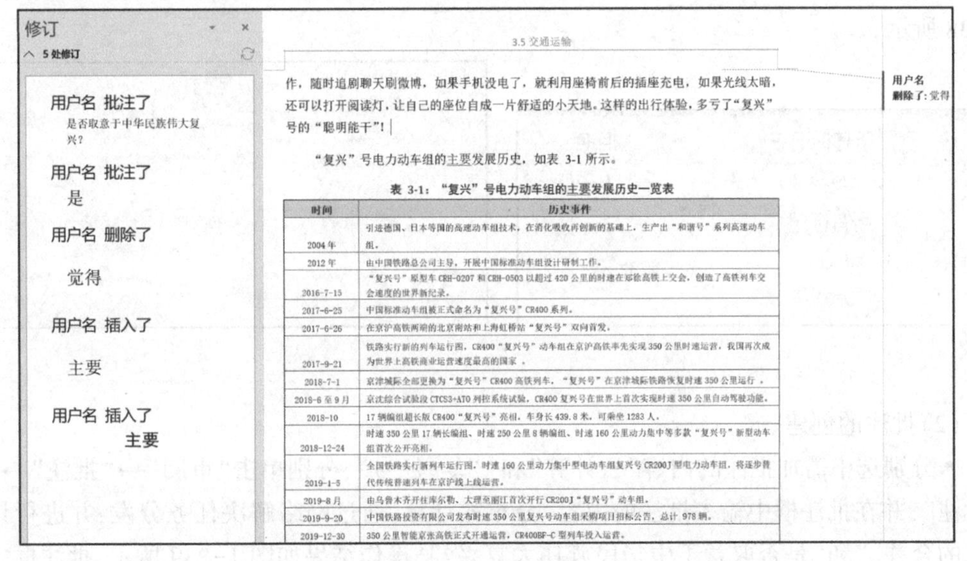

作，随时追剧聊天刷微博，如果手机没电了，就利用座椅前后的插座充电，如果光线太暗，还可以打开阅读灯，让自己的座位自成一片舒适的小天地。这样的出行体验，多亏了“复兴”号的“聪明能干”！

“复兴”号电力动车组的主要发展历史，如表 3-1 所示。

表 3-1：“复兴”号电力动车组的主要发展历史一览表

时间	历史事件
2004 年	引进德国、日本等国的高速动车组技术，在消化吸收再创新的基础上，生产出“和谐号”系列高速动车组。
2012 年	由中国铁路总公司主导，开展中国标准动车组设计研制工作。
2016-7-15	“复兴号”原型车 CRH-0207 和 CRH-0503 以超过 420 公里的时速在郑徐高铁上交会，创造了高铁列车交会速度的世界新纪录。
2017-6-25	中国标准动车组被正式命名为“复兴号”CR400 系列。
2017-6-26	在京沪高铁两端的北京南站和上海虹桥站“复兴号”双向首发。
2017-9-21	铁路实行新的列车运行图，CR400“复兴号”动车组在京沪高铁率先实现 350 公里时速运营，我国再次成为世界上高铁商业运营速度最高的国家 。
2018-7-1	京津城际全部更换为“复兴号”CR400 高铁列车，“复兴号”在京津城际铁路恢复时速 350 公里运行 。
2018-6 至 9 月	京沈综合试验段 CTCS3+ATO 列控系统试验，CR400 复兴号在世界上首次实现时速 350 公里自动驾驶功能。
2018-10	17 辆编组超长版 CR400“复兴号”亮相，车身长 439.8 米，可乘坐 1283 人。
2018-12-24	时速 350 公里 17 辆长编组、时速 250 公里 8 辆编组、时速 160 公里动力集中等多款“复兴号”新型动车组首次公开亮相。
2019-1-5	全国铁路实行新列车运行图，时速 160 公里动力集中型电动车组复兴号 CR200J 型电力动车组，将逐步替代传统普速列车在京沪线上线运营。
2019-8 月	由乌鲁木齐开往库尔勒、大理至丽江首次开行 CR200J“复兴号”动车组。
2019-9-20	中国铁路投资有限公司发布时速 350 公里复兴号动车组采购项目招标公告，总计 978 辆。
2019-12-30	350 公里智能京张高铁正式开通运营，CR400BF-C 型列车投入运营。

图 1-235 修订添加及通过“审阅窗格”查看的显示结果

3)修订的接受与拒绝

接受与拒绝相关修订后的显示结果如图 1-236 所示。

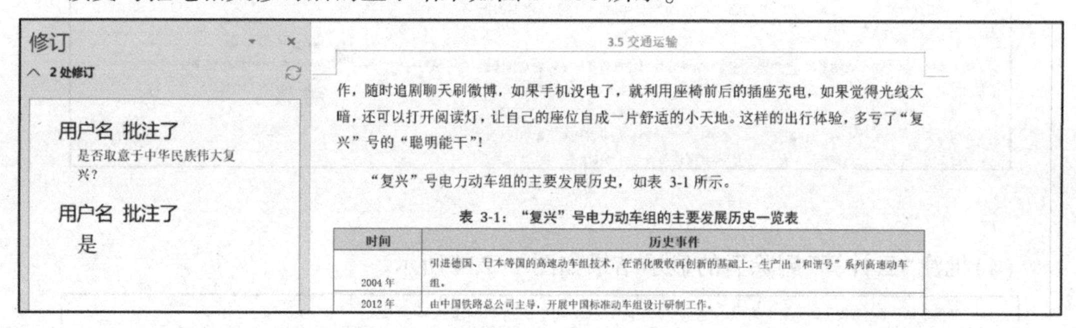

图 1-236　接受与拒绝相关修订后的显示结果

3.任务分析

需理解批注与修订的不同,批注并不对文档本身进行修改,而修订是用来标记对文档中所做的编辑操作,用户可以根据需要接受或拒绝每处的修订,只有接受修订,文档的编辑才能生效,否则文档将保留原内容。

在对文档进行批注和修订之前,可以根据需要先设置批注修订的位置、外观等,不同的“显示标记”设置会影响批注和修订的结果显示。

4.任务实施

第 1 步:批注的添加与删除。

(1)批注和修订的显示设置。

• 单击“审阅”→“修订”选项组中的“显示以供审阅”命令按钮,选择“所有标记”选项,如图 1-237 所示。

• 单击“审阅”→“修订”→“显示标记”→“批注框”,选择“在批注框中显示修订”,如图 1-238 所示。

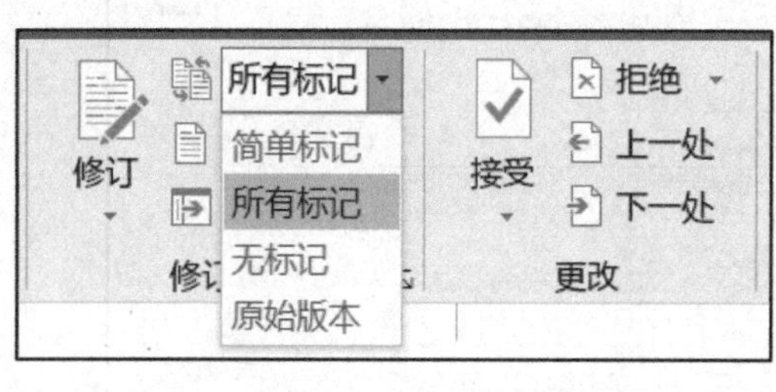

图 1-237　“查看此文档修订的方式”设置

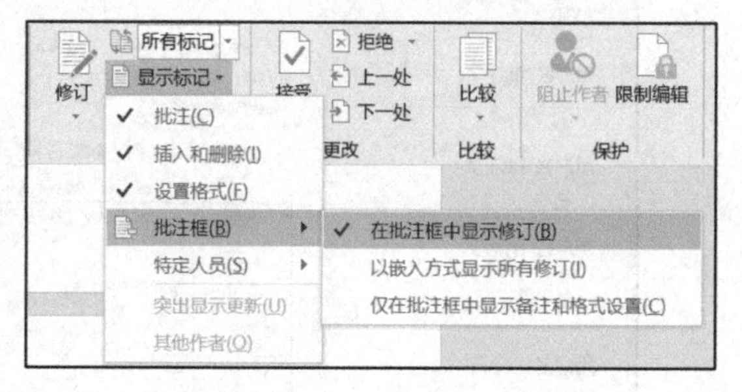

图 1-238　“显示标记”设置

(2)批注的创建。

• 分别选中需加批注的内容“云计算”和“‘复兴’号”,分别单击“审阅”→“批注”→“新建批注”,并在批注框中输入批注的内容“分布式计算,通过网络解决任务分发,并进行计算结果的合并。”和“是否取意于中华民族伟大复兴?”,操作结果如图 1-239 所示,批注框中不仅有批注的内容,还有操作的用户名及时长。

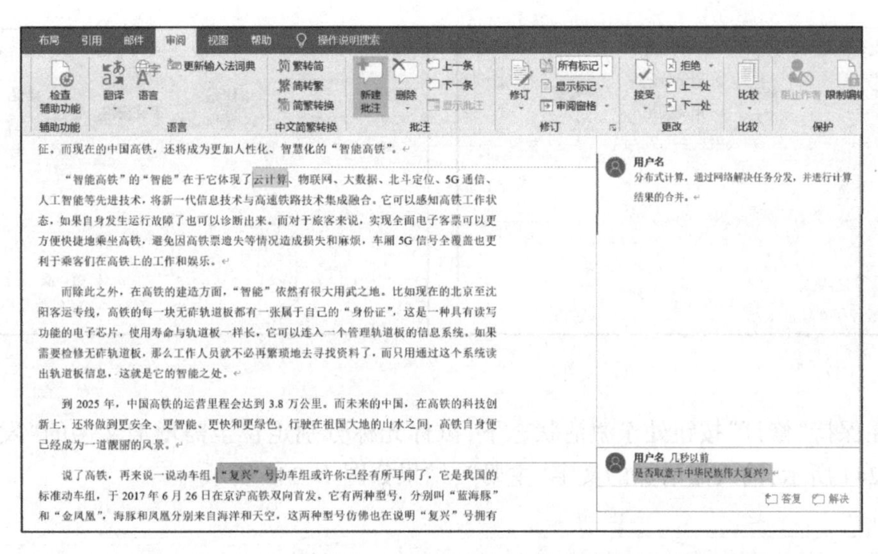

图 1-239　新建批注并在批注框中输入批注的内容

(3)批注的答复。

● 单击有关“复兴号”批注框中的“答复”按钮，并输入“是”，如图 1-240 所示。

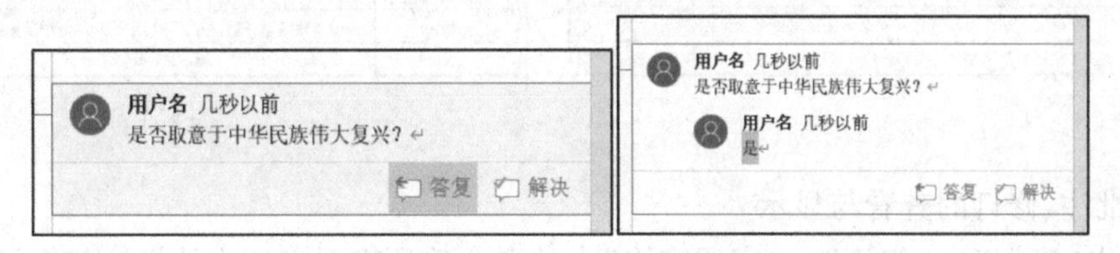

图 1-240　单击批注框中的“答复”按钮，并输入“是”

(4)批注的删除。

● 选中“云计算”批注框后，单击“审阅”→“批注”→“删除”按钮（或单击“删除”按钮下的箭头，再选着“删除”命令），如图 1-241 所示。

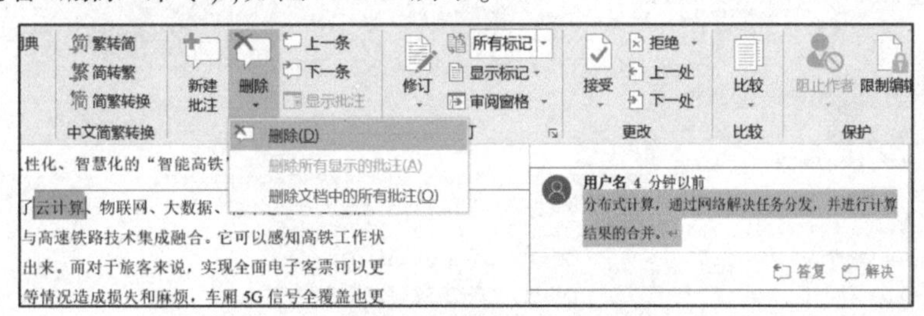

图 1-241　批注的删除操作

第 2 步：修订的添加与查看。

(1)修订的添加。

● 选择需修订的文本内容“觉得”，单击“审阅”→“修订”选项组中的“修订”按钮，使得该按钮处于灰色的“激活”状态（或者先使得“修订”按钮处于激活状态下，再选中需修订的内容），如图 1-242 所示，再单击“Delete”删除键，修订删除后显示的内容如图 1-243 所示。

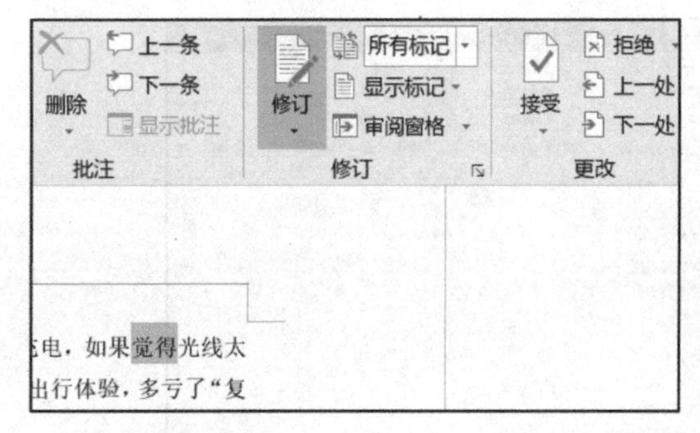

图 1-242　修订的“删除”操作

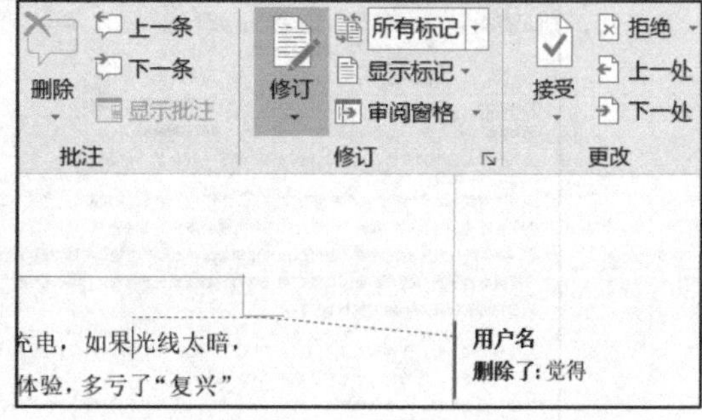

图 1-243　修订删除后显示的内容

• 在保持“修订”按钮处于激活状态下，鼠标光标分别定位至需增加文字的“发展”前，如图 1-244 所示，输入需增加的文字“主要”，结果如图 1-245 所示。

光标位置

“复兴”号电力动车组的发展历史，如表 3-1 所示。

表 3-1：“复兴”号电力动车组的发展历史

时间	历史事件
2004 年	引进德国、日本等国的高速动车组技术，在消化吸收再创新的基础 组。
2012 年	由中国铁路总公司主导，开展中国标准动车组设计研制工作。
	“复兴号”原型车 CRH-0207 和 CRH-0503 以超过 420 公里的时速在

图 1-244　光标定位至相应位置

“复兴”号电力动车组的主要发展历史，如表 3-1 所示。

表 3-1：“复兴”号电力动车组的主要发展历

时间	历史事件
2004 年	引进德国、日本等国的高速动车组技术，在消化吸收再创新的基础 组。
2012 年	由中国铁路总公司主导，开展中国标准动车组设计研制工作。
	“复兴号”原型车 CRH-0207 和 CRH-0503 以超过 420 公里的时速在

图 1-245　输入需增加的文字“主要”

(2)批注、修订的查看与显示。

• 单击“审阅”→“修订”→“审阅窗格”中的命令选项查看文档中的批注与修订(也可点击“审阅窗格”旁的向下箭头 ▾，选择“垂直审阅窗格”或“水平审阅窗格”选项)，如图 1-246 所示。

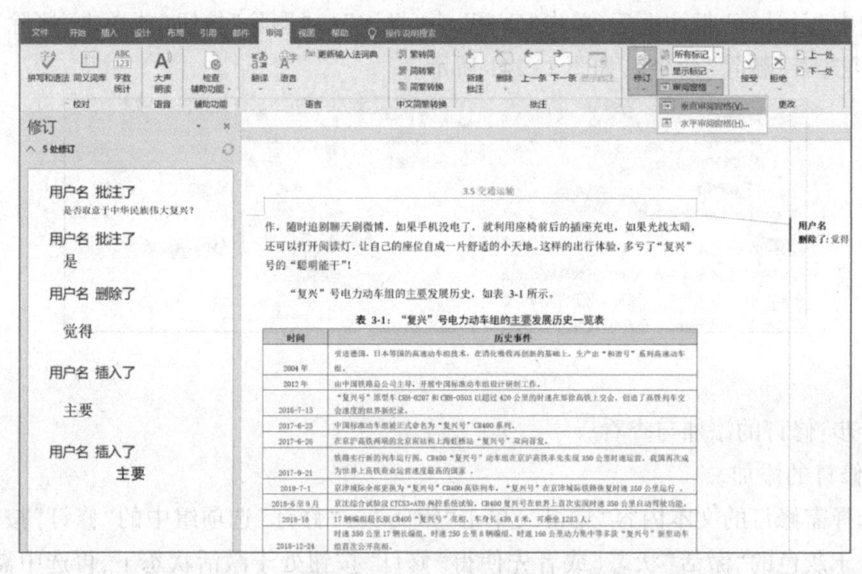

图 1-246　“垂直审阅窗格”方式下查看批注与修订情况

第 3 步：修订的接受与拒绝。

(1) 接受修订。

● 分别在“审阅窗格”或在文档正文中选中(或定位)修订中增加的文字“主要”，单击“审阅”“更改”“接受”按钮(或点击“接受”按钮下的向下箭头 ⌄ ，选择“接受修订”命令)，如图 1-247 所示。

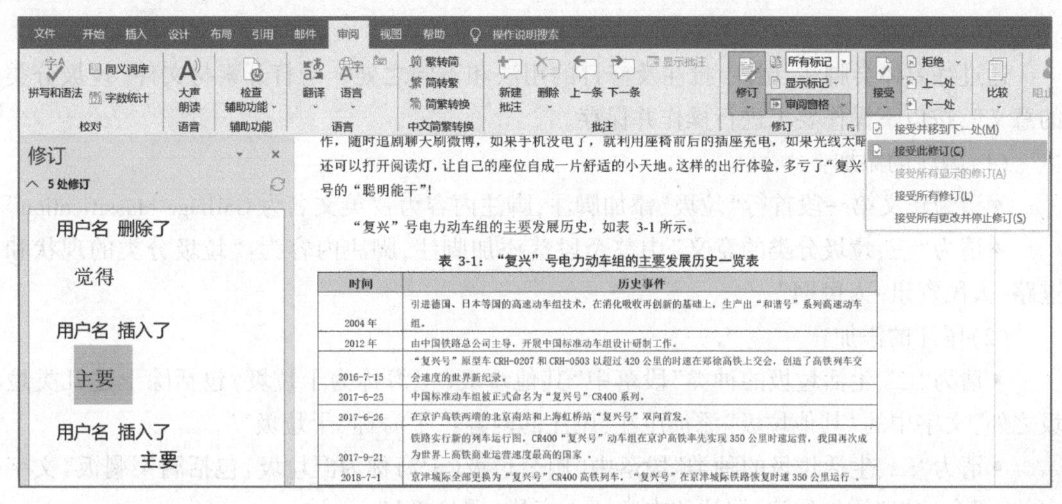

图 1-247 “接受修订”的操作

(2) 拒绝更改。

● 分别在“审阅窗格”或在文档正文中选中(或定位)修订中增加的文字“觉得”，单击“审阅”→“更改”→“拒绝”按钮(或点击“拒绝”按钮下的向下箭头 ⌄ ，选择“拒绝更改”命令)，如图 1-248 所示。

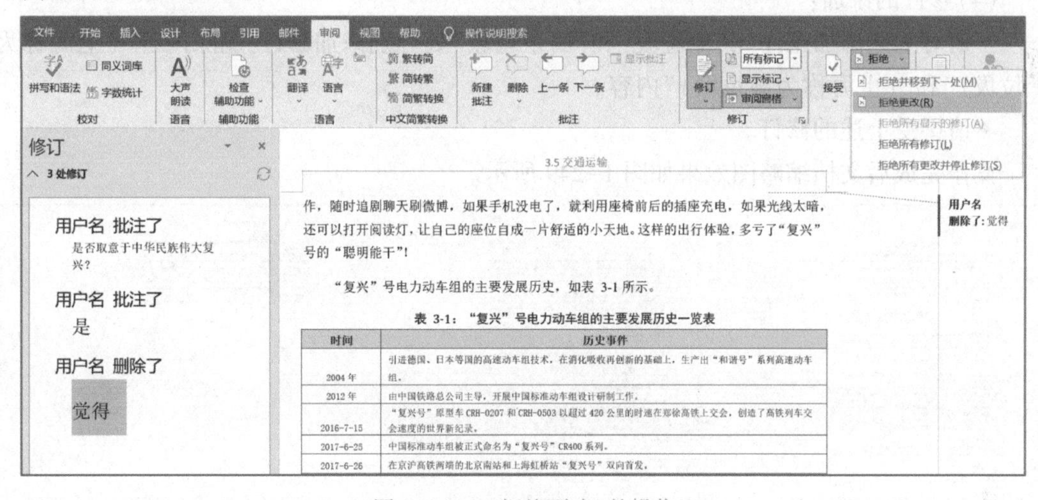

图 1-248 “拒绝更改”的操作

1.5.3 操作练习

通过练习体会脚注、尾注、批注及修订的用法和不同之处。请打开素材文件"垃圾分类的意义",按以下操作要求进行操作并保存。

(1)脚注的添加:

• 请为正文第一段首行"垃圾"添加脚注,脚注内容为:"英文名为 Garbage classification"

• 请为"三、垃圾分类的意义"中整个段落添加脚注,脚注内容为:"垃圾分类的现状和进路-人民资讯-人民网"

(2)尾注的添加:

• 请为"二、生活垃圾的种类"段落中"其他垃圾(上海称为干垃圾)包括除上述几类垃圾之外"文字中的"其他垃圾"添加尾注,尾注的内容:"上海称'干垃圾'"。

• 请为"二、生活垃圾的种类"段落中"厨余垃圾(上海称为湿垃圾)包括剩菜剩饭"文字中的"厨余垃圾"添加尾注,尾注的内容:"上海称'湿垃圾'"。

(3)批注的添加:

• 请为"一、垃圾产生的原因"段落中的最后一段文字"从国外各城市对生活垃圾分类的方法来看……不可燃垃圾和有害垃圾等。"添加一条批注,批注内容为:"不属于垃圾产生的原因,可否删除?"。

(4)修订的添加:

• 请对上述添加尾注"其他垃圾"和"厨余垃圾"处分别添加修订,删除内容"(上海称为干垃圾)"和"(上海称为湿垃圾)"内容。

• 请接受上述的修订。

操作完成后文档缩略图效果如图 1-249 所示。

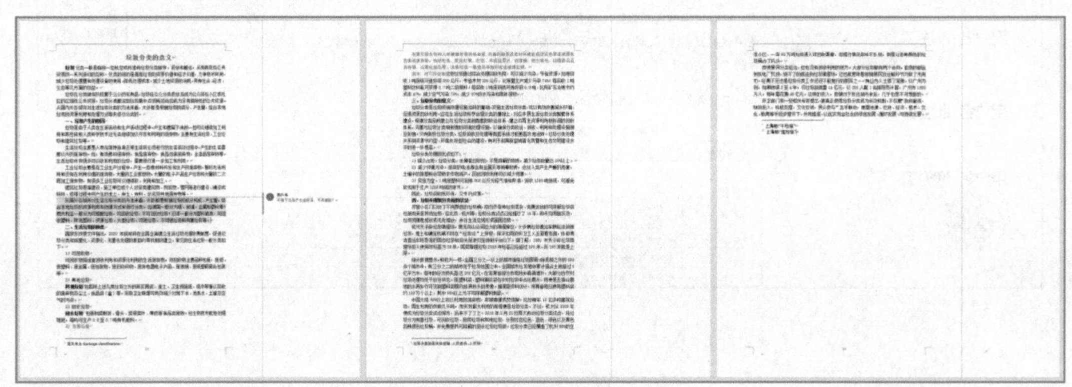

图 1-249 操作完成后文档缩略图效果

项目六 视图大纲与主控文档

所谓大纲，就是对文稿的标题进行分级，使得文稿层次有不同应用级别。

主控文档是若干个子文档的"容器"，主控文档可对子文档进行管理。当在主文档中对子文档内容进行修改后，各个子文档的内容将同步被更新（同理，子文档的内容被修改后，主控文档中的相关内容也同步被更新）。

1.大纲与大纲工具

创建大纲，不仅有利于读者的查阅，而且还有利于文档的修改。

1）按照大纲级别查看文档

（1）执行"视图"→"视图"→"大纲"命令，进入"大纲视图"。

（2）在"大纲工具"组栏中，单击"显示级别"右侧的三角按钮，弹出下拉菜单，点击"1级"选项，在文档内只显示"级别 1"以上的内容，如图 1-250 所示。

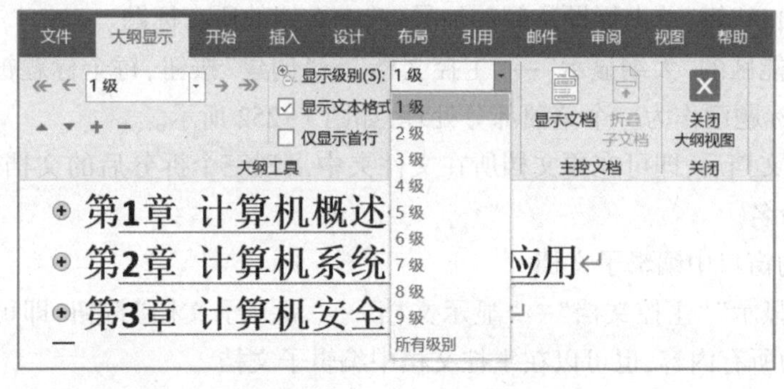

图 1-250 "大纲"视图

(3)根据需要,可在此列表中,任意选取级别样式,查看文稿内容。

2)编辑大纲

(1)点击“视图”“大纲”“大纲视图”命令,弹出“大纲工具”组栏,如图1-251所示。

(2)单击工具栏的双左按钮,光标位置的段落级别会变成“1级标题”。

(3)单击工具栏的左按钮,光标位置中的段落级别会提升1级。

(4)在弹出下拉列表中,选取某级别,段落文档即可设置为所选取的级别。

(5)单击工具栏的单右按钮,光标位置中的段落文档级别会降低1级。

(6)单击工具栏的双右按钮,光标位置的段落设置为“正文文本”。

(7)单击工具栏的向上按钮,光标位置中的段落文档移动到前一级文档的上方。

(8)单击工具栏的向下按钮,光标位置中的段落文档移动到后一级文档的下方。

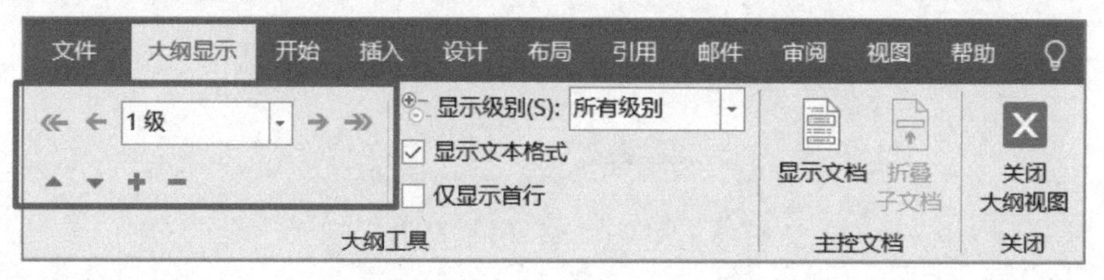

图1-251 “大纲工具”栏

段落级别设置方式,另外还有以下多种:

选择段落后,单击“开始”→“样式”(当样式标题与级别相关联后)。

选择段落后,单击“开始”→“段落”→“项目符号”“更改列表级别”。

选择段落后,单击“开始”→“段落”→“编号库”“更改列表级别”。

择段落后,单击“开始”→“段落”→“多级”“更改列表级别”。

---

3)将一个大型文档拆分为多个文档

(1)打开文档并切换到大纲视图,单击“大纲显示”→“主控文档”→“显示文档”按钮,并将功能区中的“大纲显示”→“大纲工具”→“显示级别”设置为“1级”,这样只显示文档中一级大纲的文字。

(2)按住“Shift”键,单击标题左侧的加号,选中文档的所有标题。

(3)单击功能区的“大纲显示”→“主控文档”→“创建”按钮,每个标题被一个灰色边框括起,说明每个标题已作为一个单独部分处理,如图1-252所示。

(4)保存原文档后,即可在原文档所在文件夹中出现三个拆分后的文档,文档名是以各章的标题进行命名。

4)在独立的窗口中编辑子文档

单击“大纲显示”“主控文档”→“显示文档”→“展开子文档”按钮,即可在大纲视图中显示子文档中的所有内容,也可以在主控文档中编辑子文档。

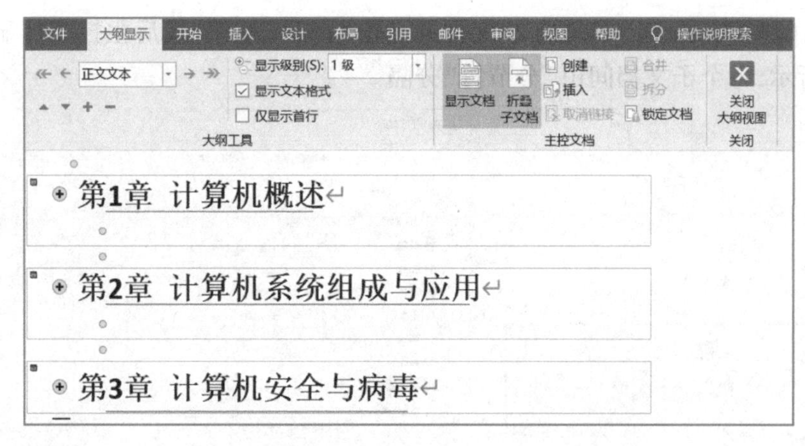

图 1-252 在主文档大纲视图下显示的子文档路径

5)切断主控文档与子文档间的链接关系

切换到大纲视图,单击“大纲显示”→“主控文档”,再选择“显示文档”及“折叠子文档”,单击将要断开的子文档范围内的任意位置,点击激活的“取消链接”按钮,即可切断主控文档与子文档的链接。

将一个大型文档拆分为多个文档时,若该大型文档中存在“分节”符时,生成的多个文档会存在多个“空”文档(在主控文档中也会存在多个“空”的链接)的现象。

2.主控文档与子文档

主控文档:是一组单独文档(或子文档)的容器,在主控文档中可创建并管理多个文档。在主控文档中,可以通过插入已有文档,或创建新文档作为主控文档的子文档,这样在主控文档中就可对各个子文档进行管理,当在主文档中对子文档内容进行修改后,各个子文档的内容将同步被更新(同理,子文档的内容被修改后,主控文档中的相关内容也同步被更新)。例如书稿的作者交稿时是以“章”作为一个个文件,而出版社编辑可以为全书创建一个主控文档,然后将各章的文件作为子文档分别插入主控文档中,这样各章子文档的修改与在主文档中对子文档的修改,在内容上将保持同步。

1)在主控文档中插入子文档的方法

事先建立若干 Word 文件,如取名为“子文档 1”“子文档 2”“子文档 3”,文件内容分别是“Sub1 子文档内容”“Sub2 子文档内容”和“Sub3 子文档内容”。新建 Word 文件作为主控文档并在主控文档中插入子文档的步骤如下:

(1)创建新的 Word 文件(如取名为“主控文档”)作为主控文档,在打开的文件内选择“视图”→“视图”→“大纲”,在“大纲显示”→“主控文档”中,点击“显示文档”按钮,以激活“创建”和“插入”子文档的按钮,如图 1-253 所示。

(2)在主控文档中定位插入子文档的位置后,单击“主控文档”组中的“插入”按钮,在弹出如图 1-254 所示的“插入子文档”对话框中,选择相应的文件作为“子文档”,如分别

选择已建立的“子文档 1”“子文档 2”文件并点击“打开”按钮，最后主控文档显示内容如图 1-255 所示，各个子文档间由“分节符”分隔。

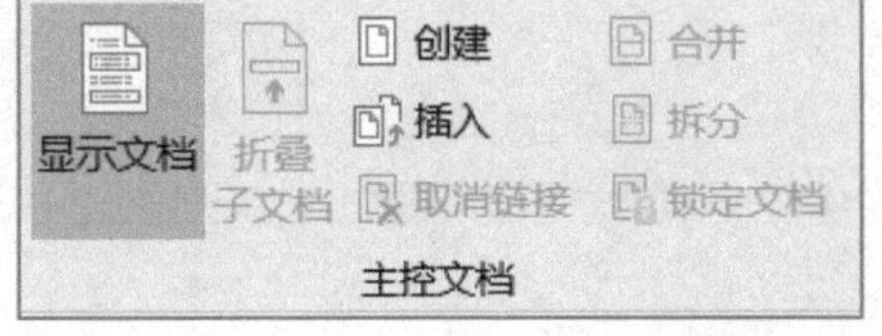

图 1-253　激活“创建”和“插入”子文档按钮

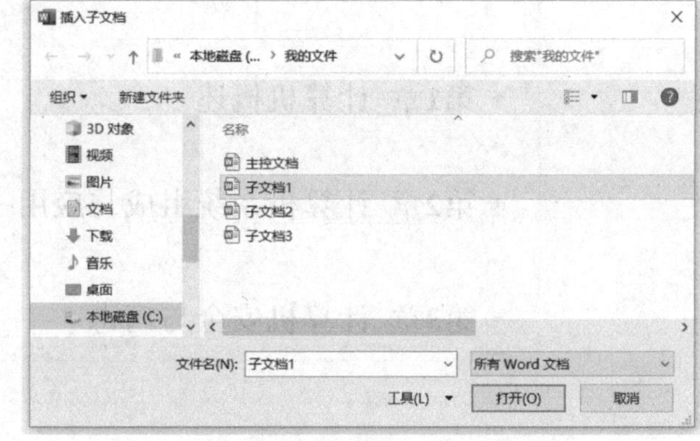

图 1-254　“插入子文档”对话框

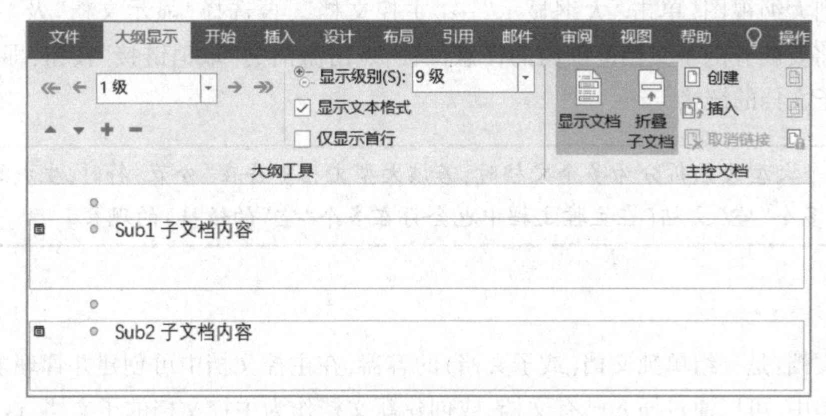

图 1-255　主控文档显示内容

(3)分别点击“显示文档”(显示嵌入的子文档内容，并显示用于管理子文档链接的控件)和“折叠子文档”“展开子文档”(用于显示子文档文件的完整路径，或显示实际文档内容)，显示结果如图 1-256、图 1-257 所示。

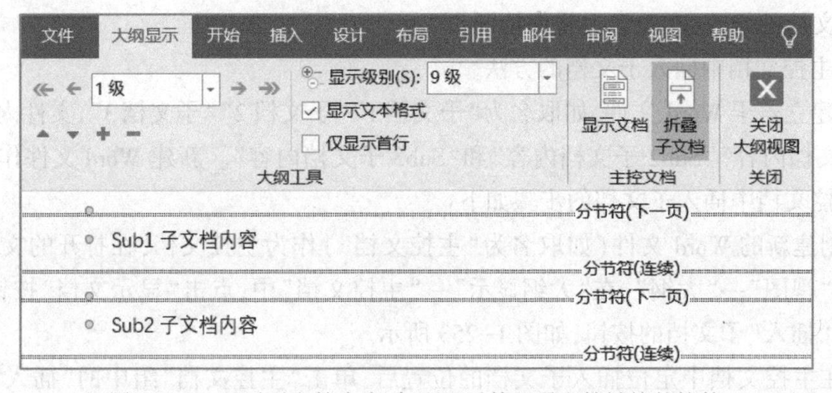

图 1-256　显示子文档内容，但不显示管理子文档链接的控件

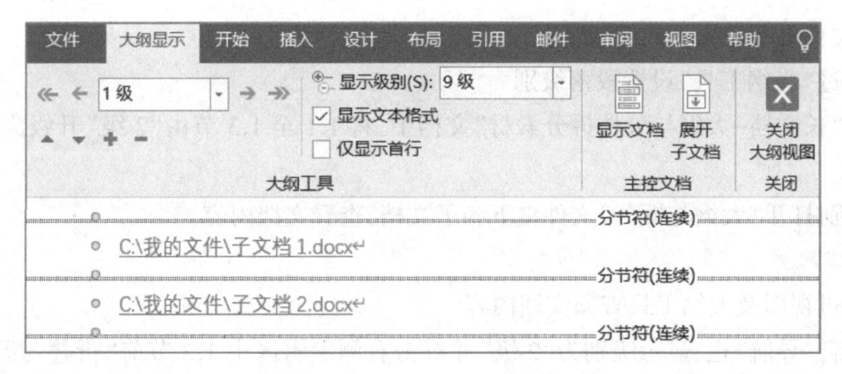

图 1-257 显示子文档文件的完整路径

(4)点击“关闭大纲视图”按钮,可在主控文档中像处理其他文档一样编辑处理子文档中的内容。

2)在主控文档中创建子文档的方法

用“创建”方式在主控文档中创建子文档时,必须在主控文档中先输入子文档文件的标题名称,并为每个标题名称指定标题样式后才能创建,且创建后的子文档文件存储在当前目录下。

1.6.2 任务六 视图大纲与文档拆分

创建一个名为“大纲与拆分”的文件夹,将 Word 素材文件“长文档-大纲与分档拆分素材”拷贝至新建文件夹中并打开,对打开的文档进行以下操作。

1.任务要求

1)通过视图及大纲工具查阅文档内容

• 在视图中开启“导航窗格”栏,并在“大纲工具”选项组中,分别设置文档只显示“级别 1”和“级别 2”的内容。

• 单击文档左侧“导航”栏“标题”页中的某个任意级别标题,查看文档右侧编辑区中对应的文档内容。

• 鼠标双击右侧编辑区中文档任一标题前的“折叠与展开”符号⊕,查看展开内容。

2)在大纲“导航”栏中进行编辑操作

• 删除目录、图目录及表目录。

3)删除所有页面的“页眉”与“页脚”内容。

• 关闭大纲视图,删除所有页面的“页眉”“页脚”内容。

4)在大纲视图中进行文档的拆分

• 将当前文档分别按照“章”,拆分至三个子文档并保存,并查看“大纲

视图大纲与文档拆分

与拆分”文件夹下各文件的组成情况。

5)通过“大纲工具”设置段落级别

• 在“长文档-大纲与分档拆分素材”文档中,将 1.1 至 1.3 节由“2 级”升级为“1 级”并保存退出。

• 分别打开“大纲与拆分”文件夹下各子文档,查看文档内容。

2.任务完成效果

1)通过视图及大纲工具查阅文档内容

在开启“导航”栏,显示级别为“2 级”并双击右侧编辑区中 1.3 节前“折叠与展开”符号⊕时,其文档显示效果如图 1-258 所示。

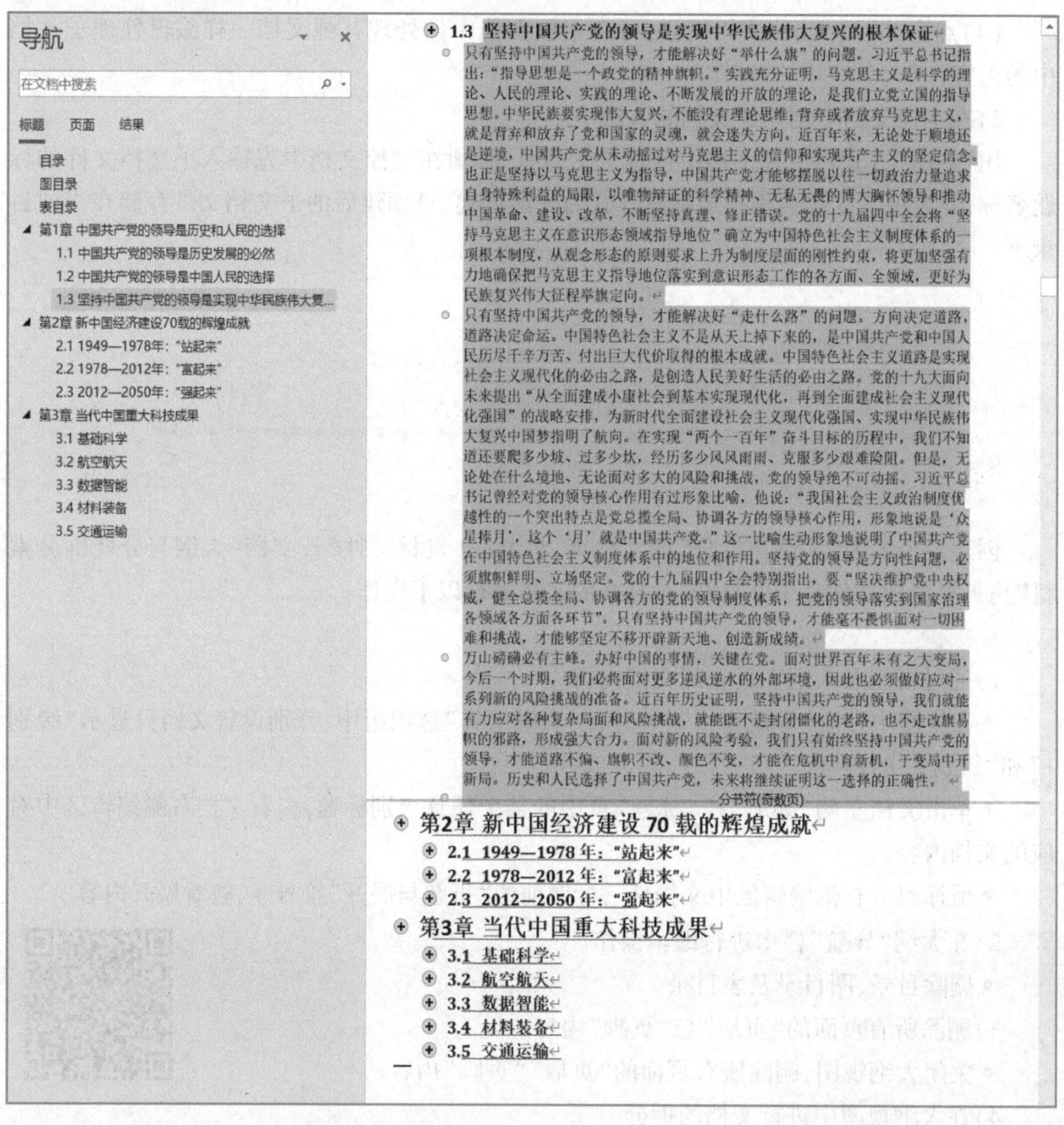

图 1-258 双击右侧编辑区中 1.3 节前折叠与展开符号时文档显示效果

2）在大纲“导航”栏中进行编辑操作

在“导航”栏中删除目录、图目录及表目录后，其文档显示效果如图 1-259 所示。

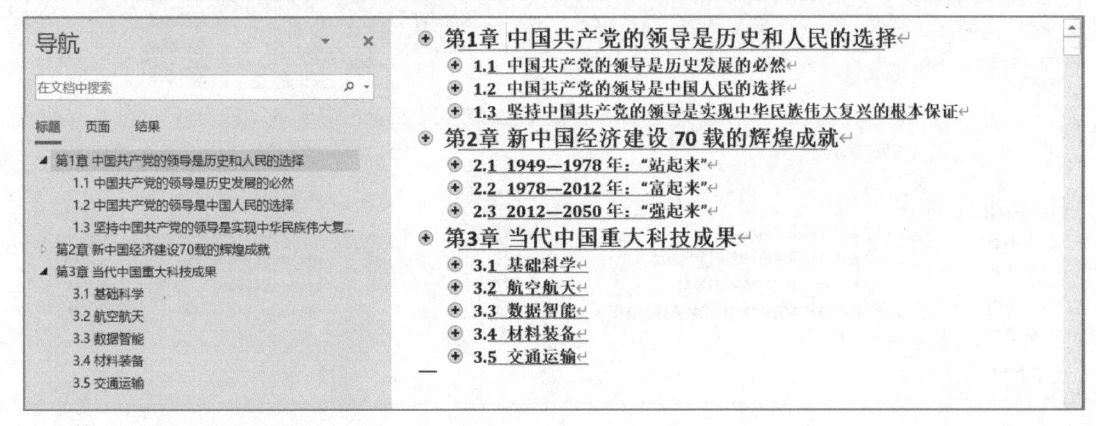

图 1-259　删除目录、图目录及表目录后文档显示效果

3）删除所有页面的“页眉”与“页脚”内容。

删除所有页面的“页眉”“页脚”内容后，各个页面原有的页眉页脚处均显示为空白内容。

4）在大纲视图中进行文档的拆分

当前文档拆分及保存后，效果如图 1-260 所示。

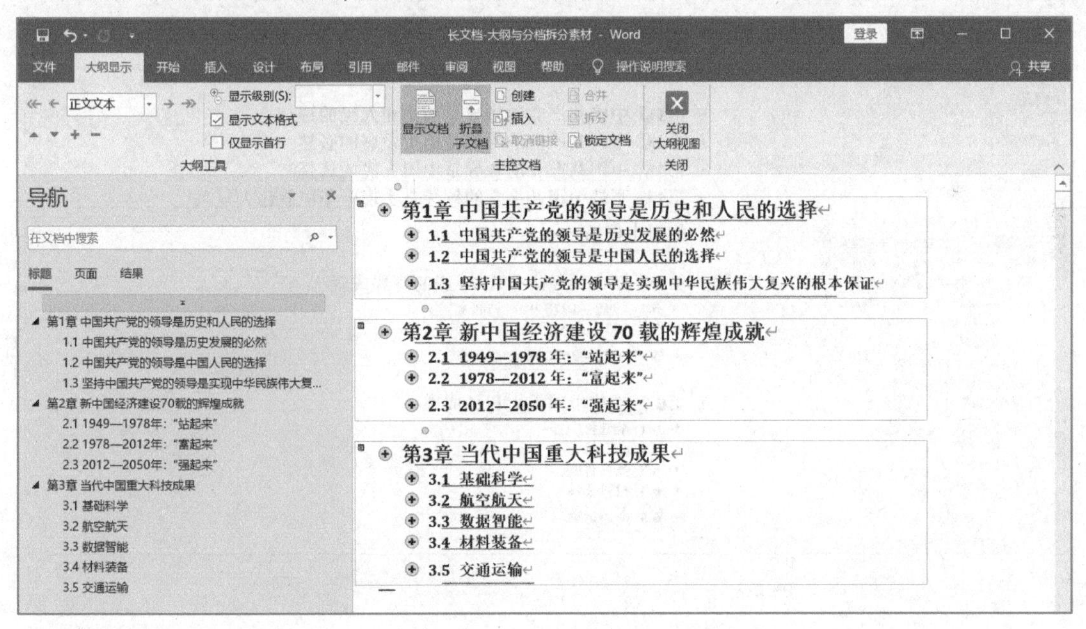

图 1-260　文档拆分保存后效果

“大纲与拆分”文件夹下各文件的组成情况如图 1-261 所示。

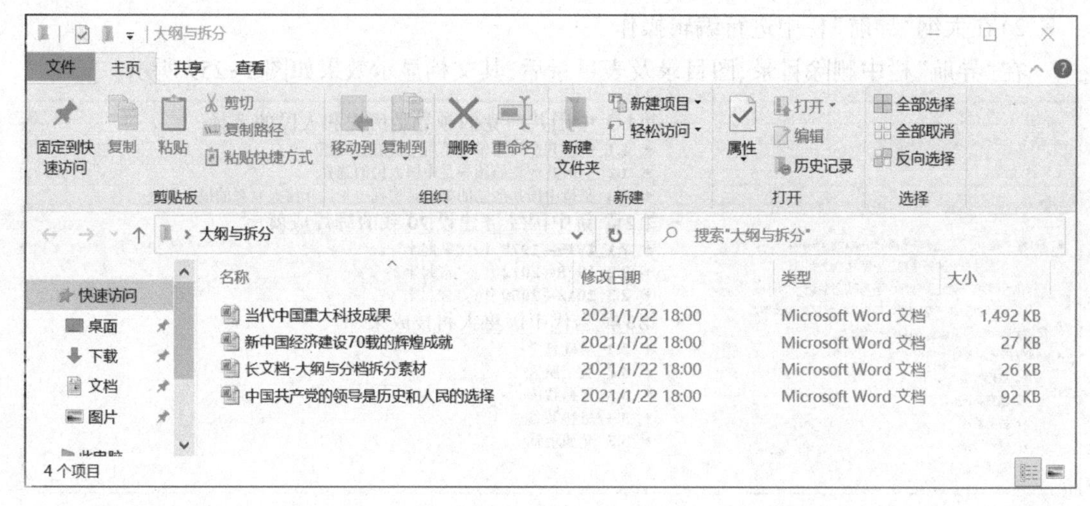

图 1-261 “大纲与拆分”文件夹下各文件的组成情况

5)通过“大纲工具”设置段落级别

“长文档-大纲与分档拆分素材”文档中,将 1.1 至 1.3 节由“2 级”升级为“1 级”后,其效果如图 1-262 所示。

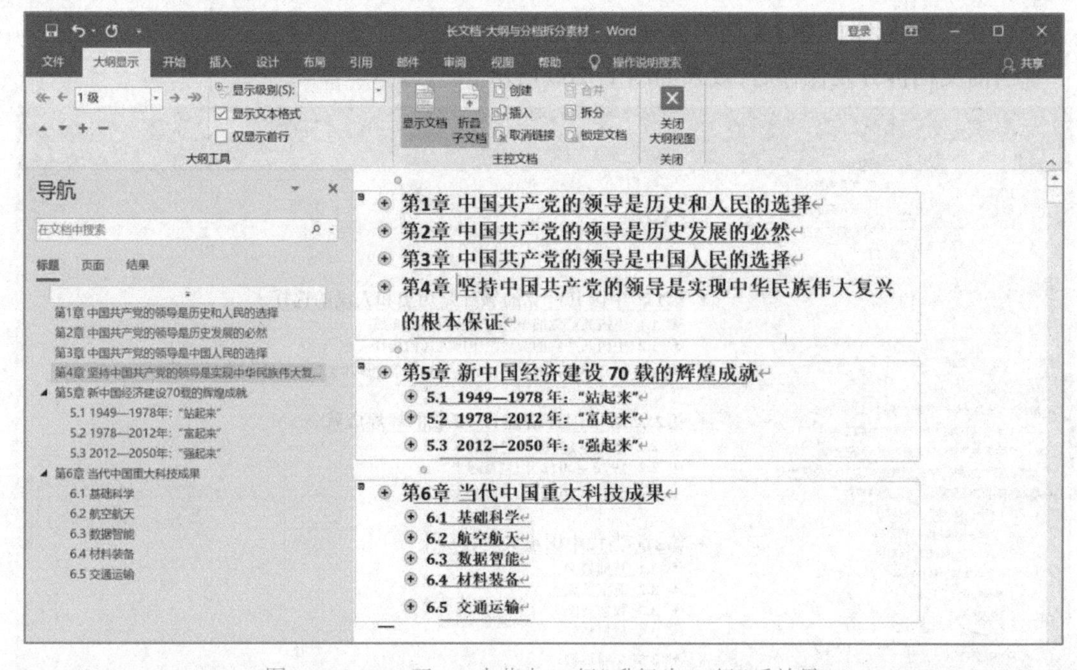

图 1-262 1.1 至 1.3 小节由“2 级”升级为“1 级”后效果

其中“中国共产党的领导是历史和人民的选择”文档显示效果缩略图如图 1-263 所示。

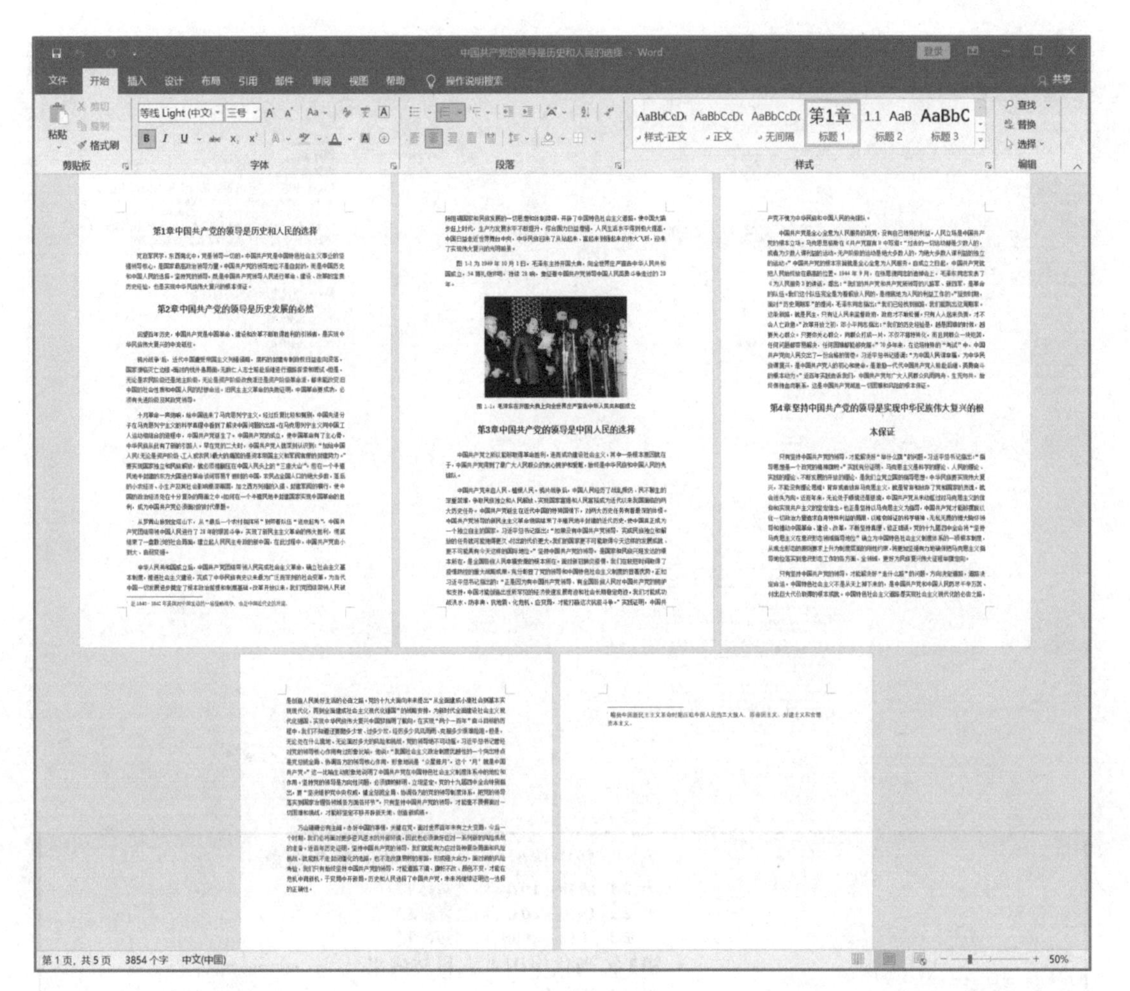

图 1-263 “中国共产党的领导是历史和人民的选择”文档显示效果缩略图

3.任务分析

任务要求通过视图中的“导航”栏查阅文档内容，并运用大纲工具等对文档按标题级别进行显示、升降级别操作等。利用主控文档与子文档间的管理关系，既可进行文档的拆分，也可在多个内容上有关系的文档之间建立链接，这样既利于文档间的管理又使得文档间的内容保持一致。

4.任务实施

第 1 步：通过视图及大纲工具查阅文档内容。

● 选中“视图”→“显示”选项组中的“导航窗格”复选框，如图 1-264 所示。再单击“视图”→“视图”选项组中“大纲”命令按钮，并在“大纲显示”→“大纲工具”选项组中“显示级别”栏分别选择“1 级”及“2 级”，如图 1-265 所示。

● 单击文档左侧“导航”栏“标题”页中的某个任意级别标题，如“第 2 章新中国经济建设 70 载的辉煌成就”，右侧编辑区的显示效果如图 1-266 所示。

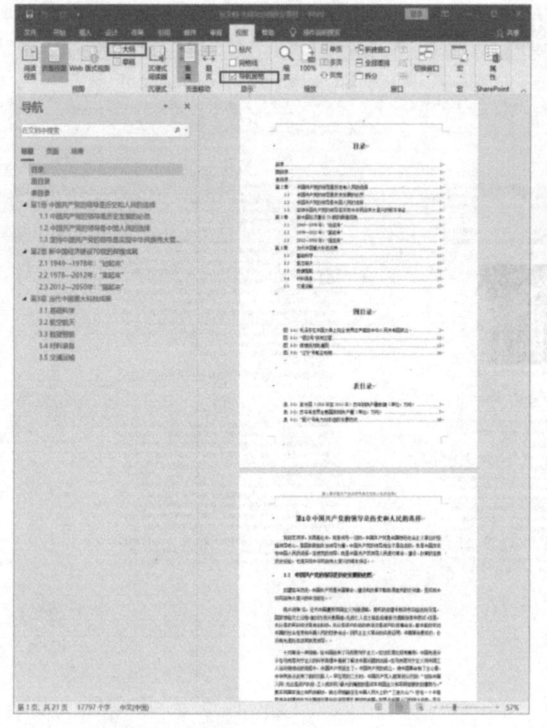

图 1-264　选中“导航窗格”复选框

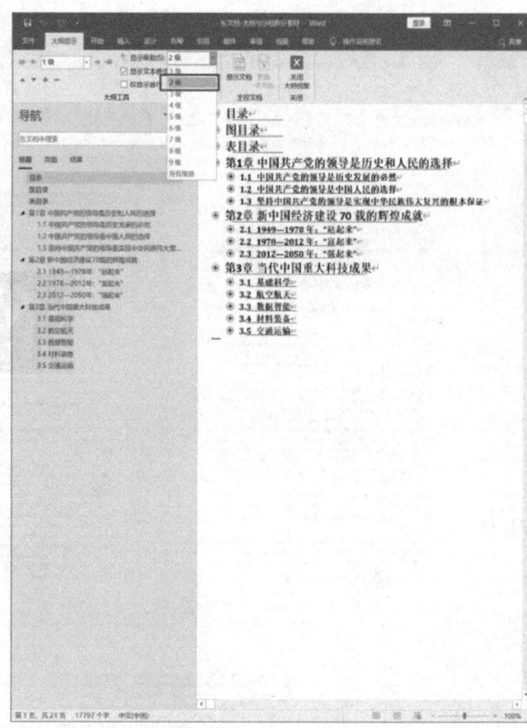

图 1-265　“显示级别”栏选择“2 级”

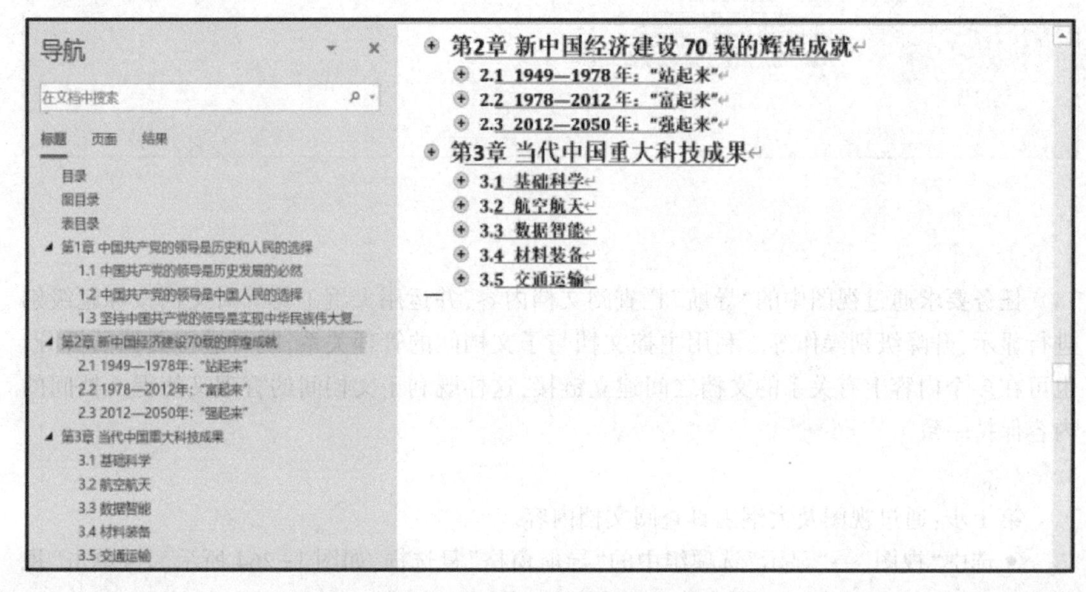

图 1-266　右侧编辑区的显示效果

• 鼠标双击右侧编辑区中文档任一标题前的折叠与展开符号，如双击“3.3 数据智能”前的⊕，展开内容（再次双击该符号后，显示内容将“折叠”起来），如图 1-267 所示。

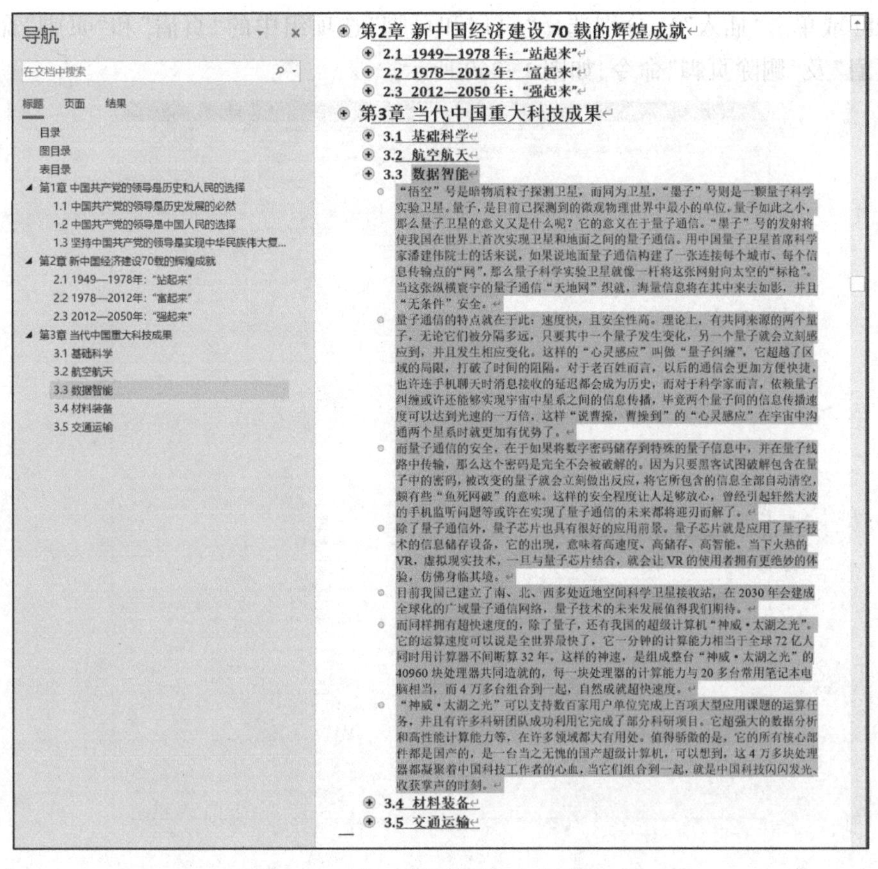

图 1-267　"3.3 数据智能"小节展开内容

第 2 步：在大纲"导航"栏中进行编辑操作。

● 在"导航"栏中依次选择"目录""图目录"及"表目录"，单击鼠标右键，从弹出的菜单中选择"删除"命令，如图 1-268 所示。

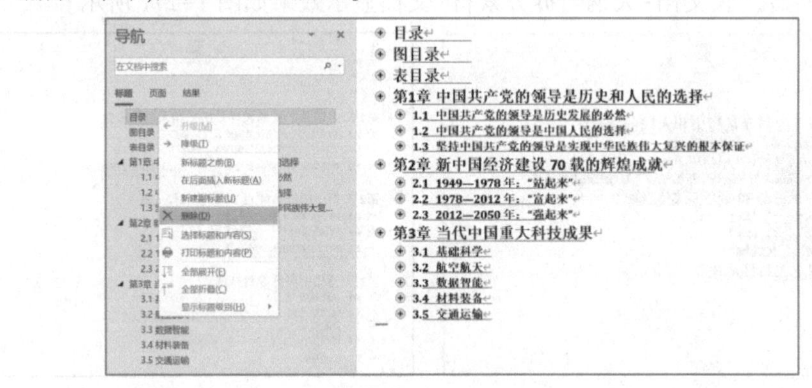

图 1-268　在大纲"导航"栏中删除相关标题及内容操作

第 3 步：删除所有页面的"页眉"与"页脚"内容。

● 单击"大纲显示"→"关闭"选项组中的"关闭大纲视图"命令按钮，双击各个页面的页

眉页脚处(或单击“插入”),分别选择“页眉和页脚”选项组中的“页眉”和“页脚”命令中的“删除页眉”及“删除页脚”命令,如图 1-269 所示。

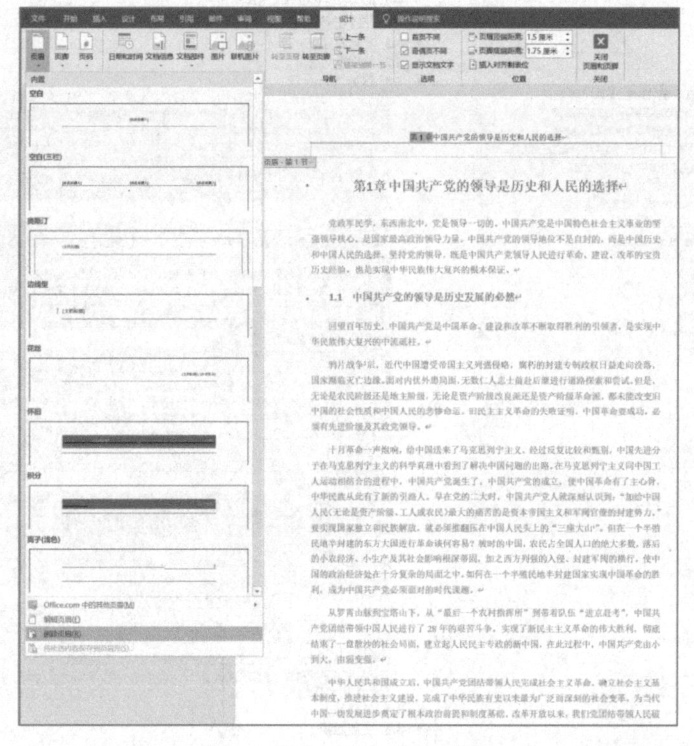

图 1-269 “删除页眉”操作

第 4 步:在大纲视图中进行文档的拆分。

• 单击“视图”→“大纲显示”→“主控文档”选项组中的“显示文档”命令按钮,全部选中右侧编辑区内所有内容,再点击“主控文档”选项组中的“创建”命令按钮,如图 1-270 所示。创建子文档后,“长文档-大纲与拆分素材”文档显示效果如图 1-271 所示。

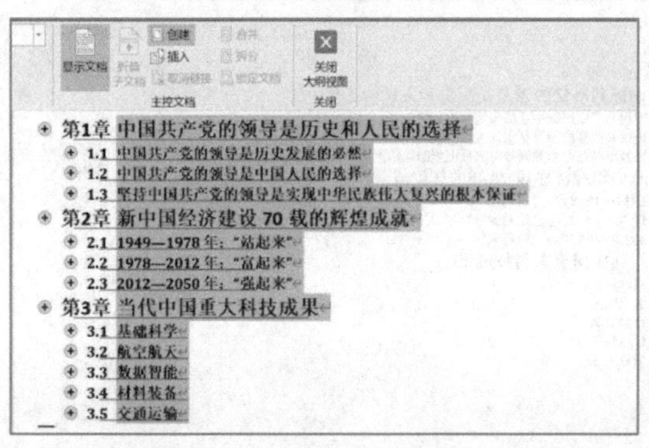

图 1-270 “创建”子文档

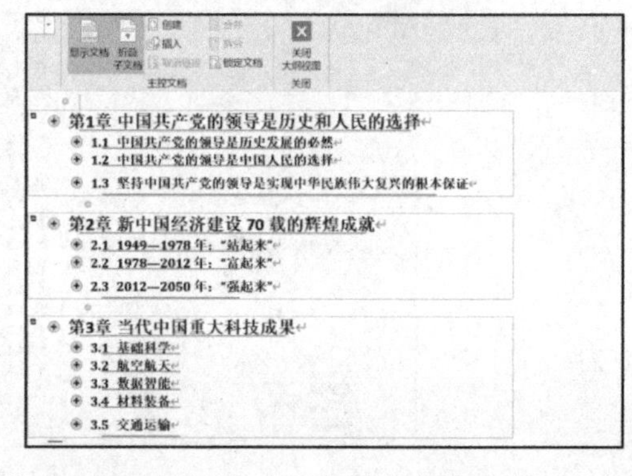

图 1-271 “长文档-大纲与拆分素材”文档显示效果

• 单击常用工具栏中的保存按钮,查看文件夹“大纲与拆分”下的文件组成情况,如图 1-272 所示。

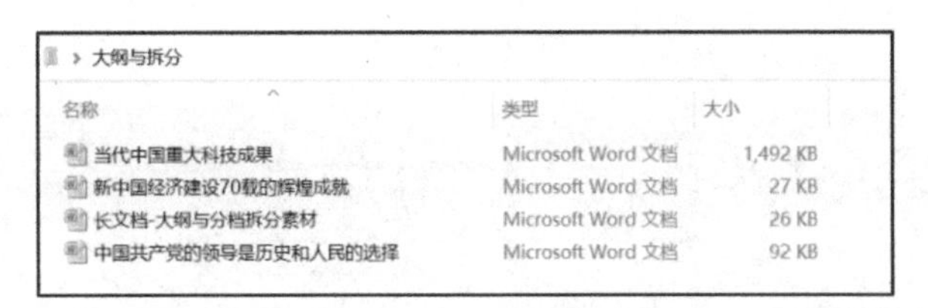

图 1-272 文档拆分后的文件组成情况

第 5 步:通过“大纲工具”设置段落级别。

• 在打开的“长文档-大纲与分档拆分素材”文档中,依次在“导航”栏中选择原 1.1 至 1.3 节的标题项,并点击“大纲显示”→“大纲工具”中的升级命令按钮,从“2 级”升级为“1 级”(需注意每升级一个标题项后,后续的“章节”编号会自动发生变化),其中 1.1 节升级到“2 级”后的效果,如图 1-273 所示。

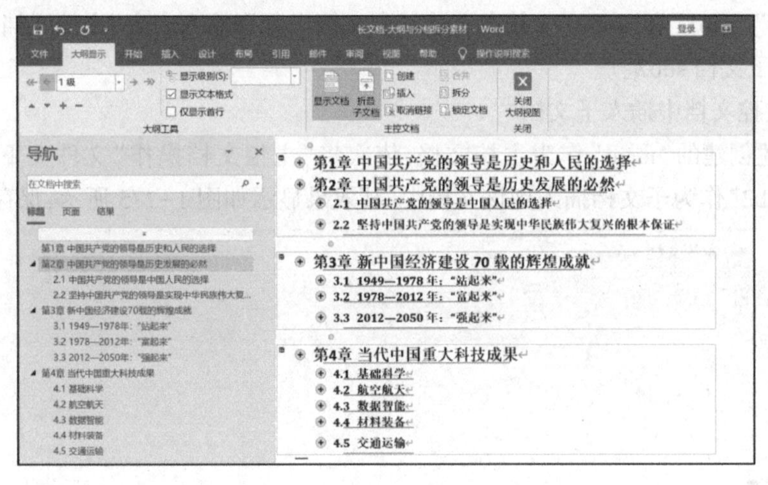

图 1-273 标题项升级操作

• 升级完成并保存退出后,打开各个子文档,其中文档“中国共产党的领导是历史和人民的选择”有四章内容,在“导航”栏开启的情况下,其显示的部分内容如图 1-274 所示。

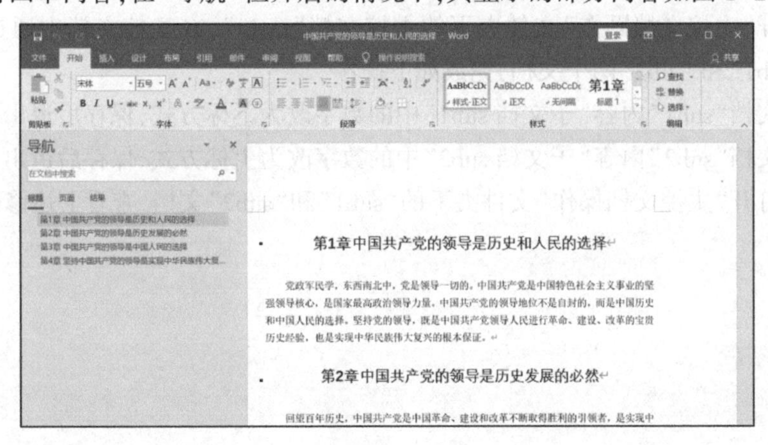

图 1-274 文档“中国共产党的领导是历史和人民的选择”显示的部分内容

1.6.3 操作练习

主控文档是一组单独文档(或子文档)的容器,在主控文档中可创建并管理多个文档。在主控文档中,可以通过插入已有文档,或创建新文档作为主控文档的子文档,这样在主控文档中就可对各个子文档进行管理。

(1)创建文档

• 创建一个名为“主控文档操作”的文件夹,并在该文件夹下创建三个 Word 文档,分别命名为“main”“sub1”和“sub2”。并在上述三个文档中分别输入内容“主控文档 main”“子文档 sub1”和“子文档 sub2”。

(2)在主控文档中插入子文档

• 将上述创建的“main”作为主控文档,依次将“主控文档操作”文件夹下的两个文档“sub1”和“sub2”作为子文档插入到该文档中,其效果显示如图 1-275 所示,保存后退出。

图 1-275 主控文档“main”插入子文档后的效果显示

(3)主控文档与子文档的编辑操作

再次打开“主控文档操作”文件夹下的主控文档“main”,在主控文档中通过链接方式,分别打开“sub1”和“sub2”两个文档,完成如下操作。

• 将子文档“sub1”内容“子文档 sub1”中的数字改为下标方式,保存后退出。

• 将子文档“sub2”内容“子文档 sub2”中的数字改为上标方式,保存后退出。

• 分别打开“主控文档操作”文件夹下的“sub1”和“sub2”文档,查看上述修改的结果。

Word综合操作任务

打开素材文档“综合练习-素材”,完成以下操作并保存。

(1)对正文进行排版:

① 使用多级符号对章名、小节名进行自动编号,代替原始的编号。要求:

• 章号的自动编号格式为:第 X 章(例如:第 1 章),其中 X 为自动排序,为阿拉伯数字序号。对应级别 1。居中显示;

• 小节名的自动编号格式为: X.Y。X 为章数字序号,Y 为节数字序号(例如:1.1)。X 和 Y 均为阿拉伯数字序号。对应级别 2。左对齐显示。

② 新建样式,样式名为:“样式-我的正文”,其中:

• 字体:中文字体为“楷体”,西文字体为“Times News Roman”,字号为“小四”;

• 段落:首行缩进 2 字符,段前 0.5 行,段后 0.5 行,行距 1.5 倍。两端对齐。其余格式默认设置。

③ 对正文中的图添加题注“图”,位于图下方,居中。要求:

• 编号为“章序名”-“图在章中的序号”(例如第 1 章中的第 2 幅图,题注编号为 1-2);

• 图的说明使用图下一行的文字,格式同编号;

• 图居中。

④ 对正文中出现“如下(上)图所示”中的“下(上)图”两字,使用交叉引用。

• 改为“图 X-Y”,其中“X-Y”为图题注的编号。

⑤ 对正文中的表添加题注“表”,位于表的上方,居中。

• 编号为“章序名”-“表在章中的序号”(例如:第 1 章中的第 3 张表,题注编号为 1-3);

• 表的说明使用表上一行的文字,格式同编号;

• 表居中,表内文字不要求居中。

⑥ 对正文中出现“如下(上)表所示”中的“下(上)表”两字,使用交叉引用。

• 改为“表 X-Y”,其中“X-Y”为表题注的编号。

⑦ 将② 中的新建样式应用到正文中无编号的文字,不包括章名、小节名、表文字、表和图的题注、项目符号等。

(2)在正文前按序插入节,使用 Word 提供的功能,自动生成如下内容:

① 第 1 节:目录。其中:“目录”使用样式“标题 1”,并居中。“目录”下为目录项。

② 第 2 节:图索引。其中:“图索引”使用样式“标题 1”,并居中。“图索引”下为图索引项。

③ 第 3 节:表索引。其中:“表索引”使用样式“标题 1”,并居中。“表索引”下为表索

引项。

(3)使用适合的分节符,对全文进行分节。添加页脚,使用域插入页码,居中显示。要求:

① 正文前的节,页码采用“i,ii,iii,…”格式,页码连续。

② 正文中的节,页码采用“1,2,3,…”格式,页码连续。

③ 正文中每章为单独一节,页码总是从奇数开始。

④ 更新目录、图索引和表索引。

(4)添加正文的页眉。使用域,按以下要求添加内容,居中显示。其中:

① 对于奇数页,页眉中的文字为“章序名”+“章名”(例如:第 1 章 XXX)。

② 对于偶数页,页眉中的文字为“节序名”+“节名”(例如:1.1 XXX)。

操作完成后,文档前三页操作完成后效果如图 1-276 所示,文档四至六页操作完成后效果如图 1-277 所示。

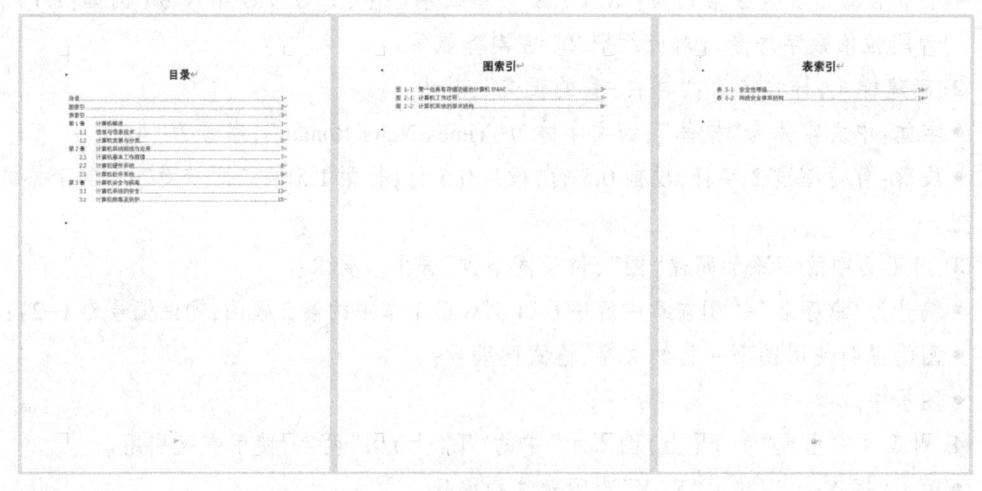

目录

图索引

表索引

图 1-276 文档前三页操作完成后效果

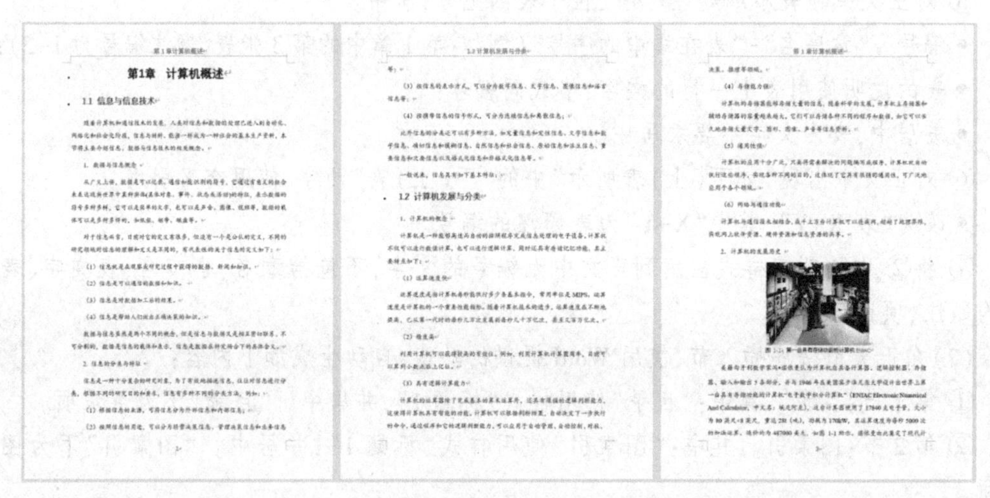

第1章 计算机概述

1.1 信息与信息技术

1.2 计算机发展与分类

图 1-277 文档四至六页操作完成后效果

Word试题

一、单项选择题

1.当翻页时是“从左向右”,则文档应设置为( )。

A.“书籍折页”选项 B.“反向书籍折页”选项

2.若对3页B5纸的文档做“书籍折页”打印,则( )。

A. 1、2页在同一面纸上 B. 2、3页在同一面纸上

C. 1、3页在同一面纸上

3.下列选项中,Word文档的批量制作与处理是采用( )功能完成的。

A.“邮件合并” B.“稿纸设置” C.“样式设置” D.“布局”

4.使用“邮件合并”功能前先建立( )。

A. 1个Word文档

B. 1个是Word文档和1个数据源文件

5.若某页的页眉页脚内容及格式与前面的页面有所不同时,需选定( )。

A. 使“链接到前一节”选项为“非激活”状态 B. 应选择“奇偶页不同”

6.更改页码的格式,需在( ) 中进行。

A.“插入”中“页”选项组 B.“插入”中“表格”选项组

C.“插入”中“页眉页脚”选项组 D.“插入”中“文本”选项组

7.多级列别是用于为列表或文档设置层次结构而创建的列表,创建的多级列表可链接到( )。

A.“样式”中 B.“索引”中 C.“目录”中 D.“字体”中

8.多级列表中,对不同的级别编号( )。

A. 必须手动设置编号 B. 系统默认自动编号

9.创建及修改多级列表是在( ) 选项组中进行。

A. 字体 B. 段落 C. 样式 D. 目录

10.在Word文档中为了快速定位到目标处,常用( ) 方式来标记文档中的某一处位置或文字。

A. 添加颜色 B. 添加编号 C. 添加书签 D. 添加页码

11.域名“NumPages”表示内容为( )。

A. 文档的总页数 B. 文档的总字数

C. 文档的当前页码 D. 文档的段落编号

12.脚注和尾注都是对文档中的某些术语提供解释,其中尾注出现在(　　)。

A. 文档的首页　　B. 文档的末尾

13.添加脚注和尾注是在(　　) 选项页中进行。

A. 开始　　B. 布局　　C. 引用　　D. 审阅

14.表题注的位置一般显示在文档中被注释表的(　　)。

A. 上边　　B. 下边　　C. 左边　　D. 右边

15.图题注的位置一般显示在文档中被注释图的 (　　)。

A. 上边　　B. 下边　　C. 左边　　D. 右边

16.创建文档的“图目录”必须(　　)。

A. 事先建立好相应的“图”题注,并应用到文档中的各个“图说明”中

B. 先对文档中的各个“图”按升序方式排好序

C. 先对文档中的各个“图说明”按照一定的编码规律手动排好序

D. 无需对文档中的各个“图”及“图说明”做任何设置或操作

17.“目录”插入是在(　　)选项组中进行的。

A. “引用”→“引文与书目”　　B. “引用”→“目录”

C. “引用”→“索引”　　D. “引用”→“引文目录”

18.“图表目录”插入是在(　　)选项组中进行的。

A. “引用”→“引文与书目”　　B. “引用”→“目录”

C. “引用”→“索引”　　D. “引用”→“题注”

19.要创建文档的目录必须先对文档(　　)。

A. 无需对文档进行任何设置或操作

B. 创建好“图”及“表”题注,并应用到整个文档中的各个“图表”中

C. 设置好目录的标题级别样式即可

D. 设置好目录的标题级别样式,并应用到整个文档中

20.标题的升降级可通过(　　) 进行。

A. 调整标题的“顺序”　　B. 调整标题的“标尺”

C. 调整标题的“大纲级别”　　D. 调整标题的“字号”

21.索引的自动标记文件内容应是(　　)。

A. 1×1 的表格　　B. 1×2 的表格　　C. 2×2 的表格　　D. 3×3 的表格

22.“批注”仅是作者或审阅者为文档的一部分内容所做的注释,用于表达审阅者的意见或对文本提出质疑,即(　　)。

A. 批注修改了原文档中的内容

B. 批注只是对文档中的相关内容做了注释,没有修改文档的内容

23.书稿的作者交稿时是以“章”作为一个个单独文件交予编辑,出版社编辑为了保证对同一个文件在不同处的修改后,为在内容上保持同步和一致性,一般会为全书创建一个(　　)。

A. 主控文档,并将各章的文件作为子文档分别插入主控文档中

B. 索引文件,并将各章的文件作为链接文件链接到索引文件中

C. 目录,并将各章的文件存储该目录下

24.样式集中的所谓“标题 1”或“标题 2”与级别的关系,下述选项描述正确的是(　　)。

A. “标题”的级别固定的,即“标题 1”与“级别 1”对应,“标题 2”与“级别 2”对应

B. “标题”对应的“级别”大小是人为设定的,即“标题 1”可以是“级别 1”,也可以是“级别 2”或“级别 3”

二、多项选择题

1.数据源文件可以是(　　)。

A. 含有数据表格的 Word 文档　　B. Excel 工作表

C. Access 数据库　　D. Outlook 通讯录

2.Word 中所谓的批量文件是指(　　).

A. 具有固定格式的信封　　B. 具有固定格式的学生成绩单

C. 具有固定格式的工资条　　D. 具有固定格式的请柬

3.页眉页脚的删除可通过(　　)完成。

A.选定页眉(或页脚)并按 Delete 键

B.选定该页正文任意处,并按 Delete 键

C.在“页眉和页脚”选项组中,选择相应的“页眉”或“页脚”中的下拉菜单,单击“删除页眉/页脚”命令即可

4.关于更改页码对齐方式,下述描述正确的是(　　)。

A.选定页码后,可在“段落”选项组中进行设置

B.在“页眉和页脚工具”中的“位置”选项组中,通过“插入对齐方式”选项卡进行设置

C.页码对齐方式只能先删除原先对齐方式,然后再重新进行设置

5.在多级列表的创建过程中,可以设置的内容有(　　)。

A. 字形及字号　　B. 级别的编号样式

C. 字符间距　　D. 文本缩进位置

6.在文档中运用样式可以(　　)。

A. 使得文档结构清晰　　B. 使得文档显示美观

C. 易于今后文档的维护　　D. 提高工作效率

7.在文档中可运用的样式可以是(　　)。

A. 内置样式　　B. 新建样式　　C. 导入样式

8.交叉引用就是在文档的一个位置引用文档另一个位置的内容,交叉引用的类型可以是(　　)。

A. 书签　　B. 图表　　C. 编号项　　D. 脚注

9.题注设定在文字、表格、图片和图形的上下两边,为对象添加带编号的注释说明,题注可以是(　　)。

A. 公式题注　　B. 图题注　　C. 表题注

10. 在 Word 文档中使用“域”可以实现的工作有(　　)。

A. 自动编页码　　B. 自动创建目录

C. 按不同格式插入日期和时间　　D. 创建数学公式

11. 创建文档目录的作用可(　　)。

A. 使得文档的层次结构清晰

B. 利用目录可进行快速定位至所需内容位置

C. 便于今后对文档内容进行维护操作

12. 索引的创建方式有(　　)。

A. 从已有的文章或图表目录中创建

B. 在文档中直接创建

C. 通过索引“自动标记文件”创建

13. 创建“索引”的目的是(　　)。

A. 可反映出文档的层次结构

B. 显示出关键词语和它们所在的页码

C. 方便在文档中查找某些信息

14. “修订”是审阅者用来标记对文档中所做的编辑操作,作者可以根据需要对审阅者提出的修订做出的两种操作是(　　)。

A. 接受修订　　B. 拒绝修订　　C. 编辑修订　　D. 删除修订

15. 下列选项描述正确的是(　　)。

A. 主控文档是一组子文档的容器

B. 主控文档中可创建并管理多个子文档

C. 在主文档中对子文档内容进行修改后,各个子文档的内容将同步被更新

D. 子文档的内容被修改后,主控文档中的相关内容也同步被更新

第二篇 Excel 高级应用

Excel 含有多种类型的函数，如财务、时间与日期、数学与三角、统计、查找与引用、数据库、文本、逻辑、信息、工程、多维数据集及 WEB 函数等。本篇主要介绍 Excel 2019 中部分常用的文本、时间与日期、逻辑、数学与三角、查找与引用、统计及数据库、财务函数等，最后介绍数据工具和数据透视图表等某些高级功能在数据表格中的运用。

项目七 一般常用函数的应用

本项目主要介绍 Excel 函数及公式中的单元格地址引用方式,部分常用的文本函数、时间与日期函数及逻辑函数等在 Excel 表格中的数据处理。其中 Excel 中可使用的相关运算符,如算术、比较、文本连接和引用等类型说明,具体见表 2-1 所列。

表 2-1 Excel 的运算符

运算符类型	运算符
算术运算符	+(加法)、-(减法)、*(乘法)、/(除法)、^(乘方)、%(百分比)
比较运算符	=、>、<、>=、<=、<>(不等于)
文本连接运算符	&(连接文本)
引用运算符	:(区域运算符)、,(联合运算符)、空格(交集运算符)

需注意的是,Excel 函数或公式中所输入的符号,如引号、逗号和括号等,需在英文半角状态下输入。

1.单元格地址及引用

1)单元格地址

单元格地址是单元格的坐标,一般用列标和行标表示,列标用列表的列名称 A、B、C……等字母表示,行标用行号表示,如“A1”表示第一列第一行的单元格地址,单元格的地址不区分大小写,如:A1 与 a1 表示的是同一个单元格。

2)单元格引用

单元格引用是指对工作表中的单元格或单元格区域的引用,它可以在公式中使用,以便 Excel 可以找到需要公式计算的值或数据。

在一个或多个公式中,可以使用单元格引用来表示:

- 工作表中单个单元格的数据。
- 包含在工作表中不同区域的数据。
- 同一工作簿的其他工作表中单元格的数据。

如果是引用一个区域,可以与可使用区域范围的公式一起使用,例如"=sum(单元格地址 1:单元格地址 2)",其中区域最左上角和最右下角的单元格中间用冒号(:)分隔。

见表 2-2 所列,地址为"A1"的单元格内容是"1",地址为"C3"的单元格内容是求区域(A1:B2)之和的函数"=sum(A1:B2)",其内容为"10"(即 A1+B2+A2+B2=1+2+3+4=10)。

表 2-2　C3 单元格显示内容

C3　　fx　=SUM(A1:B2)

	A	B	C	D	E
1	1	2			
2	3	4			
3			10		
4					

3)单元格引用的三种方式

Excel 公式中单元格地址引用包括相对引用、绝对引用和混合引用三种。三种方式切换的快捷键为最上一排功能键 F4(部分新出的笔记本电脑要按"Fn+F4")。单元格引用的三种方式,其表示方法、含义及示例见表 2-3 所列。

表 2-3　单元格的引用

名称	表示方法	含义	示例
单元格的相对引用	列标行号	相对引用地址随着公式位置的变化,列标及行号均变化	如 A1 单元格的相对引用地址即为 A1
单元格的绝对引用	$列标$行号	绝对引用地址将始终不变,不会随着公式位置的变化而变化	如 A1 单元格的绝对引用地址为$A$1
单元格的混合引用	$列标行号	公式位置变化时,列标不变,行号随着变化	如$A1
	列标$行号	公式位置变化时,列标随着变化,行号不变	如 A$1

(1)相对引用

公式中的相对单元格引用,是基于包含公式和单元格引用的相对地址位置。如果公式所在单元格的位置改变,引用也随之改变(即相对引用均没有锁定行和列,若公式所在的单元格用"填充柄"方式上下填充时,变动的只是行号,当公式所在的单元格用"填充柄"方式左右横向填充时,变动的只是列名)。默认情况下,新公式使用相对引用。

例如,见表 2-4 所列,单元格 A1 的内容是"1",若在单元格 B1 中采用相对单元格引用,引用内容为单元格 A1 内的值，即在 B1 单元格内键入“ = A1”（B1 单元格的值为单元格 A1 的内容“1”），当将单元格 B1 中的相对引用复制到单元格 B2 时，则 B2 将自动从“ = A1” 调整到“ = A2”，见表 2-5 所列。

表 2-4 B1 单元格内容为“ = A1”

B1 fx =A1

	A	B	C	D
1	1	1		
2	2			
3				
4				

表 2-5 B2 单元格内容为“ = A2”

B2 fx =A2

	A	B	C	D
1	1	1		
2	2	2		
3				
4				

（2）绝对引用

单元格的绝对引用是指，总是引用指定位置的单元格内容。如果公式所在单元格的位置改变，绝对引用的单元格始终保持不变。

例如，见表 2-6，如果将单元格 B1 中的绝对引用“ = $ A $ 1”复制到表 2-7 中的单元格 B2 中，则两个单元格中引用的地址均为“ = $ A $ 1”。

表 2-6 B1 单元格内容为“ = $ A $ 1”

B1 fx =$A$1

	A	B	C	D
1	1	1		
2	2			
3				
4				

表 2-7 B2 单元格内容为“ = $ A $ 1”

B2 fx =$A$1

	A	B	C	D
1	1	1		
2	2	1		
3				
4				

（3）混合引用

混合引用有绝对列和相对行，或是绝对行和相对列两种方法。绝对引用列采用 $ A1、$ B1 等形式。绝对引用行采用 A $ 1、B $ 1 等形式。如果公式所在单元格位置发生改变时，相对引用随着改变，绝对引用则不变。

例如，见表 2-8 所列，当 B1 单元格为绝对引用列“ = $ A1”时，将 B1 复制至 C1，再用“填充柄”方式从 C1 填充至 C4 时，则 C1 至 C4 单元格引用及显示内容与表中的 A1 至 A4 对应内容相同。

在表 2-9 中，当 B1 单元格为绝对引用行“ = A $ 1”时，将 B1 复制至 C1，再用“填充柄”方式从 C1 填充至 C4 时，则 C1 至 C4 单元格引用及显示内容均与 B1 内容相同。

表 2-8 绝对引用列

C4 fx =$A4

	A	B	C	D	E
1	1	1	1		示例：绝对引用列标$A1
2	2		2		
3	3		3		
4	4		4		

表 2-9 绝对引用行

C4 fx =B$1

	A	B	C	D	E
1	1	1	1		示例：绝对引用行标A$1
2	2		1		
3	3		1		
4	4		1		

如表 2-10 所示示例，根据每周日常消费金额及固定承担的房租费，计算每周的实际支

出与月支出。

表 2-10 “周支出及房租”的应用示例

I2	=H2+$B$8							
	A	B	C	D	E	F	G	H	I

	A	B	C	D	E	F	G	H	I
1		早餐费	中餐费	晚餐费	零食	交通费	其它支出	小计	周支出
2	第一周	35	80	150	50	50	300	665	765
3	第二周	49	91	200	28	75	150	593	693
4	第三周	54	105	177	20	28	350	734	834
5	第四周	40	120	190	35	35	200	620	720
6	合计								3012
7									
8	每周房租	100							

其中,I2、I3、I4、I5 的单元格内容分别为:“=H2+$B$8”、“=H3+$B$8”、“=H4+$B$8”、“=H5+$B$8”,表示一至四周的金额“小计”(每周金额均变化)与“每周房租”(金额固定不变)之和。

2.文本函数

Excel 中文本函数有三十多个,本书介绍常用的文本函数如 REPLACE、MID、CONCAT、UPPER、EXACT、FIND 和 SEARCH 等,其函数名称、语法格式及功能,见表 2-11 所列。

表 2-11 常用文本函数列表

函数名称	语法格式	功能
REPLACE	REPLACE(old_text,start_num,num_chars,new_text)	替换文本中的字符
MID	MID(text,start_num,num_chars)	返回文本串中从指定位置开始的特定数目的字符
CONCAT	CONCAT(text1,text2,…)	将几个文本项合并为一个文本项
UPPER	UPPER(text)	将文本转换成大写形式
EXACT	EXACT(text1,text2)	比较两个文本值是否相同(区分大小写及空格)
FIND	FIND(find_text,within_text,start_num)	返回从文本项中查找到另一文本项的起始位置(区分大小写)
SEARCH	SEARCH(find_text,within_text,start_num)	返回从文本项中查找到另一文本项的起始位置(忽略大小写)

【REPLACE 函数应用示例】

函数参数说明:REPLACE(要替换其部分字符的文本,替换的起始位置,替换的字符个数,用于替换的字符文本)。

在 REPLACE 函数中,当参数 new_text 是字符或字符串时需要加引号,若参数 num_chars 为“0”时表示“插入”,用法见表 2-12 中 B9 及 B10 单元格内容所列。

表 2-12 REPLACE 函数应用示例

	A	B	C
1	数据		
2	abcdefghijk		
3	2018		
4	200526		
5	计算机基础		
6	函数公式输入后显示结果	说明	A7 至 A10 单元格内输入内容
7	abcde * k	对 A2 单元格内容，从第六个字符开始用“ * ”替换五个字符	=REPLACE(A2,6,5," * ")
8	2010	对 A3 单元格内容，用 10 替换 2018 的最后两位	=REPLACE(A3,3,2,10)
9	20050626	对 A4 单元格内容，在第 5 个数字后插入“06”两个字符	=REPLACE(A4,5,0,"06")
10	计算机应用基础	对 A5 单元格内容，在第三个汉字后插入“应用”二字	=REPLACE(A5,4,0,"应用")

A7 至 A10 单元格内输入内容

【MID 函数应用示例】

函数参数说明：MID(要提取字符的文本串，要提取的第一个字符的位置，返回字符的个数)。

MID 函数应用示例见表 2-13 所列，表中的“D”列各单元格分别对应“B”列中 B2 至 B10 单元格输入的函数内容，如表中的 B2 单元格需输入的内容是：“ =MID(A2,5,3)”，显示结果是“567”。

表 2-13 MID 函数应用示例

	A	B	C	D
1	数据示例	结果显示	说明	B2 至 B4 单元格输入内容
2	1234567	567	返回数据示例中第 5 位起的 3 个字符	=MID(A2,5,3)
3	计算机基础课程	基础	返回数据示例中第 4 位起的 2 个字符	=MID(A3,4,2)
4	素菜 3 公斤	3	返回数据示例中第 3 位起的 1 个字符	=MID(A4,3,1)

【CONCAT 函数应用示例】

函数参数说明：CONCAT(需要合并的文本项 1，需要合并的文本项 2，...)。其中，文本项可以是文字串、数字或对单个单元格的引用。

CONCAT 函数应用示例见表 2-14 所列，表中的“D”列各单元格分别对应“B”列中 B2 至 B3 单元格输入的函数内容，表中的 B3 单元格若输入内容：“ =CONCAT(A2,A3)”，则显示结果是“中国第一颗人造卫星东方红 1 号”。

表 2-14　CONCAT 函数应用示例

	A	B	C	D
1	数据示例	结果显示	说明	B2 至 B4 单元格输入内容
2	中国第一颗人造卫星			
3	东方红 1 号	中国第一颗人造卫星东方红 1 号	合并 A2 至 A3 内容	=CONCAT(A2,A3)
4	2007 年	中国第一颗人造卫星东方红 1 号 2007 年	合并 A2 至 A4 内容	=CONCAT(A2,A3,A4)

【UPPER 函数应用示例】

函数参数说明:UPPER(需要转换成大写形式的文本项)。

UPPER 函数应用示例,见表 2-15 所列,表中的“D”列各单元格分别对应“B”列中 B2 至 B5 单元格输入的函数内容,如表中的 B2 单元格输入内容:“=UPPER(A2)”,则显示结果为“EXCEL”。

表 2-15　UPPER 函数应用示例

	A	B	C	D
1	数据示例	结果显示	说明	B2 至 B5 单元格输入内容
2	Excel	EXCEL	A1 内容转换为大写形式	=UPPER(A2)
3	Excel	EXCEL	A2 内容转换为大写形式	=UPPER(A3)
4		EXCEL	字符串"Excel"转换为大写形式	=UPPER("Excel")
5		EXCEL	字符串"Excel"转换为大写形式	=UPPER("Excel")

【EXACT 函数应用示例】

函数参数说明:EXACT(待比较的第一个文本项,待比较的第二个文本项)。

返回值为逻辑值,相同时返回 TRUE,否则为 FALSE。

EXACT 函数应用示例见表 2-16 所列,表中的“D”列各单元格分别对应“B”列中 B2 至 B5 单元格输入的函数内容,如表中的 B2 单元格输入内容:“=EXACT(A2,"wps")”,表示“A2 与字符串‘wps’”比较”,结果显示为“TRUE”。在 EXACT 函数中,必须是两个字符串完全一样,包括内容、大小写及是否有空格等,都必须完全一致才判断为 TRUE,否则就是 FALSE。

表 2-16 EXACT 函数应用示例

	A	B	C	D
1	数据示例	结果显示	说明	B2 至 B5 单元格输入内容
2	wps	TRUE	A2 与字符串"wps"比较	=EXACT(A2,"wps")
3	Wps	FALSE	A2 与 A3 内容比较	=EXACT(A2,A3)
4	WPS	FALSE	A2 与 A4 内容比较	=EXACT(A2,A4)
5	wps	TRUE	A2 与 A5 内容比较	=EXACT(A2,A5)

【FIND 函数应用示例】

函数参数说明：FIND(要查找的目标文本项，包含要查找文本的源文本项，查找的起始位置)。

返回值为源文本中首次找到目标文本项的起始位置，位置从源文本项的起始处计算，未找到时返回错误值"#VALUE!"。

FIND 函数区分大小写，且在要查找的目标文本项中不允许使用通配符。

FIND 函数应用示例，见表 2-17 所列，表中的"D"列各单元格分别对应"B"列中 B2 至 B7 单元格输入的函数内容，当忽略位置参数时，默认查找位置是从起始位置 1 开始，若查找内容是文本或字符串时，必须添加英语输入法下的双引号，否则函数无法计算。

表 2-17 FIND 函数应用示例

	A	B	C	D
1	数据示例	结果显示	说明	B2 至 B7 单元格输入内容
2	Office 高级应用	2	指定查找位置从 A2 中的第 1 个字符开始	=FIND("f",A2,1)
3		2	忽略位置参数时，默认从 A2 的第 1 个字符开始	=FIND("f",A2)
4		3	返回查找到的位置从 A2 起始处计算	=FIND("f",A2,3)
5		#VALUE!	区分大小写，未找到时返回错误值	=FIND("F",A2)
6		#NAME?	查找字符或字符串时必须加引号，否则无法计算	=FIND(f,A2)
7	应用	9	单个字母与单个汉字计数单位相同	=FIND(A5,A2)

【SEARCH 函数应用示例】

函数参数说明：SEARCH(要查找的目标文本项，包含要查找文本的源文本项，查找的起始位置)。

返回值与 FIND 函数相同，与 FIND 函数不同在于 SEARCH 函数不区分大小写，且在要查找的文本中可以使用通配符，包括问号"?"和星号"*"。其中问号可匹配任意的单个字符,星号可匹配任意的连续字符。如果要查找实际的问号或星号,应当在该字符前键入波浪线“~”。

SEARCH 函数应用示例,内容见表 2-18 所列,表中的“D”列各单元格分别对应“B”列中 B2 至 B9 单元格输入的函数内容,其中前 7 行与上述“FIND 函数应用示例”用法基本相同,不同处在于 SEARCH 函数不区分大小写,表中的 B8 及 B9 单元格中使用了通配符进行查找。

表 2-18 SEARCH 函数应用示例

	A	B	C	D
1	数据示例	结果显示	说明	B2 至 B9 单元格输入内容
2	Office 高级应用	2	指定查找位置从 A2 中的第 1 个字符开始	=SEARCH("f",A2,1)
3		2	忽略位置参数时,默认从 A2 的第 1 个字符开始	=SEARCH("f",A2)
4		3	返回查找到的位置从 A2 起始处计算	=SEARCH("f",A2,3)
5		2	不区分大小写	=SEARCH("F",A2)
6		#NAME?	查找字符或字符串时必须加引号,否则无法计算	=SEARCH(f,A2)
7	应用	9	单个字母与单个汉字计数单位相同	=SEARCH(A5,A2)
8		3	查找第 1 个和第 3 个字符分别是“f”和“c”的字符串	=SEARCH("f? c",A2)
9		7	查找以“高”开始,以“用”结尾的若干字符组成的字符串	=SEARCH("高*用",A2)

3.日期与时间函数

Excel 中时间与日期函数有二十多个,常用的有 TODAY( )、YEAR( )、HOUR( )和 MINUTE( )函数等,具体见表 2-19 所列。

表 2-19 常用的日期与时间函数

函数名称	语法格式	功能
TODAY	TODAY( )	返回当前日期
YEAR	YEAR(serial_number)	返回指定日期所对应的年份
HOUR	HOUR(serial_number)	返回时间值中的小时数(数值范围 0 至 23 之间)
MINUTE	MINUTE(serial_number)	返回时间值中的分钟(数值范围 0 至 59 之间)

【TODAY 函数应用示例】

TODAY 函数是个无参数的函数,但在使用函数时,括号不能省略,见表 2-20 所列,TODAY 函数应用时可进行算术运算,计算若干天前后日期。

表 2-20 TODAY 函数应用示例

	A	B	C
1	结果显示	说明	A2 至 A4 单元格输入内容
2	2021/3/14	今天日期	=TODAY( )
3	2021/3/21	7 天后的日期	=TODAY( )+7
4	2021/3/4	10 天前的日期	=TODAY( )-10

【YEAR 函数应用示例】

函数参数说明:YEAR(日期及时间的序列号)。

返回日期的年份值,数值是 1900 至 9999 的整数。

YEAR 函数应用示例见表 2-21 所列,表中的“D”列各单元格分别对应“B”列中 B4 至 B9 单元格输入的函数内容。需要注意的是,YEAR 函数参数是日期格式,当两个 YEAR 函数值相加减时,显示结果与当前单元格的格式类型有关,示例中的 B7 及 B8 单元格输入函数公式内容相同尽管,但因为单元格格式不同显示结果也不同。若 YEAR 函数参数引用数据为日期格式文本时,日期格式文本必须加双引号,如输入“=YEAR("2005-06-26")”后,函数将返回年份“2005”。

表 2-21 YEAR 函数应用示例

	A	B	C	D
1	数据示例	结果显示	说明	B4 至 B9 单元格输入内容
2	2005/6/26		A2 单元格格式为“日期”类型	
3	2020/10/1		A3 单元格格式为“日期”类型	
4		2021	当前日期的年份	=YEAR(TODAY())
5		2005	单元格 A2 中日期的年份	=YEAR(A2)
6		2020	单元格 A3 中日期的年份	=YEAR(A3)
7		15	当 B7 单元格格式为“常规”或“数值”类型时	=YEAR(A3)-YEAR(A2)
8		1900/4/29	当 B8 单元格格式为“日期”类型时	=YEAR(A3)-YEAR(A2)
9		2005	参数是字符文本时,日期格式的数据必须加双引号	=YEAR("2005-06-26")

【HOUR 函数应用示例】

函数参数说明:HOUR(日期及时间的序列号)。

返回小时数,数值是 0(12:00 AM)至 23(11:00 PM)的整数。

HOUR 函数应用示例见表 2-22 所列,表中的“D”列各单元格分别对应“B”列中 B5 至 B10 单元格输入的函数内容。需注意的是,当参数采用十进制小数时,是以与数字 24 的百分比计算小时数,当采用“时间 AM/PM”或“小时:分钟:秒”时间格式文本作为参数时,需加双引号。

表 2-22 HOUR 函数应用示例

	A	B	C	D
1	数据示例	结果显示	说明	B5 至 B10 单元格输入内容
2	0.5			
3	2005/6/26 6:30			
4	2020/10/1			
5		12	返回 24 小时的 50%	=HOUR(A2)
6		6	返回日期/时间值的小时部分	=HOUR(A3)
7		0	未指定时间部分的日期被视作上午 12:00 或 0 小时	=HOUR(A4)
8		6	"6:30 AM"表示早上 6 点半	=HOUR("6:30 AM")
9		18	返回 24 小时的 75%(即 18 点整)	=HOUR("0.75")
10		18	参数是时间格式的文本时,需加双引号	=HOUR("18:30:00")

【MINUTE 函数应用示例】

函数参数说明:MINUTE(日期及时间的序列号)。

返回分钟数值,数值为 0 至 59 的整数。

MINUTE 函数应用示例见表 2-23 所列,表中的“D”列各单元格分别对应“B”列中 B2 至 B5 单元格输入的函数内容,当函数参数引用时间格式文本时,需加双引号。

表 2-23 MINUTE 函数应用示例

	A	B	C	D
1	数据示例	结果显示	说明	B2 至 B5 单元格输入内容
2	12:10:10			
3	2005/6/26 6:30			
4		10	返回 A2 中时间值的分钟部分	=MINUTE(A2)
5		30	返回 A3 中时间值的分钟部分	=MINUTE(A3)
6		30	参数是时间格式的文本时,需加双引号	=MINUTE("18:30:45")

4.逻辑函数

用来判断真假值,或者进行复合检验的 Excel 函数,称为逻辑函数,Excel 中有 11 个逻辑函数,常用的逻辑函数有 AND、OR、NOT、IF 函数等,其语法格式及功能见表 2-24 所列。

表 2-24 常用的逻辑函数列表

函数名称	语法格式	功能
AND	AND (logical1,logical2,…)	所有参数的逻辑值为真时返回 TRUE(真)
OR	OR(logical1, logical2,...)	参数中任意一个逻辑值为真时即返回 TRUE (真)
NOT	NOT (logical)	求逻辑值或逻辑表达式的相反值
IF	IF(logical _ test, value _ if _ true, value_if_false)	对条件进行判断,并根据判断的真假结果,返回相对应的内容

需注意:

IF 函数中的 value_if_true 和 value_if_false 参数可进行嵌套,可以构造更复杂条件判断。函数中的引号、逗号及括号等,均为英文半角状态下输入。

对于 AND、OR、NOT 函数,若 X,Y 分别取 0(表示"TURE"),1(表示"FALSE")值时,X OR Y,X AND Y 及 NOT X 的取值情况,如图 2-1 所示(方框内容为结果)。

X	Y	X OR Y
0	0	0
0	1	1
1	0	1
1	1	1

X	Y	X AND Y
0	0	0
0	1	0
1	0	0
1	1	1

X	NOT X
0	1
1	0

图 2-1 逻辑函数示例

【AND 函数应用示例】

函数参数说明:AND (逻辑条件 1,逻辑条件 2,……)。

当所有参数的逻辑值为真时返回 TRUE,否则为 FALSE。

AND 函数应用示例见表 2-25 所列,AND 函数可含有一个或多个参数。表中的"D"列各单元格分别对应"B"列中 B4 至 B7 单元格输入的函数内容。

表 2-25 AND 函数应用示例

	A	B	C	D
1	数据示例	结果显示	说明	B4 至 B7 单元格输入内容
2	50			
3	100			
4		TRUE	只有一个参数	=AND(A3>A2)

续表

	A	B	C	D
5		FALSE	任意一个参数为 FALSE	=AND(A2>=50,A3<50)
6		TRUE	所有参数均为 TURE	=AND(A2>=50,10+60>50)
7		FALSE	所有参数均为 FALSE	=AND(10+60<50,"高级"<>"高级")

【OR 函数应用示例】

函数参数说明:OR(逻辑条件 1,逻辑条件 2,…)。

当任意一个参数的逻辑值为真时返回 TRUE,全部参数为假时返回 FALSE。

OR 函数应用示例见表 2-26 所列,OR 函数可含有一个或多个参数,表中的"D"列各单元格分别对应"B"列中 B4 至 B7 单元格输入的函数内容。

表 2-26 OR 函数应用示例

	A	B	C	D
1	数据示例	结果显示	说明	B4 至 B7 单元格输入内容
2	50			
3	100			
4		TRUE	只有一个参数	=OR(A3>A2)
5		TRUE	任意一个参数为 TURE	=OR(A2>=50,A3<50)
6		TRUE	所有参数均为 TURE	=OR(A2>=50,10+60>50)
7		FALSE	所有参数均为 FALSE	=OR(10+60<50,"高级"<>"高级")

【NOT 函数应用示例】

函数参数说明:NOT(逻辑条件)。

参数的逻辑值为真时返回 FALSE,参数为假时返回 TURE。

NOT 函数应用示例见表 2-27 所列,NOT 函数只有一个参数。表中的"D"列各单元格分别对应"B"列中 B4 至 B5 单元格输入的函数内容。

表 2-27 NOT 函数应用示例

	A	B	C	D
1	数据示例	结果显示	说明	B4 至 B5 单元格输入内容
2	50			
3	100			
4		FALSE	参数的逻辑值为 TURE 时返回 FALSE	=NOT(A3>A2)
5		TRUE	参数的逻辑值为 FALSE 时返回 TURE	=NOT(10+50<A2)

【IF 函数应用示例】

函数参数说明:IF(判断条件,条件成立时返回值,条件不成立时返回值)。

IF 函数中返回值部分(即 value_if_true 和 value_if_false 参数)可进行函数嵌套,最多可嵌套 7 层,从而构造更复杂的条件判断。

IF 函数应用示例见表 2-28 所列,表中的“D”列各单元格分别对应“B”列中 B4 至 B7 单元格输入的函数内容,其中 IF 函数的返回值参数部分可嵌套,如示例中的 B6 及 B7 函数公式中有下划线的内容部分(具体输入函数时无下划线)。

表 2-28 IF 函数应用示例

	A	B	C	D
1	数据示例	结果显示	说明	B4 至 B7 单元格输入内容
2	50			
3	100			
4		是	条件成立返回“是”	=IF(A3>A2,"是","否")
5		否	条件不成立返回“否”	=IF(A3<A2,"是","否")
6		>60	IF 函数中的第二个参数进行嵌套	=IF(A3>A2, IF(A3>60,">60","<=60"),"否")
7		>60	IF 函数中的第三个参数进行嵌套	=IF(A3<A2,"是", IF(A3>60,">60","<=60"))

2.1.2 任务七 员工信息表管理

打开 EXCEL 素材文件“员工信息表”,在 Sheet1 表中进行以下操作并保存。

1.任务要求

员工信息表管理

1)文本函数的运用

• 根据表中提供的身份证号码,请使用 MID 函数生成相应的“出生年月”,日期格式为“2000-01”形式,并将结果保存在“出生年月”列中(其中身份证号码的第 7 至 10 位是年份,第 11 至 12 位表示月份)。

• 请使用 REPLACE 函数对工号进行升级,请在每一位员工号的最后一位前加上“0”,其他数字或字母不变,并将升级后的工号结果保存在“升级工号”列中。

• 请使用 CONCAT 生成新的带有部门信息的员工号,如“一车间 GH20000901”,其中的字母由 UPPER 函数转为大写方式,结果保存在“新员工号”列中。

• 请使用 EXACT 函数，对表中“文本比较”区域中的“文本 1”与“文本 2”列中内容进行比较，结果保存在“返回比较结果”列中，其中对“文本 1”列中的单元格引用采用绝对引用方式。

• 请使用 FIND 函数，在表中“FIND 查找”区域中，查找“文本 2”在“文本 1”中起始位置，结果保存在“返回起始位置”列中，其中对“文本 1”列中的单元格引用采用绝对引用方式。

• 请使用 SEARCH 函数，在表中“SEARCH 查找”区域中，查找“文本 2”在“文本 1”中起始位置，结果保存在“返回起始位置”列中，其中对“文本 1”列中的单元格要求采用绝对引用方式。

2）时间与日期函数的运用

• 运用时间函数从“出生年月”和“入厂年月”列中计算出每个员工的“入厂年龄”（保留 0 位小数），并保存在“入厂年龄”列中。

• 根据 Sheet1 中的“身份证号码”列，计算用户的年龄，并保存在“年龄”列中。需注意的内容如下：

* 身份证的第 7 位～第 10 位表示出生年份；

* 计算方法：年龄＝当前年份－出生年份。其中“当前年份”使用时间函数计算。

3）逻辑函数的运用

• 请使用逻辑函数 AND 及 OR 表达式，判断条件为“‘年龄’大于等于 45 且技术职称为‘高级工’，或技术职称为‘技师’及以上”，若是则结果为 TURE，否则为 FALSE，并将结果保存在“技术专家”列中。

• 根据“入厂时间”的长短，请使用 IF 函数判断员工的资历，并对表中的“员工称号”列进行填充，计算结果小于等于 10 年的填充为“黄金员工”，大于 10 年小于 20 年为“铂金员工”，大于等于 20 年以上的填充为“钻石员工”。

* 计算方法：入厂时间＝年龄－入厂年龄。

2.任务完成效果

“员工信息表”任务操作前内容如图 2-2 所示，任务完成后内容如图 2-3 所示。

	A	B	C	D	E	F	G	H	I	J	K	L	M
1	员工号	姓名	身份证号码	入厂年月	出生年月	升级工号	新员工号	部门	技术职称	入厂年龄	年龄	技术专家	员工称号
2	gh2000091	陆小兵	330482197509082730	2000年9月				一车间	技师				
3	gh2005061	吕秀杰	330204197805076069	2005年6月				一车间	高级技师				
4	gh2009031	陈华	330206198912175752	2009年3月				一车间	高级工				
5	gh2009062	陈勇	330421198501095015	2009年6月				一车间	初级工				
6	gh2010031	赵援	330782198201273121	2010年3月				一车间	高级技师				
7	gh2010032	齐明	330683198609106855	2010年3月				一车间	技师				
8	gh2013031	项文明	330424199307211018	2013年3月				二车间	高级工				
9	gh2013032	徐华	33042419910608362x	2013年3月				二车间	技师				
10	gh2015061	肖凌云	330282199407257583	2015年6月				二车间	高级工				
11	gh2015062	张杰	330921199204262024	2015年6月				二车间	高级工				
12	gh2016061	万基堂	330382199503267148	2016年6月				二车间	高级工				
13	gh2017031	郎怀民	330281199604013833	2017年3月				二车间	高级工				
14	gh2018061	罗金梅	330522199904206924	2018年6月				二车间	初级工				
15	gh2019031	曹习武	330522199002193912	2019年3月				三车间	技师				
16	gh2019032	彭晓玲	330522199809053962	2019年3月				三车间	高级技师				
17	gh2020061	贾丽娜	330382200104184520	2020年6月				三车间	初级工				
18	gh2020062	罗颖	331082200006297460	2020年6月				三车间	初级工				
19	gh2020063	张永和	331004200004021831	2020年6月				三车间	中级工				

文本比较		
文本1	文本2	返回比较结果
ZHEJIANG FASHION	ZHEJIANG Fashion	
	ZHEJIANG FASHION	

FIND查找		
文本1	文本2	返回起始位置
ZHEJIANG Fashion	A	
	a	

SEARCH查找		
文本1	文本2	返回起始位置
ZHEJIANG Fashion	A	
	a	

图 2-2 “员工信息表”任务操作前内容

员工号	姓名	身份证号码	入厂年月	出生年月	升级工号	新员工号	部门	技术职称	入厂年龄	年龄	技术专家	员工称号
gh2000091	陆小兵	330482197509082730	2000年9月	1975-09	gh20000901	一车间GH2000091	一车间	技师	25	46	TRUE	钻石员工
gh2005061	吕秀杰	330204197805076069	2005年6月	1978-05	gh20050601	一车间GH2005061	一车间	高级技师	27	43	TRUE	白金员工
gh2009031	陈华	330206198912175752	2009年3月	1989-12	gh20090301	一车间GH2009031	一车间	高级工	20	32	FALSE	白金员工
gh2009062	陈勇	330421198501095015	2009年6月	1985-01	gh20090602	一车间GH2009062	一车间	初级工	24	36	FALSE	白金员工
gh2010031	赵援	330782198201273121	2010年3月	1982-01	gh20100301	一车间GH2010031	一车间	高级技师	28	39	TRUE	白金员工
gh2010032	齐明	330683198609106855	2010年3月	1986-09	gh20100302	一车间GH2010032	一车间	技师	24	35	TRUE	白金员工
gh2013031	项文明	330424199307211018	2013年3月	1993-07	gh20130301	二车间GH2013031	二车间	高级工	20	28	FALSE	黄金员工
gh2013032	徐华	33042419910608362x	2013年3月	1991-06	gh20130302	二车间GH2013032	二车间	技师	22	30	TRUE	黄金员工
gh2015061	肖凌云	330282199407257583	2015年6月	1994-07	gh20150601	二车间GH2015061	二车间	高级工	21	27	FALSE	黄金员工
gh2015062	张杰	330921199204262024	2015年6月	1992-04	gh20150602	二车间GH2015062	二车间	高级工	23	29	FALSE	黄金员工
gh2016061	万基莹	330382199503267148	2016年6月	1995-03	gh20160601	二车间GH2016061	二车间	高级工	21	26	FALSE	黄金员工
gh2017031	郎怀民	330281199604013833	2017年3月	1996-04	gh20170301	二车间GH2017031	二车间	高级工	21	25	FALSE	黄金员工
gh2018061	罗金梅	330522199904206924	2018年6月	1999-04	gh20180601	二车间GH2018061	二车间	初级工	19	22	FALSE	黄金员工
gh2019031	曹习武	330522199002193912	2019年3月	1990-02	gh20190301	三车间GH2019031	三车间	技师	29	31	TRUE	黄金员工
gh2019032	彭晓玲	330522199809053962	2019年3月	1998-09	gh20190302	三车间GH2019032	三车间	高级技师	21	23	TRUE	黄金员工
gh2020061	贾丽娜	330382200104184520	2020年6月	2001-04	gh20200601	三车间GH2020061	三车间	初级工	19	20	FALSE	黄金员工
gh2020062	罗颖	331082200006297460	2020年6月	2000-06	gh20200602	三车间GH2020062	三车间	初级工	20	21	FALSE	黄金员工
gh2020063	张永和	331004200004021831	2020年6月	2000-04	gh20200603	三车间GH2020063	三车间	中级工	20	21	FALSE	黄金员工

文本比较		
文本1	文本2	返回比较结果
ZHEJIANG FASHION	ZHEJIANG Fashion	FALSE
	ZHEJIANG FASHION	TRUE

FIND查找		
文本1	文本2	返回起始位置
ZHEJIANG Fashion	A	6
	a	11

SEARCH查找		
文本1	文本2	返回起始位置
ZHEJIANG Fashion	A	6
	a	6

图 2-3 “员工信息表”任务完成后内容

3.任务分析

任务中主要涉及文本函数中的 REPLACE、MID、CONCAT、UPPER、EXACT、FIND 和 SEARCH 函数，时间与日期函数中的 TODAY 和 YEAR 函数，及逻辑函数中的 AND、OR 和 IF 函数的使用。

在单元格地址引用时，需注意相对引用与绝对引用的用法不用，当对固定区域的单元格地址进行引用时，需采用绝对引用方式。

另外在函数公式中出现的括号、引号、逗号等均应在英文半角状态下输入。

4.任务实施

第 1 步：文本函数的运用。

• 如图 2-4 所示，先设置“出生年月”列（即 E 列）的单元格格式为“日期”（2012-03-14）类型，再如图 2-5 所示，在 E2 单元格输入公式：”= MID(C2,7,4)&"-"&MID(C2,11,2)”，最后可使用填充柄下拉填充本列。

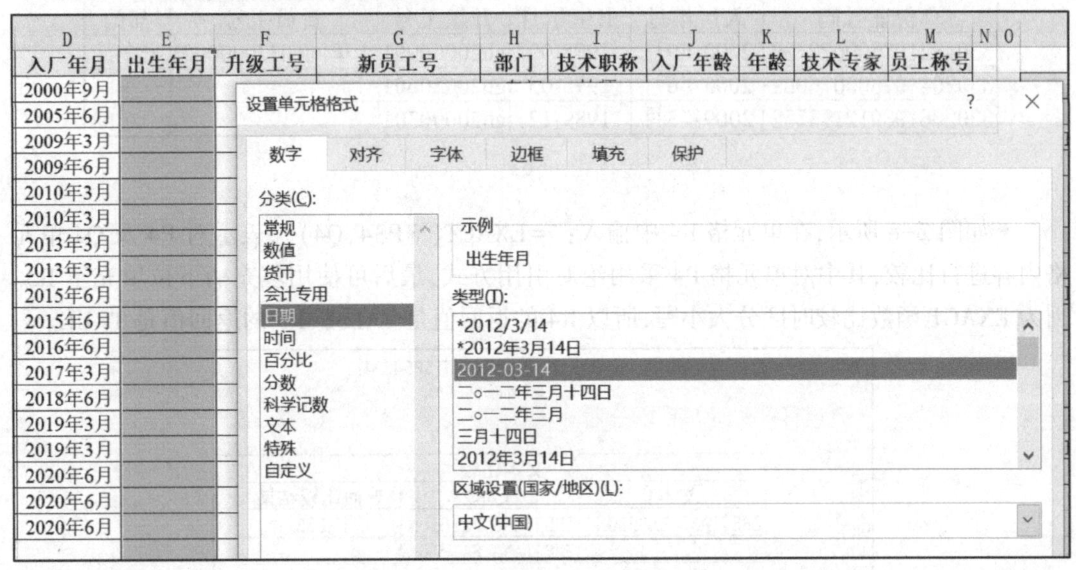

图 2-4 设置“出生年月”的单元格格式为“日期”型

=MID(C2,7,4)&"-"&MID(C2,11,2)

C	D	E	F
身份证号码	入厂年月	出生年月	升级工号
32197509082730	2000年9月	1975-09	
04197805076069	2005年6月		
06198912175752	2009年3月		

图 2-5　在 E2 单元格输入的公式内容

• 如图 2-6 所示，在单元格 F2 中输入：“=REPLACE(A2,9,0,0)”，其中第三个参数为 0 时表示插入，插入的字符是第四个参数“0”，最后可使用填充柄下拉填充本列。

=REPLACE(A2,9,0,0)

C	D	E	F
份证号码	入厂年月	出生年月	升级工号
97509082730	2000年9月	1975-09	gh20000901
97805076069	2005年6月	1978-05	
98912175752	2009年3月	1989-12	

图 2-6　在 F2 单元格输入的公式内容

• 如图 2-7 所示，在单元格 G2 中输入：“=CONCAT(H2,UPPER(A2))”，其中第二个参数使用 UPPER 函数先将 A2 单元格内容转为大写方式，转换后再与第 1 个参数中的 H2 单元格内容进行文本合并，最后可使用填充柄下拉填充本列。

=CONCAT(H2,UPPER(F2))

C	D	E	F	G	H
身份证号码	入厂年月	出生年月	升级工号	新员工号	部门
330482197509082730	2000年9月	1975-09	gh20000901	一车间GH20000901	一车间
330204197805076069	2005年6月	1978-05	gh20050601		一车间
330206198912175752	2009年3月	1989-12	gh20090301		一车间

图 2-7　在 G2 单元格输入的公式内容

• 如图 2-8 所示，在单元格 R4 中输入：“=EXACT($P$4,Q4)”，表示对 P4 及 Q4 单元格内容进行比较，其中对单元格 P4 采用绝对引用方式，最后可使用填充柄下拉填充至 R5。因为 EXACT 函数比较时区分大小写，所以 R4 的返回值是 FALSE，R5 的返回值是 TRUE。

R4　=EXACT($P$4,Q4)

	N	O	P	Q	R
1					
2			文本比较		
3			文本1	文本2	返回比较结果
4			ZHEJIANG FASHION	ZHEJIANG Fashion	FALSE
5				ZHEJIANG FASHION	

图 2-8　在 R4 单元格输入的公式内容

• 如图 2-9 所示，在单元格 R10 中输入：“=FIND(Q10, $P$10)”，表示在 P10 内容中

查找 Q10 内容的起始位置,其中对单元格 P10 采用绝对引用方式,最后可使用填充柄下拉填充至 R11。因为 FIND 函数查找时区分大小写,所以 R10 的返回值是 6,R11 的返回值是 11。

R10 =FIND(Q10,$P$10)

	N	O	P	Q	R
8			FIND查找		
9			文本1	文本2	返回起始位置
10			ZHEJIANG Fashion	A	6
11				a	

图 2-9 在 R10 单元格输入的公式内容

• 如图 2-10 所示,在单元格 R16 中输入:“=SEARCH(Q16, $P$16)”,表示在 P16 内容中查找 Q16 内容的起始位置,其中对单元格 P16 采用绝对引用方式,最后可使用填充柄下拉填充至 R17。因为 SEARCH 函数查找时忽略大小写,所以 R16 及 R17 的返回值均是 6。

R16 =SEARCH(Q16,$P$16)

	N	O	P	Q	R
14			SEARCH查找		
15			文本1	文本2	返回起始位置
16			ZHEJIANG Fashion	A	6
17				a	

图 2-10 在 R16 单元格输入的公式内容

第 2 步:时间与日期函数的运用。

• 先设置 J 列的单元格格式为“常规”或“数值”(保留 0 位小数)格式,然后在单元格 J2 中输入:“=YEAR(D2)-YEAR(E2)”,如图 2-11 所示计算两列年份之差,再使用填充柄下拉填充至本列尾。

J2 =YEAR(D2)-YEAR(E2)

	D	E	F	G	H	I	J
1	入厂年月	出生年月	升级工号	新员工号	部门	技术职称	入厂年龄
2	2000年9月	1975-09	gh20000901	一车间GH2000091	一车间	技师	25
3	2005年6月	1978-05	gh20050601	一车间GH2005061	一车间	高级技师	
4	2009年3月	1989-12	gh20090301	一车间GH2009031	一车间	高级工	

图 2-11 在 J2 单元格输入的公式内容

• 如图 2-12 所示,在单元格 K2 中输入:“=YEAR(TODAY())-MID(C2,7,4)”,表示“当前年份”与身份证中“出生年份”之差,再使用填充柄下拉填充至本列尾。

K2 =YEAR(TODAY())-MID(C2,7,4)

	C	D	E	F	G	H	I	J	K
1	身份证号码	入厂年月	出生年月	升级工号	新员工号	部门	技术职称	入厂年龄	年龄
2	330482197509082730	2000年9月	1975-09	gh20000901	一车间GH2000091	一车间	技师	25	46
3	330204197805076069	2005年6月	1978-05	gh20050601	一车间GH2005061	一车间	高级技师	27	
4	330206198912175752	2009年3月	1989-12	gh20090301	一车间GH2009031	一车间	高级工	20	

图 2-12 在 K2 单元格输入的公式内容

第 3 步:逻辑函数等运用。

● 如图 2-13 所示,在单元格 L2 中输入:“=OR(AND(K2>=45,I2="高级工"),I2="技师",I2="高级技师")”,表示三个逻辑条件中只要一个成立就返回 TRUR,否则返回 FALSE。

L2 =OR(AND(K2>=45,I2="高级工"),I2="技师",I2="高级技师")

	E	F	G	H	I	J	K	L	
1	出生年月	升级工号	新员工号	部门	技术职称	入厂年龄	年龄	技术专家	员工
2	1975-09	gh20000901	一车间GH2000091	一车间	技师	25	46	TRUE	
3	1978-05	gh20050601	一车间GH2005061	一车间	高级技师	27	43		
4	1989-12	gh20090301	一车间GH2009031	一车间	高级工	20	32		

图 2-13 在 L2 单元格输入的公式内容

● 如图 2-14 所示,在单元格 M2 中输入:“=IF(K2-J2<=10,"黄金员工",IF(K2-J2<20,"白金员工","钻石员工"))”,其中在 IF 函数的第三个参数进行了嵌套,当入厂时间(K2-J2)大于等于 20 时,返回“钻石员工”。

M2 =IF(K2-J2<=10,"黄金员工",IF(K2-J2<20,"白金员工","钻石员工"))

	F	G	H	I	J	K	L	M	N
1	升级工号	新员工号	部门	技术职称	入厂年龄	年龄	技术专家	员工称号	
2	gh20000901	一车间GH2000091	一车间	技师	25	46	TRUE	钻石员工	
3	gh20050601	一车间GH2005061	一车间	高级技师	27	43	TRUE		
4	gh20090301	一车间GH2009031	一车间	高级工	20	32	FALSE		

图 2-14 在 M2 单元格输入的公式内容

2.1.3 操作练习

打开内容如图 2-15 所示的 EXCEL 文件“停车收费表”,在表中进行以下操作并保存。

	A	B	C	D	E	F	G	H	I	J	K
1	停车收费表										
2	车牌号1	车牌号2	车型	单价	入库时间	出库时间	停放时间	车尾号	牌照颜色	应付金额	是否免费
3	浙A06026		小汽车	5	8:12:25	11:15:35					
4	浙A12005		大客车	10	8:34:12	9:32:45					
5	浙A10626		中客车	8	9:00:36	15:06:14					
6	浙A00318		小汽车	5	9:30:49	15:13:48					
7	浙A74007		中客车	8	9:49:23	10:16:25					
8	浙A00715		大客车	10	10:32:58	12:45:23					
9	浙A01968		小汽车	5	10:56:23	11:15:11					
10	浙A50626		小汽车	5	11:37:26	14:19:20					
11	浙A88887		大客车	10	12:25:39	14:54:33					
12	浙A68829		中客车	8	13:15:06	17:03:00					
13	浙A68318		小汽车	5	13:48:35	15:29:37					
14	浙A74715		大客车	10	14:54:33	17:58:48					
15	浙A56587		小汽车	5	15:35:42	21:36:14					
16											
17	免费车牌										
18	浙A06026										

图 2-15 停车收费表

(1)请使用 REPLACE 函数对表中的“车牌号 1”列进行插入操作,在车牌号的第 2 位后加上“-”,其他数字不变,并将结果保存在“车牌号 2”列中。

(2)请使用 MID 函数对“车牌号 1”列中的车牌号进行操作,生成车牌号的最后 1 位并将结果保存在“车尾号”列中。

(3)请使用 IF 函数进行判断,判断条件为:“车型为大客车的为‘黄牌’,否则是‘蓝牌’”,并将结果保存在“牌照颜色”列中。。

(4)使用数组公式计算汽车在停车库中的停放时间,结果保存在表中的“停放时间”列中。要求:

* 计算方法为:“停放时间=出库时间-入库时间”。

* 格式为:“小时:分钟:秒”(例如:1 小时 15 分 12 秒在停放时间中的表示为:“1:15:12”)。

(5)使用函数公式,对“停车收费表”的停车费用进行计算。

根据停放时间的长短计算停车费用,将计算结果填入到“停车收费表”的“应付金额”列中,计算办法如下:

* 停车按小时收费,对于不满一个小时的按照一个小时计费。

* 对于超过整点小时数 15 分钟(包含 15 分钟)的多累积 1 个小时。

* 例如:1 小时 23 分,将以 2 小时计费。

(6)使用函数公式,对表中“是否收费”列进行填充,要求如下:

* “车牌号 1”列中与表中标记的“免费车牌”相同时填写“免费”,否则填写“收费”。

* 请使用 EXACT 函数进行车牌比较。

* 函数中对免费车牌的单元格引用,需采用绝对引用方式。

项目八　数学及统计函数的应用

本项目主要介绍常用数学与三角函数中的 ROUND、MROUND、MOD、ABS、SUM、SUMIF 和 SUMPRODUCT 函数，统计函数中的 MAX、MIN、AVERAGE、COUNTIF、RANK 和 COUNT-BLANK 函数等。

2.2.1 知识点

1.数学与三角函数

Excel 中“数学与三角”函数有七十多个，本书主要介绍的常用函数有 ROUND、MROUND、MOD、ABS、SUM、SUMIF 和 SUMPRODUCT 函数等，其函数名称、语法格式及功能，见表 2-29 所列。

表 2-29　函数的“数学与三角函数”列表

函数名称	语法格式	功能
ROUND	ROUND（number,digits）	按指定的位数对数值进行四舍五入
MROUND	MROUND（number,multiple）	返回一个舍入到所需倍数的数字
MOD	MOD(number,divisor)	求余函数(返回值的符号均与“除数”符号相同)
ABS	ABS(number)	返回给定数值的绝对值
SUM	SUM(number1,[number2],…)	返回所有数值的和

续表

函数名称	语法格式	功能
SUMIF	SUMIF(range,criteria,sum_range)	返回值是满足条件的单元格区域之和
SUMIFS	SUMIFS(sum_range, criteria_range1, criteria1, [criteria_range2, criteria2], ...)	返回值是满足一个或多个条件的单元格区域之和。
SUMPRODUCT	SUMPRODUC(array1,[array2], …)	返回相应的数组或区域乘积的和

【ROUND 函数应用示例】

函数参数说明:ROUND(要四舍五入的数值, 小数点后保留的位数)。

返回值是按指定的位数对数值进行四舍五入的数值。

ROUND 函数应用实例见表 2-30 所列,当"小数点后保留的位数"(参数 digits)大于 0,则四舍五入到指定的小数位;若保留的位数等于 0,则取整数;若保留的位数为负整数时,则将数值四舍五入到小数点左边的相应位数。

表 2-30　ROUND 函数应用示例

	A	B	C	D
1	数据示例	结果显示	说明	B3 至 B7 单元格输入内容
2	2005.626			
3		2005.6	对 A2 内数字四舍五入到小数点后 1 位	=ROUND(A2,1)
4		2005.63	对 A2 内数字四舍五入到小数点后 2 位	=ROUND(A2,2)
5		2006	对 A2 内数字取整	=ROUND(A2,0)
6		2010	对 A2 内数字四舍五入到小数点左侧 1 位(十位)	= ROUND(A2,-1)
7		2000	对 A2 内数字四舍五入到小数点左侧 2 位(百位)	= ROUND(A2,-2)

【MROUND 函数应用示例】

函数参数说明:MROUND(要舍入的数值, 舍入到的倍数)。

函数返回值,是"要舍入的数值"除以指定的"倍数"(也称为"基数")后,得到最相近基数的倍数,如果相除后的余数大于或等于"倍数"(基数)的一半,则函数 MROUND 向远离零的方向舍入。

MROUND 函数应用示例见表 2-31 所列,需注意当参数为时间时,需将相应的单元格格式设置为时间格式,如表中的 B7 及 B8 单元格应为时间格式;另外函数的两个参数必须同为正数或者同为负数,当两个参数符号不同时,如表中 B9 单元格中输入" = MROUND(5,-

3)”,函数将返回 #NUM 错误值。

表 2-31 MROUND 函数应用示例

	A	B	C	D
1	数据示例	结果显示	说明	B3 至 B9 单元格输入内容
2	5			
3		5	5 除以基数 1 余 0,返回基数 1 的倍数 5	=MROUND(A2,1)
4		6	5 除以基数 2 余 1,余数等于基数 2 的一半,返回基数的倍数 4 和 6 中远离零的倍数 6	=MROUND(A2,2)
5		6	5 除以基数 3 余 2,余数大于基数 3 的一半,返回基数的倍数 3 和 6 中远离零的倍数 6	=MROUND(A2,3)
6		4	5 除以基数 4 余 1,余数小于基数 4 的一半,返回基数的倍数 4 和 8 中离零近的倍数 4	=MROUND(A2,4)
7	8:24:38	8:30:00	将 A7 中的时间四舍五入到最接近 15 分钟的倍数(B8 单元格格式设为时间格式)	=MROUND(A7,"0:15")
8		8:00:00	将 A7 中的时间四舍五入到最接近 1 小时的倍数(B8 单元格格式设为时间格式)	=MROUND(A7,"1:00")
9		#NUM!	两个参数符号不同时,函数将返回错误值	=MROUND(5,-3)

【MOD 函数应用示例】

函数参数说明:MOD (被除数,除数)。

返回值为两数相除的余数,返回值的符号均与“除数”的符号相同。

MOD 函数应用示例见表 2-32 所列,如果除数为零,如表中 B7 单元格输入“=MOD(10,0)”时,函数 MOD 返回错误值 #DIV/0!。

表 2-32 MOD 函数应用示例

	A	B	C	D
1	数据示例	结果显示	说明	B3 至 B7 单元格输入内容
2	3			
3		1	A2 单元格内数字 3 除以 2 余 1,符号与除数相同	=MOD(A2,2)
4		-1	A2 单元格内数字 3 除以-2 余-1,符号与除数相同	=MOD(A2,-2)
5		1	数字-3 除以 2 余 1,符号与除数相同	=MOD(-3,2)
6		-1	数字-3 除以-2 余-1,符号与除数相同	=MOD(-3,-2)
7		#DIV/0!	除数为零,函数 MOD 返回错误值	=MOD(10,0)

【ABS 函数应用示例】

函数参数说明:ABS (数值)。

返回给定数值的绝对值。

ABS 函数应用示例见表 2-33 所列。

表 2-33 ABS 函数应用示例

	A	B	C	D
1	数据示例	结果显示	说明	B3 至 B5 单元格输入内容
2	-7			
3		7	返回 A2 单元格内数值的绝对值	=ABS(A2)
4		5	返回数值-5 的绝对值	=ABS(-5)
5		5	返回数值 5 的绝对值	=ABS(5)

【SUM 函数应用示例】

函数参数说明:SUM (数值 1,[数值 2],…)。

返回所有数值的和。

SUM 函数应用示例见表 2-34 所列。其中,在参数为地址引用时,单元格内容是加引号的数字文本或逻辑值时,将被当做文本而忽略,如表中 B7 单元格所示内容。若函数参数为直接加引号的数字文本或逻辑值时,将先进行数值转换,如 B8 单元格所示内容。

表 2-34 SUM 函数应用示例

	A	B	C	D
1	数据示例	结果显示	说明	B6 至 B8 单元格输入内容
2	-6			
3	18			
4	"5"			
5	TURE			
6		12	单元格 A2 与单元格 A3 中的数字相加	=SUM(A2,A3)
7		12	单元格 A4 及 A5 中的值均视为文本被忽略	=SUM(A2,A3,A4,A5)或=SUM(A2:A5)
8		10	参数中的文本值"3"被转换为数字,逻辑值 TRUE 被转换成数字 1	=SUM("3",6,TRUE)

如果参数为数组或引用,只有其中的数字将被计算。数组或引用中的空白单元格、逻辑值、文本或错误值将被忽略。

【SUMIF 函数应用示例】

函数参数说明:SUMIF(用于条件计算的单元格区域,条件,要求和的单元格区域)。

返回值是满足条件的单元格区域之和。当“要求和的单元格区域”(简称“求和区域”)参数省略时,默认求和区域是“用于条件计算的单元格区域”(简称:“条件区域”)。

“条件区域”参数与“求和区域”参数的大小和形状可以不同。求和的实际单元格通过以下方法确定:使用“求和区域”参数中左上角的单元格作为起始单元格,再包括与“条件区域”参数大小和形状相对应的单元格,确定方法示例具体见表 2-35 所列。

表 2-35 实际求和单元格区域的确定方法

条件区域 range 是	求和区域 sum_range 是	则求和的实际单元格是
A1:A5	B1:B5	B1:B5
A1:A5	B1:B3	B1:B5
A1:B4	C1:D4	C1:D4
A1:B4	C1:C2	C1:D4

SUMIF 函数应用示例见表 2-36 所列。需注意单元格地址在条件表达式中的用法,如表中 A10 单元格输入函数的条件内容为“">"&B2”,其结果与 A9 中的函数结果相同。

表 2-36 SUMIF 函数应用示例

	A	B	C	
1	性别	数学成绩	语文成绩	数据示例
2	男	80	82	
3	女	76	70	
4	男	92	88	
5	女	82	75	
6	结果显示	说明	A7 至 A10 单元格输入内容	函数运用
7	172	“男”性别的数学成绩之和	=SUMIF(A2:A5,"男",B2:B5)	
8	145	“女”性别的语文成绩之和	=SUMIF(A2:A5,"女",C2:C5)	
9	163	数学成绩大于 80 分的语文成绩之和	=SUMIF(B2:B5,">80",C2:C5)	
10	163	数学成绩大于单元格 B2 中分值的语文成绩之和	=SUMIF(B2:B5,">"&B2,C2:C5)	

在条件参数中,任何文本条件或任何含有逻辑或数学符号的条件都必须使用双引号,如果条件为数字,则无需使用双引号。

【SUMIFS 函数应用示例】

函数参数说明：SUMIFS（要求和的单元格区域，用于条件计算的单元格区域 1，条件 1，[附加的区域及其关联条件]）。

返回值是满足多个条件的单元格区域之和。

SUMIFS 函数应用示例见表 2-37 所列。SUMIFS 函数既可以对一个条件下的单元格区域求和进行计算，如表中 A7 单元格内函数所示，也可对两个或多个条件下的单元格区域进行求和计算，如表中 A8 和 A9 单元格内函数所示。

表 2-37　SUMIFS 函数应用示例

	A	B	C	
1	性别	数学成绩	语文成绩	数据示例
2	男	80	82	
3	女	76	70	
4	男	92	88	
5	女	82	75	
6	结果显示	说明	A7 至 A9 单元格输入内容	函数运用
7	172	“男”性别的数学成绩之和	=SUMIFS(B2:B5,A2:A5,"男")	
8	170	“男”性别且数学成绩大于等于 80 的语文成绩之和	=SUMIFS(C2:C5,A2:A5,"男",B2:B5,">=80")	
9	170	性别不等于“男”且数学成绩大于等于 80 的语文成绩之和	=SUMIFS(C2:C5,A2:A5,"<>女",B2:B5,">=80")	

SUMIF 与 SUMIFS 函数区别：

(1)SUMIF 函数用于单个条件的区域求和，SUMIFS 可用于一个或多个条件的区域求和。

(2)两者参数的顺序不同，“要求和的单元格区域”参数(sum_range)在 SUMIF 中是第三个参数，而在 SUMIFS 中是第一个参数。

【SUMPRODUCT 函数应用示例】

函数参数说明：SUMPRODUCT（数组或区域 1，[数组或区域 2]，…）。

返回相应的数组或区域乘积的和。

SUMPRODUCT 函数应用示例见表 2-38 所列。当参数只有一个区域(或一组数组)时，即对该区域(或数组)进行求和，如 A6 单元格的内容是“1+2+3”结果为“6”；当数组元素为非数值型时，如 A8 单元格内函数将 C4 单元格的“空”值，及 D2 至 D4 内的文本值均作为 0 处理；当参数是一列逻辑值(D2:D4="男")，即内容为{TRUE;TRUE;FALSE}时，需转为数组值(D2:D4="男")*1={1;1;0}时才能有效地参与运算，如表中 A9 与 A10 单元格内函数的参数数量不同，但内容等价。

表 2-38 SUMPRODUCT 函数应用示例

	A	B	C	D	
1	列 1	列 2	列 3	列 4	数据示例
2	1	4	7	男	
3	2	5	8	男	
4	3	6		女	
5	结果显示	说明		A6 至 A11 单元格输入内容	函数运用
6	6	参数为一个区域列(或一组数组时)，列 1 所有元素之和，即“1+2+3”		=SUMPRODUCT(A2:A4)	
7	32	列 1 与列 2 所有元素对应乘积和，即"1*4+2*5+3*6"		= SUMPRODUCT(A2:A4,B2:B4)	
8	23	列 1 与列 3、列 2 与列 4 所有元素对应乘积和，即"1*7+2*8+3*0+4*0+5*0+6*0"		= SUMPRODUCT(A2:B4,C2:D4)	
9	3	列 1 元素与含有数字元素的数组对应乘积和，即"1*1+2*1+3*0"		= SUMPRODUCT(A2:A4,(D2:D4="男")*1)	
10	3	列 1 元素与含有数字元素的数组对应乘积和，即"1*1+2*1+3*0"		= SUMPRODUCT((A2:A4)*(D2:D4="男"))	
11	#VALUE!	两个参数中维数不同，返回错误值		= SUMPRODUCT(A2:A4,B2:B3)	

SUMPRODUCT 函数参数说明：

(1)数组参数必须具有相同的维数，否则函数将返回错误值 #VALUE!。

(2)函数将非数值型的数组元素作为 0 处理。

2.统计函数

Excel 中“统计”函数也有七十多个，本书主要介绍的常用函数有 MAX、MIN、AVERAGE、COUNTIF、RANK.EQ 和 COUNTBLANK 函数等，其函数名称、语法格式及功能见表 2-39 所列。

表 2-39 常用的“统计”函数列表

函数名称	语法格式	功能
MAX	MAX(number1,[number2],…)	返回一组数值中的最大值
MIN	MIN(number1,[number2],…)	返回一组数值中的最小值
AVERAGE	AVERAGE(number1,[number2],…)	返回其参数的算术平均值
COUNTIF	COUNTIF(range,criteria)	返回值为某个区域中满足给定条件的单元格数量
COUNTBLANK	COUNTBLANK(range)	返回某个指定区域中空单元格的数量
RANK.EQ	RANK.EQ(number,ref,[order])	返回一个数字在数值列表中的排位(或排名)

RANK.EQ 函数说明:

(1)RANK 函数是 Excel 2007 和早期版本,目前已经被 RANK.EQ 和 RANK.AVG 函数替代。

(2)Excel 2019 虽然仍可以使用 RANK 函数,但将来的版本可能不再支持此函数。

【MAX 函数应用示例】

函数参数说明:MAX (数值 1,[数值 2],…)。

返回一组数值中的最大值。

MAX 函数应用示例见表 2-40 所列,如果参数引用的单元格内容是“空白”、逻辑值或文本等将被忽略,如表中的 B3、C3 及 C4 内容将被忽略。如果直接键入到参数列表中代表数字的文本则被计算在内,如表中的 A9 单元格内函数中的“6”被转换为数字 6,该函数中的逻辑参数 TRUE 则被当作 1 计算(FALSE 则作为 0 计算)。

表 2-40 MAX 函数应用示例

	A	B	C	D
1	列 1	列 2	列 3	数据示例
2	1	4	7	
3	2		"8"	
4	3	6	TRUE	
5	结果显示	说明	A6 至 A9 单元格输入内容	函数运用
6	3	区域 A2 至 A4 中的最大值	=MAX(A2:A4)	
7	26	区域 B2 至 B4 和数值 26 中的最大值	=MAX(B2:B4,26)	
8	7	区域 C2 至 C4 中的最大值	=MAX(C2:C4)	
9	6	参数列表中的最大值	=MAX(5,"6",TRUE)	

MAX 参数说明:

(1)参数可以是数字或者是包含数字的名称、数组或引用。

(2)如果参数是一个数组或引用,则只使用其中的数字。数组或引用中的空白单元格、逻辑值或文本将被忽略。

(3)直接键入参数列表中加引号的数字和逻辑值(TRUE 作为 1,FALSE 作为 0)被计算在内。

(4)如果参数为错误值或为不能转换为数字的文本,将会导致错误。

【MIN 函数应用示例】

函数参数说明:MIN (数值 1, [数值 2],…)。

返回一组数值中的最小值。

MIN 函数应用示例见表 2-41 所列,其中 MIN 函数参数用法与 MAX 相同,如表中的 A9 单元格内函数中的逻辑值 FALSE 作为 0 计算。

表 2-41 MIN 函数应用示例

	A	B	C	D
1	列 1	列 2	列 3	
2	1	4	7	数据示例
3	2		"8"	
4	3	6	TRUE	
5	结果显示	说明	A6 至 A9 单元格输入内容	
6	1	区域 A2 至 A4 中的最小值	=MIN(A2:A4)	函数运用
7	4	区域 B2 至 B4 和数值 26 中的最小值	=MIN(B2:B4,26)	
8	7	区域 C2 至 C4 中的最小值	=MIN(C2:C4)	
9	0	参数列表中的最小值	=MIN(5,"6",FALSE)	

【AVERAGE 函数应用示例】

函数参数说明:AVERAGE (数值 1, [数值 2],…)。

返回其参数的算术平均值。

AVERAGE 函数应用示例见表 2-42 所列,AVERAGE 函数参数用法与 MAX 相同,其中 A6 至 A9 单元格的计算过程及结果分别是 A6($\frac{1+2+3}{3}=2$)、A7($\frac{4+6+26}{3}=12$)、A8($\frac{7}{1}=7$)和 A9($\frac{5+6+1}{3}=4$)。

表 2-42 AVERAGE 函数应用示例

	A	B	C	D
1	列 1	列 2	列 3	数据示例
2	1	4	7	
3	2		"8"	
4	3	6	TRUE	
5	结果显示	说明	A6 至 A9 单元格输入内容	函数运用
6	2	区域 A2 至 A4 的平均值	=AVERAGE(A2:A4)	
7	12	区域 B2 至 B4 和数值 26 中的平均值	=AVERAGE(B2:B4,26)	
8	7	区域 C2 至 C4 中的平均值	=AVERAGE(C2:C4)	
9	4	参数列表中各个数值的平均值	=AVERAGE(5,"6",TRUE)	

【COUNTIF 函数应用示例】

函数参数说明:COUNTIF(要计算其中非空单元格数目的区域,查找的条件)。

返回值为某个区域中满足给定条件的单元格数目。

COUNTIF 函数应用示例见表 2-43 所列,在函数的条件表达式中,字符串不区分大小写,如表中 A9 单元格函数中的“apple”均与“Apple”和“APPLE”相匹配,函数的返回值是“3”。

表 2-43 COUNTIF 函数应用示例

	A	B	C	
1	列 1	列 2	列 3	数据示例
2	光明路	Apple	88	
3	光明路	橙子	76	
4	解放路	APPLE	85	
5	团结路	apple	90	
6	结果显示	说明	A7 至 A10 单元格输入内容	函数运用
7	2	统计 A2 至 A5 区域中包含“光明路”的单元格数量	=COUNTIF(A2:A5,"光明路")	
8	1	统计 A2 至 A5 区域中包含“解放路”(A4 中的值)的单元格数量	=COUNTIF(A2:A5,A4)	
9	3	统计 B2 至 B5 区域中包含“apple”的单元格数量	=COUNTIF(B2:B5,"apple")	
10	3	统计 C2 至 C5 区域中大于等于 80 的单元格数量	=COUNTIF(C2:C5,">=80")	

COUNTIF 函数参数说明:

(1)函数的查询条件是以数字、表达式或文本形式定义的条件。

(2)函数查询条件中,对于字符串不区分大小写。

【COUNTBLANK 函数应用示例】

函数参数说明:COUNTBLANK(要计算空单元格数目的区域)。

返回某个区域中空单元格的数量。

COUNTBLANK 函数应用示例见表 2-44 所列,统计空单元格时,单元格中含有引号及零值的不计算在内,如表中的 A7 及 A9 内容所示。

表 2-44　COUNTBLANK 函数应用示例

	A	B	C	
1	列 1	列 2	列 3	数据示例
2	2005	74	68	
3	0		""	
4	6	7	3	
5	26	15	18	
6	结果显示	说明	A7 至 A9 单元格输入内容	函数运用
7	0	统计 A2 至 A5 区域中空白单元格的数量	=COUNTBLANK(A2:A5)	
8	1	统计 B2 至 B5 区域中空白单元格的数量	=COUNTBLANK(B2:B5)	
9	0	统计 C2 至 C5 区域中空白单元格的数量	=COUNTBLANK(C2:C5)	

【RANK.EQ 函数应用示例】

函数参数说明:RANK.EQ(需排位的数字,数字列表的引用,[排位的升降方式])。

返回值一个数字在数字列表中的排名(如果多个数值排名相同,则返回该组数值中的最佳排名)。

RANK.EQ 函数应用示例一见表 2-45 所列,如果"排位的升降方式"(参数 order)为零或省略,则按照降序排列,如果不为零,则按照升序排列。

表 2-45　RANK.EQ 函数应用示例一

	A	B	C	D
1	数据示例	结果显示	说明	B5 至 B8 单元格输入内容
2	3			
3	5			
4	2			

续表

	A	B	C	D
5	2			
6		1	返回A3单元格内数值5在区域A2至A5中的降序排名	=RANK.EQ(A3,A2:A5)
7		3	返回A4单元格内数值2在区域A2至A5中的降序排名	=RANK.EQ(A4,A2:A5,0)
8		1	返回A4单元格内数值2在区域A2至A5中的升序排名	=RANK.EQ(A4,A2:A5,1)
9		1	返回A5单元格内数值2在区域A2至A5中的升序排名	=RANK.EQ(A5,A2:A5,1)

RANK.EQ函数应用示例二见表2-46所列，B列及D列分别是相应单元格内数值在区域A2至A6数值中排名情况（若使用填充柄进行单元格填充时，注意对区域A2至A6须使用绝对引用方式），其中，由于数字列表（A列）中有重复数据的存在，将影响后续数值的排名情况（如表中的B列无排名"5"，D列无排名"2"）。

表2-46 RANK.EQ函数应用示例二

	A	B	C	D	E
1	数据示例	排名（降序）	B2至B6单元格输入内容	排名（升序）	D2至D6单元格输入内容
2	3	3	=RANK(A2,$A$2:$A$6,0)	3	=RANK(A2,$A$2:$A$6,1)
3	5	2	=RANK(A3,$A$2:$A$6,0)	4	=RANK(A3,$A$2:$A$6,1)
4	2	4	=RANK(A4,$A$2:$A$6,0)	1	=RANK(A4,$A$2:$A$6,1)
5	2	4	=RANK(A5,$A$2:$A$6,0)	1	=RANK(A5,$A$2:$A$6,1)
6	6	1	=RANK(A6,$A$2:$A$6,0)	5	=RANK(A6,$A$2:$A$6,1)

RANK.EQ函数使用说明：

（1）数字列表的引用（参数Ref）中，若存在非数值型数值将被忽略。

（2）排位函数与"排序与筛选"选项卡中的"排序"命令的功能基本相同，区别在于排位函数不需要重新排列数据而直接给出各个数据在列表数值中的排位，而"排序"则需要重新对数据重新排列（按升序或降序），具体的排名（如并列情况）则需要手动另外添加。

2.2.2 任务八 商品销售表管理

打开 Excel 素材文件“商品销售表”，在 Sheet1 表中进行以下操作并保存。

1.任务要求

商品销售表管理

1）函数运用一

• 根据“折扣表”中的商品折扣率，使用 IF 逻辑函数，将其折扣率填充到“商品销售表”表中的“销售折扣”列中。

• 按照计算公式：“单价 * 数量 *（1-折扣率）”计算出每个商品的销售金额，结果保存在“销售金额”列中。

• 请使用数学函数 SUM，计算出所有商品销售金额的合计值，结果保存在 B21 单元格中。

• 请使用数学函数 SUMIF，计算“销售单价大于 25 元的销售数量合计值”，结果保存在 B22 单元格中。

• 请使用数学函数 SUMIFS，计算“销售单价大于 25 元且销售数量大于 100 的销售金额合计值”，结果保存在 B23 单元格中。

• 请使用数学函数 SUMPRODUCT 和 MOD，计算“单价为奇数的记录个数”，结果保存在 B24 单元格中。

• 请使用数学函数 MROUND，对表中“销售数量”列进行“百位”舍入计算，并将结果保存在“预计销售数量”列中（说明：“百位”的一半是 50，对于小于 100 的数值，如数值小于 50，则结果为 0，数值大于或等于 50 时，结果为 100）。

2）函数的运用二

• 请使用统计函数 MAX，计算出“最高的销售单价”，结果保存在 B25 单元格中。

• 请使用统计函数 AVERAGE，计算出“平均销售量”，结果保存在 B26 单元格中。

• 请使用统计函数 COUNTIF，计算出“销售单价大于 20 元的记录个数”，结果保存在 B27 单元格中。

• 请使用统计函数 COUNTBLANK，计算出“未登记产地的记录个数”，结果保存在 B28 单元格中。

• 请使用统计函数 RANK.EQ，对表中的“销售金额”列进行排名（数值高的排名在前），结果保存在表中的“销售金额排名”列中。

2.任务完成效果

“商品销售表”任务操作前内容如图 2-16 所示，任务操作后内容如图 2-17 所示。

	A	B	C	D	E	F	G	H	I
1	折扣表								
2	数量	折扣率	说明						
3	0	0%	数量为0～99之间折扣率						
4	100	6%	数量为100～199之间折扣率						
5	200	8%	数量为200～299之间折扣率						
6	300	10%	数量大于300折扣率						
7									
8	商品销售表								
9	销售品种	产地	单位	销售单价（元）	销售数量	销售折扣	销售金额	预计销售数量	销售金额排名
10	钢笔	上海	支	68	99				
11	钢笔	北京	支	38	178				
12	钢笔		支	23	126				
13	圆珠笔	浙江	支	16	168				
14	圆珠笔	上海	支	3	380				
15	白板笔	上海	盒	20	255				
16	白板笔		盒	22	201				
17	铅笔	北京	盒	19	160				
18	铅笔	上海	盒	26	115				
19	铅笔	浙江	盒	23	158				
20									
21	销售金额合计：								
22	销售单价大于25元的销售数量合计：								
23	销售单价大于25元且销售数量大于100的销售金额合计：								
24	单价为奇数的记录个数：								
25	最高的销售单价：								
26	平均销售量：								
27	销售单价大于20元的记录个数：								
28	未登记产地的记录个数：								

图 2-16　“商品销售表”任务操作前内容

	A	B	C	D	E	F	G	H	I
1	折扣表								
2	数量	折扣率	说明						
3	0	0%	数量为0～99之间折扣率						
4	100	6%	数量为100～199之间折扣率						
5	200	8%	数量为200～299之间折扣率						
6	300	10%	数量大于300折扣率						
7									
8	商品销售表								
9	销售品种	产地	单位	销售单价（元）	销售数量	销售折扣	销售金额	预计销售数量	销售金额排名
10	钢笔	上海	支	68	99	0	6, 732. 00	100	1
11	钢笔	北京	支	38	178	0. 06	6, 358. 16	200	2
12	钢笔		支	23	126	0. 06	2, 724. 12	100	8
13	圆珠笔	浙江	支	16	168	0. 06	2, 526. 72	200	9
14	圆珠笔	上海	支	3	380	0. 1	1, 026. 00	400	10
15	白板笔	上海	盒	20	255	0. 08	4, 692. 00	300	3
16	白板笔		盒	22	201	0. 08	4, 068. 24	200	4
17	铅笔	北京	盒	19	160	0. 06	2, 857. 60	200	6
18	铅笔	上海	盒	26	115	0. 06	2, 810. 60	100	7
19	铅笔	浙江	盒	23	158	0. 06	3, 415. 96	200	5
20									
21	销售金额合计：	37, 211. 40							
22	销售单价大于25元的销售数量合计：	392. 00							
23	销售单价大于25元且销售数量大于100的销售金额合计：	9, 168. 76							
24	单价为奇数的记录个数：	4. 00							
25	最高的销售单价：	68. 00							
26	平均销售量：	184. 00							
27	销售单价大于20元的记录个数：	6. 00							
28	未登记产地的记录个数：	2. 00							

图 2-17　“商品销售表”任务操作后内容

3.任务分析

任务中主要涉及逻辑 IF 函数，数学与三角函数中的 MROUND、SUM、SUMIF、SUMIFS、SUMPRODUCT 和 MOD 函数，及统计函数中的 MAX、AVERAGE、COUNTIF、COUNTBLANK 和 RANK.EQ 函数等。需注意的是，在使用 RANK.EQ 函数时，数值列表参数部分需使用单元格地址的绝对引用方式。

4.任务实施

第 1 步:函数的运用一。

• 在 F10 单元格中,输入:“=IF(E10< $A$4, $B$3,IF(E10< $A$5, $B$4,IF(E10< $A$6, $B$5, $B$6)))”,最后使用填充柄填充至列尾,如图 2-18 所示。

F10 =IF(E10<$A$4,$B$3,IF(E10<$A$5,$B$4,IF(E10<$A$6,$B$5,$B$6)))

	A	B	C	D	E	F
1	折扣表					
2	数量	折扣率	说明			
3	0	0%	数量为0~99之间折扣率			
4	100	6%	数量为100~199之间折扣率			
5	200	8%	数量为200~299之间折扣率			
6	300	10%	数量大于300折扣率			
7						
8				商品销售表		
9	销售品种	产地	单位	销售单价(元)	销售数量	销售折扣
10	钢笔	上海	支	68	99	0
11	钢笔	北京	支	38	178	

图 2-18 使用 IF 逻辑函数计算商品折扣率

• 在 G10 单元格中,输入:“=D10 * E10 * (1-F10)”,计算出每个商品的销售金额,操作过程如图 2-19 所示。

G10 =D10*E10*(1-F10)

	A	B	C	D	E	F	G
1	折扣表						
2	数量	折扣率	说明				
3	0	0%	数量为0~99之间折扣率				
4	100	6%	数量为100~199之间折扣率				
5	200	8%	数量为200~299之间折扣率				
6	300	10%	数量大于300折扣率				
7							
8				商品销售表			
9	销售品种	产地	单位	销售单价(元)	销售数量	销售折扣	销售金额
10	钢笔	上海	支	68	99	0	6,732.00
11	钢笔	北京	支	38	178	0.06	

图 2-19 计算出每个商品的销售金额

• 在 B21 单元格中,输入:“=SUM(G10:G19)”,计算“所有商品销售金额的合计”值,如图 2-20 所示。

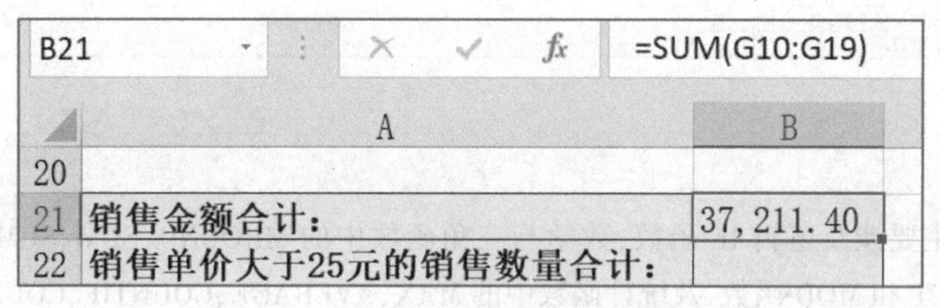
B21 =SUM(G10:G19)

	A	B
20		
21	销售金额合计:	37,211.40
22	销售单价大于25元的销售数量合计:	

图 2-20 计算“所有商品销售金额的合计”值

• 在 B22 单元格中,输入:“=SUMIF(D10:D19,">25",E10:E19)”,计算“销售单价大

于 25 元的销售数量合计”值，如图 2-21 所示。

B22 =SUMIF(D10:D19,">25",E10:E19)

	A	B	C
21	销售金额合计：	37,211.40	
22	销售单价大于25元的销售数量合计：	392.00	

图 2-21 计算“销售单价大于 25 元的销售数量合计”值

• 在 B23 单元格中，输入：“=SUMIFS(G10:G19,D10:D19,">25",E10:E19,">100")”，计算“销售单价大于 25 元且销售数量大于 100 的销售金额合计”值，如图 2-22 所示。

B23 =SUMIFS(G10:G19,D10:D19,">25",E10:E19,">100")

	A	B	C
22	销售单价大于25元的销售数量合计：	392.00	
23	销售单价大于25元且销售数量大于100的销售金额合计：	9,168.76	

图 2-22 计算“销售单价大于 25 元且销售数量大于 100 的销售金额合计”值

• 在 B24 单元格中，输入：“=SUMPRODUCT(MOD(D10:D19,2))”，计算“单价为奇数的记录个数”，如图 2-23 所示。

B24 =SUMPRODUCT(MOD(D10:D19,2))

	A	B	C
23	销售单价大于25元且销售数量大于100的销售金额合计：	9,168.76	
24	单价为奇数的记录个数：	4.00	

图 2-23 计算“单价为奇数的记录个数”

• 在 H10 单元格中，输入：“=MROUND(E10,100)”，对表中“销售数量”列进行“百位”舍入计算，最后使用填充柄填充至列尾，如图 2-24 所示。

H10 =MROUND(E10,100)

	A	B	C	D	E	F	G	H
8	商品销售表							
9	销售品种	产地	单位	销售单价（元）	销售数量	销售折扣	销售金额	预计销售数量
10	钢笔	上海	支	68	99	0	6,732.00	100
11	钢笔	北京	支	38	178	0.06	6,358.16	

图 2-24 对“销售数量”列进行“百位”舍入计算

第 2 步:函数的运用二。

• 在 B25 单元格中,输入:“=MAX(D10:D19)”,计算出“最高的销售单价”,如图 2-25 所示。

B25 =MAX(D10:D19)

	A	B
24	单价为奇数的记录个数:	4
25	最高的销售单价:	68

图 2-25 计算出“最高的销售单价”

• 在 B26 单元格中,输入:“=AVERAGE(E10:E19)”,计算出所有商品的“平均销售量”,如图 2-26 所示。

B26 =AVERAGE(E10:E19)

	A	B
25	最高的销售单价:	68
26	平均销售量:	184

图 2-26 计算出“平均销售量”

• 在 B27 单元格中,输入:“=COUNTIF(D10:D19,">20")”,计算出“销售单价大于 20 元的记录个数”,如图 2-27 所示。

B27 =COUNTIF(D10:D19,">20")

	A	B
26	平均销售量:	184
27	销售单价大于20元的记录个数:	6

图 2-27 计算出“销售单价大于 20 元的记录个数”

• 在 B28 单元格中,输入:“=COUNTBLANK(B10:B19)”,计算出“未登记产地的记录个数”,如图 2-28 所示。

B28 =COUNTBLANK(B10:B19)

	A	B
27	销售单价大于20元的记录个数:	6
28	未登记产地的记录个数:	2

图 2-28 计算出“未登记产地的记录个数”

• 在 I10 单元格中,输入:“=RANK.EQ(G10,$G$10:$G$19)”,对表中的 G10 单元格的“销售金额”进行排名,因为“数值高的排名在前”为“降序”方式,参数 order 可为 0 或省略,如图 2-29 所示,最后使用填充柄填充至列尾。

I10	=RANK.EQ(G10,$G$10:$G$19)								
	A	B	C	D	E	F	G	H	I
8	商品销售表								
9	销售品种	产地	单位	销售单价（元）	销售数量	销售折扣	销售金额	预计销售数量	销售金额排名
10	钢笔	上海	支	68	99	0	6,732.00	100	1
11	钢笔	北京	支	38	178	0.06	6,358.16	200	
12	钢笔		支	23	126	0.06	2,724.12	100	

图2-29 对表中的G10单元格的“销售金额”进行排名

2.2.3 操作练习

打开Excel文件“学生成绩表”,其中Sheet1及Sheet2内容如图2-30及图2-31所示,进行以下操作并保存。

1)请在Sheet1表中完成以下操作。

- 请使用各科“连加”的方式计算总分,并运用数学公式的方式(“总分”除以“科目数”)计算平均分(“平均”列的单元格格式为“数值”型,小数位数为“2”位),结果分别保存在“总分”及“平均”列中。
- 请通过SUM函数计算“总分”列的合计值,并填入表中的G19单元格中。
- 请使用ROUND函数对表中“平均”列进行“四舍五入”计算,要求保留小数点后一位,并保存至“平均”列中。
- 请使用SUMIF函数分别计算男生和女生的各科总分,分别存储在单元格J2和K2中。
- 请使用SUMPRODUCT和MOD函数计算总分为奇数的个数,结果保存L2单元格中。

2)请在Sheet2表中完成以下操作。

- 请使用SUM和AVERAGE函数分别计算各科总分和平均分(其中“平均”列的单元格格式为“数值”型,小数位数为“2”位),结果分别保存在“总分”及“平均”列中。
- 请使用MAX和MIN函数依次计算出“语文”“数学”“英语”三科成绩的最高及最低分,填入D19至F20单元格区域中。
- 请使用COUNTIF函数统计出语文成绩大于等于80以上的人数,并将结果保存在I2单元格中。
- 根据“总分”列的结果,请使用RANK或(RANK.EQ)函数对总分进行排名(总分高的排名在前),结果保存在“排名”列中。

3)请在Sheet3表中完成以下操作。

- 请在A1单元格中输入公式,判断当前年份是否为闰年,结果为TRUE或FALSE,其中闰年定义:“年数能被4整除而不能被100整除,或者能被400整除的年份”。

	A	B	C	D	E	F	G	H	I	J	K	L
1	学号	姓名	性别	语文	数学	英语	总分	平均	平均分	男生总分	女生总分	奇数个数
2	2019080201	陈勇	男	75	85	80						
3	2019080202	陆小兵	男	68	75	64						
4	2019080203	刘亚东	男	87	69	75						
5	2019080204	罗颖	女	92	90	91						
6	2019080205	彭晓玲	女	83	87	88						
7	2019080206	张杰	女	72	68	85						
8	2019080207	钟勇毅	男	85	71	76						
9	2019080208	周文璐	男	88	80	75						
10	2019080209	徐华	女	78	80	76						
11	2019080210	吕秀杰	女	95	87	82						
12	2019080211	陈华	男	82	67	71						
13	2019080212	刘晓瑞	男	81	83	87						
14	2019080213	肖凌云	女	70	84	67						
15	2019080214	徐小君	女	68	66	70						
16	2019080215	程俊	男	75	85	80						
17	2019080216	钟华	女	78	75	64						
18	2019080217	张玲	女	98	89	91						

图 2-30 “学生成绩表”中 Sheet1 内容

	A	B	C	D	E	F	G	H	I	J
1	学号	姓名	性别	语文	数学	英语	总分	平均	语文统计	排名
2	2019080201	陈勇	男	75	85	80				
3	2019080202	陆小兵	男	68	75	64				
4	2019080203	刘亚东	男	87	69	75				
5	2019080204	罗颖	女	92	90	91				
6	2019080205	彭晓玲	女	83	87	88				
7	2019080206	张杰	女	72	68	85				
8	2019080207	钟勇毅	男	85	71	76				
9	2019080208	周文璐	男	88	80	75				
10	2019080209	徐华	女	78	80	76				
11	2019080210	吕秀杰	女	95	87	82				
12	2019080211	陈华	男	82	67	71				
13	2019080212	刘晓瑞	男	81	83	87				
14	2019080213	肖凌云	女	70	84	67				
15	2019080214	徐小君	女	68	66	70				
16	2019080215	程俊	男	75	85	80				
17	2019080216	钟华	女	78	75	64				
18	2019080217	张玲	女	98	89	91				
19	最高分									
20	最低分									

图 2-31 “学生成绩表”中 Sheet2 内容

项目九 查找引用与数据库函数的应用

本项目主要介绍“查找与引用”函数中的 HLOOKUP 和 VLOOKUP 函数，以及“数据库”函数中的 DMAX、DMIN 、DAVERAGE、DSUM、DCOUNT 和 DGET 函数等。

2.3.1 知识点

1.查找与引用函数

Excel 中“查找与引用”函数有近二十个，本书主要介绍两个常用的 HLOOKUP 和 VLOOKUP 函数，其函数名称、语法格式及功能见表 2-47 所列。

表 2-47 常用的“查找与引用”函数列表

函数名称	语法格式	功能
HLOOKUP	HLOOKUP(lookup_value, table_array, row_index_num, [range_lookup])	在表格的首行或数值数组中搜索值，返回表格或数组中指定行的所在列中的值
VLOOKUP	VLOOKUP(lookup_value, table_array, row_index_num, [range_lookup])	在表格的首列或数值数组中搜索值，返回表格或数组中指定列的所在行中的值

【HLOOKUP 函数应用示例】

函数参数说明：HLOOKUP（查找值，在其中查找数据的区域，匹配值返回的行号，[匹配范围]）。

返回表格或数组中指定行的所在列中的值。

HLOOKUP 函数应用示例见表 2-48 所列，A6 至 A8 单元格函数中指定查找数据的区域

(A1:C4)中,其"首行"是指该区域的第一行,即 A1、B1 和 C1 单元格。而单元格 A9 内函数指定区域的"首行",即为{1,2,3}。

表 2-48 HLOOKUP 函数应用示例

	A	B	C	
1	列 1	列 2	列 3	数据示例
2	1	4	7	
3	2	5	8	
4	3	6	9	
5	结果显示	说明	A6 至 A9 单元格输入内容	函数运用
6	1	在指定区域 A1:C4 的首行中查找"列 1",并返回同列中第 2 行的值	= HLOOKUP (" 列 1", A1:C4,2,FALSE)	
7	5	在指定区域 A1:C4 的首行中查找"列 2",并返回同列中第 3 行的值	= HLOOKUP (" 列 2", A1:C4,3,FALSE)	
8	9	在指定区域 A1:C4 的首行中查找"列 3",并返回同列中第 4 行的值	= HLOOKUP (" 列 3", A1:C4,4,FALSE)	
9	c	在 3×3 数组{1,2,3;"a","b","c";"d","e","f"}中的第一行元素中查找"3",并返回同列中第 2 行的值	= HLOOKUP (3, {1, 2, 3;"a","b","c";"d","e","f"},2,FALSE)	

【VLOOKUP 函数应用示例】

函数参数说明:VLOOKUP (查找值,在其中查找数据的区域,匹配值返回的列号,[匹配范围])。

返回表格或数组中指定列的所在行中的值。

VLOOKUP 函数应用示例见表 2-49 所列,A6 至 A8 单元格函数中指定查找数据的区域(A1:C4)中,其"首列"是指该区域的第一列,即 A1 至 A4 单元格区域;而 A9 单元格内函数指定区域的"首列",即为{1,"a","d"}。此外需注意的是,查找文本(或字符串)与查找数字不同,参数中需对文本内容的"查找值"加双引号,如表中 A6 及 A9 单元格函数查找的是文本,A7 及 A8 单元格函数查找的是数字。

表 2-49 VLOOKUP 函数应用示例

	A	B	C	
1	列 1	列 2	列 3	数据示例
2	1	4	7	
3	2	5	8	
4	3	6	9	

续表

	A	B	C	
5	结果显示	说明	A6 至 A9 单元格输入内容	
6	列 2	在指定区域 A1:C4 的首列中查找“列 1”,并返回同行中第 2 列的值	=VLOOKUP("列 1",A1:C4,2,FALSE)	函数运用
7	5	在指定区域 A1:C4 的首列中查找数字“2”,并返回同行中第 2 列的值	= VLOOKUP (2, A1: C4, 2, FALSE)	
8	9	在指定区域 A1:C4 的首列中查找数字“3”,并返回同行中第 3 列的值	= VLOOKUP (3, A1: C4, 3, FALSE)	
9	c	在 3×3 数组{1,2,3;"a","b","c";"d","e","f"}中的第一列元素中查找“a”,并返回同行中第 3 列的值	= VLOOKUP (" a", {1, 2, 3; "a","b","c";"d","e","f"}, 3,FALSE)	

HLOOKUP 及 VLOOKUP 函数说明:

(1)函数中所指的“首行”(或“首列”),是指该函数参数中指定的“区域范围(table_array)”中的“首行”(或“首列”)(即指定区域的第一行或第一列),其中首行(列)常用于表格的标题。

(2)参数 range_lookup 可选,是逻辑值,当为 TRUE(或 1)或省略时,为近似匹配查找,返回近似匹配值;一般选择 FALSE(或 0),即采用精确匹配查找,否则有时会返回意想不到的值。

2.数据库函数

Excel 中“数据库”函数有十二个,本书主要介绍的函数 DMAX、DMIN 、DAVERAGE、DSUM、DCOUNT 和 DGET 函数等,其函数名称、语法格式及功能见表 2-50 所列。

表 2-50 常用的“数据库”函数列表

函数名称	语法格式	功能
DMAX	DMAX(database, field, criteria)	返回列表或数据库中满足指定条件的记录字段(列)中的最大数值
DMIN	DMIN(database, field, criteria)	返回列表或数据库中满足指定条件的记录字段(列)中的最小数值
DSUM	DSUM(database, field, criteria)	返回列表或数据库中满足指定条件的记录字段(列)中的数值和
DAVERAGE	DAVERAGE (database, field, criteria)	对列表或数据库中满足指定条件的记录字段(列)中的数值求平均值

续表

函数名称	语法格式	功能
DCOUNT	DCOUNT (database, field, criteria)	返回列表或数据库中满足指定条件的记录字段(列)中包含数字的单元格的个数
DGET	DGET(database, field, criteria)	从列表或数据库的列中提取符合指定条件的单个值(即唯一存在的值)

数据库函数参数说明:

(1)函数中表示区域的参数 database 及 criteria 部分,均应含有"列标签"区域信息。

(2)函数中 field 列,既可以是两端带双引号的列标签,也可是列标签所在单元格的地址引用,也可以是代表列表中列位置的数字(不带引号):1 表示列表区域的第一列,2 表示列表区域的第二列,依此类推。

(3)条件区域中,同行不同列之间是"与"(AND)关系,不同行之间是"或"(OR)关系。

【DMAX 函数应用示例】

函数参数说明:DMAX (构成列表或数据库的单元格区域,返回数值的列,指定条件的单元格区域)。

返回列表或数据库中满足指定条件的记录字段(列)中的最大数值。

DMAX 函数应用示例见表 2-51 所列,在函数使用中需注意:首先是"构成列表或数据库的单元格区域"(参数 database)和"指定条件的单元格区域"(criteria)中均含有"列标签"区域信息,如 A12 单元格内函数"=DMAX(A5:C10,"数学成绩",A1:A2)"中的列表区域"A5:C10"含有 A5("性别")、B5("数学成绩")和 C5("语文成绩")等列标签,条件区域"A1:A2"中含有 A1("性别")列标签;其次是同行间的条件是"与"(并且,即 AND)关系,如表中 A13 单元格函数所示,而不同行之间是"或"(OR)关系,如表中 A14 单元格函数所示;最后是"返回数值的列"(field),既可用加双引号的列标签表示,也可用不带双引号的列表位置数字表示,如 A14 单元格中的参数"返回数值的列",既可用"数学成绩"表示也可用数字 2 表示。

表 2-51 DMAX 函数应用示例

	A	B	C	
1	性别	数学成绩	语文成绩	条件区域
2	男	>=80		
3	女			
4				

续表

	A	B	C	
5	性别	数学成绩	语文成绩	数据示例
6	男	80	79	
7	男	74	91	
8	男	92	88	
9	女	95	76	
10	女	78	90	
11	结果显示	说明	A12 至 A14 单元格输入内容	函数运用
12	92	返回性别"男",数学成绩中的最大值	=DMAX(A5:C10,"数学成绩",A1:A2)	
13	88	返回性别"男"且数学成绩大于或等于 80 的语文成绩中最大值	=DMAX(A5:C10,"语文成绩",A1:B2)	
14	95	返回性别"男"且数学成绩大于或等于 80,或性别"女"的数学成绩中最大值	=DMAX(A5:C10,2,A1:B3)	

【DMIN 函数应用示例】

函数参数说明:DMIN(构成列表或数据库的单元格区域,返回数值的列,指定条件的单元格区域)。

返回列表或数据库中满足指定条件的记录字段(列)中的最小数值。

DMIN 函数应用示例见表 2-52 所列,DMIN 函数返回的是最小数值,其函数参数的用法与 DMAX 函数相同,在"DMIN 函数应用示例"中,A14 单元格内函数返回的是第 3 列即"语文成绩"的最小数值。

表 2-52 DMIN 函数应用示例

	A	B	C	
1	性别	数学成绩	语文成绩	条件区域
2	男	>=80		
3	女			
4				
5	性别	数学成绩	语文成绩	数据示例
6	男	80	79	
7	男	74	91	
8	男	92	88	
9	女	95	76	
10	女	78	90	

续表

	A	B	C	
11	结果显示	说明	A12 至 A14 单元格输入内容	函数运用
12	74	返回性别“男”,数学成绩中的最小值	= DMIN（A5: C10," 数学成绩",A1:A2)	
13	79	返回性别“男”且数学成绩大于或等于 80 的语文成绩中最小值	= DMIN（A5: C10," 语文成绩",A1:B2)	
14	76	返回性别“男”且数学成绩大于或等于 80,或性别“女”的语文成绩中最小值	=DMIN(A5:C10,3,A1:B3)	

【DSUM 函数应用示例】

函数参数说明:DSUM（构成列表或数据库的单元格区域,返回数值的列,指定条件的单元格区域)。

返回列表或数据库中满足指定条件的记录字段(列)中的数据和。

DSUM 函数应用示例见表 2-53 所列。表中 A12 单元格内函数中,满足条件(性别“男”)的数学成绩之和是 246(第 6 至 8 行中的数学成绩 80、74 和 92 的总和);表中 A13 单元格内函数中,满足条件(性别“男”且数学成绩大于或等于 80)的语文成绩之和是 167(第 6 及 8 行的语文成绩 79 和 88 的总和);表中 A14 单元格内函数中,满足条件(性别“男”且数学成绩大于或等于 80 或性别“女”)的语文成绩之和是 333(第 6、8、9 及 10 行记录的语文成绩 79、88、76 和 90 的总和)。

表 2-53　DSUM 函数应用示例

	A	B	C	
1	性别	数学成绩	语文成绩	条件区域
2	男	>=80		
3	女			
4				
5	性别	数学成绩	语文成绩	数据示例
6	男	80	79	
7	男	74	91	
8	男	92	88	
9	女	95	76	
10	女	78	90	

续表

	A	B	C	
11	结果显示	说明	A12 至 A14 单元格输入内容	函数运用
12	246	返回性别“男”,数学成绩总和	= DSUM (A5: C10," 数 学 成绩",A1:A2)	
13	167	返回性别“男”且数学成绩大于或等于 80 的语文成绩总和	= DSUM (A5: C10," 语 文 成绩",A1:B2)	
14	333	返回性别“男”且数学成绩大于或等于 80,或性别“女”的所有语文成绩总和	=DSUM(A5:C10,3,A1:B3)	

【DAVERAGE 函数应用示例】

函数参数说明:DAVERAGE (构成列表或数据库的单元格区域,返回数值的列,指定条件的单元格区域)。

对列表或数据库中满足指定条件的记录字段(列)中的数值求平均值。

DAVERAGE 函数应用示例见表 2-54 所列。表中 A12 单元格内函数中,满足条件(性别“男”)的数学成绩平均值是 82(第 6 至 8 行中的数学成绩 80、74 和 92 的平均值);表中 A13 单元格内函数中,满足条件(性别“男”且数学成绩大于或等于 80)的语文成绩平均值是 83.5(第 6 及 8 行的语文成绩 79 和 88 的平均值);表中 A14 单元格内函数中,满足条件(性别“男”且数学成绩大于或等于 80 或性别“女”)的语文成绩平均值是 83.25(第 6、8、9 及 10 行记录的语文成绩 79、88、76 和 90 的平均值)。

表 2-54 DAVERAGE 函数应用示例

	A	B	C	
1	性别	数学成绩	语文成绩	条件区域
2	男	>=80		
3	女			
4				
5	性别	数学成绩	语文成绩	数据示例
6	男	80	79	
7	男	74	91	
8	男	92	88	
9	女	95	76	
10	女	78	90	

续表

	A	B	C	
11	结果显示	说明	A12 至 A14 单元格输入内容	函数运用
12	82	返回性别“男”,数学成绩的平均值	=DAVERAGE(A5:C10,"数学成绩",A1:A2)	
13	83.5	返回性别“男”且数学成绩大于或等于 80 的语文成绩平均值	=DAVERAGE(A5:C10,"语文成绩",A1:B2)	
14	83.25	返回性别“男”且数学成绩大于或等于 80,或性别“女”的所有语文成绩平均值	=DAVERAGE(A5:C10,3,A1:B3)	

【DCOUNT 函数应用示例】

函数参数说明:DCOUNT(构成列表或数据库的单元格区域,返回数值的列,指定条件的单元格区域)。

返回列表或数据库中满足指定条件的记录字段(列)中包含数字的单元格的个数。DCOUNT 函数应用示例见表 2-55 所列。表中 A12 单元格内函数中,满足条件(性别“男”)的记录有 3 个(第 6 至 8 行中的数学成绩 80、74 和 92);表中 A13 单元格内函数中,满足条件(性别“男”且数学成绩大于或等于 80)的记录有 2 个(第 6 及 8 行的语文成绩 79 和 88);表中 A14 单元格内函数中,满足条件(性别“男”且数学成绩大于或等于 80 或性别”女”)的记录有 4 个(第 6、8、9 及 10 行记录的语文成绩 79、88、76 和 90)。

表 2-55　DCOUNT 函数应用示例

	A	B	C	
1	性别	数学成绩	语文成绩	条件区域
2	男	>=80		
3	女			
4				
5	性别	数学成绩	语文成绩	数据示例
6	男	80	79	
7	男	74	91	
8	男	92	88	
9	女	95	76	
10	女	78	90	

	A	B	C	
11	结果显示	说明	A12 至 A14 单元格输入内容	函数运用
12	3	返回性别"男",数学成绩中含有数字的单元格个数	=DCOUNT(A5:C10,"数学成绩",A1:A2)	
13	2	返回性别"男"且数学成绩大于或等于 80,语文成绩中含有数字的单元格个数	=DCOUNT(A5:C10,"语文成绩",A1:B2)	
14	4	返回性别"男"且数学成绩大于或等于 80,或性别"女"的所有语文成绩中含有数字的单元格个数	=DCOUNT(A5:C10,3,A1:B3)	

DCOUNT 函数说明:

该函数中表示"返回数值的列"(即参数 field)部分为可选项,如果省略该字段,DCOUNT 计算数据库中符合条件的所有记录数。

【DGET 函数应用示例】

函数参数说明:DGET(构成列表或数据库的单元格区域,返回数值的列,指定条件的单元格区域)。

从列表或数据库的列中提取符合指定条件的单个值。

DGET 函数应用示例见表 2-56 所列。表中 A12 单元格内函数中,满足条件(性别"男")的记录有 3 个(第 6 至 8 行中的数学成绩 80、74 和 92),函数将返回错误值"#NUM!";表中 A13 单元格内函数中,没有满足条件(性别"男"且数学成绩大于或等于 80 且语文成绩大于 90)的记录,函数将返回错误值"#VALUE!";表中 A14 单元格内函数中,满足条件(性别"男"且数学成绩大于或等于 80 且语文成绩大于 90 或性别"女"且数学成绩大于 90)的记录只有 1 个(第 9 行记录的语文成绩 76),返回相应的数值 76。

表 2-56 DGET 函数应用示例

	A	B	C	
1	性别	数学成绩	语文成绩	条件区域
2	男	>=80	>90	
3	女	>90		
4				
5	性别	数学成绩	语文成绩	数据示例
6	男	80	79	
7	男	74	91	
8	男	92	88	
9	女	95	76	
10	女	78	90	

续表

	A	B	C	
11	结果显示	说明	A12 至 A14 单元格输入内容	函数运用
12	#NUM!	多个记录与条件(性别"男")匹配,DGET 将返回#NUM! 错误值	=DGET(A5:C10,"数学成绩",A1:A2)	
13	#VALUE!	没有与条件匹配的记录,DGET 将返回#VALUE!错误值	=DGET(A5:C10,"数学成绩",A1:C2)	
14	76	有唯一与条件匹配的记录,返回相应的值(语文成绩 76)	= DGET(A5:C10,3,A1:C3)	

2.3.2 任务九 商品采购表管理

打开 Excel 素材文件"商品采购表",在 Sheet1 表中进行以下操作并保存。

1.任务要求

商品采购表管理

1)"查找与引用"函数的运用

• 请对"商品采购表"中的"部门负责人"列进行填充。要求为:根据表中的"部门负责人"表,使用 HLOOKUP 函数对"商品采购表"中的"部门负责人"列进行填充(注意在函数中需要用到绝对地址进行计算,其他方式无效)。

• 请对"商品采购表"中的"单价"列进行填充。要求为:根据表中的"商品价格"表,使用 VLOOKUP 函数对"商品采购表"中的"单价"列进行填充(注意在函数中需要用到绝对地址进行计算,其他方式无效)。

2)"数据库"函数的运用

• 根据表中"条件区域 1",使用数据库 DMAX 函数,计算条件为"部门为日用品部,产地上海"的最高采购数量,并将结果填入表中的 G25 单元格中。

• 根据表中"条件区域 2",使用数据库 DMIN 函数,计算条件为"部门为水果部,产地海南"的最低单价,并将结果填入表中的 G26 单元格中。

• 根据表中"条件区域 3",使用数据库 DSUM 函数,计算条件为"部门为蔬菜部,产地山东"的商品采购数量合计,并将结果填入表中的 G27 单元格中。

• 根据表中"条件区域 4",使用数据库 DGET 函数,计算条件为"部门为日用品部,产地上海,采购数量大于 300" 的商品品种,并将结果填入表中的 G28 单元格中。

• 根据表中"条件区域 5",使用数据库 DCOUNT 函数,计算条件为"产地是上海"的商品品种数量,并将结果填入表中的 G29 单元格中。

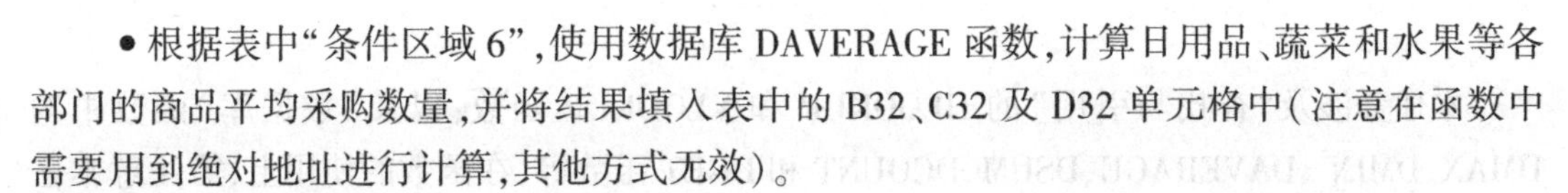

• 根据表中“条件区域6”，使用数据库DAVERAGE函数，计算日用品、蔬菜和水果等各部门的商品平均采购数量，并将结果填入表中的B32、C32及D32单元格中（注意在函数中需要用到绝对地址进行计算，其他方式无效）。

2. 任务完成效果

“商品采购表”任务操作前内容如图2-32所示，任务操作后内容如图2-33所示。

	A	B	C	D	E	F	G	H	I	J	K	L	M	N
1	商品采购表								商品价格			部门负责人		
2	商品品种	部门	部门负责人	产地	单位	单价	数量		品种	单价		日用品部	蔬菜部	水果部
3	洗衣粉	日用品部		上海	袋		226		毛巾	15		张劲松	王斌	胡月琴
4	洗衣液	日用品部		北京	袋		236		牙膏	22				
5	肥皂	日用品部		上海	盒		239		牙刷	17		条件区域1：		
6	毛巾	日用品部		浙江	条		127		洗衣粉	14		部门	产地	
7	牙膏	日用品部		上海	盒		130		洗衣液	27		日用品部	上海	
8	牙刷	日用品部		北京	盒		160		肥皂	5				
9	香皂	日用品部		上海	个		338		香皂	3		条件区域2：		
10	抽纸	日用品部		浙江	盒		255		抽纸	6		部门	产地	
11	卫生纸	日用品部		上海	卷		260		卫生纸	20		水果部	海南	
12	芹菜	蔬菜部		山东	斤		240		菠菜	3				
13	生菜	蔬菜部		山东	斤		253		白菜	2.5		条件区域3：		
14	菠菜	蔬菜部		浙江	斤		261		油麦菜	2		部门	产地	
15	白菜	蔬菜部		山东	斤		177		芹菜	7		蔬菜部	山东	
16	油麦菜	蔬菜部		浙江	斤		121		生菜	5				
17	大葱	蔬菜部		山东	斤		150		小青菜	3		条件区域4：		
18	小青菜	蔬菜部		山东	斤		233		大葱	2		部门	产地	数量
19	苹果	水果部		陕西	斤		112		香梨	8		日用品部	上海	>300
20	香梨	水果部		海南	斤		289		西瓜	21				
21	西瓜	水果部		海南	斤		266		香蕉	18		条件区域5：		
22	香蕉	水果部		海南	斤		195		苹果	16		产地		
23												上海		
24	情况说明						计算结果							
25	部门为日用品部，产地上海的最高采购数量：											条件区域6：		
26	部门为水果部，产地海南的最低单价：											部门	部门	部门
27	部门为蔬菜部，产地山东的商品采购数量合计：											日用品部	蔬菜部	水果部
28	部门为日用品部，产地上海，采购数量大于300的商品品种：													
29	产地是上海的商品品种数量：													
30														
31	部门	日用品部	蔬菜部	水果部										
32	平均采购数量													

图2-32 “商品采购表”任务操作前内容

	A	B	C	D	E	F	G	H	I	J	K	L	M	N
1	商品采购表								商品价格			部门负责人		
2	商品品种	部门	部门负责人	产地	单位	单价	数量		品种	单价		日用品部	蔬菜部	水果部
3	洗衣粉	日用品部	张劲松	上海	袋	14	226		毛巾	15		张劲松	王斌	胡月琴
4	洗衣液	日用品部	张劲松	北京	袋	27	236		牙膏	22				
5	肥皂	日用品部	张劲松	上海	盒	5	239		牙刷	17		条件区域1：		
6	毛巾	日用品部	张劲松	浙江	条	15	127		洗衣粉	14		部门	产地	
7	牙膏	日用品部	张劲松	上海	盒	22	130		洗衣液	27		日用品部	上海	
8	牙刷	日用品部	张劲松	北京	盒	17	160		肥皂	5				
9	香皂	日用品部	张劲松	上海	个	3	338		香皂	3		条件区域2：		
10	抽纸	日用品部	张劲松	浙江	盒	6	255		抽纸	6		部门	产地	
11	卫生纸	日用品部	张劲松	上海	卷	20	260		卫生纸	20		水果部	海南	
12	芹菜	蔬菜部	王斌	山东	斤	7	240		菠菜	3				
13	生菜	蔬菜部	王斌	山东	斤	5	253		白菜	2.5		条件区域3：		
14	菠菜	蔬菜部	王斌	浙江	斤	3	261		油麦菜	2		部门	产地	
15	白菜	蔬菜部	王斌	山东	斤	2.5	177		芹菜	7		蔬菜部	山东	
16	油麦菜	蔬菜部	王斌	浙江	斤	2	121		生菜	5				
17	大葱	蔬菜部	王斌	山东	斤	2	150		小青菜	3		条件区域4：		
18	小青菜	蔬菜部	王斌	山东	斤	3	233		大葱	2		部门	产地	数量
19	苹果	水果部	胡月琴	陕西	斤	16	112		香梨	8		日用品部	上海	>300
20	香梨	水果部	胡月琴	海南	斤	8	289		西瓜	21				
21	西瓜	水果部	胡月琴	海南	斤	21	266		香蕉	18		条件区域5：		
22	香蕉	水果部	胡月琴	海南	斤	18	195		苹果	16		产地		
23												上海		
24	情况说明						计算结果							
25	部门为日用品部，产地上海的最高采购数量：						338					条件区域6：		
26	部门为水果部，产地海南的最低单价：						8					部门	部门	部门
27	部门为蔬菜部，产地山东的商品采购数量合计：						1,053					日用品部	蔬菜部	水果部
28	部门为日用品部，产地上海，采购数量大于300的商品品种						香皂							
29	产地是上海的商品品种数量：						5							
30														
31	部门	日用品部	蔬菜部	水果部										
32	平均采购数量	219	205	215.5										

图2-33 “商品采购表”任务操作后内容

3.任务分析

本任务涉及“查找与引用”的 HLOOKUP 和 VLOOKUP 函数，以及“数据库”函数中的 DMAX、DMIN 、DAVERAGE、DSUM、DCOUNT 和 DGET 函数等，在函数的使用上，需注意本任务中 HLOOKUP、VLOOKUP 和 DAVERAGE 函数需使用绝对地址进行计算。

4.任务实施

第 1 步：“查找与引用”函数的运用。

• 在 C3 单元格中，输入：“=HLOOKUP(B3, $L$2: $N$3,2,0)”，其中对于“部门负责人”表内容区域的引用采用绝对地址方式，最后使用填充柄填充至列尾，如图 2-34 所示。

=HLOOKUP(B3,$L$2:$N$3,2,0)

C	D	E	F	G	H	I	J	K	L	M	N
商品采购表						商品价格			部门负责人		
部门负责人	产地	单位	单价	数量		品种	单价		日用品部	蔬菜部	水果部
$N$3, 2, 0)	上海	袋		226		毛巾	15		张劲松	王斌	胡月琴
	北京	袋		236		牙膏	22				

图 2-34 “部门负责人”列进行填充

• 在 F3 单元格中，输入：“=VLOOKUP(A3, $I$3: $J$22,2,0)”，其中对于“商品价格”表内容区域的引用采用绝对地址方式，最后使用填充柄填充至列尾，如图 2-35 所示。

F3 =VLOOKUP(A3,$I$3:$J$22,2,0)

	B	C	D	E	F	G	H	I	J
1	商品采购表							商品价格	
2	部门	部门负责人	产地	单位	单价	数量		品种	单价
3	日用品部	张劲松	上海	袋	14	226		毛巾	15
4	日用品部	张劲松	北京	袋		236		牙膏	22
5	日用品部	张劲松	上海	盒		239		牙刷	17
6	日用品部	张劲松	浙江	条		127		洗衣粉	14
7	日用品部	张劲松	上海	盒		130		洗衣液	27
8	日用品部	张劲松	北京	盒		160		肥皂	5
9	日用品部	张劲松	上海	个		338		香皂	3
10	日用品部	张劲松	浙江	盒		255		抽纸	6
11	日用品部	张劲松	上海	卷		260		卫生纸	20
12	蔬菜部	王斌	山东	斤		240		菠菜	3
13	蔬菜部	王斌	山东	斤		253		白菜	2.5
14	蔬菜部	王斌	浙江	斤		261		油麦菜	2
15	蔬菜部	王斌	山东	斤		177		芹菜	7
16	蔬菜部	王斌	浙江	斤		121		生菜	5
17	蔬菜部	王斌	山东	斤		150		小青菜	3
18	蔬菜部	王斌	山东	斤		233		大葱	2
19	水果部	胡月琴	陕西	斤		112		香梨	8
20	水果部	胡月琴	海南	斤		289		西瓜	21
21	水果部	胡月琴	海南	斤		266		香蕉	18
22	水果部	胡月琴	海南	斤		195		苹果	16

图 2-35 “单价”列进行填充

第 2 步：“数据库”函数的运用。

• 在 G25 单元格中，输入：“=DMAX(A2:G22,"数量",L6:M7)”或“=DMAX(A2:G22,

G2,L6:M7)"或"=DMAX(A2:G22,7,L6:M7)",计算"部门为日用品部,产地上海的最高采购数量",如图 2-36 所示。

G25 =DMAX(A2:G22,"数量",L6:M7)

	A	B	C	D	E	F	G	H
24	情况说明						计算结果	
25	部门为日用品部，产地上海的最高采购数量：						338	
26	部门为水果部，产地海南的最低单价：							

图 2-36 计算"部门为日用品部,产地上海的最高采购数量"

• 在 G26 单元格中,输入:"=DMIN(A2:G22,"单价",L10:M11)",计算"部门为水果部,产地海南的最低单价",如图 2-37 所示。

G26 =DMIN(A2:G22,"单价",L10:M11)

	A	B	C	D	E	F	G	H
25	部门为日用品部，产地上海的最高采购数量：						338	
26	部门为水果部，产地海南的最低单价：						8	

图 2-37 计算"部门为水果部,产地海南的最低单价"

• 在 G27 单元格中,输入:"=DSUM(A2:G22,"数量",L14:M15)",计算"部门为蔬菜部,产地山东的商品采购数量合计",如图 2-38 所示。

G27 =DSUM(A2:G22,"数量",L14:M15)

	A	B	C	D	E	F	G	H
26	部门为水果部，产地海南的最低单价：						8	
27	部门为蔬菜部，产地山东的商品采购数量合计：						1,053	

图 2-38 计算"部门为蔬菜部,产地山东的商品采购数量合计"

• 在 G28 单元格中,输入:"=DGET(A2:G22,"商品品种",L18:N19)",计算"部门为日用品部,产地上海,采购数量大于 300 的商品品种",如图 2-39 所示。

G28 =DGET(A2:G22,"商品品种",L18:N19)

	A	B	C	D	E	F	G	H
27	部门为蔬菜部，产地山东的商品采购数量合计：						1,053	
28	部门为日用品部，产地上海，采购数量大于300的商品品种						香皂	

图 2-39 计算"部门为日用品部,产地上海,采购数量大于 300 的商品品种"

• 在 G29 单元格中,输入:"=DCOUNT(A2:G22,,L22:L23)",计算"产地是上海的商品品种数量",如图 2-40 所示。

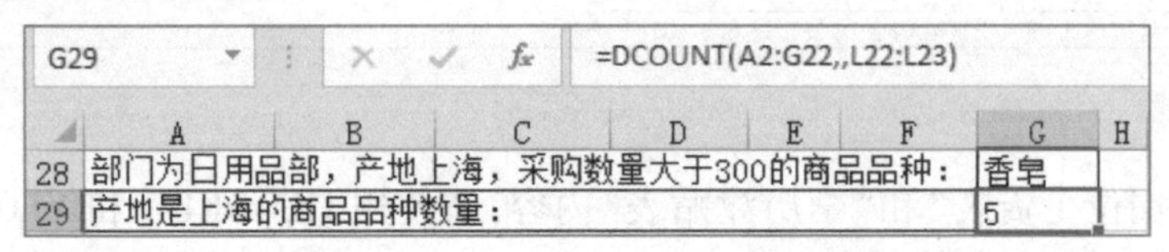

G29 =DCOUNT(A2:G22,,L22:L23)

	A	B	C	D	E	F	G	H
28	部门为日用品部，产地上海，采购数量大于300的商品品种：						香皂	
29	产地是上海的商品品种数量：						5	

图 2-40 计算"产地是上海的商品品种数量"

• 在 B32 单元格中,输入:"=DAVERAGE($A$2:$G$22,"数量",L26:L27)",计算日用品、蔬菜和水果等各部门的商品平均采购数量,最后使用填充柄填充至 C32 和 D32 单元格中,如图 2-41 所示。

B32 | =DAVERAGE($A$2:$G$22,"数量",L26:L27)

	A	B	C	D	E	F	G	H
31	部门	日用品部	蔬菜部	水果部				
32	平均采购数量	219						

图 2-41 计算日用品、蔬菜和水果等各部门的商品平均采购数量

2.3.3 操作练习

打开 Excel 素材文件“员工工资表”,其中 Sheet1 表中内容如图 2-42 所示,请对该表进行以下操作并保存(必要时,请建立相应的条件区域)。

	A	B	C	D	E	F	G	H	I	J
1	员工工资表									
2	姓名	部门	职位	性别	学历	基本工资	绩效工资	应发工资	高级职位且应发工资大于等于10,000	排位
3	邓云	翠华路	项目经理	男	博士		4,330			
4	贾丽娜	团结路	项目经理	女	博士		3,932			
5	周建华	团结路	业务代表	男	本科		4,218			
6	吴冬玉	胜利路	项目经理	女	硕士		4,261			
7	项文明	翠华路	销售经理	男	博士		5,687			
8	徐华	胜利路	销售经理	女	硕士		6,054			
9	罗金梅	友好路	项目经理	女	博士		4,915			
10	齐明利	翠华路	业务代表	女	硕士		4,148			
11	赵援	团结路	业务代表	女	硕士		6,026			
12	罗颖	友好路	业务代表	女	本科		3,443			
13	张永和	翠华路	业务代表	男	本科		6,433			
14	张杰	胜利路	业务代表	女	硕士		8,800			
15	雷振洲	友好路	销售经理	男	硕士		4,452			
16	陈佳琪	友好路	业务代表	女	本科		6,495			
17	赵永乐	翠华路	销售经理	男	本科		5,557			
18	梁小尹	胜利路	业务代表	女	本科		7,028			
19	梁晓彤	团结路	销售经理	女	博士		3,546			
20	张华	翠华路	销售经理	男	硕士		4,042			
21										
22	情况说明						计算结果			
23	业务代表中绩效工资最高的数额:									
24	业务代表中应发工资最低的数额:									
25	所有业务代表的应发工资总额:									
26	所有女业务代表的应发工资的平均额:									
27	学历为硕士的人数:									
28	学历为硕士且应付工资大于10 000元的员工姓名									

	L	M	N
1	岗位工资表		
2	职位	岗位工资	
3	项目经理	5,000	
4	销售经理	3,000	
5	业务代表	2,000	
6			
7	学历津贴表		
8	博士	硕士	本科
9	1,000	600	400

图 2-42 “员工工资表”内容

(1)根据“岗位工资表”和“学历津贴表”内容,请使用 HLOOKUP 和 VLOOKUP 函数填写“基本工资”列(注意在函数中需要用到绝对地址进行计算,其他方式无效),其中:基本工资=岗位工资+学历津贴

(2)请使用 DMAX 函数计算“业务代表中绩效工资最高”的数额,结果保存于 G23 单元

格中。

(3)请使用 DMIN 函数计算“业务代表中应发工资最低”的数额,结果保存于 G24 单元格中。

(4)请使用 DSUM 函数计算“所有业务代表的应发工资总额”,结果保存于 G25 单元格中。

(5)请使用 DAVERAGE 函数计算“所有女业务代表的应发工资的平均额”,结果保存于 G26 单元格中。

(6)请使用 DCOUNT 函数计算“学历为硕士”的人数,结果保存于 G27 单元格中。

(7)请使用 DGET 函数获取“学历为硕士且应付工资大于 10 000 元的员工姓名”,结果保存于 G28 单元格中。

(8)请使用逻辑函数填充“高级职位且应发工资大于等于 10 000”列,其中属于高级职位的是“项目经理”和“销售经理”。

(9)根据“应发工资”列的结果,请使用 RANK 或(RANK.EQ)函数对应发工资进行排名(数额高的排名在前),结果保存在“排位”列中。

项目十　财务函数的应用

本项目主要介绍有关财务专业术语和几个常用财务函数的用法，内容主要是基于固定利率的投资（贷款）的未来及现值计算、每期付款额、利息及固定资产折旧等。

1.财务专业术语介绍

Excel 中“财务”函数涉及多个专业术语，以下对有关术语进行简单的介绍。

1）投资、贷款与利率

投资：投资指的是特定经济主体为了在未来可预见的时期内获得收益或是资金增值，在一定时期内向一定领域的标的物投放足够数额的资金或实物的货币等价物的经济行为。投资可分为实物投资、资本投资和证券投资等。

贷款：贷款指债权人（或放贷人）向债务人（或借款人）让渡资金使用权的一种金融行为。一般是指银行通过贷款的方式将所集中的货币和货币资金投放出去，可以满足社会扩大再生产对补充资金的需要，促进经济的发展，同时银行也可以由此取得贷款利息收入，增加银行自身的积累。

利率：利率是指一定时期内利息额与借贷资金额（本金）的比率，是决定利息多少的因素与衡量标准。利率有多种分类，其中常见的有以下两种分类。

（1）根据计算方法不同，分为单利和复利。

单利是指在借贷期限内，只在原有的本金上计算利息，对本金所产生的利息不再另外计算利息。复利是指在借贷期限内，除了在原来本金上计算利息外，还要把本金所产生的利息重新计入本金、重复计算利息，俗称“利滚利”。

(2)根据银行业务要求不同,分为存款利率、贷款利率。

存款利率是指在金融机构存款所获得的利息与本金的比率。贷款利率是指从金融机构贷款所支付的利息与本金的比率。

2)现值与终值

现值(present value):也称折现值,是指未来某一时点上的一定量现金折合到现在的价值,俗称"本金",通常记作 P。

终值(future value):又称未来值或本利和,是指现在一定量的现金在未来某一时点上的价值,通常记作 F。

【现值与终值应用示例一】

单利终值是指按照单利计算出来的资金未来的价值,即按照单利终值公式计算出来的本金与未来利息之和,单利终值公式为

$$F = P \times (1 + n \times i)$$

式中,F 为终值,P 为现值,n 为计算利息的期数,i 为利率(折现率)。

若银行存款年利率为 3%,年初存入 1000 元(现值),若以单利终值公式计算未来的本利和,则从第 1 年至第 3 年各年末的终值(未来值)分别为:

第 1 年末终值 = 1 000 × (1 + 1 × 3%) = 1 030(元)

第 2 年末终值 = 1 000 × (1 + 2 × 3%) = 1 060(元)

第 3 年末终值 = 1 000 × (1 + 3 × 3%) = 1 090(元)

【现值与终值应用示例二】

复利终值是指本金在约定的期限内获得利息后,将利息加入本金再计利息,逐期滚算到约定期末的本利之和,复利终值公式为

$$F = P \times (1 + i)^n$$

式中,F 为终值,P 为现值,n 为计算利息的期数,i 为利率(折现率)。

若银行存款年利率为 3%,年初存入 1000 元(现值),若以复利终值公式计算未来的本利和,则从第 1 年至第 3 年各年末的终值(未来值)分别为:

第 1 年末终值 = F = 1 000 × (1 + 3%)^1 = 1 030(元)

第 2 年末终值 = F = 1 000 × (1 + 3%)^2 = 1 030 × (1 + 3%) = 1 060.9(元)

第 3 年末终值 = F = 1 000 × (1 + 3%)^3 = 1 060.9 × (1 + 3%) = 1 092.727(元)

2.常用财务函数

Excel 中"财务"函数有五十多个,本书主要介绍的财务函数有 FV、PV、PMT、IPMT 和 SLN 函数,其函数名称、语法格式及功能,见表 2-57 所列,其中涉及投资(贷款)的未来及现值计算、每期付款额、利息及固定资产折旧等函数。

表 2-57 常用财务函数列表

函数名称	语法格式	功能
FV	FV(rate,nper,pmt,[pv],[type])	基于固定利率及等额分期付款方式,返回某项投资的未来值

续表

函数名称	语法格式	功能
PV	PV(rate,nper,pmt,[fv],[type])	基于固定利率及等额分期付款方式,返回投资(贷款)的现值
PMT	PMT (rate, nper, pv, [fv], [type])	基于固定利率及等额分期付款方式,返回投资(贷款)的每期付款额
IPMT	IPMT(rate, per, nper, pv, [fv], [type])	基于固定利率及等额分期付款方式,返回投资(贷款)在某一给定期次内的利息偿还额
SLN	SLN(cost, salvage, life)	返回一个期间内的资产的线性折旧额

其中,上述函数中可选参数 type 用于表示付款时间在期初(数字 0)还是期末(数字 1),若忽略该参数,则表示付款在期末(0)。

财务函数参数运用时需注意:

(1)请确保指定的利率(rate)和总期数(nper)所用的单位是一致的。

若年利率是12%,总期数是4年,则当以每月为单位计算款项时,则 rate 应为 12%/12,nper 应为 4*12;当以每一季度为单位计算款项时,rate 应为 12%/4,nper 应为 4*4;当以每年为单位计算款项时,rate 应为 12%,nper 应为 4。

(2)对于所有参数,支出的款项以负数表示;收入的款项以正数表示。

【FV 函数应用示例】

函数参数说明:FV (各期利率,总投资期,各期应支付的金额,[现值],[期初或期末])。

返回某项投资的未来值(基于固定利率及等额分期付款方式)。

FV 函数应用示例见表 2-58 所列,两个投资情况均为在固定利率、等额分期付款方式下进行的投资的情况,预计计算未来5年后的金额。所不同的是"投资情况表一"是以"年"为单位的分期付款,A7 单元格内函数为"=FV(B2,B3,B4)",而"投资情况表二"是在已经投入金额 100 000 元情况下(此 100 000 元为现值或本金,即从该项投资开始计算时已经入帐的款项),以"月"为单位分期付款,A8 单元格内函数为"=FV(D2/12,D3*12,D4,D5)",其中参数"利率"及"投资年限"均应转换为相应的"月利率"和投资"月"数。

表 2-58 FV 函数应用示例

	A	B	C	D	
1	投资情况表一		投资情况表二		数据示例
2	年利率	5%	年利率	5%	
3	投资年限	5	投资年限	5	
4	每年投入金额	-50 000	每月再投资金额	-10 000	
5			先投资金额	-100 000	

续表

	A	B	C	D	
6	结果显示	说明		A7 至 A8 单元格输入内容	函数运用
7	¥276 281.56	投资情况表一,预计 5 年后得到的金额(未来值)		= FV(B2,B3,B4)	
8	¥808 396.70	投资情况表二,预计 5 年后得到的金额(未来值)		= FV (D2/12, D3 * 12, D4,D5)	

【PV 函数应用示例】

函数参数说明:PV (各期利率,总投资或贷款期,各期支付的金额,[未来值],[期初或期末])。

返回投资(贷款)的现值(基于固定利率及等额分期付款方式)。

PV 函数应用示例见表 2-59 所列,“投资情况表”计算在固定利率下,以“年”为单位分期付款 5 年后的投资总金额,折算成当前的金额价值(及折现值),A6 单元格内函数为“=PV(B2,B3,B4)”;“贷款情况表”计算在固定利率下,以“月”为单位分期付款 4 年后的贷款总金额,折算为当前的金额价值(其折现值“¥99,996.83”相当于当前从银行贷款“已经”获得现金约 100 000 元),A7 单元格内函数为“=PV(D2/12,D3 * 12,D4)”,其中参数“利率”及“贷款年限”均应转换为相应的“月利率”和贷款“月”数。

表 2-59 PV 函数应用示例

	A	B	C	D	
1	投资情况表		贷款情况表		数据示例
2	年利率:	5%	年利率:	12%	
3	每年投入金额:	-50 000	每月还款金额:	-2 633.3	
4	投资年限:	5	贷款年限:	4	
5	结果显示	说明		A6 至 A7 单元格输入内容	函数运用
6	¥216,473.83	投资情况表中,预计投资金额(现值)		= PV(B2,B3,B4)	
7	¥99,996.83	贷款情况表中,预计还款金额(现值)		= PV (D2/12, D3 * 12, D4)	

【PMT 函数应用示例】

函数参数说明:PMT (各期利率,总投资或贷款期,现值,[未来值],[期初/期末])。

返回投资(贷款)的每期付款额(基于固定利率及等额分期付款方式,付款额包括本金和利息)。

PMT 函数应用示例见表 2-60 所列,“投资情况表”计算在固定利率下,对已经投资 1 000 000 元,投资期限为 25 年时,每年年末应返还的金额,A6 单元格内函数为“=PMT(B2,B3,B4)”;“贷款情况表”计算在固定利率下,对已经获得的 10 000 元贷款,还款期限为 1 年时,每月应偿还的金额,A7 单元格内函数为“=PMT(D2/12,D3*12,D4)”,其中参数“利率”及“贷款年限”均应转换为相应的“月利率”和贷款“月”数。

表 2-60　PMT 函数应用示例

	A	B	C	D	
1	投资情况表		贷款情况表		数据示例
2	年利率	6%	年利率	8%	
3	投资年限	25	贷款年限	1	
4	已投资总金额	-1 000 000	贷款总金额	10 000	
5	结果显示	说明		A6 至 A7 单元格输入内容	函数运用
6	¥78 226.72	投资情况表,按年返还金额(年末)		=PMT(B2,B3,B4))	
7	¥-869.88	贷款情况表,按月偿还贷款金额		=PMT(D2/12,D3*12,D4)	

【IPMT 函数应用示例】

函数参数说明:PMT(各期利率,计算其利息数额的期数,总投资或贷款期,现值,[未来值],[期初/期末])。

返回投资(贷款)在某一给定期次内的利息偿还额(基于固定利率及等额分期付款方式)。

IPMT 函数应用示例见表 2-61 所列,“投资情况表”计算在固定利率,已经投资 1 000 000 元,投资期为 25 年的情况下,第 10 年应返还的利息金额,A6 单元格内函数为“=IPMT(B2,10,B3,B4)”,其中的参数“10”表示第 10 年;“贷款情况表”计算在固定利率,已经获得贷款 10 000 元,贷款期为 1 年的情况下,第 9 个月应偿还的利息金额,A7 单元格内函数为“=IPMT(D2/12,9,D3*12,D4)”,其中参数“9”表示第 9 个月,“利率”及“贷款年限”也为相应的“月利率”和贷款“月”数。

表 2-61　IPMT 函数应用示例

	A	B	C	D	
1	投资情况表		贷款情况表		数据示例
2	年利率:	6%	年利率:	8%	
3	投资年限:	25	贷款年限:	1	
4	投资总金额:	-1 000 000	贷款总金额:	10 000	

续表

	A	B	C	D	
5	结果显示	说明		A6 至 A7 单元格输入内容	函数运用
6	¥47 433.06	投资情况表,第 10 年的返还利息金额		=IPMT(B2,10,B3,B4)	
7	¥-22.82	贷款情况表,第 9 个月的贷款利息金额		= IPMT(D2/12, 9, D3 * 12,D4)	

【SLN 函数应用示例】

函数参数说明:SLN(资产原值,资产残值,使用寿命)。

返回一个期间内的资产的线性折旧额。

SLN 函数应用示例,如表 2-62 所示,在函数的使用中,可根据要求将参数“使用寿命”(life)转换成相应以“天数”“月份”及“年”计算的周期数,如该表中 A6、A7 及 A8 单元格函数计算的结果分别是以每天、每月及每年的折旧值,其中的参数“使用年限”也应分别转换成相应的“天”“月”及“年”数。

表 2-62 SLN 函数应用示例

	A	B	C	
1	固定资产情况表			数据示例
2	固定资产金额:	10 000		
3	资产残值:	2 000		
4	使用年限:	8		
5	结果显示	说明	A6 至 A8 单元格输入内容	函数运用
6	¥2.74	每天折旧值(需要将使用年限换算成“天数”)	= SLN(B1,B2,B3 * 365)	
7	¥83.33	每月折旧值(需要将使用年限换算成“月份”)	= SLN(B1,B2,B3 * 12)	
8	¥1 000.00	每年折旧值	=SLN(B1,B2,B3)	

2.4.2 任务十　投资贷款表计算

打开 Excel 素材文件“投资贷款表”，进行以下操作并保存。

投资贷款表

1.任务要求

1）现值与终值函数的运用

• 在 Sheet1 的“投资情况表 1”中，某企业在已经现金投资 1 000 000 元的情况下，每年年末再按期投资 100 000 元，年利率为 6%，投资期限为 20 年，请采用相应的函数计算“20 年以后得到的金额”，结果填入 B7 单元格中。

• 在 Sheet1 的“投资情况表 2”中，某企业每年年末按期投资 200 000 元，年利率为 7%，投资期限为 10 年，请采用相应的函数计算“预计投资金额”，结果填入 E7 单元格中。

2）每期付款额及利息函数的运用

• 在 Sheet2 的“贷款情况表”中，某企业每年年末按期贷款 150 000 元，年利率为 5%，贷款年限为 15 年，请采用相应的函数分别计算“按年偿还贷款金额（年末）”和 “第 10 个月的贷款利息金额”，结果填入“偿还贷款金额结果”表中的 E2 及 E3 单元格中。

3）固定资产折旧额函数的运用

• 在 Sheet3 的“固定资产情况表”中，某企业某台设备的固定资产原值为 100 000 元，资产残值为 5 000 元，设备使用年限为 10 年，请在“计算折旧值情况表”中采用相应的函数分别计算“每天折旧值”“每月折旧值”及“每年折旧值”，结果分别填入 E2、E3 及 E4 单元格中。

2.任务完成效果

任务操作前 Sheet1 至 Sheet3 表内容如图 2-43、图 2-44 及图 2-45 所示，任务完成后内容如图 2-46、图 2-47 及图 2-48 所示。

	A	B	C	D	E
1	投资情况表1			投资情况表2	
2	先投资金额	-1,000,000		每年投资金额	-200,000
3	年利率	6%		年利率	7%
4	每年再投资金额	-100,000		年限	10
5	再投资年限	20			
6					
7	20年以后得到的金额			预计投资金额	

图 2-43　操作前 Sheet1 表内容

	A	B	C	D	E
1	贷款情况			偿还贷款金额结果	
2	贷款金额	150,000		按年偿还贷款金额（年末）	
3	贷款年限	15		第10个月的贷款利息金额	
4	年利息	5%			

图 2-44　操作前 Sheet2 表内容

	A	B	C	D	E
1	固定资产情况表			计算折旧值情况表	
2	固定资产金额	100,000		每天折旧值	
3	资产残值	5,000		每月折旧值	
4	使用年限	10		每年折旧值	

图 2-45 操作前 Sheet3 表内容

	A	B	C	D	E
1	投资情况表1			投资情况表2	
2	先投资金额	-1,000,000		每年投资金额	-200,000
3	年利率	6%		年利率	7%
4	每年再投资金额	-100,000		年限	10
5	再投资年限	20			
6					
7	20年以后得到的金额	¥6,885,694.59		预计投资金额	¥1,404,716.31

图 2-46 完成后 Sheet1 表内容

	A	B	C	D	E
1	贷款情况			偿还贷款金额结果	
2	贷款金额	150,000		按年偿还贷款金额（年末）	¥-14,451.34
3	贷款年限	15		第10个月的贷款利息金额	¥-603.60
4	年利息	5%			

图 2-47 完成后 Sheet2 表内容

	A	B	C	D	E
1	固定资产情况表			计算折旧值情况表	
2	固定资产金额	100,000		每天折旧值	¥26.03
3	资产残值	5,000		每月折旧值	¥791.67
4	使用年限	10		每年折旧值	¥9,500.00

图 2-48 完成后 Sheet3 表内容

3.任务分析

本任务主要是在固定利率及等额分期付款方式下，涉及财务函数中的求终值（未来值）及现值（本金）、每期付款额及利息、固定资产折旧等函数的运用，在使用中一方面需根据具体情况判断所求金额是终值还是现值，另一方面需注意确保指定的利率（rate）和总期数（nper）所用的单位是一致的，即均为“天”数、“月份”数或“年”数。

4.任务实施

第 1 步：现值与终值函数的运用。

● 在 Sheet1 的“投资情况表 1”中，因为是投资是支出项目，已经投资及每年再投资的金额均是负值，结果是预计 20 年后得到的金额（终值或未来值）是正值，需在 B7 单元格中，输入：“=FV(B3,B5,B4,B2)”，如图 2-49 所示。

B7 =FV(B3,B5,B4,B2)

	A	B	C	D	E
1	投资情况表1			投资情况表2	
2	先投资金额	-1,000,000		每年投资金额	-200,000
3	年利率	6%		年利率	7%
4	每年再投资金额	-100,000		年限	10
5	再投资年限	20			
6					
7	20年以后得到的金额	¥6,885,694.59		预计投资金额	

图 2-49 计算"20 年以后得到的金额"

• 在 Sheet1 的"投资情况表 2"中，因为计算的是预计需投入的金额现值(即在固定利率及每年按期等额投资支出下，投资 10 年后得到的金额折现为当前金额值)，结果为正值。需在 E7 单元格中，输入："=PV(E3,E4,E2)"，如图 2-50 所示。

E7 =PV(E3,E4,E2)

	A	B	C	D	E
1	投资情况表1			投资情况表2	
2	先投资金额	-1,000,000		每年投资金额	-200,000
3	年利率	6%		年利率	7%
4	每年再投资金额	-100,000		年限	10
5	再投资年限	20			
6					
7	20年以后得到的金额	¥6,885,694.59		预计投资金额	¥1,404,716.31

图 2-50 计算"预计投资金额"

第 2 步：每期付款额及利息函数的运用。

• 在 Sheet2 的"贷款情况表"中，已经贷入金额 150 000 元(已经入账的现值)，需计算每年(年末)按期偿还的贷款金额，结果为负值，则在 E2 单元格中，输入："=PMT(B4,B3,B2,0,0)"，如图 2-51 所示。

E2 =PMT(B4,B3,B2,0,0)

	A	B	C	D	E
1	贷款情况			偿还贷款金额结果	
2	贷款金额	150,000		按年偿还贷款金额（年末）	¥-14,451.34
3	贷款年限	15		第10个月的贷款利息金额	
4	年利息	5%			

图 2-51 计算"按年偿还贷款金额(年末)"

• 当计算"第 10 个月的贷款利息金额"时，需注意利率(rate)和总期数(nper)所用的单位均为"月份"数，期次为 10 表示"第 10 个月"。在 E3 单元格中，输入："=IPMT(B4/12,10,B3*12,B2,0)"，如图 2-52 所示。

E3 =IPMT(B4/12,10,B3*12,B2,0)

	A	B	C	D	E
1	贷款情况			偿还贷款金额结果	
2	贷款金额	150,000		按年偿还贷款金额（年末）	¥-14,451.34
3	贷款年限	15		第10个月的贷款利息金额	¥-603.60
4	年利息	5%			

图 2-52 计算“第 10 个月的贷款利息金额”

第 3 步：固定资产折旧额函数的运用。

• 在 Sheet3 的“计算折旧值情况表”中，计算“每天折旧值”“每月折旧值”及“每年折旧值”时，需注意函数参数中的“周期总数”分别以“天”“月”及“年”计算，单元格 E2、E3 和 E4 分别输入：“=SLN(B2,B3,B4 * 365)”“=SLN(B2,B3,B4 * 12)”和“=SLN(B2,B3,B4)”。其中计算“每年折旧值”如图 2-53 所示。

E4 =SLN(B2,B3,B4)

	A	B	C	D	E
1	固定资产情况表			计算折旧值情况表	
2	固定资产金额	100,000		每天折旧值	¥26.03
3	资产残值	5,000		每月折旧值	¥791.67
4	使用年限	10		每年折旧值	¥9,500.00

图 2-53 计算“每年折旧值”

2.4.3 操作练习

打开 Excel 素材文件“投资贷款练习表”，其中 Sheet1 至 Sheet4 表内容如图 2-54、图 2-55、图 2-56 和图 2-57 所示，请对各表进行以下操作并保存。

	A	B	C	D	E
1	投资情况表			贷款情况表	
2	先投资金额	-1,500,000		每年还款金额	-200,000
3	年利率	5%		年利率	6%
4	每年再投资金额	-100,000		贷款年限	5
5	再投资年限	10			
6					
7	20年以后得到的金额			预计还款金额	

图 2-54 Sheet1 表内容

	A	B	C	D	E
1	**投资情况表**			**贷款情况表**	
2	年利率	6%		年利率	8%
3	投资年限	10		贷款年限	5
4	已投资总金额	-2,500,000		贷款总金额	500,000
5	**按年返还金额（年末）**			**按月偿还贷款金额**	

图 2-55 Sheet2 表内容

	A	B	C	D	E
1	**贷款情况表**			**贷款还息情况表**	
2	年利率	6%		**贷款第1个月的利息**	
3	贷款年限	3		**贷款第10个月的利息**	
4	贷款的现值	80,000		**贷款第2年的利息**	
5				**贷款第3年的利息**	

图 2-56 Sheet3 表内容

	A	B	C	D	E
1	**固定资产情况表**			**计算折旧值情况表**	
2	固定资产金额	500,000		每天折旧值	
3	资产残值	20,000		每月折旧值	
4	使用年限	10		每年折旧值	

图 2-57 Sheet4 表内容

(1)在 Sheet1 的“投资情况表”中，某企业在已经现金投资 1 500 000 元的情况下，每年年末再按期投资 100 000 元，年利率为 5%，投资期限为 10 年，请采用相应的函数计算“10 年以后得到的金额”，结果填入 B7 单元格中。

(2)在 Sheet1 的“贷款情况表”中，某企业准备贷入一笔资金，按照生产经营规模今后每年年末能够按期支出金额 200 000 元用于还贷，贷款年利率为 6%，贷款期限为 5 年，请采用相应的函数计算预计“还款金额”(即一次性支付给贷款人的现值)，结果填入 E7 单元格中。

(3)在 Sheet2 的“投资情况表”中，某企业对外投资金额为 2 500 000 元，投资期限为 10 年，年利率为 6%，请采用相应的函数计算“每年返还金额”(年末)，结果填入 B5 单元格中。

(4)在 Sheet2 的“贷款情况表”中，某人从金融机构贷款 500 000 元买车，贷款期限为 5 年，年利率为 8%，请采用相应的函数计算“每月偿还贷款金额”，结果填入 E5 单元格中。

(5)在 Sheet3 表中，请依据“贷款情况表”中的贷款信息，请采用相应的函数计算“贷款还息情况表”中的“贷款第 1 个月的利息”“贷款第 10 个月的利息”“贷款第 2 年的利息”和“贷款第 3 年的利息”，结果分别填入 E2、E3、E4 及 E5 单元格中。

(6)在 Sheet4 的“固定资产情况表”中，某企业某台设备的固定资产原值为 500 000 元，资产残值为 20 000 元，设备使用年限为 10 年，请在“计算折旧值情况表”中采用相应的函数分别计算“每天折旧值”“每月折旧值”及“每年折旧值”，结果分别填入 E2、E3 及 E4 单元格中。

项目十一 数据工具与透视图表等应用

本项目主要介绍Excel表中常用的“条件格式”“数据验证”“排序和筛选”“分类汇总”及“数据透视图表”的设置及创建等。

2.5.1 知识点

1.数据验证及条件格式设置

在Excel表中,当对某些输入的数据进行限制性输入时,可对该单元格的“数据验证”进行设置,使用Excel“数据验证”功能,既可以控制用户输入到单元格的数据或值的类型,防止用户输入无效数据;同时在设置中,也可以设置成当用户尝试在单元格中键入无效数据时会向其发出警告或提供一些消息,以提示在单元格中应输入的内容,帮助用户更正错误。

为了更直观地查看Excel表中的数据,可对相应表格中的单元格进行“条件格式”设置,使得数据按照设定的条件进行显示,依次来区别不同的数据,这样可以让数据对比的可视化效果更加形象化。

1)数据验证设置

使用Excel“数据验证”功能,不仅可以控制输入数据的类型和数据输入的范围,还可以事先设定相应的列表数据供用户输入时选择,另外用户也可以自定义输入规则,以满足特殊的输入要求。

(1)对单元格输入内容,可限定在指定的数据类型及范围之内

例如,当控制用户输入到B2单元格数据只能是“0至100”年龄数据时,其操作过程为:

步骤1:选中单元格B2后,单击菜单栏“数据”中“数据工具”选项组中的“数据验证”命令按钮,在弹出的选择对话框点击“数据验证”选项,如图2-58所示。

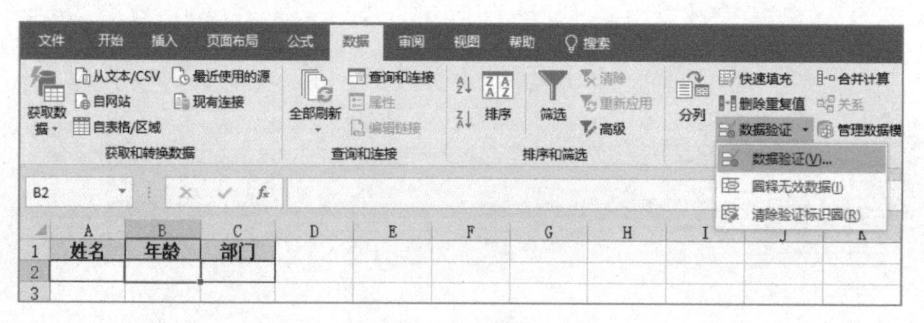

图 2-58 “数据验证”设置

步骤 2:“设置”及“输入信息”页面内容设置。

在“数据验证”对话框中的“设置”标签页中,可分别设置年龄的取值为“整数”,年龄数值介于 0 与 100 之间,在“输入信息”标签页中的标题栏及输入信息栏中,分别输入“年龄信息”和“请输入大于 0 小于 100 的数”,其具体设置如图 2-59 和图 2-60 所示。

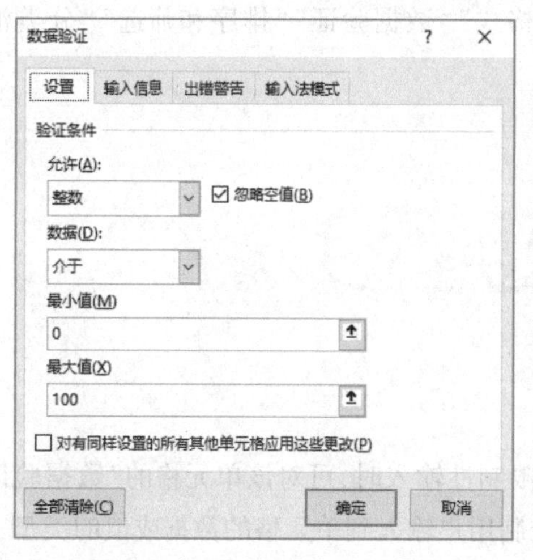

图 2-59 年龄类型及范围设置

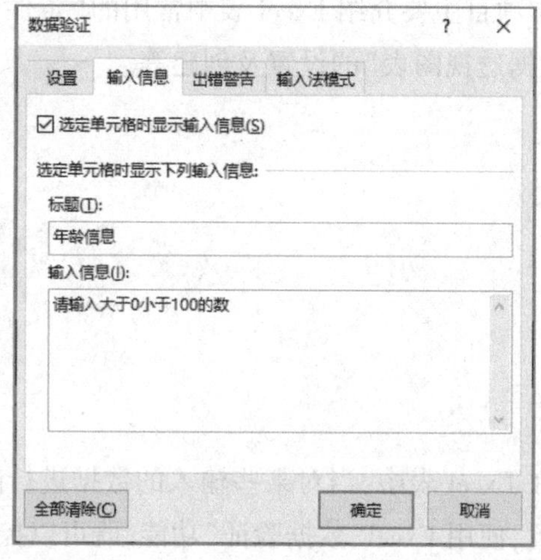

图 2-60 单元格提示信息设置

步骤 3:“出错警告”页面内容设置。

在“出错警告”标签页中,选择显示出错警告时,可以从如图 2-61 所示的三种类型的出错警告中进行选择,并在“错误信息”栏输入相关错误提示信息,如“只能输入大于 0 小于 100 的数字”,如图 2-62 所示。

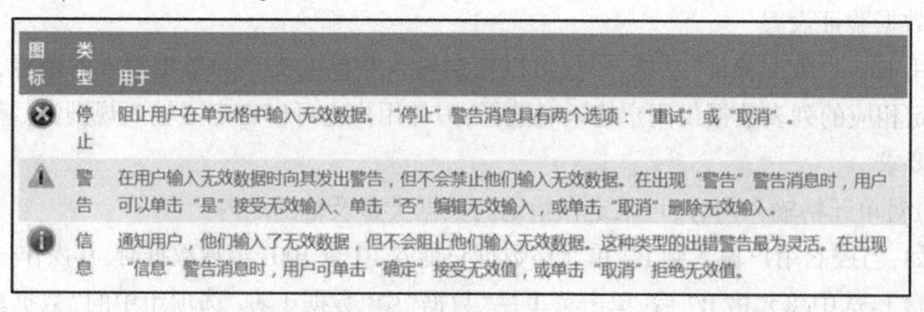

图标	类型	用于
⊗	停止	阻止用户在单元格中输入无效数据。“停止”警告消息具有两个选项：“重试”或“取消”。
⚠	警告	在用户输入无效数据时向其发出警告，但不会禁止他们输入无效数据。在出现“警告”警告消息时，用户可以单击“是”接受无效输入、单击“否”编辑无效输入，或单击“取消”删除无效输入。
ⓘ	信息	通知用户，他们输入了无效数据，但不会阻止他们输入无效数据。这种类型的出错警告最为灵活。在出现“信息”警告消息时，用户可单击“确定”接受无效值，或单击“取消”拒绝无效值。

图 2-61 三种类型的出错警告

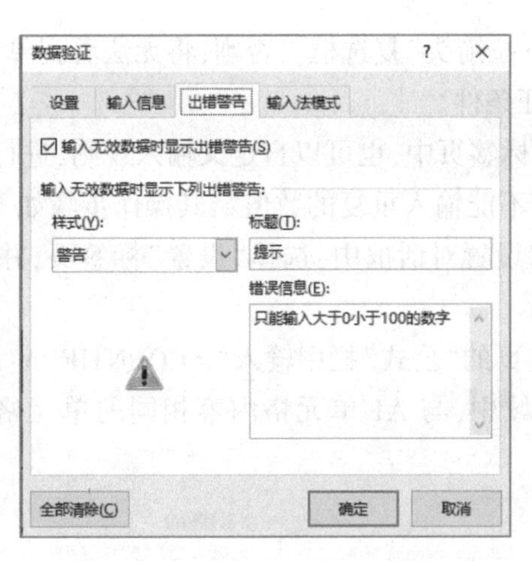

图 2-62 “出错警告”页面设置

当在单元格 B2 中输入信息时,系统自动提示输入内容如图 2-63 所示,出错时系统提示窗口如图 2-64 所示。

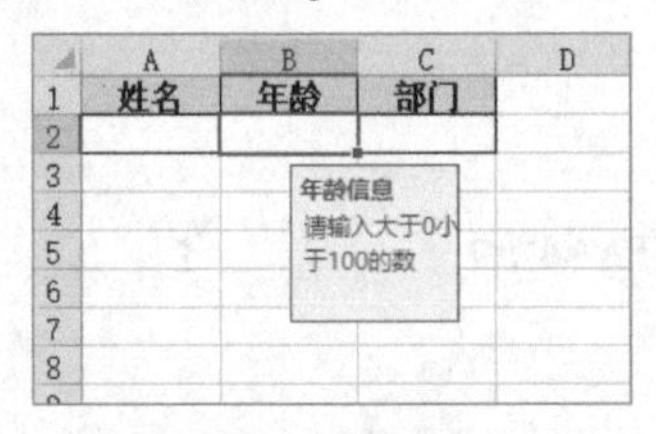

图 2-63 系统提示信息

图 2-64 出错时系统提示窗口

(2)将数据输入限制为下拉列表中的值

在“数据验证”设置对话框中,选择“设置”标签页,并在“允许”列表中选择“序列”类型,在“来源”输入框中输入相应的列表数值,需注意的是:

• 列表分隔符(默认情况下使用英文状态下的逗号)分隔列表值,如输入“采购,销售,财务,研发”,“序列”类型设置如图 2-65 所示,其显示效果如图 2-66 所示。

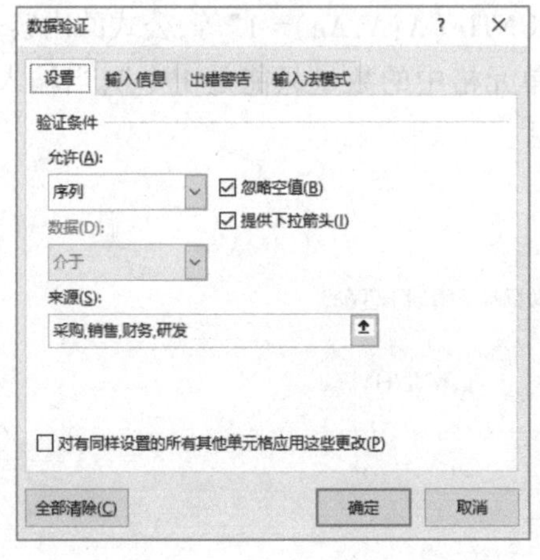

图 2-65 “序列”类型设置

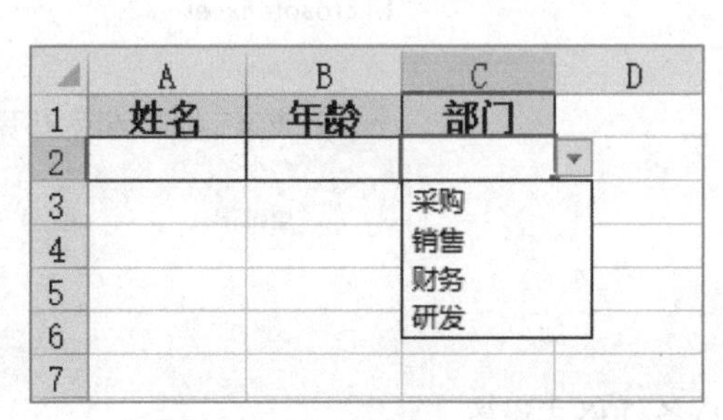

图 2-66 单元格输入时显示效果

• 请确保选中“提供下拉箭头”复选框。否则,将无法看到单元格旁边的下拉箭头。

(3) 自定义输入的验证条件。

在数据验证的“设置”标签页中,也可以自定义输入规则,进行某些特殊的输入要求。

例如,若“设定 A 列中不能输入重复的数值”,其操作步骤如下:

步骤 1:在“数据验证”设置对话框中,选择“设置”标签页,并在“允许”列表中选择“自定义”类型,如图 2-67 所示。

步骤 2:在“设置”标签页的“公式”栏中输入“=COUNTIF(A:A,A1)=1”,该公式内容表示:“A 列中非空单元格区域中,与 A1 单元格内容相同的单元格数量为 1 个”,如图 2-68 所示。

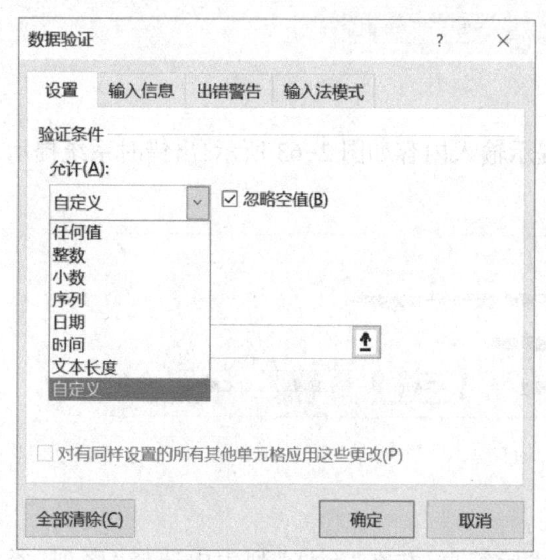

图 2-67 选择“自定义”类型

图 2-68 输入公式“=COUNTIF(A:A,A1)=1”

在实际输入过程中,A 列中各个单元格内的验证公式会随着位置的变化而改变。例如,当定位至 A1 单元格时,该单元格内的数据验证公式内容为“=COUNTIF(A:A,A1)=1”,当定位至 A*n* 单元格时,数据验证公式内容为“=COUNTIF(A:A,A*n*)=1”等,公式的内容表示:“对于当前单元格输入的内容,在 A 列所有非空单元格中的数量只能是 1 个”,当输入重复内容时,系统会出现如图 2-69 所示的“警告”信息。

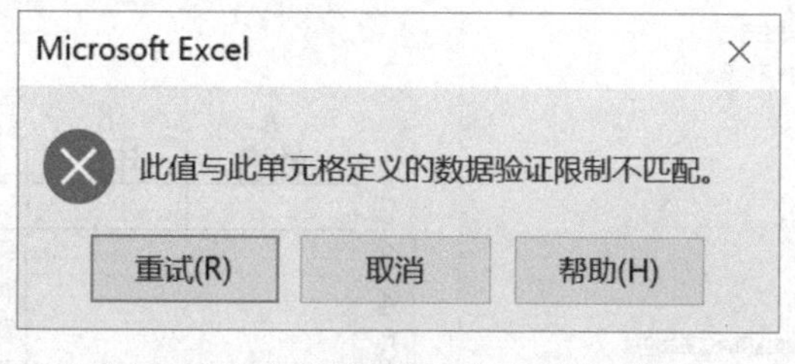

图 2-69 输入重复值时的“警告”信息

2) 条件格式设置

为了更直观地查看数据,在 Excel 里可通过“条件格式”来设置数据的显示方式,可使用不同颜色或样式来区别不同的数据,使得数据对比的可视化效果更加形象化。

例如,在“学生成绩表”中,对于学生“平均分”一列中以“红色文本”显示“不及格”的成绩,在“考评”一列对于出现“不合格”的内容以“浅红填充色深红色文本”显示,效果分别如图 2-70 及图 2-71 所示。

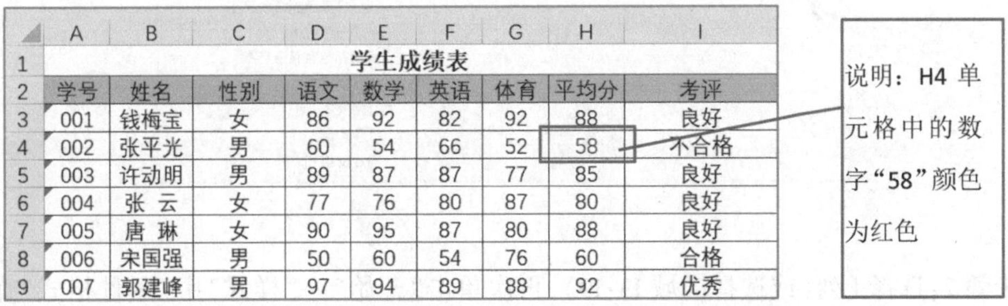

	A	B	C	D	E	F	G	H	I
1	学生成绩表								
2	学号	姓名	性别	语文	数学	英语	体育	平均分	考评
3	001	钱梅宝	女	86	92	82	92	88	良好
4	002	张平光	男	60	54	66	52	58	不合格
5	003	许动明	男	89	87	87	77	85	良好
6	004	张 云	女	77	76	80	87	80	良好
7	005	唐 琳	女	90	95	87	80	88	良好
8	006	宋国强	男	50	60	54	76	60	合格
9	007	郭建峰	男	97	94	89	88	92	优秀

说明：H4 单元格中的数字“58”颜色为红色

图 2-70 “不及格”以“红色文本”显示的成绩

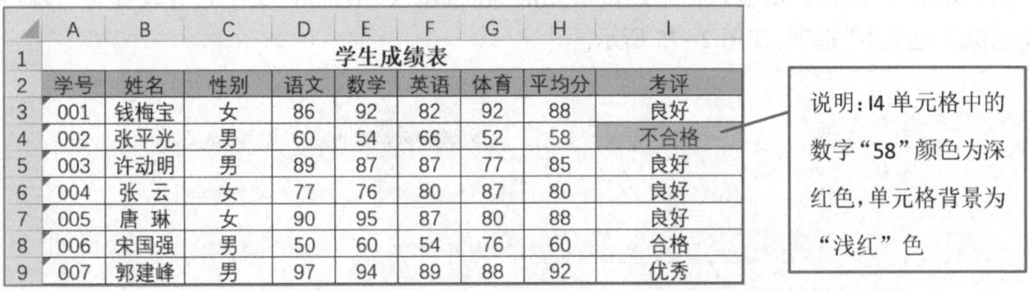

	A	B	C	D	E	F	G	H	I
1	学生成绩表								
2	学号	姓名	性别	语文	数学	英语	体育	平均分	考评
3	001	钱梅宝	女	86	92	82	92	88	良好
4	002	张平光	男	60	54	66	52	58	不合格
5	003	许动明	男	89	87	87	77	85	良好
6	004	张 云	女	77	76	80	87	80	良好
7	005	唐 琳	女	90	95	87	80	88	良好
8	006	宋国强	男	50	60	54	76	60	合格
9	007	郭建峰	男	97	94	89	88	92	优秀

说明：I4 单元格中的数字“58”颜色为深红色，单元格背景为“浅红”色

图 2-71 “不合格”内容以“浅红填充色深红色文本”显示

其条件格式设置的操作步骤如下:

步骤 1:选择需要设置数据条的单元格区域(H3:H9),单击“开始”→“样式”→“条件格式”命令按钮,选择“突出显示单元格规则”中的“小于”命令,如图 2-72 所示,并在“小于”对话框中输入“60”并选择“红色文本”选项,如图 2-73 所示。

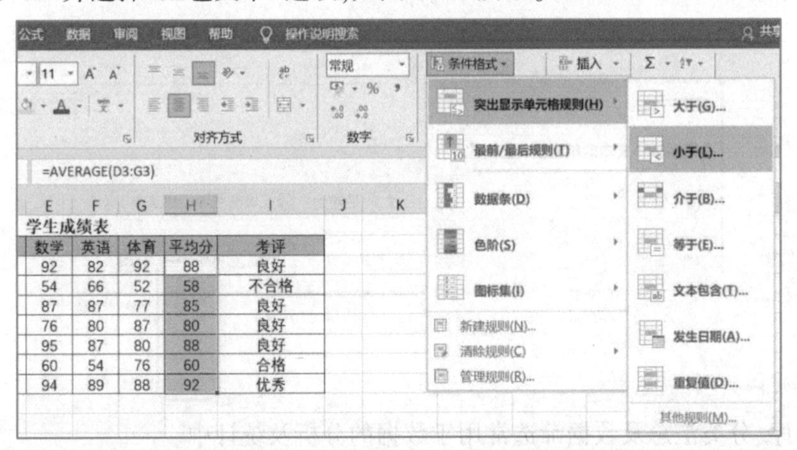

图 2-72 “条件格式”中“不及格”设置

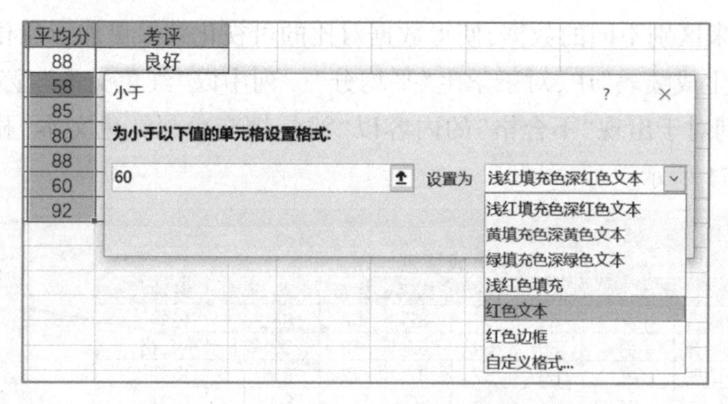

图 2-73 “红色文本”显示“不及格”成绩设置

步骤 2:选择 I 列(或选择区域 I3:I9),再次单击“开始”→“样式”中“条件格式”命令按钮,选择“突出显示单元格规则”中的“文本包含”命令,如图 2-74 所示,并在“为包含以下文本的单元格设置格式”的输入栏中点击单元格 I4(或输入“不合格”文字),并设置为“浅红填充色深红色文本”选项,如图 2-75 所示。

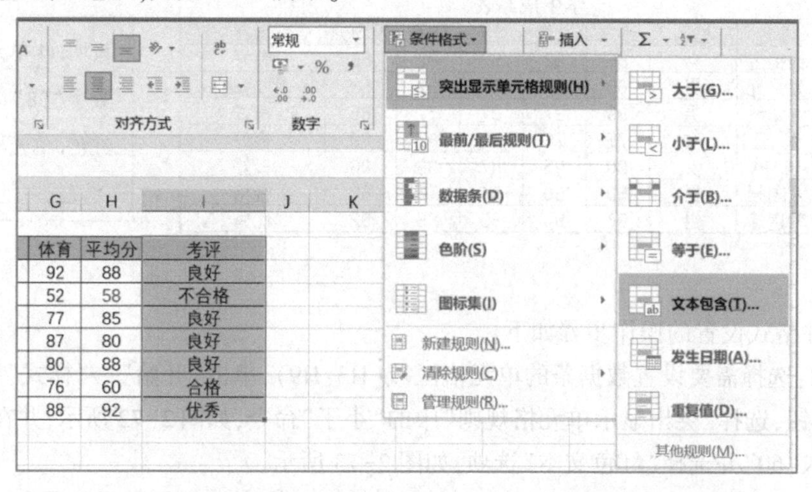

图 2-74 “条件格式”中“不合格”内容设置

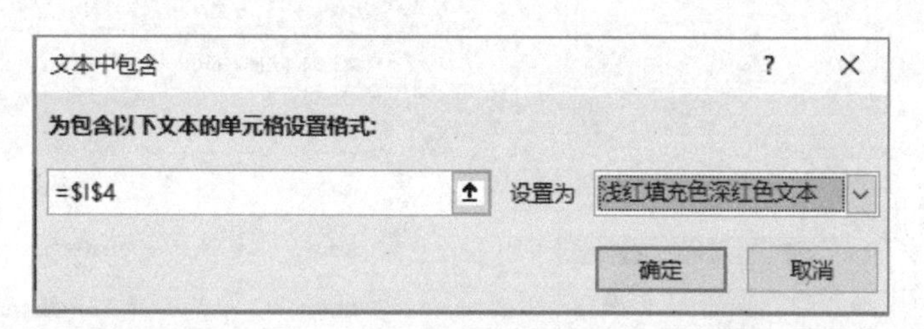

图 2-75 “不合格”的内容以“浅红填充色深红色文本”显示

2.排序、分类汇总与数据筛选

数据排序、分类汇总及数据筛选常用于数据的分析及统计中。

1)数据排序

数据排序是按一定顺序将数据排列,既便于数据分析和数据审查(即有助于对数据检查纠错)，同时又为数据的归类或分组提供方便。在Excel中，选定需排序的数据区域(或定位至区域中任意位置处)，单击“数据”→“排序和筛选”→“排序”命令按钮，在打开的“排序”对话框窗口中，可依据实际情况设定相应的排序条件。

如在“学生成绩表”中按照主要关键字“语文”，次要关键字“数学”，排序依据“单元格值”，次序“降序”(即从大到小排序)进行排序，其操作过程如图2-76所示，结果显示如图2-77所示。

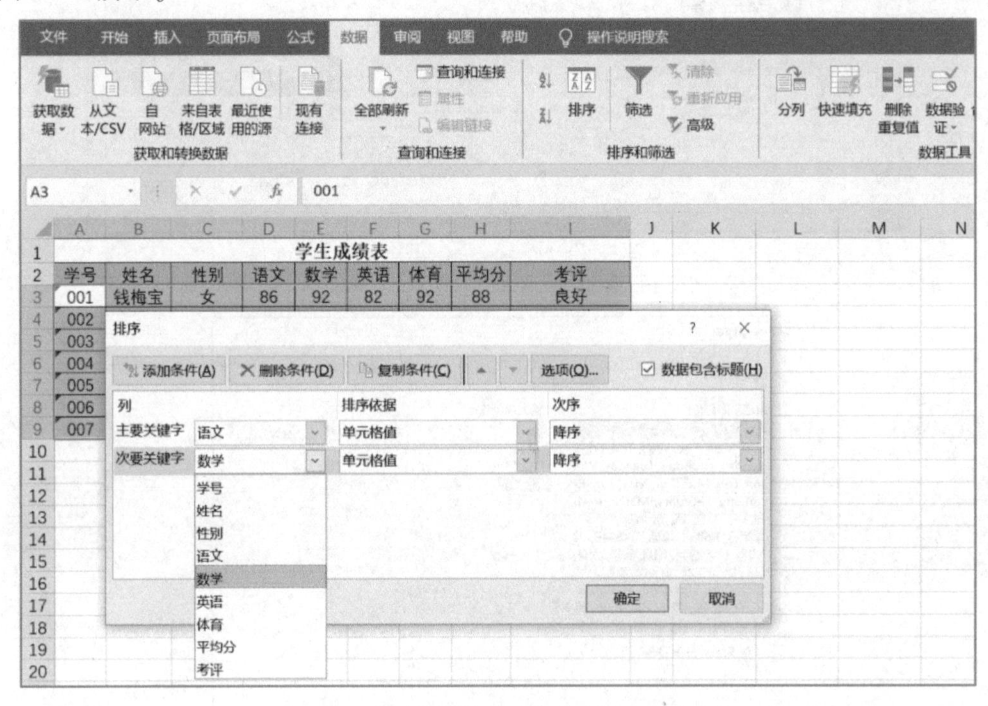

图2-76 设定“按语文及数学成绩降序排序”

	A	B	C	D	E	F	G	H	I
1	学生成绩表								
2	学号	姓名	性别	语文	数学	英语	体育	平均分	考评
3	007	郭建峰	男	97	94	89	88	92	优秀
4	005	唐 琳	女	90	95	87	80	88	良好
5	003	许动明	男	89	87	87	77	85	良好
6	001	钱梅宝	女	86	92	82	92	88	良好
7	004	张 云	女	77	76	80	87	80	良好
8	002	张平光	男	60	54	66	52	58	不合格
9	006	宋国强	男	50	60	54	76	60	合格

图2-77 “按语文及数学成绩降序排序”结果显示

在实际工作中，有时需要对排序中的“次序”进行“自定义序列”，如在“学生成绩表”中，依照“考评”内容进行排序，排序次序依次为“优秀、良好、合格、不合格”。其操作过程如图2-78及图2-79所示，结果显示如图2-80所示。

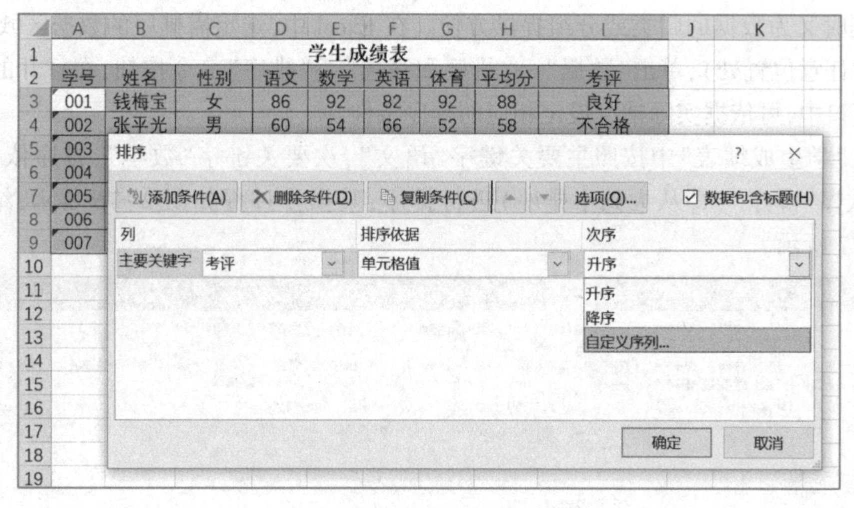

图 2-78 “自定义序列”设置

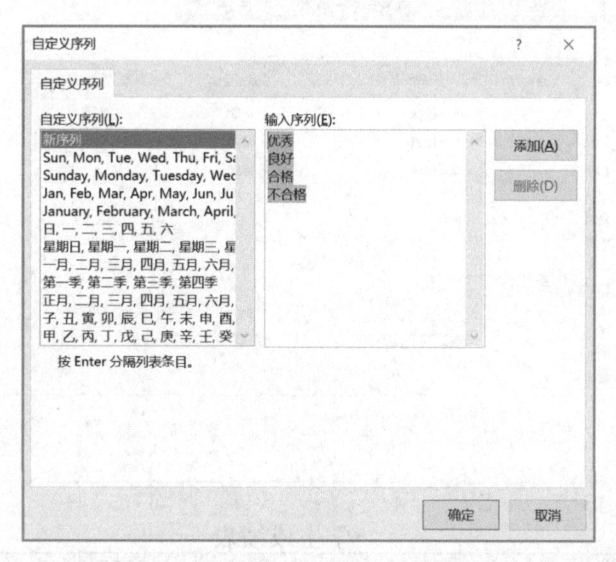

图 2-79 “自定义序列”条目内容设置

学生成绩表

学号	姓名	性别	语文	数学	英语	体育	平均分	考评
007	郭建峰	男	97	94	89	88	92	优秀
001	钱梅宝	女	86	92	82	92	88	良好
003	许动明	男	89	87	87	77	85	良好
004	张 云	女	77	76	80	87	80	良好
005	唐 琳	女	90	95	87	80	88	良好
006	宋国强	男	50	60	54	76	60	合格
002	张平光	男	60	54	66	52	58	不合格

图 2-80 依据“考评”内容排序的结果显示

“自定义序列”内容设置时，条目之间需按“Enter”（回车键），或以英文半角状态下的逗号“，”进行分割。

2)分类汇总

分类汇总是基于某一标准分类的基础上,再对各类别相关数据分别进行求和、求平均数、求个数、求最大值、求最小值等汇总。在 Excel 中,选定需汇总的数据区域(或定位至区域中任意位置处),单击“数据”→“分级显示”→“分类汇总”命令按钮,在打开的“分类汇总”对话框窗口中,可依据需要设置汇总选项。

如在“学生成绩表”中,对不同性别的“平均分”平均值进行分类汇总,在分类汇总前,先对“学生成绩表”按照“性别”进行排序,然后单击“分类汇总”命令按钮进行设置,操作过程如图 2-81 所示,结果显示如图 2-82 所示。

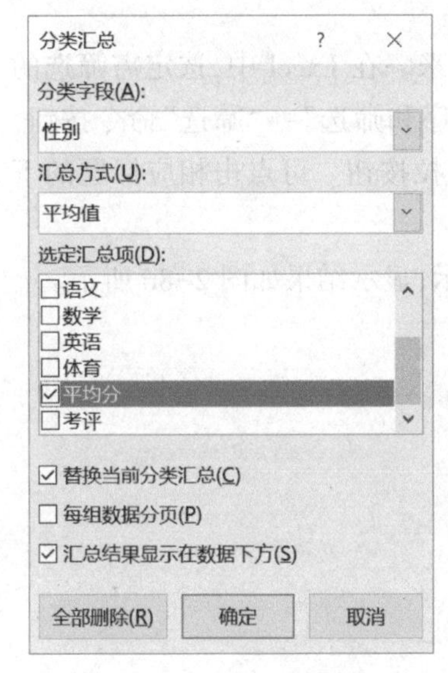

图 2-81 “分类汇总”内容设置

分级标志

	A	B	C	D	E	F	G	H	I
1	学生成绩表								
2	学号	姓名	性别	语文	数学	英语	体育	平均分	考评
3	002	张平光	男	60	54	66	52	58	不合格
4	003	许动明	男	89	87	87	77	85	良好
5	006	宋国强	男	50	60	54	76	60	合格
6	007	郭建峰	男	97	94	89	88	92	优秀
7			男 平均值					73.75	
8	001	钱梅宝	女	86	92	82	92	88	良好
9	004	张 云	女	77	76	80	87	80	良好
10	005	唐 琳	女	90	95	87	80	88	良好
11			女 平均值					85.33	
12			总计平均值					78.71	

图 2-82 “分类汇总”结果显示

在分类汇总界面中的左侧是一些分级标志,点击其中的数字可以收缩或展开数据,如图 2-83 所示,点击数字“2”,就会收缩所有原始数据,只显示汇总结果;如图 2-84 所示,点击数字“1”就会显示“总计”结果。

	A	B	C	D	E	F	G	H	I
1	学生成绩表								
2	学号	姓名	性别	语文	数学	英语	体育	平均分	考评
7			男 平均值					73.75	
11			女 平均值					85.33	
12			总计平均值					78.71	

图 2-83 “2”级显示内容

	A	B	C	D	E	F	G	H	I
1	学生成绩表								
2	学号	姓名	性别	语文	数学	英语	体育	平均分	考评
12			总计平均值					78.71	

图 2-84 “1”级显示内容

分类汇总时，一定要先按分类对象进行排序操作，在确保排序无误的基础上，再进行分类汇总操作。

3）数据筛选

数据筛选是数据表格管理的一个常用项目和基本技能，通过数据筛选可以快速定位符合特定条件的数据，满足使用者的需求。数据筛选可简单地分为：单条件筛选、多条件筛选和高级筛选等。

（1）单条件筛选

所谓单条件筛选，是指将符合单一条件的数据筛选选出来。在 Excel 中，选定需筛选的数据区域（或定位至区域中任意位置处），单击"数据"→"排序和筛选"→"筛选"命令按钮，数据区域将进入自动筛选状态，每个列标题右侧出现一个下拉按钮。可点击相应标题的下拉按钮，在弹出的下拉列表中进行筛选条件设置。

如筛选考评为"良好"的学生信息，其操作如图 2-85 所示，显示结果如图 2-86 所示。

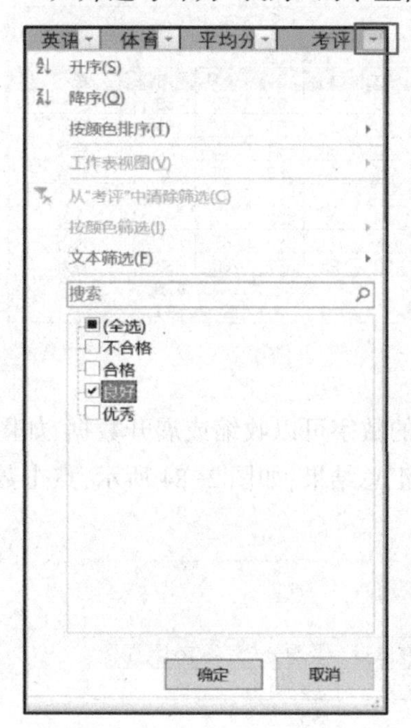

图 2-85　筛选考评为"良好"的记录

	A	B	C	D	E	F	G	H	I
1	学生成绩表								
2	学号	姓名	性别	语文	数学	英语	体育	平均分	考评
3	001	钱梅宝	女	86	92	82	92	88	良好
5	003	许动明	男	89	87	87	77	85	良好
6	004	张 云	女	77	76	80	87	80	良好
7	005	唐 琳	女	90	95	87	80	88	良好
10									
11									
12									

图 2-86　考评为"良好"的学生信息

（2）多条件筛选

所谓多条件筛选，是指筛选的条件为多个，可多次重复单条件筛选的操作方法逐步完成数据筛选。

如需要筛选出考评为"良好"的"女"同学，则在单条件筛选出考评为"良好"的基础上，再次单击性别标题右侧的下拉按钮，在弹出的下拉列表中，选中"良好"复选项，如图 2-87 所示，最后结果如图 2-88 所示。

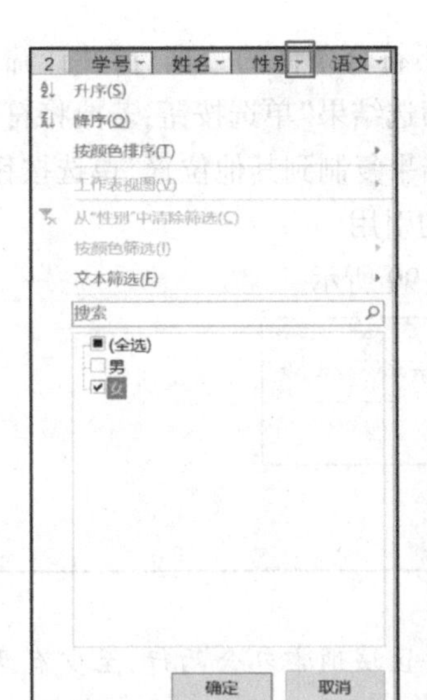

图 2-87 筛选出性别为"女"的记录

	A	B	C	D	E	F	G	H	I
1	学生成绩表								
2	学号	姓名	性别	语文	数学	英语	体育	平均分	考评
3	001	钱梅宝	女	86	92	82	92	88	良好
6	004	张 云	女	77	76	80	87	80	良好
7	005	唐 琳	女	90	95	87	80	88	良好
10									
11									
12									

图 2-88 考评为"良好"的"女"同学记录

(3)高级筛选

高级筛选是指在选定的区域中按指定的复杂条件,筛选出符合条件的记录。如果数据清单中需要筛选的字段比较多,且筛选条件比较复杂时,则使用自动筛选的步骤就很烦琐,这时可使用高级筛选功能进行数据的筛选以简化工作。

在 Excel 中,进行高级筛选时,首先要建立一个条件区域,用来指定筛选数据所需要满足的条件。然后单击"数据"→"排序和筛选"→"高级"命令按钮后,在"高级筛选"对话框窗口中进行相应的设置。

例如,以"考评为'良好'性别为'女'同学、语文成绩'大于等于 80'的同学"为例,进行数据高级筛选方式,则先在表中的某个区域(如 K2:M3)建立"条件区域",再单击"高级"命令按钮打开"高级筛选"窗口,并窗口的"列表区域"和"条件区域"栏中选择相应的范围,其过程如图 2-89 所示。

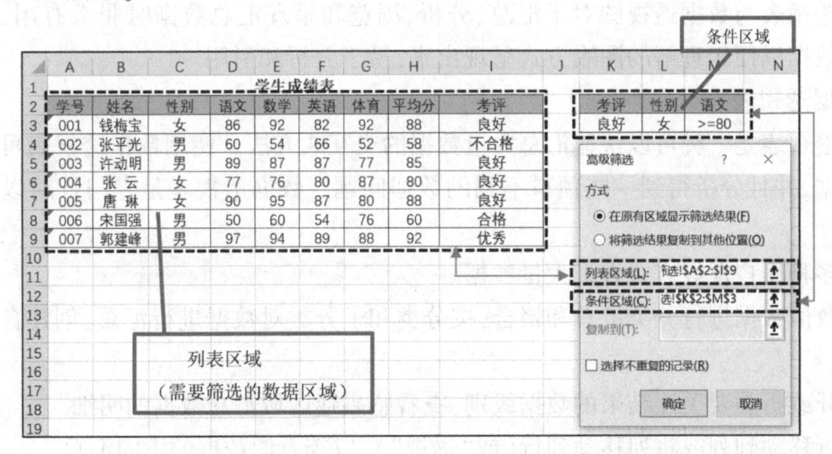

图 2-89 建立筛选条件区域并设置显示方式

其中,在指定保存结果区域的方式中,若筛选后要隐藏不符合条件的数据行,并让筛选的结果显示在表格或数据区域中,可选中“在原有区域显示筛选结果”单选按钮;若要将符合条件的数据行复制到工作表的其他位置,则需选中“将筛选结果复制到其他位置”单选按钮,并通过“复制到”编辑框指定粘贴区域的左上角单元格位置的引用。

采用“在原有区域显示筛选结果”时,其筛选结果如图 2-90 所示。

	A	B	C	D	E	F	G	H	I	J	K	L	M
1	学生成绩表												
2	学号	姓名	性别	语文	数学	英语	体育	平均分	考评		考评	性别	语文
3	001	钱梅宝	女	86	92	82	92	88	良好		良好	女	>=80
7	005	唐 琳	女	90	95	87	80	88	良好				
10													
11													

图 2-90 高级筛选结果

高级筛选注意事项:

(1)高级筛选前,需要事先建立一个条件区域,一个条件区域通常包含两行,至少有两个单元格,第一行用来指定字段名称,第二行用于指定对该字段的筛选条件;其次,条件区域和数据区域之间至少要有一个空白行或列,将两个区域隔开。

(2)当需要将筛选结果保存在除含数据表外的另外工作表中(如将 Sheet1 中的筛选结果保存在 Sheet2 中)时,需要在保存筛选结果的工作表(称为“活动工作表”即 Sheet2)中进行数据的高级筛选操作,最后选择“将筛选结果复制到其他位置”单选按钮,并在 Sheet2 表中选定需显示的单元格位置即可,否则会出现如下提示窗口。

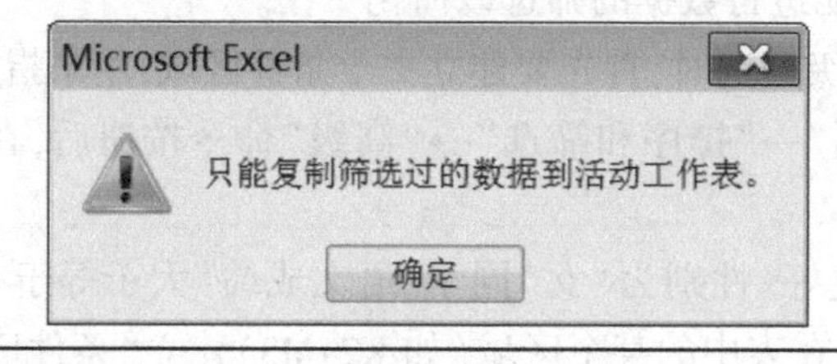

3.数据透视图表的创建

数据透视表与数据透视图对于汇总、分析、浏览和呈现汇总数据时非常有用,使得大量表格化的数据以便于理解的图表方式呈现出来,易于分析和引用。

1)数据透视表

数据透视表是一种可以快速汇总大量数据的交互式方法。使用数据透视表可以深入分析数值数据,并且分析得到一些预料不到的数据问题。数据透视表是专门针对以下用途设计的:

- 以多种用户友好方式查询大量数据。
- 对数值数据进行分类汇总和聚合,按分类和子分类对数据进行汇总,创建自定义计算和公式。
- 展开或折叠要关注结果的数据级别,查看感兴趣区域汇总数据的明细。
- 将行移动到列或将列移动到行(或“透视”),以查看源数据的不同汇总。
- 对最有用和最关注的数据子集进行筛选、排序、分组和有条件地设置格式,使用户能够关注所需的信息。

如果要分析相关的汇总值,尤其是在要合计较大的数字列表,并对每个数字进行多种比较时,通常使用数据透视表。

例如,若对以下"连锁超市销售记录表"创建数据透视表,要得到"不同品种各个季度的销售记录及销售金额合计值"的数据表,其操作步骤如下:

步骤1:在"连锁超市销售记录表"中任意位置处(如F2单元格),单击"插入"→"表格"→"数据透视表"按钮,打开的"创建数据透视表"对话框窗口,在窗口中需进行"表/区域"及"位置"的设置(可通过输入或鼠标拖动方式选定区域),如图2-91所示。

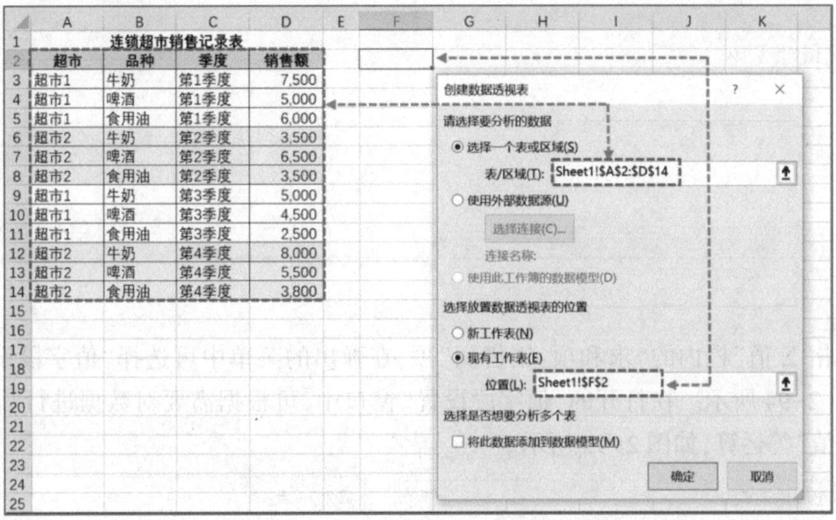

图2-91 对"连锁超市销售记录表"创建数据透视表

步骤2:在"数据透视表字段"窗口中,顺次选中"品种""季度"和"销售额"等复选框(默认情况下,选中的项目自动添加至行标签中),则生成的"数据透视表"为"纵向显示列标签方式",如图2-92所示,系统自动完成求"销售额"的合计。

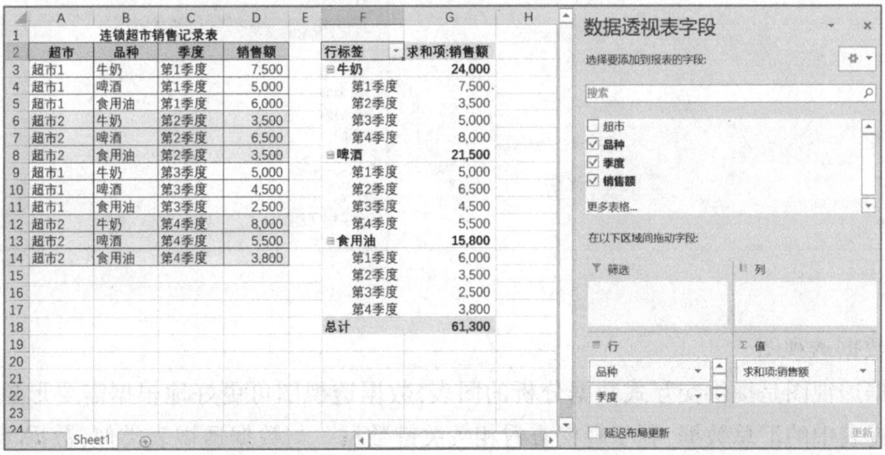

图2-92 数据透视表的"纵向显示列标签方式"

步骤3:若将图2-89中“行”标签栏内的“季度”标签用鼠标拖至“列”标签栏内(或选中“数据透视表字段”中的“季度”,单击鼠标右键,从弹出的菜单中选择“添加到列标签”),则生成“横向显示列标签方式”的数据透视表,如图2-93所示。

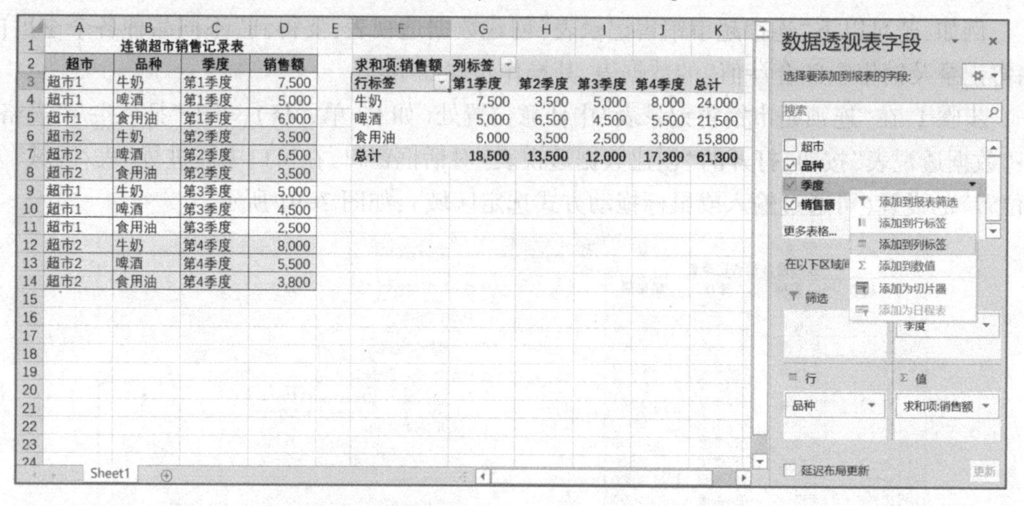

图2-93　数据透视表的“横向显示列标签方式”

可单击“Σ值”栏内的“求和项:销售额”项,在弹出的菜单中可选择“值字段设置”命令选项,如图2-94所示。在打开的“值字段设置”窗口中,可根据需要对数据进行“求和”“计数”“平均值”等运算,如图2-95所示。

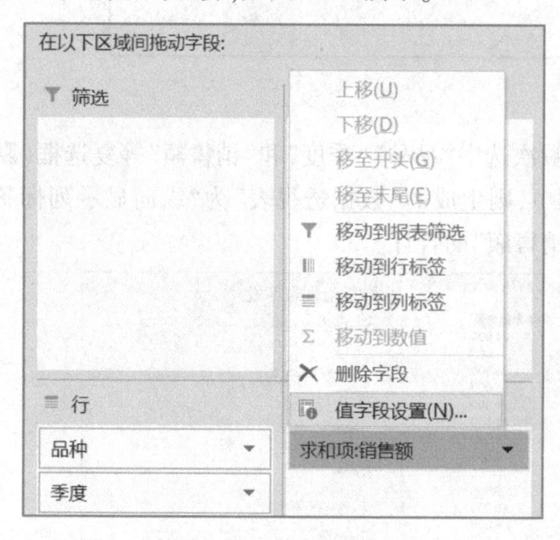

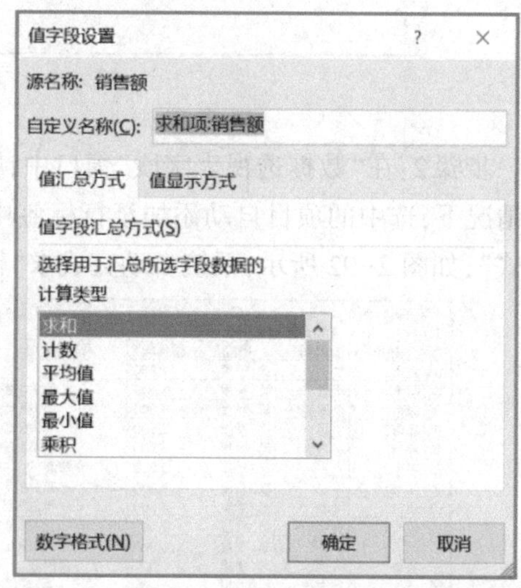

图2-94　“Σ值”栏项目选项　　　　图2-95　“值字段设置”窗口内容

2)数据透视图

数据透视图是提供交互式数据分析的图表,数据透视图可更好地根据需要形象地呈现数据透视表中的汇总数据,利于轻松查看相关关键数据。与数据透视表类似,数据透视图可以更改数据的视图,查看不同级别的明细数据,或通过拖动字段和显示或隐藏字段中的项来重新组织图表的布局,创建数据透视图的同时,也创建出相应的数据透视表。

例如,仍对上述“连锁超市销售记录表”进行数据透视图操作,要得到“显示各个品种销售金额汇总,其中图的 *X* 坐标设置为‘品种’,图例项为‘季度’,求和项为‘销售额’”的透视图,其操作步骤如下:

步骤 1:在“连锁超市销售记录表”中任意位置处(如 F2 单元格),单击“插入”→“图表”→“数据透视图”按钮,在打开的“创建数据透视图”对话框窗口中需进行“表/区域”及“位置”的设置,其设置过程与“创建数据透视表”的设置内容一致。

步骤 2:在“数据透视图字段”窗口中,一般默认情况下,选中的字段名将出现在“轴(类别)”栏,此处可点击并选中“品种”,然后选中“季度”单击鼠标右键,从弹出的菜单中选择“添加到图例字段(系列)”,再选中“销售额”并单击鼠标右键,从弹出的菜单中选择“添加到数值”选项,如图 2-96 所示。

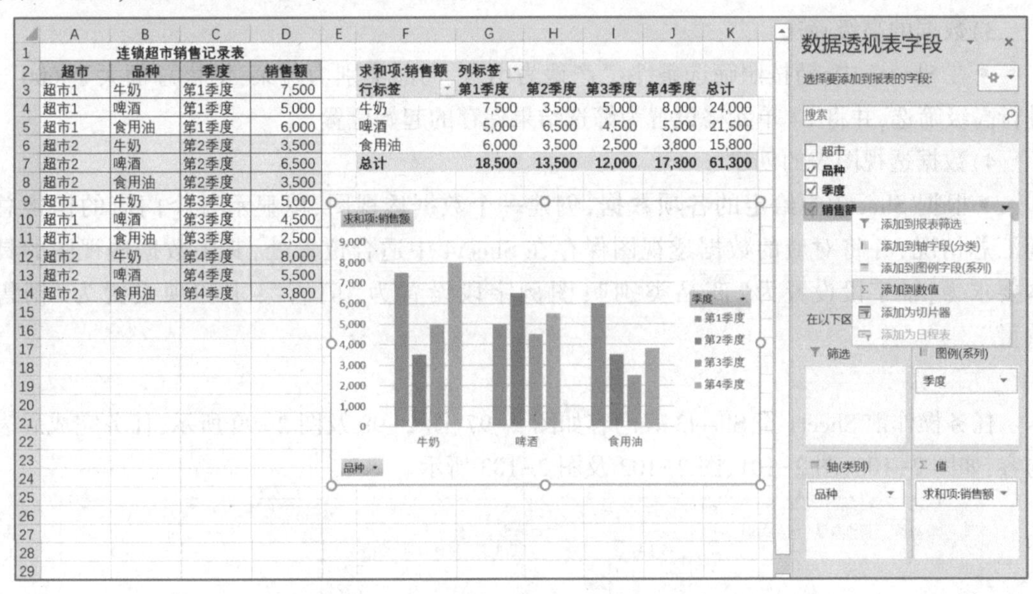

超市	品种	季度	销售额
超市1	牛奶	第1季度	7,500
超市1	啤酒	第1季度	5,000
超市1	食用油	第1季度	6,000
超市2	牛奶	第2季度	3,500
超市2	啤酒	第2季度	6,500
超市2	食用油	第2季度	3,500
超市1	牛奶	第3季度	5,000
超市1	啤酒	第3季度	4,500
超市1	食用油	第3季度	2,500
超市2	牛奶	第4季度	8,000
超市2	啤酒	第4季度	5,500
超市2	食用油	第4季度	3,800

行标签	第1季度	第2季度	第3季度	第4季度	总计
牛奶	7,500	3,500	5,000	8,000	24,000
啤酒	5,000	6,500	4,500	5,500	21,500
食用油	6,000	3,500	2,500	3,800	15,800
总计	18,500	13,500	12,000	17,300	61,300

图 2-96　创建“连锁超市销售记录表”的数据透视图

2.5.2　任务十一　销售统计表分析

打开 Excel 素材文件“销售统计表”,进行以下操作并保存。

销售统计表分析

1.任务要求

1)数据验证及条件格式设置

- 请在 Sheet1 表中,设置 A 列不能输入重复的数值。
- 请在 Sheet1 表中,对 B2 单元格进行以下数据验证条件设置:

＊ 设定该单元格只能录入整数,数据范围为 1 至 1000;

＊ 选定该单元格时,显示标题为“销售数量”,提示内容为“请输入 1 至 1000 内的整数”;

＊ 当录入位数错误时,提示错误原因,样式为“警告”,错误信息为“只能录入 1 至 1000 的整数”。

● 请设置 Sheet1 的 C2 单元格输入方式为下拉列表,内容为:水果、蔬菜、家电。

● 请对 Sheet1 中的“商品销售情况表”进行条件格式操作,使得所有销售数量小于 50 的,以“字体颜色设置为红色、字形加粗”方式显示。

2)排序与分类汇总

● 在 Sheet2 中,请先依照“商品类别”内容进行排序,排序次序依次为“水果,蔬菜,灯具,家电”,然后再对不同商品类别的销售总额进行分类汇总。

3)数据的高级筛选

● 在 Sheet3 中,请按照筛选条件:“产地为山东,商品类别为蔬菜,销售总额大于 600”,进行高级筛选,并将 L1 单元格设置为筛选结果保存的起始位置。

4)数据透视图表的创建

● 根据 Sheet3 中给定的各项数据,创建一个数据透视图,以显示各个门店的销售总额汇总情况,并将对应的数据透视图保存在 Sheet4 中适合位置处,其中数据透视图的具体要求为:轴字段设置为“商品类别”;图例字段设置为“门店”;求和项设置为“销售数量”。

2.任务完成效果

任务操作前 Sheet1 至 Sheet3 表内容如图 2-97、图 2-98 及图 2-99 所示,任务完成后表内容,如图 2-100、图 2-101、图 2-102 及图 2-103 所示。

	A	B	C	D	E	F	G	H	I	J	K	L	M	N	O
1	商品名	销售数量	商品类别		商品销售情况表										
2					商品名	产地	商品类别	销售数量	销售总额						
3					西瓜	海南	水果	202	3,030						
4					香梨	新疆	水果	332	2,324						
5					灯管	广东	灯具	98	2,058						
6					电池	浙江	灯具	20	420						
7					插线板	浙江	灯具	85	5,695						
8					平板电视	南京	家电	50	122,500						
9					洗衣机	山东	家电	33	40,260						
10					空调	浙江	家电	200	120,000						
11					吸尘器	广东	家电	26	16,900						
12					生菜	浙江	蔬菜	300	900						
13					菠菜	山东	蔬菜	256	512						
14															
15															
16															
17															
18															
19															
20															
21															
22															
23															
24															

Sheet1 Sheet2 Sheet3 Sheet4

图 2-97 操作前 Sheet1 表内容

商品名	产地	商品类别	门店	销售数量	销售总额
西瓜	海南	水果	利民店	202	3,030
香蕉	海南	水果	利民店	340	2,720
香梨	新疆	水果	利民店	332	2,324
灯管	广东	灯具	利民店	98	2,058
电池	浙江	灯具	利民店	70	420
洗衣机	山东	家电	利民店	33	40,260
空调	浙江	家电	利民店	20	120,000
吸尘器	广东	家电	利民店	26	16,900
生菜	浙江	蔬菜	利民店	300	900
菠菜	山东	蔬菜	利民店	256	512
白菜	山东	蔬菜	利民店	321	963
西瓜	海南	水果	惠民店	350	5,250
香蕉	海南	水果	惠民店	420	3,360
香梨	新疆	水果	惠民店	259	1,813
灯管	广东	灯具	惠民店	101	2,121
电池	浙江	灯具	惠民店	85	510
洗衣机	山东	家电	惠民店	42	51,240
空调	浙江	家电	惠民店	35	210,000
吸尘器	广东	家电	惠民店	32	20,800
生菜	浙江	蔬菜	惠民店	250	750
菠菜	山东	蔬菜	惠民店	327	654
白菜	山东	蔬菜	惠民店	289	867
西瓜	海南	水果	友民店	400	6,000

Sheet1 Sheet2 Sheet3 Sheet4

图 2-98　Sheet2 表内容

商品名	产地	商品类别	门店	销售数量	销售总额
西瓜	海南	水果	利民店	202	3,030
香蕉	海南	水果	利民店	340	2,720
香梨	新疆	水果	利民店	332	2,324
灯管	广东	灯具	利民店	98	2,058
电池	浙江	灯具	利民店	70	420
洗衣机	山东	家电	利民店	33	40,260
空调	浙江	家电	利民店	20	120,000
吸尘器	广东	家电	利民店	26	16,900
生菜	浙江	蔬菜	利民店	300	900
菠菜	山东	蔬菜	利民店	256	512
白菜	山东	蔬菜	利民店	321	963
西瓜	海南	水果	惠民店	350	5,250
香蕉	海南	水果	惠民店	420	3,360
香梨	新疆	水果	惠民店	259	1,813
灯管	广东	灯具	惠民店	101	2,121
电池	浙江	灯具	惠民店	85	510
洗衣机	山东	家电	惠民店	42	51,240
空调	浙江	家电	惠民店	35	210,000
吸尘器	广东	家电	惠民店	32	20,800
生菜	浙江	蔬菜	惠民店	250	750
菠菜	山东	蔬菜	惠民店	327	654
白菜	山东	蔬菜	惠民店	289	867
西瓜	海南	水果	友民店	400	6,000

产地	商品类别	销售总额
山东	蔬菜	>600

Sheet1 Sheet2 Sheet3 Sheet4

图 2-99　操作前 Sheet3 表内容

商品名	销售数量	商品类别

销售数量

请输入1至1000内的整数

商品销售情况表				
商品名	产地	商品类别	销售数量	销售总额
西瓜	海南	水果	202	3,030
香梨	新疆	水果	332	2,324
灯管	广东	灯具	98	2,058
电池	浙江	灯具	20	420
插线板	浙江	灯具	85	5,695
平板电视	南京	家电	50	122,500
洗衣机	山东	家电	33	40,260
空调	浙江	家电	200	120,000
吸尘器	广东	家电	26	16,900
生菜	浙江	蔬菜	300	900
菠菜	山东	蔬菜	256	512

Sheet1 Sheet2 Sheet3 Sheet4

图 2-100　完成后 Sheet1 表内容

	A	B	C	D	E	F
17	白菜	山东	蔬菜	惠民店	289	867
18	生菜	浙江	蔬菜	友民店	360	1,080
19	菠菜	山东	蔬菜	友民店	300	600
20	白菜	山东	蔬菜	友民店	261	783
21			**蔬菜 汇总**			7,109
22	灯管	广东	灯具	利民店	98	2,058
23	电池	浙江	灯具	利民店	70	420
24	灯管	广东	灯具	惠民店	101	2,121
25	电池	浙江	灯具	惠民店	85	510
26	灯管	广东	灯具	友民店	120	2,520
27	电池	浙江	灯具	友民店	86	516
28			**灯具 汇总**			8,145
29	洗衣机	山东	家电	利民店	33	40,260
30	空调	浙江	家电	利民店	20	120,000
31	吸尘器	广东	家电	利民店	26	16,900
32	洗衣机	山东	家电	惠民店	42	51,240
33	空调	浙江	家电	惠民店	35	210,000
34	吸尘器	广东	家电	惠民店	32	20,800
35	洗衣机	山东	家电	友民店	21	25,620
36	空调	浙江	家电	友民店	30	180,000
37	吸尘器	广东	家电	友民店	35	22,750
38			**家电 汇总**			687,570
39			**总计**			733,601

Sheet1 Sheet2 Sheet3 Sheet4

图 2-101 完成后 Sheet2 表内容

	A	B	C	D	E	F
1	商品名	产地	商品类别	门店	销售数量	销售总额
2	西瓜	海南	水果	利民店	202	3,030
3	香蕉	海南	水果	利民店	340	2,720
4	香梨	新疆	水果	利民店	332	2,324
5	灯管	广东	灯具	利民店	98	2,058
6	电池	浙江	灯具	利民店	70	420
7	洗衣机	山东	家电	利民店	33	40,260
8	空调	浙江	家电	利民店	20	120,000
9	吸尘器	广东	家电	利民店	26	16,900
10	生菜	浙江	蔬菜	利民店	300	900
11	菠菜	山东	蔬菜	利民店	256	512
12	白菜	山东	蔬菜	利民店	321	963
13	西瓜	海南	水果	惠民店	350	5,250
14	香蕉	海南	水果	惠民店	420	3,360
15	香梨	新疆	水果	惠民店	259	1,813
16	灯管	广东	灯具	惠民店	101	2,121
17	电池	浙江	灯具	惠民店	85	510
18	洗衣机	山东	家电	惠民店	42	51,240
19	空调	浙江	家电	惠民店	35	210,000
20	吸尘器	广东	家电	惠民店	32	20,800
21	生菜	浙江	蔬菜	惠民店	250	750
22	菠菜	山东	蔬菜	惠民店	327	654
23	白菜	山东	蔬菜	惠民店	289	867
24	西瓜	海南	水果	友民店	400	6,000

	H	I	J
1	产地	商品类别	销售总额
2	山东	蔬菜	>600

	L	M	N	O	P	Q
1	商品名	产地	商品类别	门店	销售数量	销售总额
2	白菜	山东	蔬菜	利民店	321	963
3	菠菜	山东	蔬菜	惠民店	327	654
4	白菜	山东	蔬菜	惠民店	289	867
5	白菜	山东	蔬菜	友民店	261	783

Sheet1 Sheet2 Sheet3 Sheet4

图 2-102 完成后 Sheet3 表内容

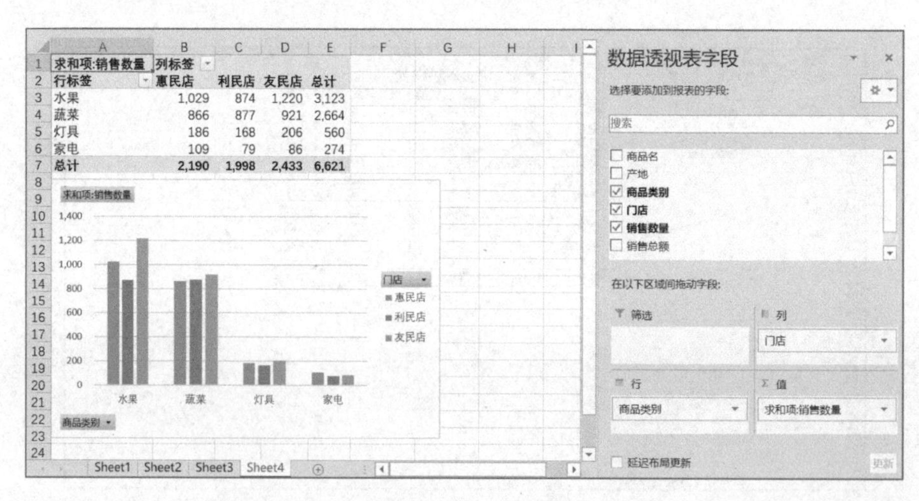

求和项:销售数量	列标签			
行标签	惠民店	利民店	友民店	总计
水果	1,029	874	1,220	3,123
蔬菜	866	877	921	2,664
灯具	186	168	206	560
家电	109	79	86	274
总计	2,190	1,998	2,433	6,621

图 2-103 完成后 Sheet4 表内容

3.任务分析

任务中不仅涉及样式中的条件格式设置，还涉及数据工具中的单元格数据验证，并在数据排序的基础上进行分类汇总，再按照筛选条件完成数据的高级筛选，最后根据要求创建相应的数据透视图。

4.任务实施

第 1 步：数据验证及条件格式设置。

• 设置 A 列不能输入重复的数值需要使用 COUNTIF 函数，以确保当前输入值与先前输入 A 列中的值相比较后数量是 1。操作步骤为：选择 A 列后，单击"数据"→"数据工具"→"数据验证"按钮，在打开的"数据验证"窗口中的"设置"标签页中，选择"允许"输入栏内容为"自定义"，公式栏中输入："=COUNTIF(A:A,A1)= 1"，如图 2-104 所示。

• 设置 B2 单元格验证条件的操作步骤为：选中 B2 单元格后单击"数据验证"按钮，在打开的"数据验证"窗口中的"设置""输入信息"和"出错警告"标签页中进行相应的设置，设置内容分别如图 2-105、图 2-106 及图 2-107 所示。

图 2-104　A 列不能输入重复数值设置

图 2-105　B2 单元格的数据范围设置

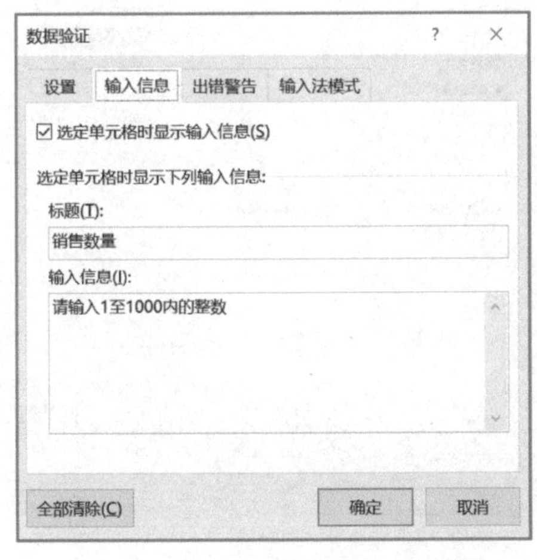

图 2-106　B2 单元格的标题及内容设置

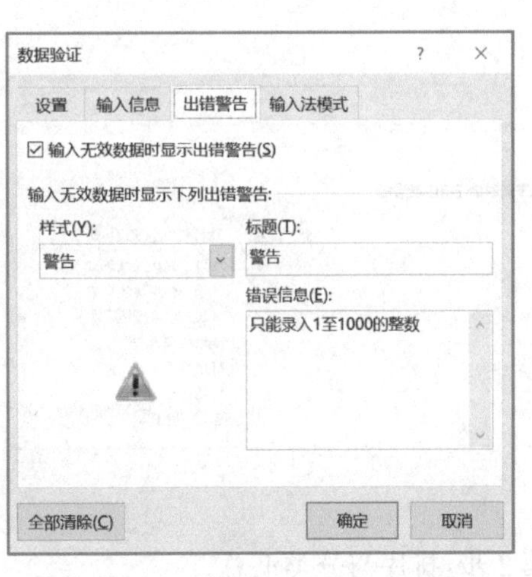

图 2-107　B2 单元格出错信息设置

• C2 单元格验证条件的操作步骤为：选中 C2 单元格后单击“数据验证”按钮，在打开的“数据验证”窗口的“设置”标签页中，选择“序列”数据类型，来源栏中输入：“水果，蔬菜，家电”，如图 2-108 所示。

• 条件格式操作步骤为：选定区域 H3 至 H13 后，单击“开始”→“样式”→“条件格式”按钮，如图 2-109 所示，选择“突出显示单元格规则”中“小于”选项，在打开的“小于”设置窗口中输入“50”并点击“自定义格式”，如图 2-110 所示；最后在“设置单元格格式”窗口中的“字体”标签页中，选择颜色为红色，字形“加粗”，如图 2-111 所示。

图 2-108　C2 单元格“序列”数据的设置

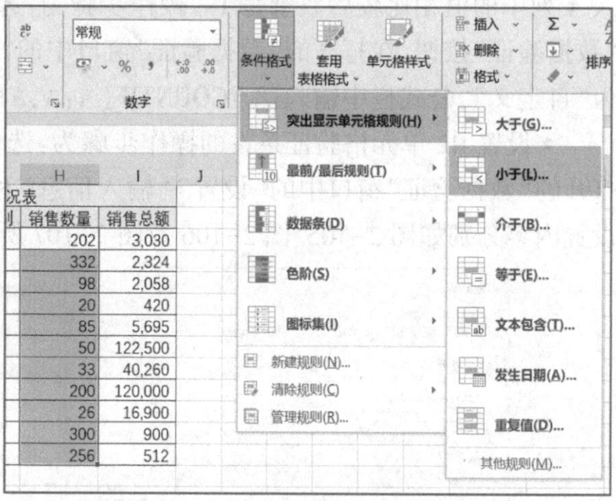

图 2-109　条件格式选项设置

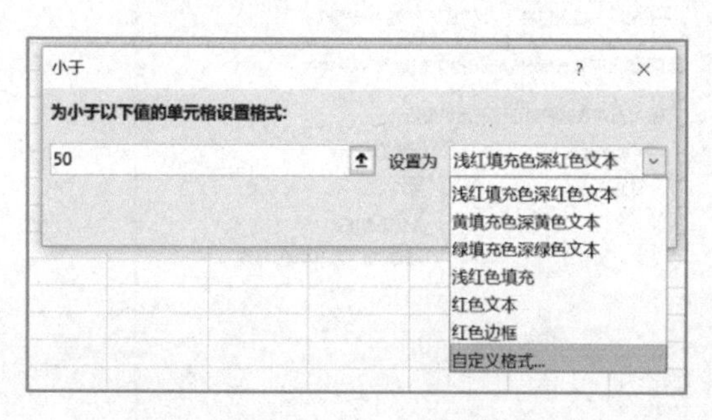

图 2-110　“自定义格式”设置

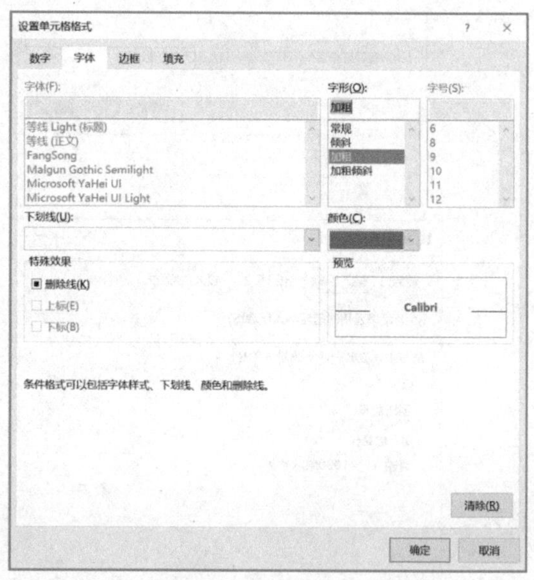

图 2-111　字体及字形设置

第 2 步：排序与分类汇总。

• 鼠标定位至 Sheet2 表中数据区域内任意处，单击“数据”“排序和筛选”“排序”按钮，在弹出的“排序”对话框窗口中，主要关键字选择“商品类别”，次序栏中选择“自定义序列”，如图 2-112 所示；在打开的“自定义序列”窗口中，输入序列内容为：“水果，蔬菜，灯具，家电”，点击“确定”后，再次进行“次序”的选择并点击“确定”后退出，如图 2-113 及图 2-114 所示。

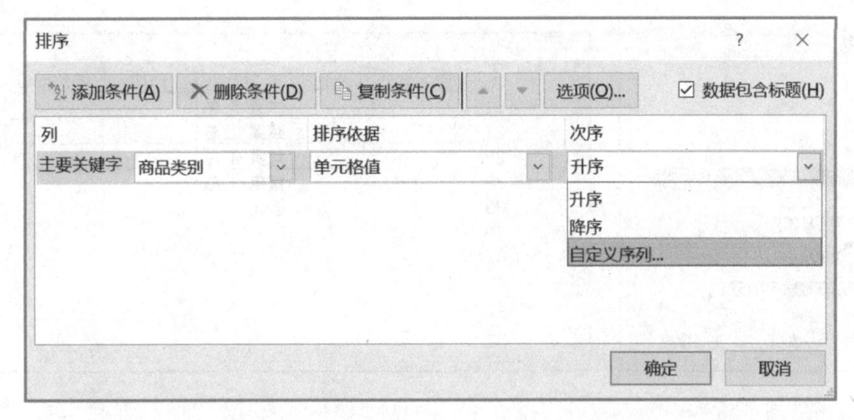

图 2-112 “列”及“次序”的选择

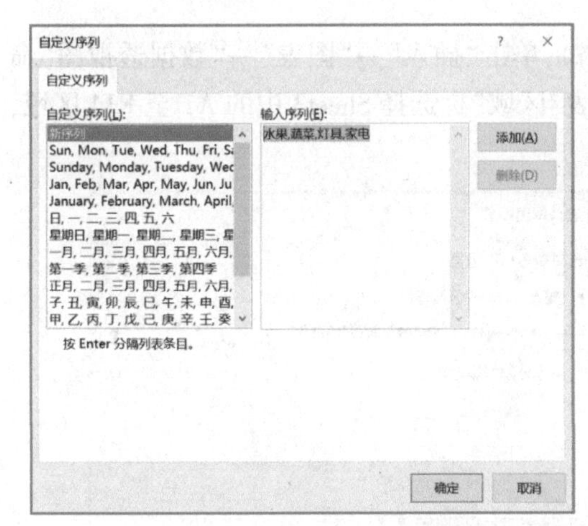

图 2-113 “自定义序列”内容设置

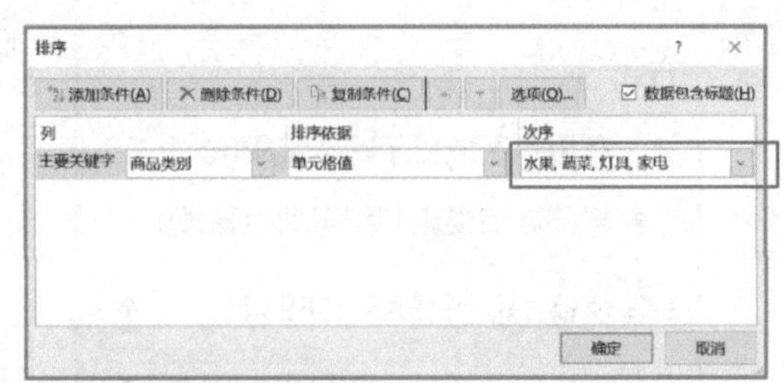

图 2-114 排序“次序”的确定

• 鼠标再次定位至 Sheet2 表中已经排好序的数据区域内任意处，单击“数据”→“分级显示”→“分类汇总”命令按钮，在打开的“分类汇总”对话框进行设置，设置内容如图 2-115 所示，数据分类汇总后的第 2 级显示内容如图 2-116 所示。

第 3 步：数据的高级筛选。

• 定位至 Sheet3 表中任意位置处，单击“数据”→“排序和筛选”→“高级”命令按钮，在打开的“高级筛选”对话框窗口中，选中“将筛选结果复制到其他位置”选项，在“列表区域”栏中选择 Sheet3 的 A1 至 F34 区域（系统显示“Sheet3！ \$A\$1：\$F\$34”），“条件区域”栏为 Sheet3 的 H1 至 J2 区域（系统显示“Sheet3！ \$H\$1：\$J\$2”），“复制到”（位置）为 Sheet3 的 L1 单元格（系统显示“Sheet3！ \$L\$1”），具体设置内容如图 2-117 所示。

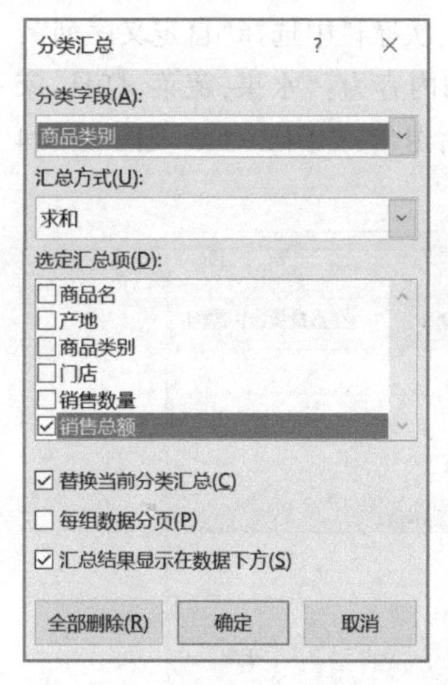

图 2-115 “分类汇总”设置内容

	A	B	C	D	E	F
1	商品名	产地	商品类别	门店	销售数量	销售总额
11			水果 汇总			30,777
21			蔬菜 汇总			7,109
28			灯具 汇总			8,145
38			家电 汇总			687,570
39			总计			733,601
40						
41						
42						
43						
44						
45						

图 2-116 数据分类汇总后第 2 级显示内容

第 4 步:数据透视图表的创建。

• 定位至 Sheet4 适合位置处(如 A1 单元格),单击“插入”→“图表”→“数据透视图”命令按钮,在打开的“创建数据透视图”窗口中,“表/区域”栏选择 Sheet3 中的 A1 至 F34 区域,如图 2-118 所示,点击“确定”后退出。

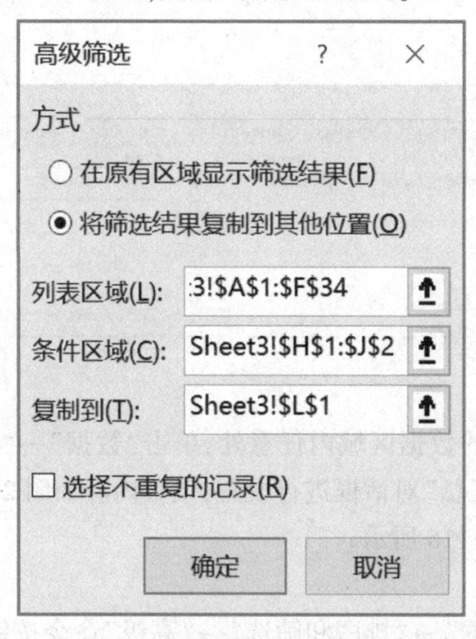

图 2-117 “高级筛选”的设置内容

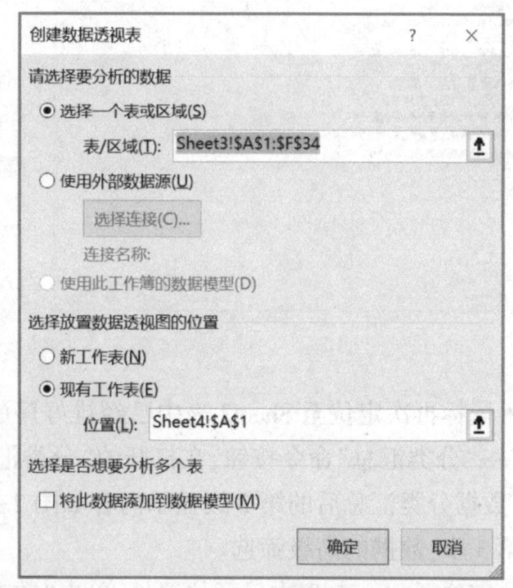

图 2-118 高级筛选的结果显示

• 如图 2-119 所示,在 Sheet4 表“数据透视图字段”窗口栏中,依次选择“商品类别”“门店”及“销售数量”等字段,并分别单击鼠标右键后,在弹出的菜单中依次设置至“添加到轴字段(分类)”“添加到图例字段(系列)”及“添加到数值”。

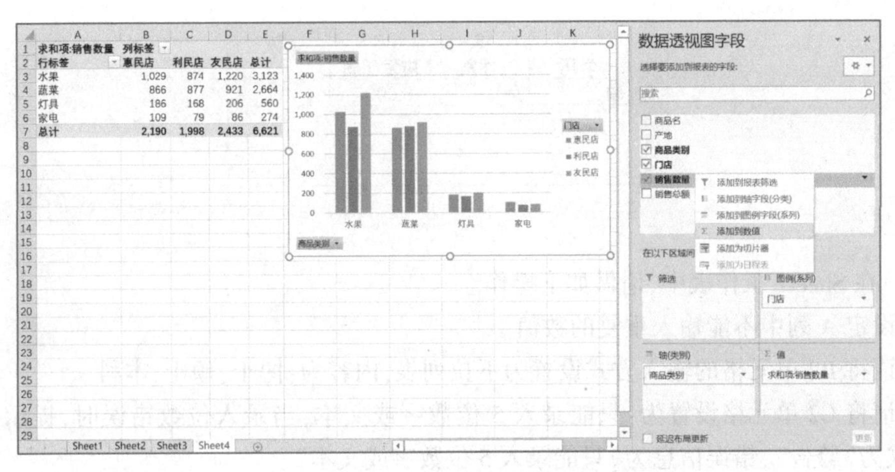

图 2-119 “数据透视图”中选择字段的选择

2.5.3 操作练习

打开 Excel 素材文件“员工工资表统计”,其中 Sheet1 至 Sheet4 内容如图 2-120、图 2-121 和图 2-122 所示,请对各表进行以下操作并保存。

	A	B	C	D
1	姓名	学历	基本工资	
2				
3				

图 2-120 Sheet1 内容

	A	B	C	D	E	F	G	H	I
1	姓名	部门	职位	性别	学历	基本工资	绩效工资	应发工资	
2	邓云	翠华路	项目经理	男	博士	6000	4330	10330	
3	贾丽娜	团结路	项目经理	女	博士	6000	3932	9932	
4	周建华	团结路	业务代表	男	本科	2400	4218	6618	
5	吴冬玉	胜利路	项目经理	女	硕士	5600	4261	9861	
6	项文明	翠华路	销售经理	男	博士	4000	5687	9687	
7	徐华	胜利路	销售经理	女	硕士	3600	6054	9654	
8	罗金梅	友好路	项目经理	女	博士	6000	4915	10915	
9	齐明利	翠华路	业务代表	女	硕士	2600	4148	6748	
10	赵援	团结路	业务代表	女	硕士	2600	6026	8626	
11	罗颖	友好路	业务代表	女	本科	2400	3443	5843	
12	张永和	翠华路	业务代表	男	本科	2400	6433	8833	
13	张杰	胜利路	业务代表	女	硕士	2600	8800	11400	
14	雷振洲	友好路	销售经理	男	硕士	3600	4452	8052	
15	陈佳琪	友好路	业务代表	女	本科	2400	6495	8895	
16	赵永乐	翠华路	销售经理	男	本科	3400	5557	8957	
17	梁小尹	胜利路	业务代表	女	本科	2400	7028	9428	
18	梁晓彤	团结路	销售经理	女	博士	4000	3546	7546	
19	张华	翠华路	销售经理	男	硕士	3600	4042	7642	
20									

图 2-121 Sheet2 及 Sheet4 内容

	A	B	C	D
1	学历	性别	应发工资	
2	硕士	女	>8,000	
3				
4				
5				

图 2-122　Sheet3 内容

(1)在 Sheet1 工作表中,请做如下操作。

•设定 A 列中不能输入重复的数值。

•请将 B2 单元格的输入方式设置为下拉列表,内容为:博士,硕士,本科。

•请将 C2 单元格设置为:只能录入 5 位数字或文本,当录入位数错误时,提示错误原因,样式为“警告”,错误信息为“只能录入 5 位数字或文本”。

(2)在 Sheet2 工作表中,请做如下操作。

•请将表中所有应发工资大于 10 000 的以“字体颜色设置为红色、字形加粗”方式显示。

•请先依照“学历”内容进行排序,排序次序依次为“本科,硕士,博士”,再对不同学历应发工资的平均值进行分类汇总。

(3)在 Sheet3 工作表中,请做如下操作。

•请按照 Sheet3 表中的筛选条件“学历为硕士,性别为女,应发工资大于 8000”,对 Sheet2 表的数据进行高级筛选,并将 Sheet3 表中 A5 单元格设置为筛选结果保存的起始位置。

(4)在 Sheet4 工作表中,请做如下操作。

•根据 Sheet4 中给定的各项数据,请在新工作表(如 Sheet5)中创建一个数据透视表,以显示不同部门、不同职位的应发工资汇总情况,其中数据透视表的具体要求为:行标签设置为“部门”;列标签置为“职位”;求和项设置为“应发工资”。

Excel综合操作任务

打开 Excel 素材文件“综合操作表”，其中 Sheet 1 及 Sheet 2 表内容如图 2-123 及图 2-124 所示，进行以下操作并保存。

	A	B	C	D	E	F	G
1	2						
2	0						
3	0						
4	5						
5	0						
6	6						
7	2						
8	6						
9	8						
10	7						
11	15						
12	3						
13	18						

图 2-123 Sheet 1 表内容

	A	B	C	D	E	F	G	H	I	J	K	L	M
1	房屋销售清单										销售部信息		
2	销售单号	新销售单号	面积	单价	折扣率	房价	销售部门	销售经理	房价排名		销售部门	销售经理	
3	2021001		102	12,370			经开区	张晶			经开区	张晶	
4	2021002		105	11,650			经开区	张晶			新城区	程伟	
5	2021003		138	10,110			新城区	程伟			科技区	梁晓彤	
6	2021004		221	9,980			科技区	梁晓彤					
7	2021005		109	12,100			新城区	程伟			条件区域1		
8	2021006		232	10,200			经开区	张晶			销售部门	面积	
9	2021007		112	11,000			新城区	程伟			科技区	<120	
10	2021008		101	12,560			新城区	程伟					
11	2021009		120	11,020			科技区	梁晓彤			条件区域2		
12	2021010		132	10,130			新城区	程伟			销售部门	销售部门	销售部门
13	2021011		220	9,880			经开区	张晶			经开区	新城区	科技区
14	2021012		195	10,980			新城区	程伟					
15	2021013		115	9,890			经开区	张晶					
16	2021014		120	10,230			经开区	张晶					
17	2021015		168	11,080			新城区	程伟					
18	2021016		170	11,980			新城区	程伟					
19	2021017		106	23,200			科技区	梁晓彤					
20	2021018		109	13,500			经开区	张晶					
21	2021019		113	22,000			科技区	梁晓彤					
22	2021020		126	12,800			新城区	程伟					
23	2021021		130	10,980			科技区	梁晓彤					
24	2021022		221	8,900			科技区	梁晓彤					
25	2021023		150	10,200			经开区	张晶					
26													
27	销售情况说明												
28	科技区所售房屋总价												
29	房屋面积为奇数的房屋个数												
30	所售房屋价格的最小值												
31	面积大于等于120的房屋户数												
32	销售部门为科技区，面积小于120的最低房价												
33													
34	销售部门	经开区	新城区	科技区									
35	房屋销售数量												

图 2-124 Sheet 2 表内容

(1) 请在 Sheet 1 中进行如下操作并保存。

- 使用条件格式，将 A1:A13 单元格区域中有重复的单元格填充色设为红色。

• B1 单元格中设置为只能录入 5 位数字或文本。当录入位数错误时，提示错误原因，样式为“警告”，错误信息为“只能录入 5 位数字或文本”。

• 设定 C 列中不能输入重复的数值。

• 请在 D1 单元格中输入公式，判断当前年份是否为闰年，结果为 TRUE 或 FALSE，其中闰年定义：“年数能被 4 整除而不能被 100 整除，或者能被 400 整除的年份”。

(2) 请在 Sheet 2 中进行如下操作并保存。

• 使用 CONCAT 和 REPLACE 文本函数将“销售单号”列中的编号进行升级，并填入“新销售单号”列中，升级规则为“在原有单号中的第 4 位至第 5 位间插入‘-’符号，再在单号前加上字母‘A’”，例：原销售单号 2021001，升级后为 A2021-001。

• 使用 IF 逻辑函数自动填写“折扣率”列，面积小于 120 的为九五折(即折扣率为 95%)；面积小于 180 但大于等于 120 的九二折；大于等于 180 的九折。

• 使用数组公式和 ROUND 函数填写“房价”列，四舍五入到百位。

• 使用 VLOOKUP 查找与引用函数，根据“销售部信息”表对“房屋销售清单”中的“销售经理”列进行自动填充(注意在函数中需要用到绝对地址进行计算，其他方式无效)。

• 使用函数 SUMIF，计算“房屋销售清单”中“科技区”所售房屋总价，结果填入 F28 单元格中。

• 使用函数 SUMPRODUCT，计算“房屋销售清单”中房屋面积为奇数的房屋个数，结果填入 F29 单元格中。

• 使用统计函数 MIN，返回“房屋销售清单”中所售房屋价格的最小值，结果填入 F30 单元格中。

• 使用统计函数 COUNTIF，统计“房屋销售清单”中面积大于等于 120 的房屋户数，结果填入 F31 单元格中。

• 使用统计函数 RANK，对“房屋销售清单”中的房价进行排名(数值高的排名在前)，结果保存在表中的“房价排名”列中。

• 根据表中“条件区域 1”，使用数据库函数 DMIN，计算条件为“销售部门为科技区，面积小于 120”的最低房价，并将结果填入表中的 F32 单元格中。

• 根据表中“条件区域 2”，使用数据库函数 DCOUNT，计算经开区，新城区和科技区等各销售部门房屋销售的数量，结果分别填入表中的 B35、C35 和 D35 单元格中(注意在函数中需要用到绝对地址进行计算，其他方式无效)。

• 将 Sheet2 中，将“房屋销售清单”表中的列标签及数据一同起复制到 Sheet3 及 Sheet4 中。

(3) 请在 Sheet3 中进行如下操作并保存。

• 对表中数据依照“销售部门”内容进行排序，排序次序依次为“科技区，经开区，新城区”。

• 汇总不同销售部门所售的房屋总价。

(4)请在 Sheet4 中进行如下操作并保存。

• 根据表中数据,创建一个数据透视图,以显示各个销售部门的销售总额汇总情况,结果保存在 Sheet 5 中。要求为:轴字段设置为“销售经理”;图例字段设置为“销售部门”;求和项设置为“房价”。

• 在 Sheet3 中,创建筛选条件:“面积大于等于 170,销售部门为新城区”,并进行高级筛选,其中 A26 单元格设置为筛选结果保存的起始位置。

完成后的 Sheet 1 至 Sheet 5 各表内容显示效果分别如图 2-125、图 2-126、图 2-127、图 2-128 和图 2-129 所示。

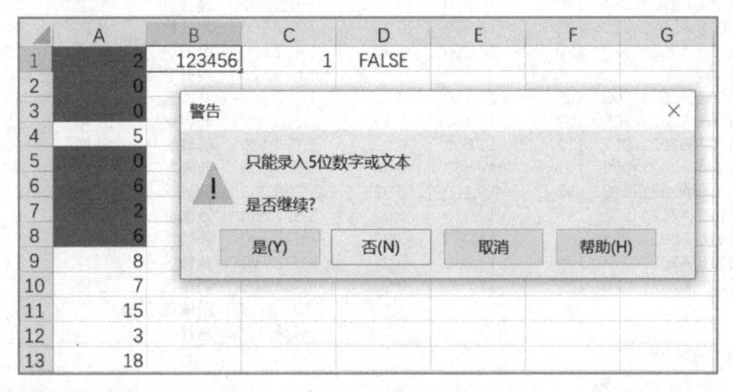

图 2-125　Sheet 1 内容显示效果(其中 D1 单元格结果由系统当前年份确定)

房屋销售清单

销售单号	新销售单号	面积	单价	折扣率	房价	销售部门	销售经理	房价排名
2021001	A2021-001	102	12,370	0.95	1,198,700	经开区	张晶	19
2021002	A2021-002	105	11,650	0.95	1,162,100	经开区	张晶	21
2021003	A2021-003	138	10,110	0.92	1,283,600	新城区	程伟	14
2021004	A2021-004	221	9,980	0.9	1,985,000	科技区	梁晓彤	4
2021005	A2021-005	109	12,100	0.95	1,253,000	新城区	程伟	15
2021006	A2021-006	232	10,200	0.9	2,129,800	经开区	张晶	3
2021007	A2021-007	112	11,000	0.95	1,170,400	新城区	程伟	20
2021008	A2021-008	101	12,560	0.95	1,205,100	新城区	程伟	18
2021009	A2021-009	120	11,020	0.92	1,216,600	科技区	梁晓彤	17
2021010	A2021-010	132	10,130	0.92	1,230,200	新城区	程伟	16
2021011	A2021-011	220	9,880	0.9	1,956,200	经开区	张晶	5
2021012	A2021-012	195	10,980	0.9	1,927,000	新城区	程伟	6
2021013	A2021-013	115	9,890	0.95	1,080,500	经开区	张晶	23
2021014	A2021-014	120	10,230	0.92	1,129,400	经开区	张晶	22
2021015	A2021-015	168	11,080	0.92	1,712,500	新城区	程伟	9
2021016	A2021-016	170	11,980	0.92	1,873,700	新城区	程伟	7
2021017	A2021-017	106	23,200	0.95	2,336,200	科技区	梁晓彤	2
2021018	A2021-018	109	13,500	0.95	1,397,900	经开区	张晶	12
2021019	A2021-019	113	22,000	0.95	2,361,700	科技区	梁晓彤	1
2021020	A2021-020	126	12,800	0.92	1,483,800	新城区	程伟	10
2021021	A2021-021	130	10,980	0.92	1,313,200	科技区	梁晓彤	13
2021022	A2021-022	221	8,900	0.9	1,770,200	科技区	梁晓彤	8
2021023	A2021-023	150	10,200	0.92	1,407,600	经开区	张晶	11

销售情况说明	
科技区所售房屋总价	10,982,900
房屋面积为奇数的房屋个数	9
所售房屋价格的最小值	1,080,500
面积大于等于120的房屋户数	14
销售部门为科技区，面积小于120的最低房价	2,336,200

销售部门	经开区	新城区	科技区
房屋销售数	8	9	6

销售部信息

销售部门	销售经理
经开区	张晶
新城区	程伟
科技区	梁晓彤

条件区域1

销售部门	面积
科技区	<120

条件区域2

销售部门	销售部门	销售部门
经开区	新城区	科技区

图 2-126　Sheet 2 内容显示效果

	A	B	C	D	E	F	G	H	I	J
1	销售单号	新销售单号	面积	单价	折扣率	房价	销售部门	销售经理	房价排名	
2	2021004	A2021-004	221	9,980	0.9	1,985,000	科技区	梁晓彤	4	
3	2021009	A2021-009	120	11,020	0.92	1,216,600	科技区	梁晓彤	17	
4	2021017	A2021-017	106	23,200	0.95	2,336,200	科技区	梁晓彤	2	
5	2021019	A2021-019	113	22,000	0.95	2,361,700	科技区	梁晓彤	1	
6	2021021	A2021-021	130	10,980	0.92	1,313,200	科技区	梁晓彤	13	
7	2021022	A2021-022	221	8,900	0.9	1,770,200	科技区	梁晓彤	8	
8						10,982,900	**科技区 汇总**			
9	2021001	A2021-001	102	12,370	0.95	1,198,700	经开区	张晶	19	
10	2021002	A2021-002	105	11,650	0.95	1,162,100	经开区	张晶	21	
11	2021006	A2021-006	232	10,200	0.9	2,129,800	经开区	张晶	3	
12	2021011	A2021-011	220	9,880	0.9	1,956,200	经开区	张晶	5	
13	2021013	A2021-013	115	9,890	0.95	1,080,500	经开区	张晶	23	
14	2021014	A2021-014	120	10,230	0.92	1,129,400	经开区	张晶	22	
15	2021018	A2021-018	109	13,500	0.95	1,397,900	经开区	张晶	12	
16	2021023	A2021-023	150	10,200	0.92	1,407,600	经开区	张晶	11	
17						11,462,200	**经开区 汇总**			
18	2021003	A2021-003	138	10,110	0.92	1,283,600	新城区	程伟	14	
19	2021005	A2021-005	109	12,100	0.95	1,253,000	新城区	程伟	15	
20	2021007	A2021-007	112	11,000	0.95	1,170,400	新城区	程伟	20	
21	2021008	A2021-008	101	12,560	0.95	1,205,100	新城区	程伟	18	
22	2021010	A2021-010	132	10,130	0.92	1,230,200	新城区	程伟	16	
23	2021012	A2021-012	195	10,980	0.9	1,927,000	新城区	程伟	6	
24	2021015	A2021-015	168	11,080	0.92	1,712,500	新城区	程伟	9	
25	2021016	A2021-016	170	11,980	0.92	1,873,700	新城区	程伟	7	
26	2021020	A2021-020	126	12,800	0.92	1,483,800	新城区	程伟	10	
27						13,139,300	**新城区 汇总**			
28						35,584,400	**总计**			

图 2-127 Sheet3 内容显示效果

	A	B	C	D	E	F	G	H	I	J	K	L
1	销售单号	新销售单号	面积	单价	折扣率	房价	销售部门	销售经理	房价排名		面积	销售部门
2	2021001	A2021-001	102	12,370	0.95	1,198,700	经开区	张晶	19		>=170	新城区
3	2021002	A2021-002	105	11,650	0.95	1,162,100	经开区	张晶	21			
4	2021003	A2021-003	138	10,110	0.92	1,283,600	新城区	程伟	14			
5	2021004	A2021-004	221	9,980	0.9	1,985,000	科技区	梁晓彤	4			
6	2021005	A2021-005	109	12,100	0.95	1,253,000	新城区	程伟	15			
7	2021006	A2021-006	232	10,200	0.9	2,129,800	经开区	张晶	3			
8	2021007	A2021-007	112	11,000	0.95	1,170,400	新城区	程伟	20			
9	2021008	A2021-008	101	12,560	0.95	1,205,100	新城区	程伟	18			
10	2021009	A2021-009	120	11,020	0.92	1,216,600	科技区	梁晓彤	17			
11	2021010	A2021-010	132	10,130	0.92	1,230,200	新城区	程伟	16			
12	2021011	A2021-011	220	9,880	0.9	1,956,200	经开区	张晶	5			
13	2021012	A2021-012	195	10,980	0.9	1,927,000	新城区	程伟	6			
14	2021013	A2021-013	115	9,890	0.95	1,080,500	经开区	张晶	23			
15	2021014	A2021-014	120	10,230	0.92	1,129,400	经开区	张晶	22			
16	2021015	A2021-015	168	11,080	0.92	1,712,500	新城区	程伟	9			
17	2021016	A2021-016	170	11,980	0.92	1,873,700	新城区	程伟	7			
18	2021017	A2021-017	106	23,200	0.95	2,336,200	科技区	梁晓彤	2			
19	2021018	A2021-018	109	13,500	0.95	1,397,900	经开区	张晶	12			
20	2021019	A2021-019	113	22,000	0.95	2,361,700	科技区	梁晓彤	1			
21	2021020	A2021-020	126	12,800	0.92	1,483,800	新城区	程伟	10			
22	2021021	A2021-021	130	10,980	0.92	1,313,200	科技区	梁晓彤	13			
23	2021022	A2021-022	221	8,900	0.9	1,770,200	科技区	梁晓彤	8			
24	2021023	A2021-023	150	10,200	0.92	1,407,600	经开区	张晶	11			
25												
26	销售单号	新销售单号	面积	单价	折扣率	房价	销售部门	销售经理	房价排名			
27	2021012	A2021-012	195	10,980	0.9	1,927,000	新城区	程伟	6			
28	2021016	A2021-016	170	11,980	0.92	1,873,700	新城区	程伟	7			

图 2-128 Sheet4 内容显示效果

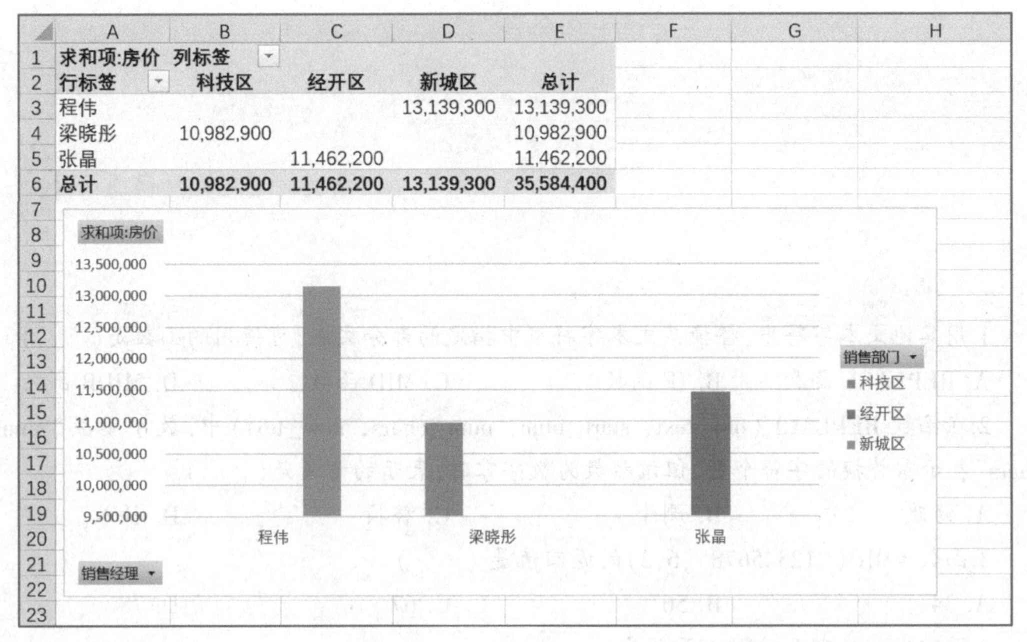

求和项:房价	列标签			
行标签	科技区	经开区	新城区	总计
程伟			13,139,300	13,139,300
梁晓彤	10,982,900			10,982,900
张晶		11,462,200		11,462,200
总计	**10,982,900**	**11,462,200**	**13,139,300**	**35,584,400**

图 2-129 Sheet5 内容显示效果

Excel试题

一、单项选择题

1.用其他文本字符串,替换某文本字符串中指定的部分文本,可使用的函数是(　　)。

A. REPLACE 函数　　B. IF 函数　　C. MID 函数　　D. MIDB 函数

2.在函数 REPLACE(old_text, start_num, num_chars, new_text)中,数字参数"num_chars"表示需替换的字符个数,但该参数为数字零时,表示的意义是(　　)。

A. 修改　　B. 删除　　C. 替换　　D. 插入

3.函数=MID("12345678",6,2)的返回值是(　　)。

A. 34　　B. 56　　C. 67　　D. 78

4.返回当前日期及时间的函数是(　　)。

A. TODAY 函数　　B. NOW 函数　　C. YEAR 函数　　D. DAY 函数

5.单元格内容为"=YEAR("2020-3-18")"时,返回值是(　　)。

A. 2020　　B. "2020-3"　　C. "2020-3-18"

6.单元格内容为"=AND(0,1)"时,返回值是(　　)。

A. N　　B. Y

7.单元格内容为"=OR(0,1)"时,返回值是(　　)。

A. N　　B. Y

8.单元格内容为"=NOT(0)"时,返回值是(　　)。

A. N　　B. Y

9.单元格内容为"=MOD(5,2)"时,返回值是(　　)。

A. 0　　B. 1　　C. 2　　D. 3

10.某函数是对指定条件的逻辑判断的真假结果,返回相对应的内容,则该函数是(　　)。

A. MOD 函数　　B. MID 函数　　C. IF 函数　　D. HOUR 函数

11.单元格内容为"=ROUND(5.715,2)"时,返回值是(　　)。

A. 5.71　　B. 5.72　　C. 5.8　　D. 6

12.单元格内容为"=ROUND(5.715,0)"时,返回值是(　　)。

A. 5.71　　B. 5.72　　C. 5.8　　D. 6

13.单元格内容为"=AVERAGE(5,6,7)"时,返回值是(　　)。

A. 4　　B. 5　　C. 6　　D. 7

14.单元格内容为"=SUM(0,5,7,1)"时,返回值是(　　)。

A. 0　　B. 5　　C. 7　　D. 13

15.SUMIF 函数具有三个参数,该函数的主要功能是“计算符合指定条件的单元格区域内的数值和”,该函数的(　　)是用于表示“指定条件表达式”的?

A. 第 1 个参数　　B. 第 2 个参数　　C. 第 3 个参数

16.若“C2:C10”及“D2:D10”均表示数据表中的单元格区域,某单元格内容“=SUMIF(C2:C10,"男",D2:D10)”的返回值是“性别”为“男”生的英语成绩和,则该表中表示“英语成绩”列是(　　)。

A. A 列　　B. B 列　　C. C 列　　D. D 列

17.“返回相应数组或区域乘积的和”的函数是(　　)。

A. SUM 函数　　B. SUMIF 函数　　C. SUMPRODUCT 函数

18.如果公式所在单元格的位置改变,引用也随之改变,则该引用是(　　)。

A. 地址引用　　B. 相对引用　　C. 绝对引用　　D. 混合引用

19.如果公式所在单元格的位置改变,引用的单元格始终保持不变,则该引用是(　　)。

A. 地址引用　　B. 相对引用　　C. 绝对引用　　D. 混合引用

20.以下单元格采用绝对引用的是(　　)。

A. “=A1”　　B. “=A$1”　　C. “=$A$1”　　D. “=$A1”

21.查找与引用函数中,在表格或数值数组的首行查找指定的数值,并在表格或数组中指定行的同一列中返回一个数值的函数是(　　)。

A. LOOKUP 函数　　B. HLOOKUP 函数

C. VLOOKUP 函数　　D. DLOOKUP 函数

22.单元格内容为“=MAX(7,5,13,20)”,则返回值是(　　)。

A. 7　　B. 5　　C. 13　　D. 20

23.单元格内容为“=MAX(7,"25",13,"20")”,则返回值是(　　)。

A. 7　　B. 25　　C. 13　　D. 20

24.单元格内容为“=MIN(7,5,13,20)”,则返回值是(　　)。

A. 7　　B. 5　　C. 13　　D. 20

25.对区域中满足单个指定条件的单元格进行计数的函数是(　　)。

A. IF 函数　　B. COUNT 函数

C. COUNTIF 函数　　D. COUNTBLANK 函数

26.若要计算指定单元格区域中空白单元格的个数,则需使用的函数是(　　)。

A. IF 函数　　B. COUNT 函数

C. COUNTIF 函数　　D. COUNTBLANK 函数

27.若对列表或数据库中满足指定条件的记录字段(列)中的数值求平均值,所使用的函数为 DAVERAGE(参数 1, 参数 2, 参数 3),该函数有三个参数,其中(　　)是用来指定相应的“字段”或“列”用来计算平均值?

A. 参数 1　　B. 参数 2　　C. 参数 3

28.在含有三个参数的函数DAVERAGE(参数1，参数2，参数3)中，(　　)是包含所指定条件的单元格区域？

A. 参数1　　B. 参数2　　C. 参数3

29.某函数是返回列表或数据库中满足指定条件的记录字段(列)中包含数字的单元格的个数，该函数是(　　)。

A. DCOUNT函数　　B. COUNT函数

C. COUNTIF函数　　D. COUNTBLANK函数

30.在含有三个参数的函数DCOUNT(参数1，参数2，参数3)中，(　　)是用于表示"构成列表或数据库的单元格区域"的？

A. 参数1　　B. 参数2　　C. 参数3

31.高级筛选是指在选定的区域中按指定的复杂条件，筛选出符合条件的记录，使用高级筛选功能时首先需要(　　)。

A. 建立一个条件区域　　B. 建立一个逻辑条件表达式

C. 先进行简单的筛选　　D. 先进行条件筛选

32.在"数据有效性"设置中，若将数据输入限制为下拉列表中的值，需将"有效性条件"中的"允许"设置为(　　)。

A. 任何值　　B. 整数　　C. 序列　　D. 自定义

33.为了更直观地查看数据，在Excel里会通过"条件格式"来设置数据的显示方式，使得不同颜色或样式来区别不同的数据，其中"条件格式"选项设置在(　　)。

A. "字体"选择组中　　B. "对齐方式"选择组中

C. "样式"选择组中　　D. "单元格"选择组中

34.在"数据透视表字段列表"窗口中，可进行(　　)。

A. "行标签"栏与"列标签"栏内的字段可相互拖动。

B. "行标签"栏与"列标签"栏内的字段不可相互拖动。

二、多项选择题

1.返回文本串中从指定位置开始的特定数目的字符，所使用的函数为(　　)。

A. REPLACE函数　　B. IF函数　　C. MID函数　　D. MIDB函数

2.可通过如下哪个函数可将字符串"12345678"替换成"123456708" 的是(　　)。

A. "=REPLACE("12345678",8,0,0)"

B. "=REPLACE(12345678,8,0,0)"

C. "=REPLACE("12345678",7,3,708)"

D. "=REPLACE("12345678",7,3,"708")"

3.Excel公式中单元格地址及引用的三种方式有(　　)。

A. 地址引用　　B. 相对引用　　C. 绝对引用　　D. 混合引用

4.高级筛选中的条件区域通常包含(　　)。

A. 字段名称　　B. 筛选条件　　C. 数据清单

5.条件区域和数据清单的部分(　　)。

A. 不需要隔开

B. 由 1 个空白行或列将两个区域隔开

C. 由 2 个空白行或列将两个区域隔开

D. 由若干个空白行或列将两个区域隔开

6.要进行多个条件数据筛选时,可使用的方式有(　　)。

A. 可多次重复单条件筛选的操作方法逐步完成数据筛选

B. 可使用高级筛选的方式进行

C. 数据筛选只有单条件筛选,无法进行多条件筛选

7.使用“数据透视表”或“数据透视图”的意义为(　　)。

A. 以多种友好方式呈现大量数据

B. 可对数值数据进行分类汇总和聚合

C. 易于关注感兴趣区域信息

D. 图表方式呈现数据信息,便于分析和引用

8.在“数据透视表字段列表”窗口中,选择“Σ 数值”栏内的“求和项”旁的下拉按钮,可对所选字段进行(　　)运算设置。

A. 求和　　B. 计数　　C. 最大值　　D. 乘积

9.使用 Excel“数据有效性”功能,可以控制用户输入到单元格的数据或值的类型,在设置时可以进行(　　)。

A. 对单元格输入内容,可限定在指定的数据类型及范围之内

B. 设置“出错警告”页面内容,当输入错误数据时,可显示出错警告

C. 在单元格输入数据时,限制为下拉列表中的值

D. 在单元格输入数据时进行自动排序

第三篇 Power Point 高级应用

本篇主要是 Power Point 2019 中有关高级应用部分的介绍，内容包括幻灯片母板、幻灯片主题及版式、动画方案、幻灯片切换等高级功能的运用。

项目十二 幻灯片的母板、版式及主题设置

3.1.1 知识点

在做 Power Point 文稿前有必要了解幻灯片母版、版式和主题间的关系,其中幻灯片母版是幻灯片层次结构中的顶层幻灯片,用于存储有关演示文稿的主题和幻灯片版式信息;幻灯片版式含有幻灯片显示内容的格式设置、位置和占位符等;幻灯片的主题则是颜色、字体、效果的组合,体现的是一种显示风格。

1.幻灯片母版

1)幻灯片母版

每个演示文稿至少包含一个如图 3-1 所示的幻灯片母版,幻灯片母版是幻灯片层次结构中的顶层幻灯片,用于存储有关演示文稿的主题和幻灯片版式(幻灯片上标题和副标题文本、列表、图片、表格、图表、自选图形和视频等元素的排列方式)的信息,内容包括背景、颜色、字体、效果、占位符大小和位置等。

修改和使用幻灯片母版的主要优点:可以对演示文稿中的每张幻灯片(包括以后添加到演示文稿中的幻灯片)进行统一的样式更改。使用幻灯片母版时,由于无需在多张幻灯片上键入相同的信息,因此节省了时间,提高了效率。

幻灯片母版影响整个演示文稿的外观,创建和编辑幻灯片母版或相应版式时,应在“幻灯片母版”视图下操作。

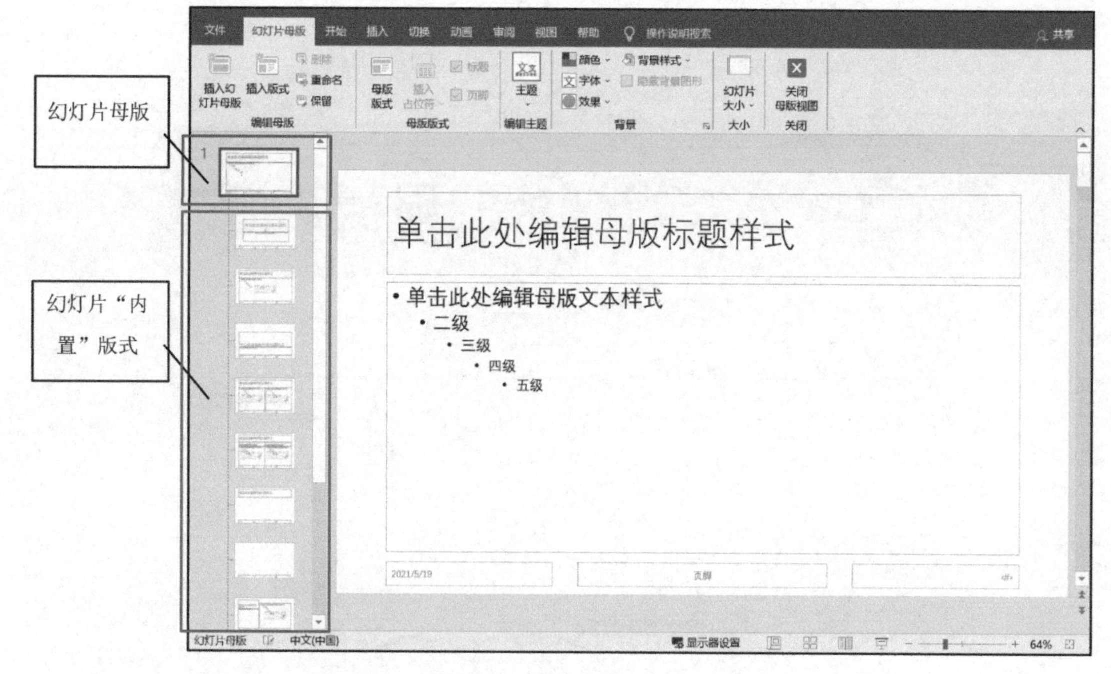

图 3-1 “幻灯片母版”的创建与编辑界面

2)幻灯片母版与版式

在幻灯片母版编辑窗口下,系统默认含有一个幻灯片母版和内置若干个不同的幻灯片版式。修改幻灯片母版下的一个或多个版式时,每个幻灯片版式的设置方式都不同,然而与给定幻灯片母版相关联的所有版式均包含相同的主题(配色方案、字体和效果)。

3)幻灯片母版的创建时机

(1)最好在开始构建各张幻灯片之前创建幻灯片母版

创建好幻灯片母版,则添加到演示文稿中的所有幻灯片都会基于该幻灯片母版和与之相关联的版式。更改母版时,也务必在幻灯片母版上进行。

(2)构建了各张幻灯片之后再创建幻灯片母版

幻灯片上的某些显示内容可能不符合幻灯片母版的设计风格,则可以使用背景和文本格式设置的功能,在各张幻灯片上覆盖幻灯片母版的某些自定义内容,但有些内容(例如“页脚”)则只能在“幻灯片母版”视图中修改。

2.幻灯片版式

幻灯片版式包含幻灯片上要显示内容的格式设置、位置和占位符等,如图 3-2 所示。其中占位符是版式中的容器,可容纳如文本(包括正文文本、项目符号列表和标题等)、表格、图表、SmartArt 图形、影片、声音、图片及剪贴画等内容,占位符列表如图 3-3 所示。

版式也包含幻灯片的主题(颜色、字体、效果和背景等),Power Point 中包含 11 种内置幻灯片版式(每种版式均显示了将在其中添加文本或图形的各种占位符位置),如图 3-4 所示,也可以创建满足特定需求的自定义版式。

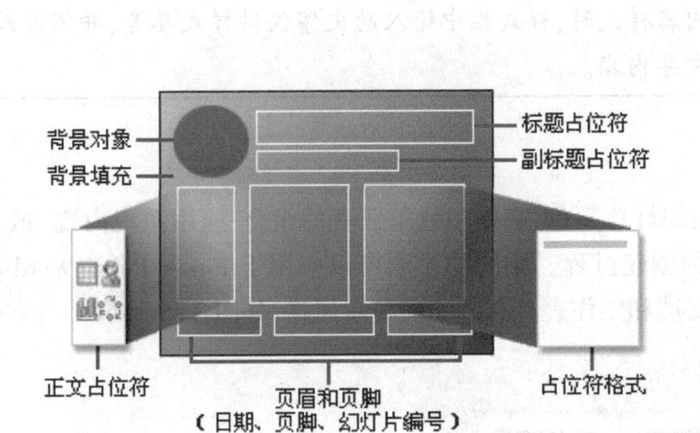

图 3-2 Power Point 幻灯片中可以包含的所有版式元素

图 3-3 占位符列表

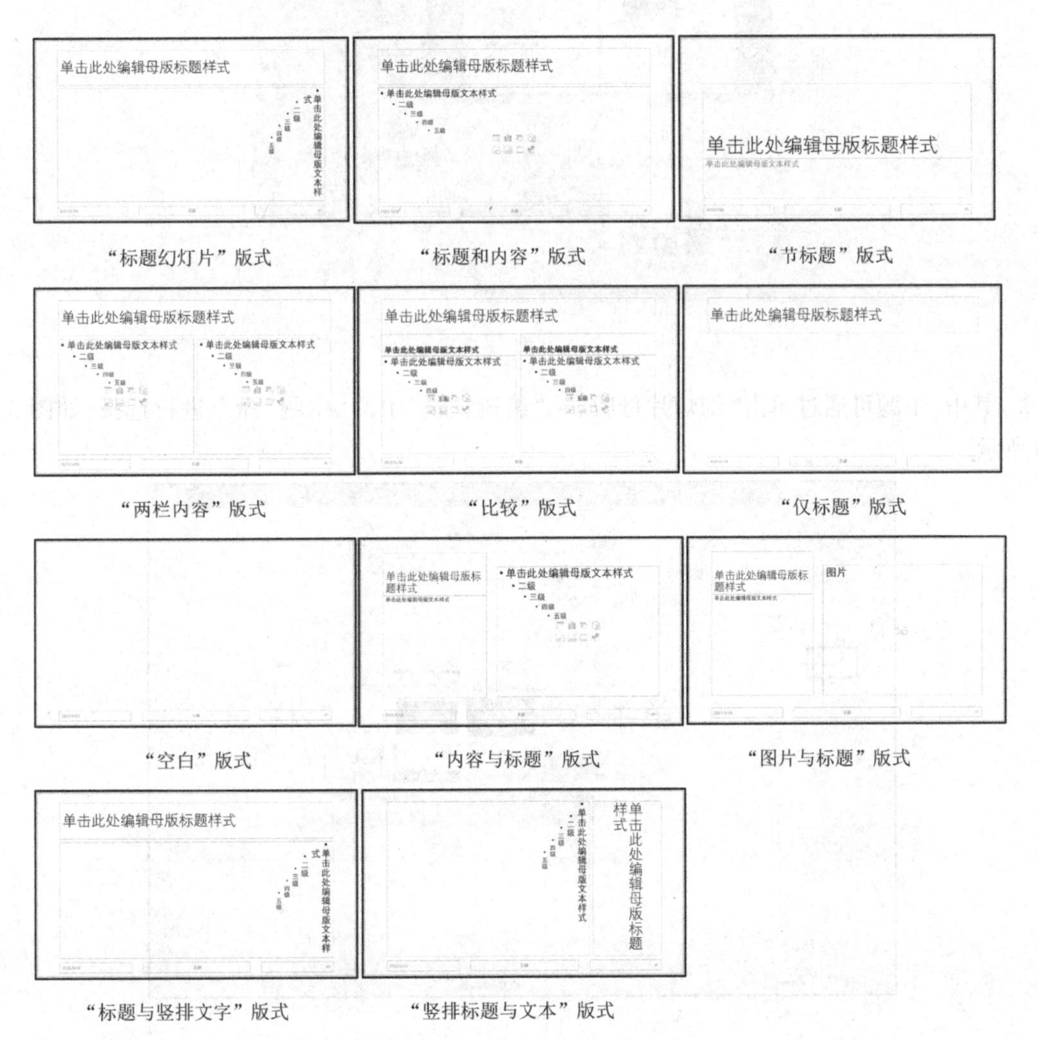

图 3-4 11 种内置幻灯片版式

编辑母版及版式的标题和内容样式时，样式栏中输入的文字仅供样式参考，并不能改变原有幻灯片中相应的标题及文字内容。

3.主题

Power Point 中的“主题”是指幻灯片颜色、字体和效果三者的组合，应用系统内置（或自定义）的主题可以简化文稿设计的创建过程。相同的主题可以应用于 Power Point、Word 和 Excel 中，这样可使得演示文稿、文档和工作表具有统一的显示风格，如图 3-5 所示。

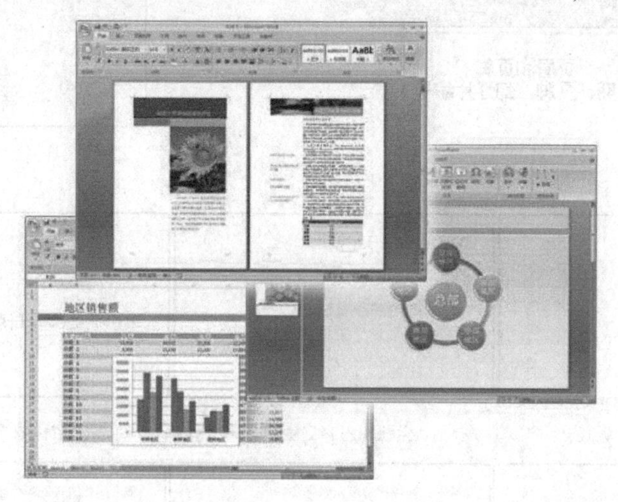

图 3-5　在 Power Point、Excel 和 Word 中使用的相同主题

其中，主题可通过单击“幻灯片母版”→“编辑主题”中的“主题”命令进行选择，如图 3-6 所示。

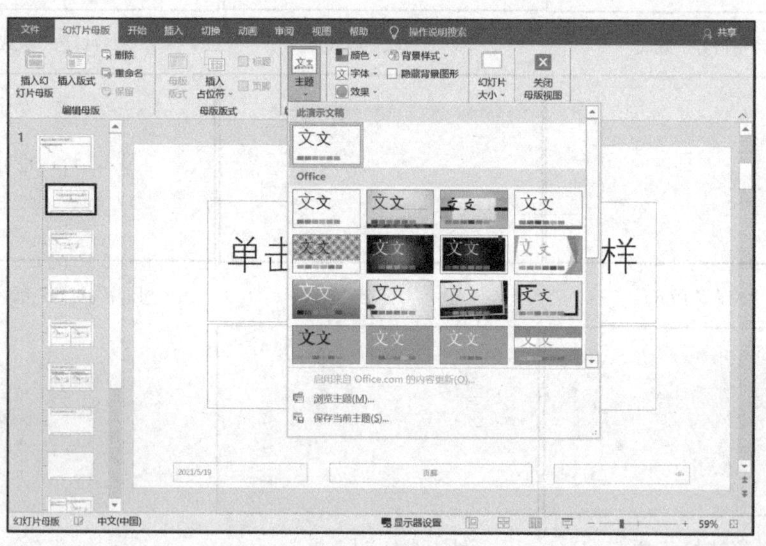

图 3-6　版式中主题的选择

4.版式的页眉页脚设置

在系统中，母版的“标题”及“页脚”是被默认显示的(即选中状态)，不能被修改，如图 3-7 所示。但版式中的“标题”及“页脚”的显示状态是可以修改的，当需要显示时则为选中状态，否则为隐藏状态，如图 3-8 所示。

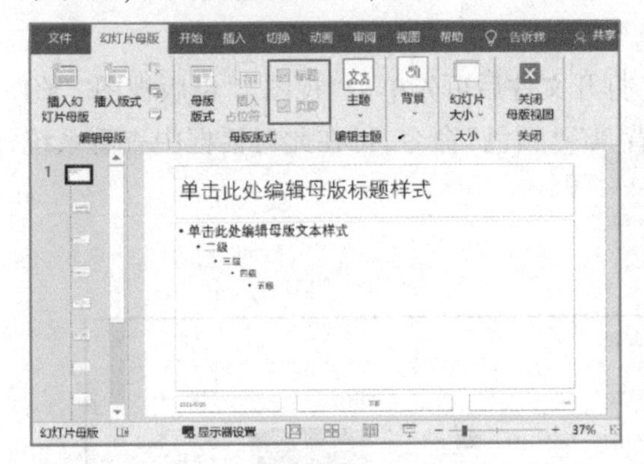

图 3-7　母版的“标题”及“页脚”状态不能修改

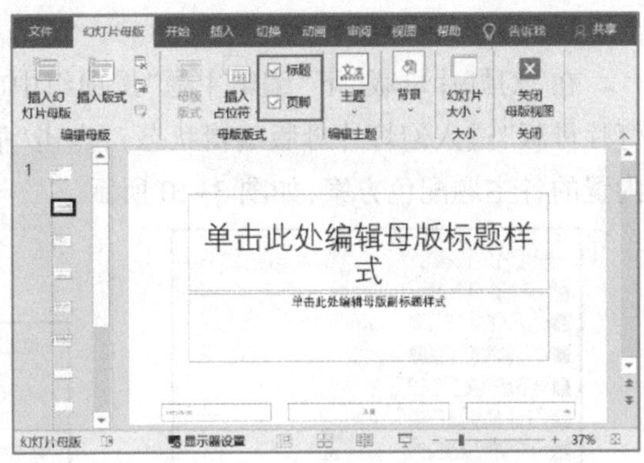

图 3-8　版式中的“标题”及“页脚”是激活态可修改

当在“插入”→“文本”选项组中，选择“页眉和页脚”“日期和时间”和“幻灯片编号”等命令时，均打开“页眉和页脚”对话框窗口，如图 3-9 所示，设置完成后无论是点击“页眉页脚”对话框中的“应用”还是“全部应用”，均需要确定幻灯片版式中是否设置“页脚”为选中状态，否则在幻灯片中不显示相应信息。

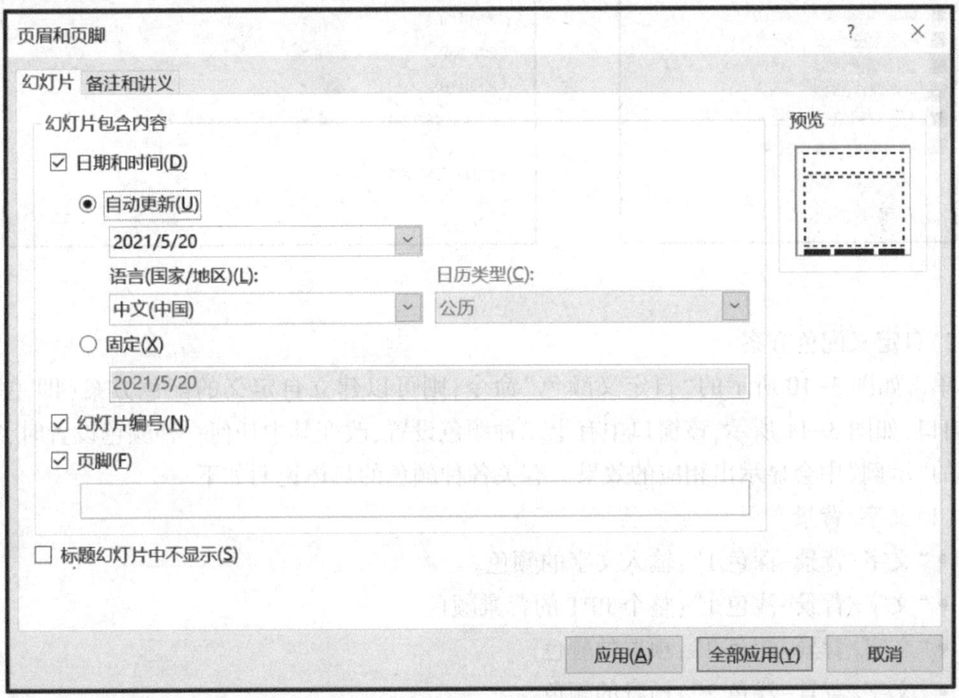

页眉和页脚

幻灯片　备注和讲义

幻灯片包含内容

☑ 日期和时间(D)

◉ 自动更新(U)

2021/5/20

语言(国家/地区)(L):　日历类型(C):

中文(中国)　公历

○ 固定(X)

2021/5/20

☑ 幻灯片编号(N)

☑ 页脚(F)

☐ 标题幻灯片中不显示(S)

预览

应用(A)　全部应用(Y)　取消

图 3-9　“页眉和页脚”对话框

5.配色方案

Power Point 中的“主题”是指幻灯片颜色、字体和效果三者的组合，而配色方案是指主题中的颜色设置，它涉及文字、背景及图表中颜色的搭配，最终影响到 PPT 视觉效果演示的好坏和观看幻灯片的舒适度。

1）内置配色方案

在“幻灯片母版”下“编辑主题”选项组中（打开文件后可先单击“视图”“母版视图”“幻灯片母版”进入幻灯片母版编辑状态），点击“背景”“颜色”命令，可在此对话框中查看系统内置的各主题配色方案，如图 3-10 所示。

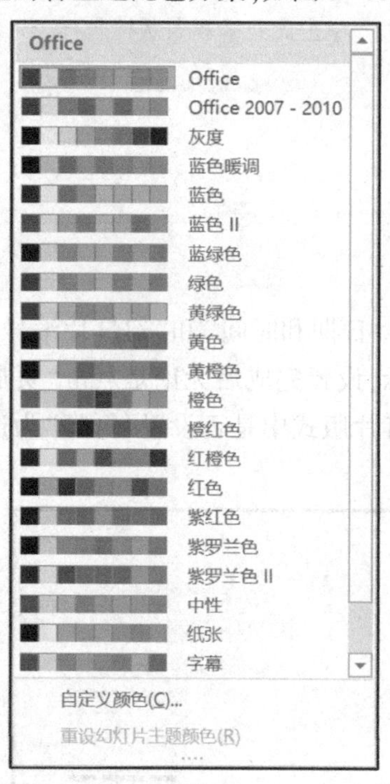

图 3-10 内置的配色方案

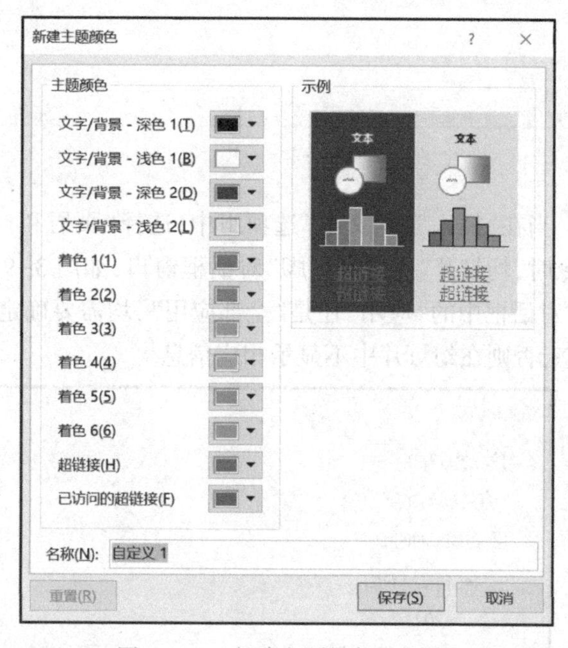

图 3-11 “新建主题颜色”对话框

2）自定义配色方案

单击如图 3-10 所示的“自定义颜色”命令，则可以建立自定义的配色方案（即主题颜色）窗口，如图 3-11 所示，该窗口中有十二种颜色设置，改变其中任何一种颜色设置时，窗口右侧的“示例”中会显示出相应的效果。有关各种颜色的具体说明如下。

（1）文字/背景。

- “文字/背景-深色 1”：输入文字的颜色。
- “文字/背景-浅色 1”：整个 PPT 的背景颜色。
- “文字/背景-深色 2”：预置的颜色。
- “文字/背景-浅色 2”：预置的颜色。

（2）着色。

- “着色 1”：是整体 PPT 主色（决定了“插入形状”“图形图表”及 SmartArt 图示的默认

颜色)。

- “着色 1 至 6”:依次对应的是默认图表中各数据系列的填充颜色。

(3)超链接。

- 超链接的颜色。

(4)已访问的超链接。

- 访问过的超链接颜色。

3)配色方案的颜色对应关系

自定义颜色并命名为“我的配色”后,在幻灯片母版编辑状态下,单击“幻灯片母版”→“背景”→“颜色”命令,可查看新建的“我的配色”方案,配色方案中的颜色与“新建主题颜色”对话框中的颜色如图 3-12、图 3-13 所示。

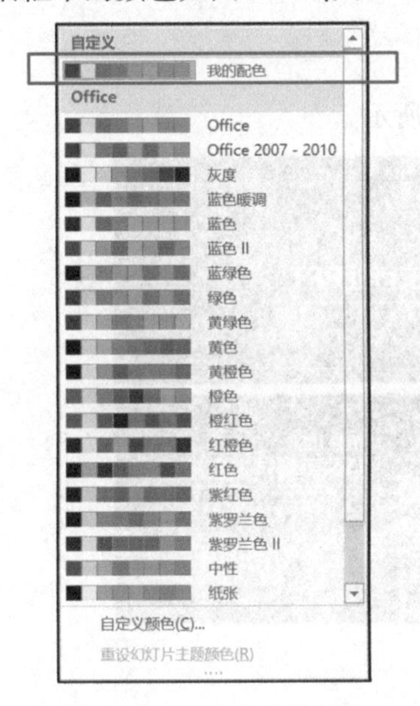

图 3-12 配色方案的颜色

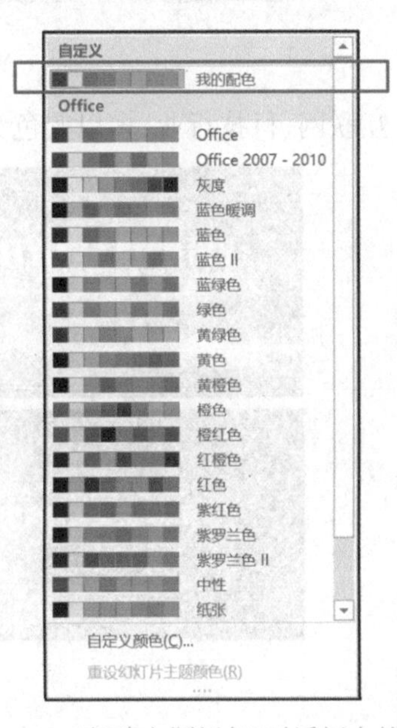

图 3-13 “新建主题颜色”对话框中的颜色

4)配色原理与常见的配色方案

配色是以红、黄、蓝三原色为基础,相关的色系有暖色系、冷色系和中性色性,各色系说明如下:

- 暖色系:红、橘红、橘黄和黄。
- 冷色系:蓝紫、蓝、蓝绿和绿。
- 中性色性:紫红、紫、黄绿和翠绿等。

PPT 配色不仅仅涉及外观与色彩,同时涉及色系、色相等基础理论与配色原理,在设计上不仅考虑“色彩的视觉冲击效果”,同时也要考虑到所表现的主题、素材及阅读者的年龄、知识层次等。

此外配色方案还可以根据所处的行业来设计。

(1)党政机关,多以红色 / 蓝色为主,如图 3-14 所示。

图 3-14　以红色 / 蓝色为主的配色方案

(2)互联网、科技行业,多以蓝色为主,如图 3-15 所示。

图 3-15　以蓝色为主的配色方案

(3)医疗、环保等行业,多以绿色 / 蓝色为主,如图 3-16 所示。

图 3-16　以绿色 / 蓝色为主的配色方案

(4)时尚杂志、门户网站需有自己特有色调来突出自己的品牌和文化,如图 3-17 所示。

图 3-17　特有色调的配色方案

3.1.2　任务十二　幻灯片版式及配色方案设计

1.幻灯片版式设计

幻灯片版式设计

1)任务要求

新建一个名为“我的 PPT”幻灯片演示文稿,进行以下操作并保存。

(1)幻灯片版式应用

观察不同版式中“标题”与“内容”在样式及位置上的不同。

• 在文件中新建一张具有“标题和内容”版式幻灯片,其中标题为“我的 PPT 标题”,内容为“标题与内容版式示例”。

• 复制 3 张上述幻灯片,对第 2 张和第 3 张幻灯片的内容栏分别加一行,内容分别是“标题和竖排文字”和“竖排标题与文本”,第 4 张幻灯片的内容修改为“标题与内容版式示例说明”。

• 分别对第 2 张和第 3 张幻灯片应用于“标题和竖排文字”和“竖排标题与文本”版式。

(2)母版的编辑及应用

观察当母版标题式样更改后,各个版式及幻灯片中“标题”式样的变化。

• 在“幻灯片母版”编辑状态下,修改幻灯片母版标题样式为“艺术字样式”中的“填充:蓝色,主题色 1;阴影”,再单击“关闭母版视图”,观察各个幻灯片“标题”式样的变化。

(3)版式的编辑及应用

观察当某个版式的标题式样及内容更改后,各个版式的幻灯片中“标题”式样及内容的

变化。

•在“幻灯片母版”编辑状态中，修改“标题和内容”版式中的标题样式为“艺术字样式”中的“填充：橙色，主题色 2；边框：橙色，主题色 2”，并在幻灯片中任意位置处插入一个“文本框”，文本框内输入内容：“我的文本”，单击“关闭母版视图”后，观察各个幻灯片“标题”及内容的变化。

(4) 页眉页脚的设置

观察当某个版式的“页脚”状态更改后，各个版式及幻灯片中“页脚”内容的变化。

•在母版编辑状态下，修改“标题和内容”版式的“页脚”为隐藏状态，点击“关闭母版视图”后在任一个幻灯片中通过“插入”→“文本”→“页眉页脚”设置日期和时间为“自动更新”(格式是×年×月×日)，显示“幻灯片编号”及页脚内容为“我的幻灯片”。单击“全部应用”并退出。

(5) 主题的应用

不同“主题”所表现出的颜色、字体及效果不同。

•将第 1 张幻灯片的主题设置为“平面”，其余幻灯片的主题设置为“丝状”。

2) 任务完成效果

任务中“(4) 页眉页脚的设置”完成后，其效果如图 3-18 所示，任务中“(5) 主题的应用”完成后，其效果如图 3-19 所示。

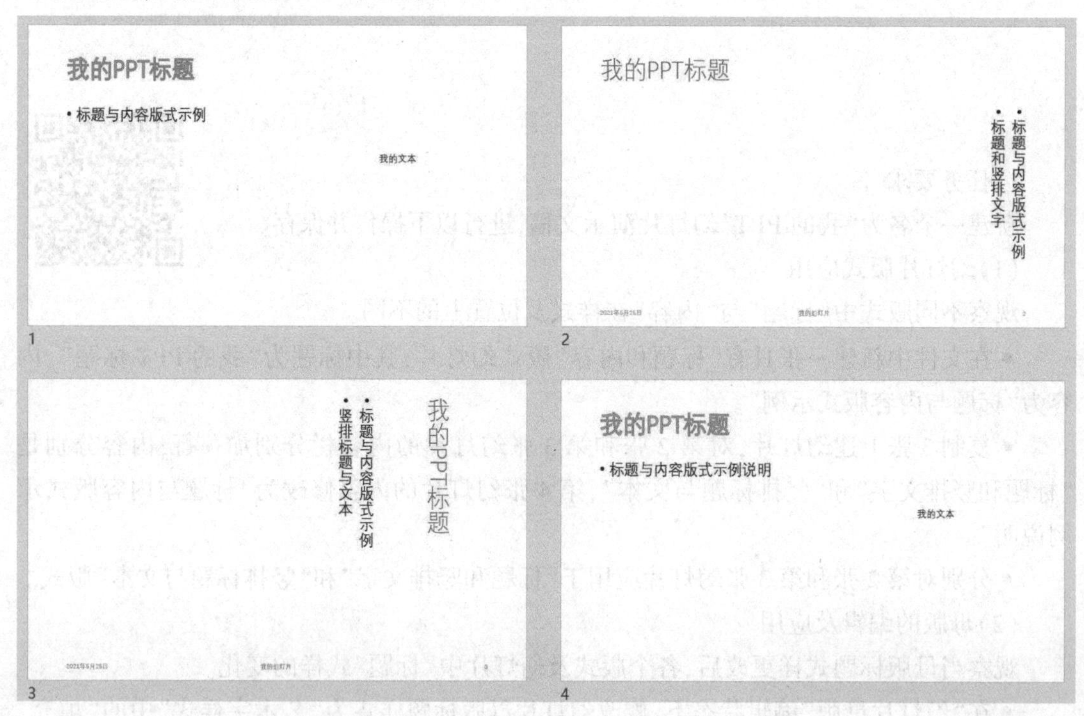

图 3-18 “页眉页脚的设置”完成后的效果

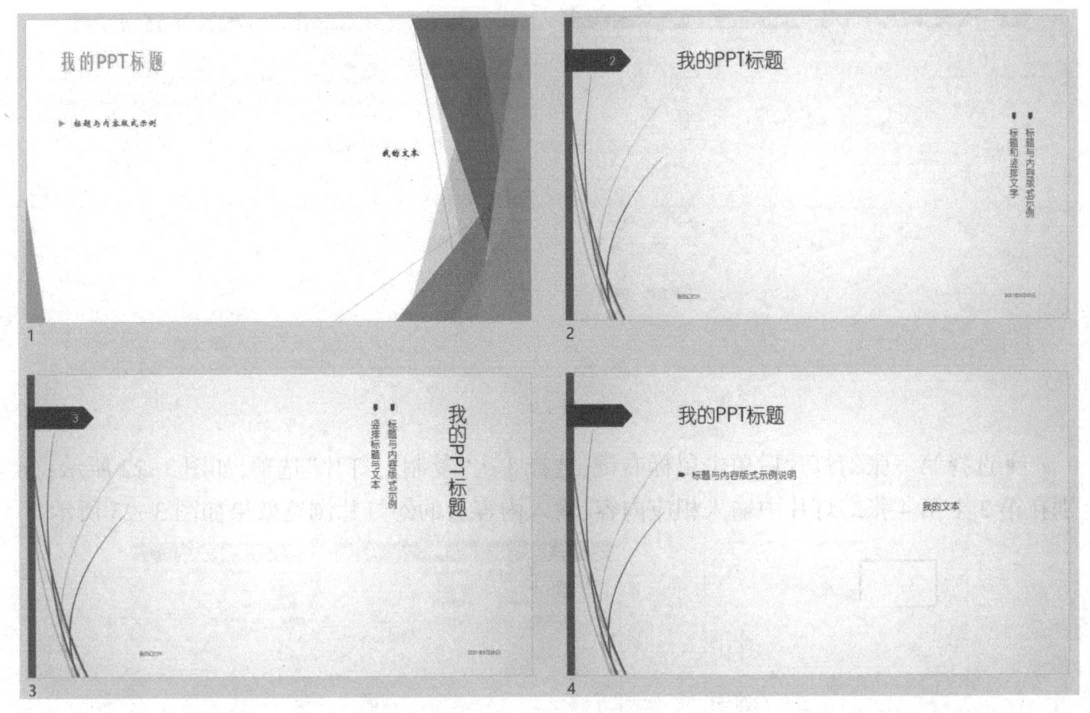

图 3-19 "主题的应用"完成后的效果

3）任务分析

在任务操作（1）中，通过对幻灯片不同版式的应用，了解不同版式中"标题"与"内容"在样式及位置上的不同；在任务操作（2）中，当"幻灯片母版"标题式样改变后，各个版式中"标题"式样均发生同样的改变；在任务操作（3）中，当某个版式标题的式样及内容更改后，只有与其版式相同的幻灯片会发生同样的改变；在任务操作（4）中，不同版式的"页脚"状态更改后，对应版式的幻灯片中"页脚"内容也发生相应的改变；在任务操作（5）中，可为不同幻灯片选择不同的"主题"，不同"主题"所表现出的颜色、字体及效果不同。

母版中的标题或内容样式发生改变，则所有幻灯片版式均发生相应的变化，而某个版式的标题或内容样式发生改变，则仅影响该版式下的所有幻灯片。

4）任务实施

第 1 步：幻灯片版式应用。

● 新建一个幻灯片文件后，在打开的文件中，单击"开始"→"幻灯片"→"新建幻灯片"，在"Office 主题"中选择"标题和内容"版式，如图 3-20 所示；并在新建的幻灯片中"单击此处添加标题"处输入"我的 PPT"标题，在"单击此处添加文本"处输入"标题与内容版式示例"，如图 3-21 所示。

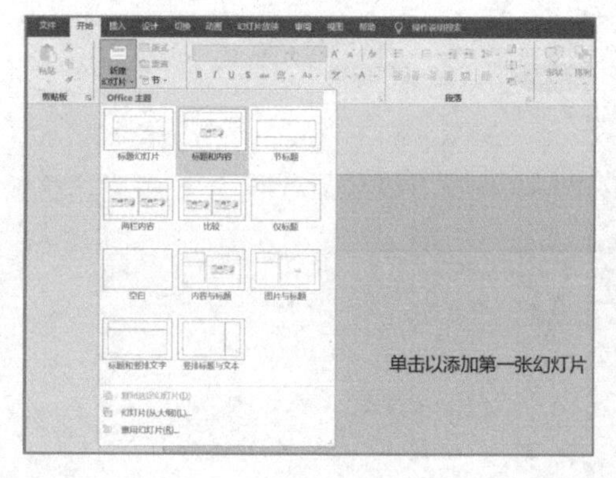

图 3-20 “标题和内容”版式的选择

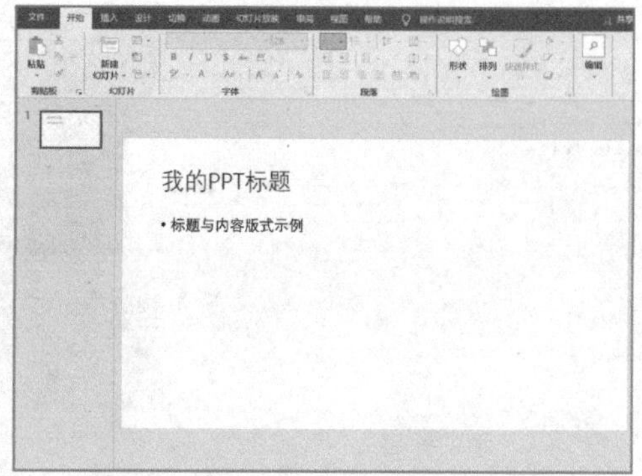

图 3-21 输入相应的标题及内容

• 选择第一张幻灯片后单击鼠标右键，选择 3 次“复制幻灯片”选项，如图 3-22 所示；分别在第 2 至第 4 张幻灯片中输入相应内容，输入内容后的幻灯片浏览效果如图 3-23 所示。

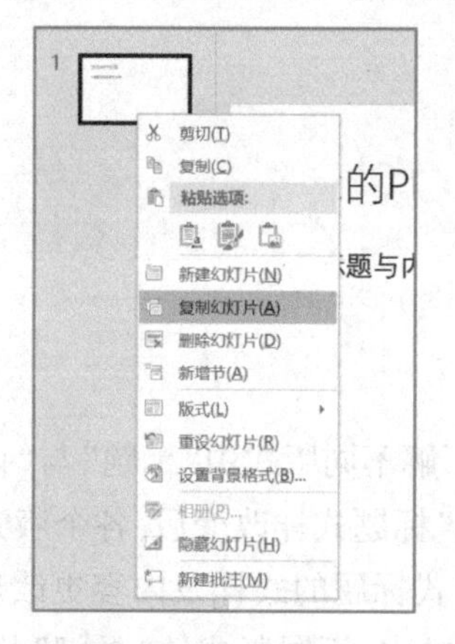

图 3-22 复制幻灯片

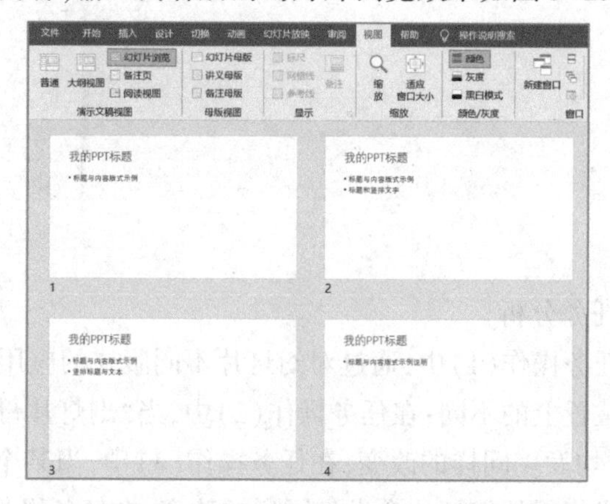

图 3-23 输入内容后的幻灯片浏览效果

• 分别选择第 2 张及第 3 张幻灯片，单击鼠标右键，从弹出的菜单中分别选择“版式”中的“标题和竖排文字”和“竖排标题与文本”版式选项，如图 3-24 和图 3-25 所示。

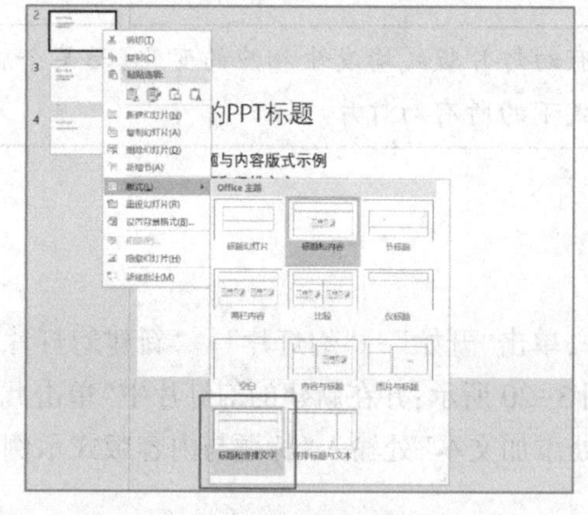

图 3-24 选择“标题和竖排文字”版式

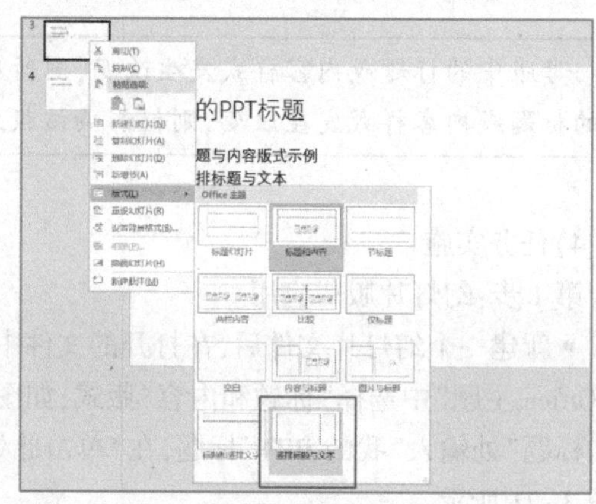

图 3-25 选择“竖排标题与文本”版式

第 2 步：母版的编辑及应用。

● 单击“视图”→“幻灯片母版”，选择第一张“幻灯片母版”，光标定位至“单击此处编辑母版标题式样”任意处，单击“绘图工具”下的“格式”→“艺术字样式”选项组中“快速样式”或“其他”命令按钮，如图 3-26 所示，再从打开的样式框中选择“填充：蓝色，主题色 1；阴影”艺术字样式。

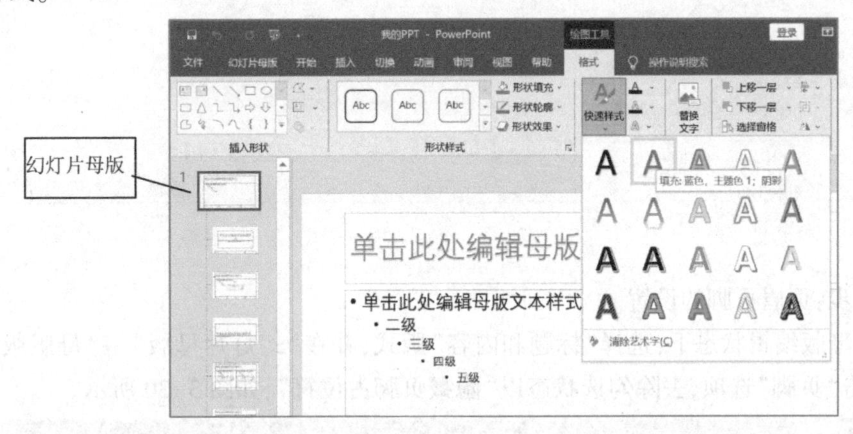

图 3-26　“幻灯片母版标题”样式的设置

第 3 步：版式的编辑及应用。

● 单击“视图”→“幻灯片母版”，选择“标题和内容”版式幻灯片，光标位置定位至“单击此处编辑母版标题式样”任意位置处，单击“绘图工具”下的“格式”→“艺术字样式”选项组中“快速样式”或“其他”命令按钮，如图 3-27 所示，从打开的样式框中选择“填充：橙色，主题色 2；边框：橙色，主题色 2”艺术字样式。

● 在“幻灯片母版”编辑状态中，选择“标题和内容”版式幻灯片，单击“插入”“插图”“形状”“基本形状”中的“文本框”符号▣，如图 3-28 所示；点击幻灯片处任意位置插入“文本框”，并在“文本框”中输入内容“我的文本”，如图 3-29 所示。

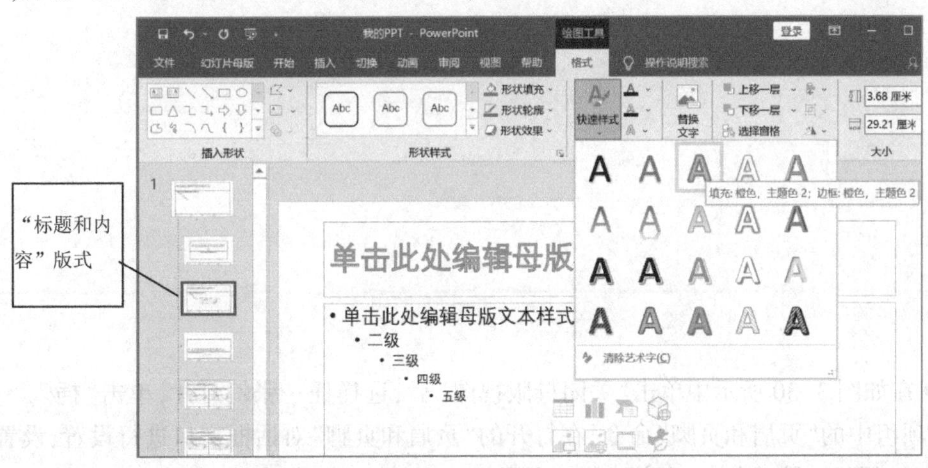

图 3-27　“标题和内容”版式的标题式样设置

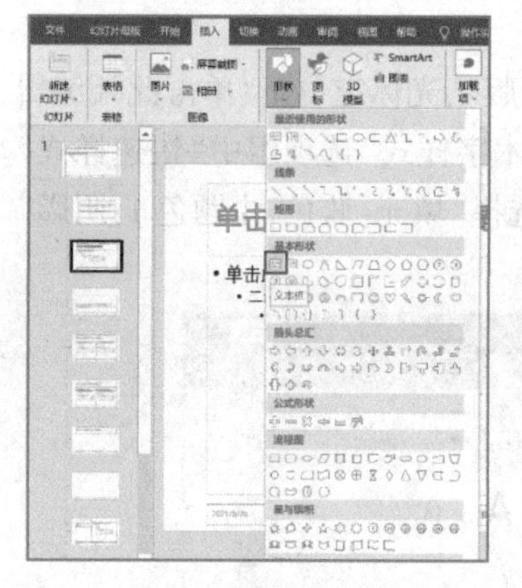

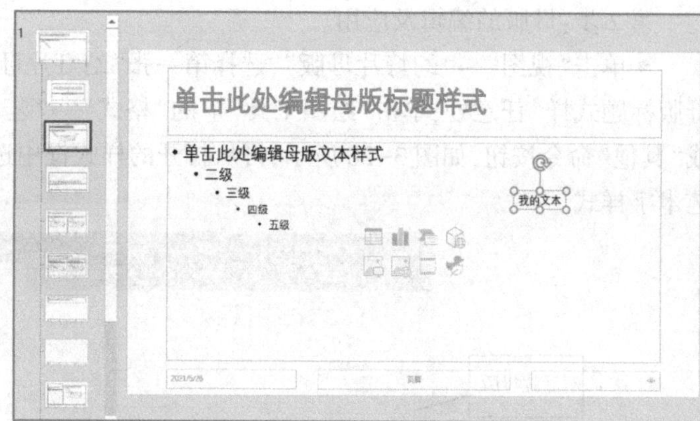

图 3-28 选择并插入“文本框”　　　　图 3-29 在“文本框”中输入“我的文本”

第 4 步:页眉页脚的设置。

• 在母版编辑状态下,选择“标题和内容”版式,并在“幻灯片母版”→“母版版式”选项组中,单击“页脚”选项,去除勾选状态以“隐藏页脚占位符”,如图 3-30 所示。

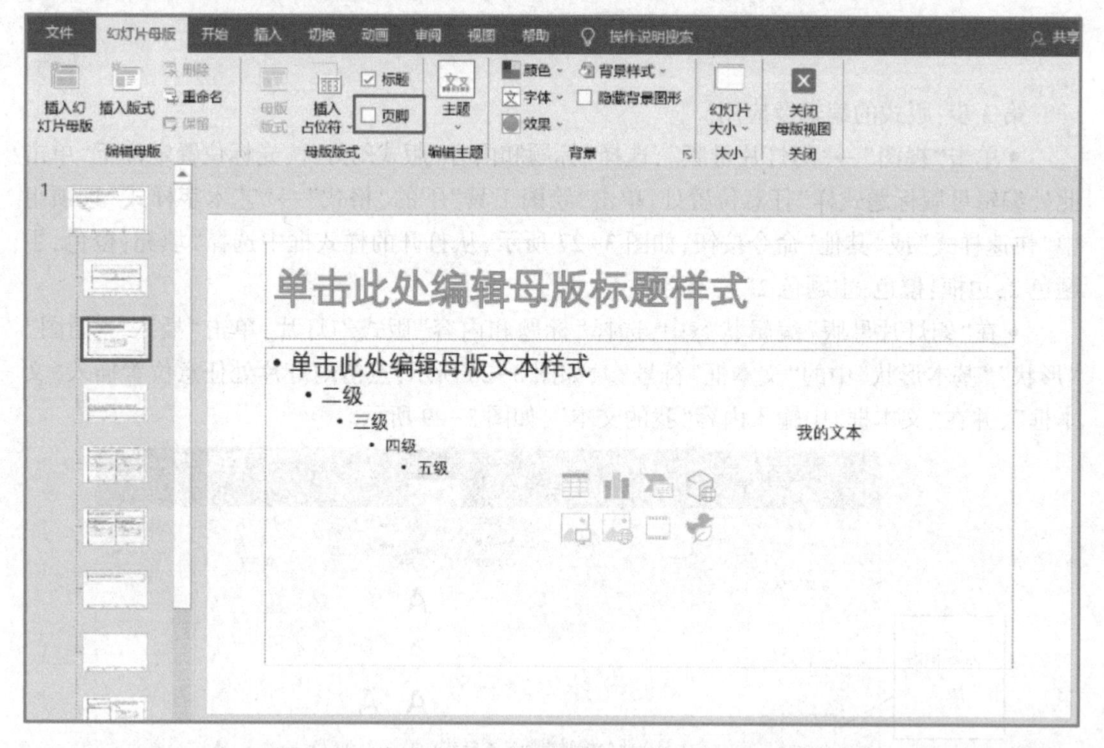

图 3-30 将“标题和内容”版式的“页脚”改为隐藏状态

• 在如图 3-30 所示中单击“关闭母版视图”后,选择任一张幻灯片,单击“插入”→“文本”选项组中的“页眉和页脚”命令,在打开的“页眉和页脚”对话框窗口进行设置,设置内容如图 3-31 所示,最后点击“全部应用”后退出。

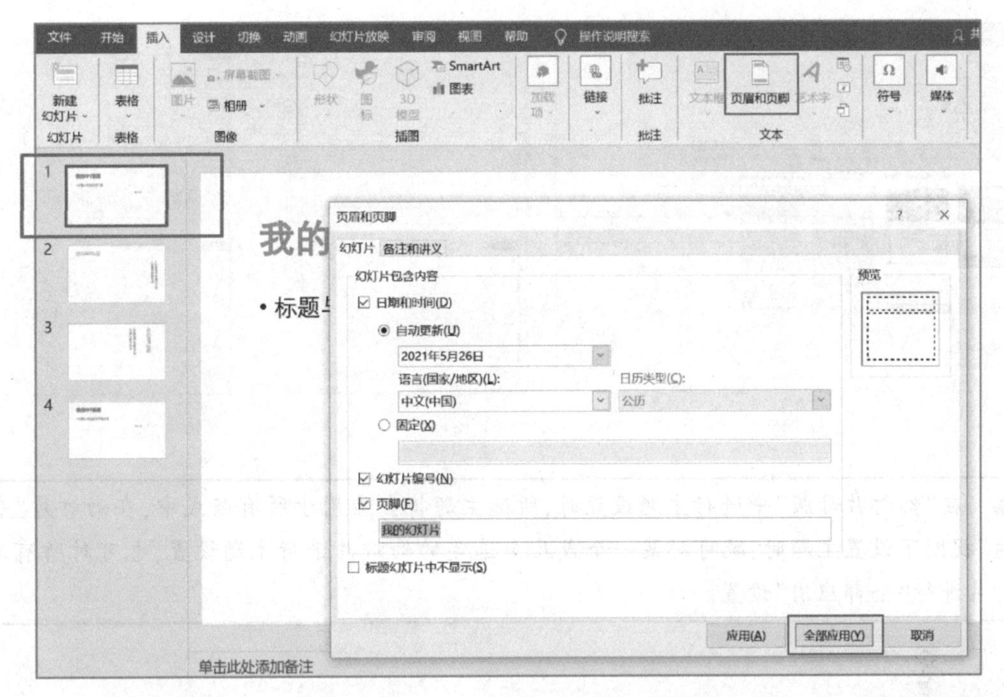

图 3-31 幻灯片的“页眉和页脚”设置

第 5 步:主题的应用。

● 选择第一张幻灯片后,单击“设计”→“主题”选项组中的“其他”按钮▾,如图 3-32 所示。在打开的“主题”选项栏中选定“平面”主题,并单击鼠标右键,在弹出的菜单中点击“应用于选定幻灯片”,如图 3-33 所示。

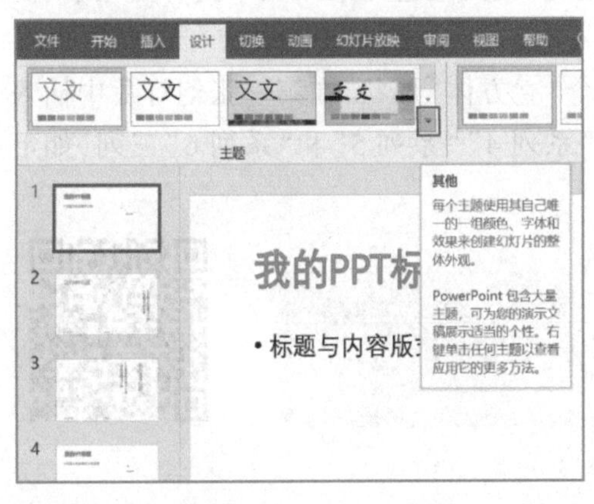

图 3-32 “主题”的选择

图 3-33 主题“应用于选定幻灯片”

● 再选定除第一张幻灯片外的其他任一个幻灯片,再次单击“设计”→“主题”选项组中的“其他” 按钮,在打开的“主题”选项栏中选定“丝状”主题,并单击鼠标右键,在弹出的菜单中点击“应用于相应幻灯片”,如图 3-34 所示,最后幻灯片浏览效果如图 3-35 所示。

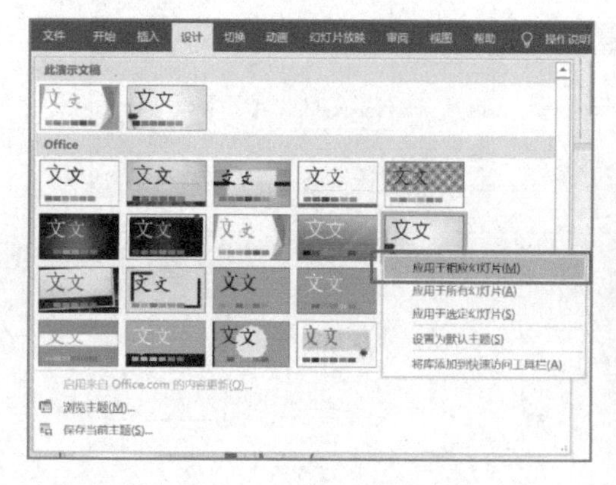

图 3-34 “丝状”主题的选择

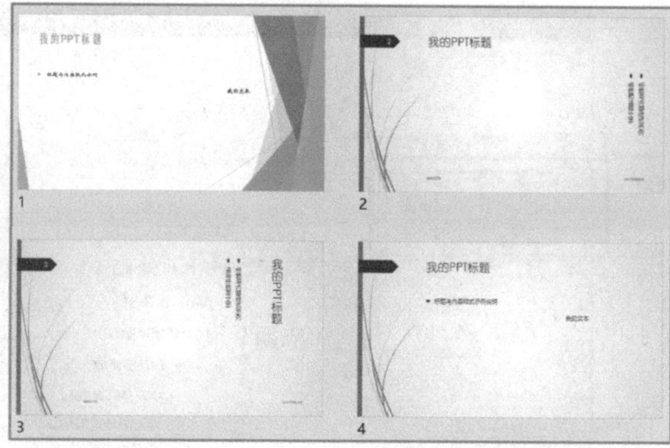

图 3-35 幻灯片浏览效果

在“幻灯片母版”中进行主题设置时，所选主题将会应用于所有版式中，在幻灯片“普通”视图下设置主题时，既可对某一个或几个选定的幻灯片进行主题设置，也可对所有幻灯片进行“全部应用”设置。

2.配色方案设计

1）任务要求

新建一个名为“我的配色方案”幻灯片演示文稿，进行以下操作并保存。

（1）创建幻灯片演示文稿

• 创建一个幻灯片演示文稿并命名为“我的配色方案”，在该文件中新建 4 张幻灯片，其中第一张是具有“标题和内容”版式幻灯片，其标题为“我的配色方案”，文本内容为“我的配置过程”，其他三张是空白版式的幻灯片。

• 请在第二张幻灯片中插入一个 “圆”和一个“立方体”形状，在第三张幻灯片中插入一个“三维柱形图”，并在弹出的 Excel 表中添加“系列 4”“系列 5”和“系列 6”三列，如下图 3-36 所示。

Microsoft PowerPoint 中的图表

	A	B	C	D	E	F	G
1		系列 1	系列 2	系列 3	系列4	系列5	系列6
2	类别 1	4.3	2.4	2	4	5	6
3	类别 2	2.5	4.4	2	4	5	6
4	类别 3	3.5	1.8	3	4	5	6
5	类别 4	4.5	2.8	5	4	5	6

图 3-36 Excel 表中添加“系列 4”“系列 5”和“系列 6”三列

配色方案设计

（2）配色方案的创建

• 自定义配色方案（即“新建主题颜色”）并命名为“我的配色”，并将所有颜色设置为“白色”后观察幻灯片效果。

• 在“设计”选项菜单下，单击“主题”→“颜色”，选择“我的配色”方案进行编辑，依次选择相应的颜色（每设置一种颜色即进行观察），应用后观察幻灯片变化效果。

为方便利于观察，建议颜色的取值如下，图 3-37 从“着色 1(1)” 至“已访问的超链接”

的颜色依次与图 3-38 从左至右相对应,其中图 3-37 的"文字/背景-深色 1(T)"与图 3-38 的底部最右侧颜色(紫色)对应,图 3-37 的"文字/背景-浅色 1(B)"至"文字/背景-浅色 2(L)"均取白色。

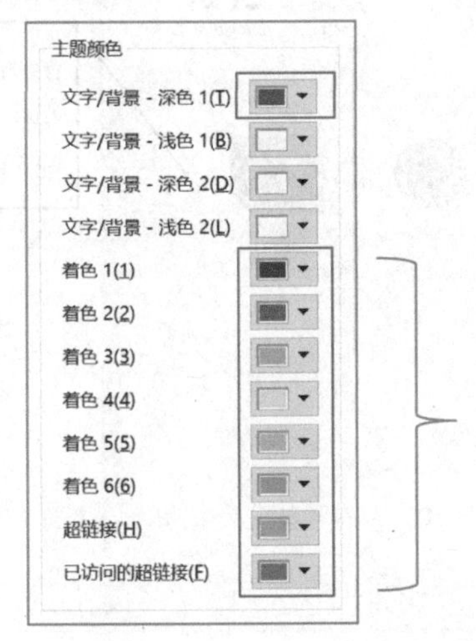

图 3-37 "我的配色"方案中的主题颜色编辑

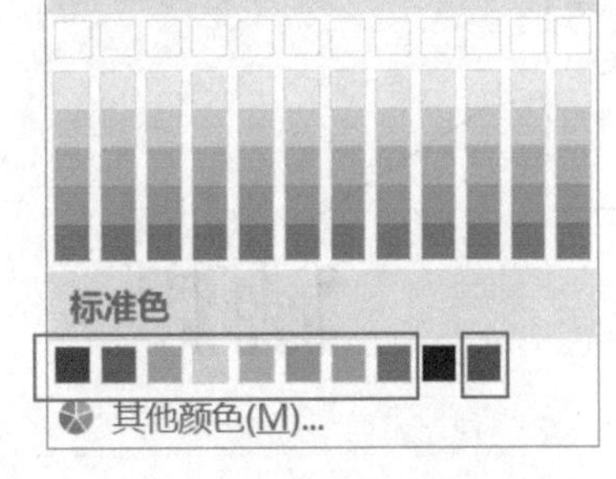

图 3-38 "主题颜色"取值

- 将"我的配色"方案中的"文字/背景-浅色 1(B)"颜色设置为"主题颜色"中的"深蓝,已访问的超链接,淡色 80%"并应用后,观察幻灯片背景效果。

(3)其他配色方案的应用

- 将文件"我的配色方案. pptx"保存后,选择系统内置其他配置方案并进行应用,观察幻灯片显示效果。

2)任务完成效果

在任务操作(1)完成后,其效果如图 3-39 所示。

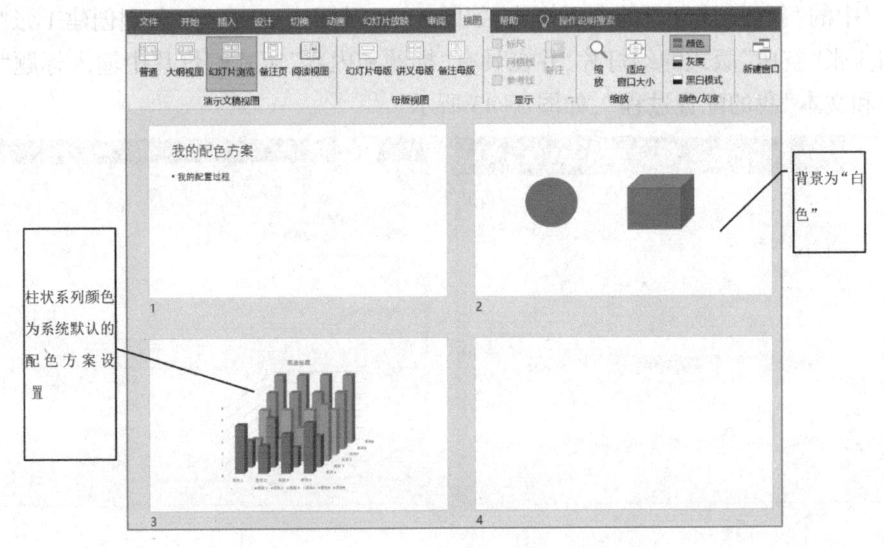

图 3-39 任务操作 1 完成后的效果图

在任务操作 2 完成后,其效果如图 3-40 所示。

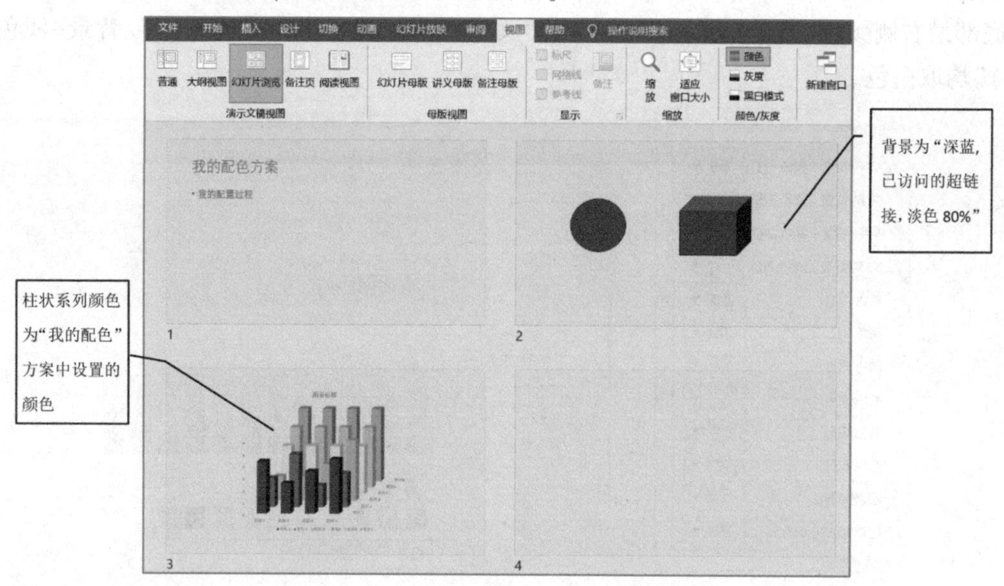

图 3-40　任务操作 2 完成后的效果图

3)任务分析

任务操作(1)是完成"标题和内容"版式和"空白"版式幻灯片的创建;任务操作(2)是要求插入图形,了解"着色 1"至"着色 6"依次对应的是默认图表中各数据系列的填充颜色;任务操作(3)是了解并体验其他内置配色方案在幻灯片的应用效果。

4)任务实施

第 1 步:创建幻灯片演示文稿。

• 创建一个幻灯片演示文稿并命名为"我的配色方案",打开该文件后单击"开始"→"幻灯片"中的"新建幻灯片"的向下箭头,如图 3-41 及图 3-42 所示,分别创建 1 张"标题和内容"和 3 张"空白"版式的幻灯片,并在具有"标题和内容"版式幻灯片中输入标题"我的配色方案"和文本"我的配置过程",如图 3-43 所示。

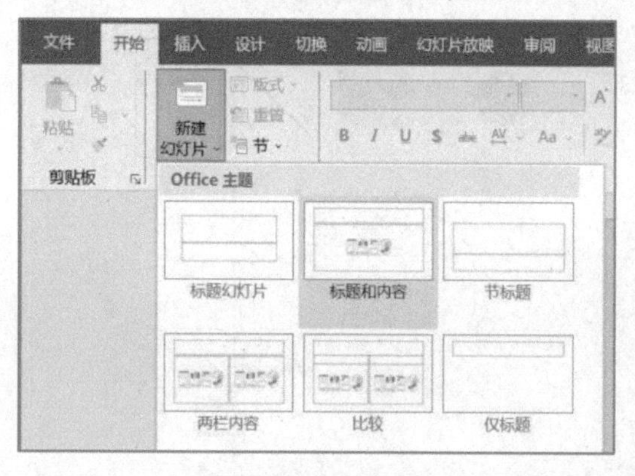

图 3-41　创建"标题和内容"版式幻灯片

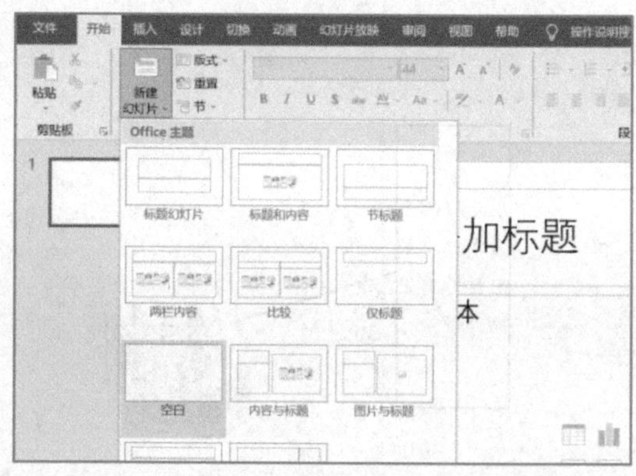

图 3-42　创建"空白"版式的幻灯片

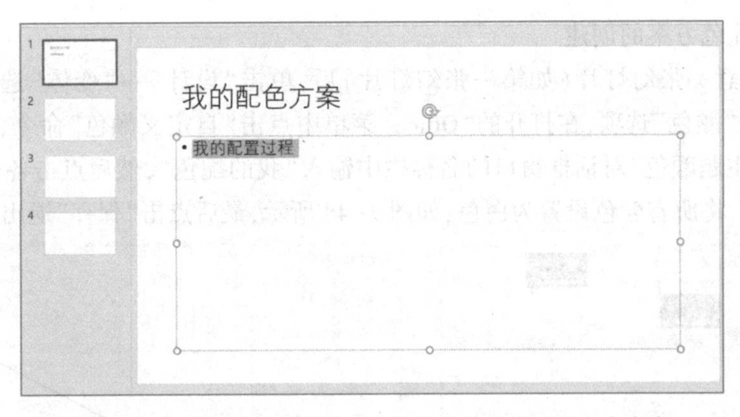

图 3-43　“标题和内容”版式幻灯片中输入标题及文本内容

• 选择第二张幻灯片，单击“插入”→“形状”添加“圆”和“立方体”，如图 3-44 所示，选择第三张幻灯片；单击“插入”→“插图”中的“图表”命令按钮，在“柱形图”图组中选择“三维柱形图”添加该图，如图 3-45 所示；点击“确定”按钮后，在打开的 Excel 表中添加“系列 4”“系列 5”和“系列 6”三列和相应的内容，如图 3-46 所示，编辑完成后退出。

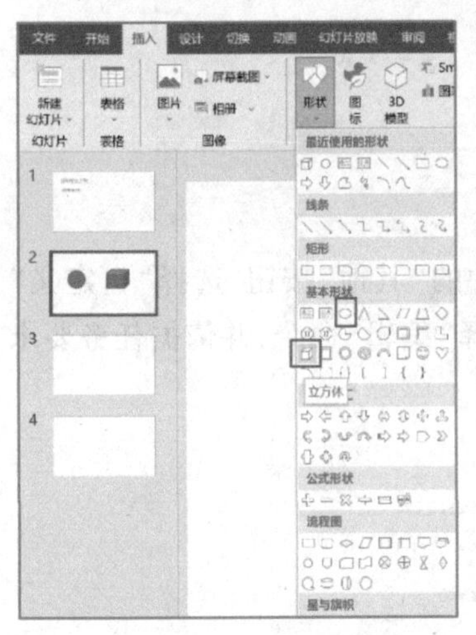

图 3-44　插入“圆”和“正方体”

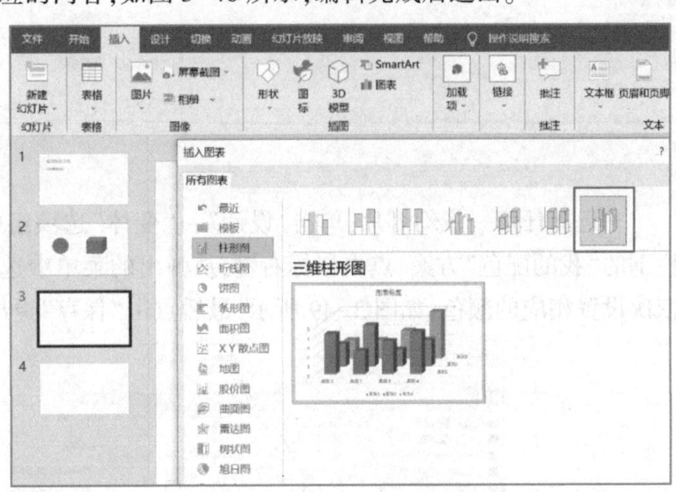

图 3-45　插入“三维圆柱图”

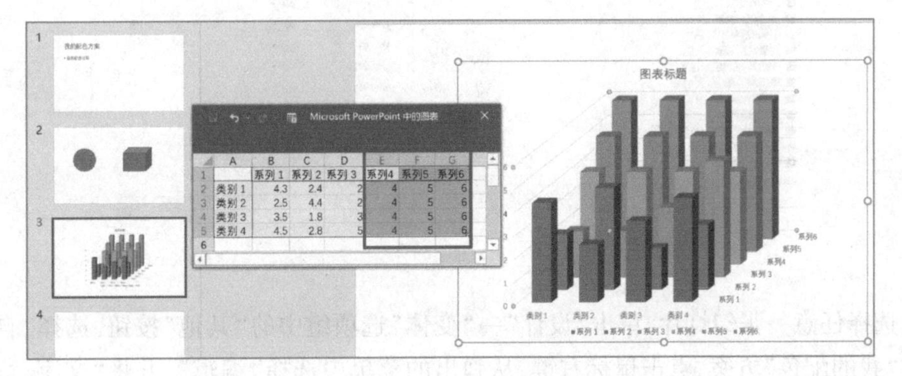

	A	B	C	D	E	F	G
1		系列 1	系列 2	系列 3	系列4	系列5	系列6
2	类别 1	4.3	2.4	2	4	5	6
3	类别 2	2.5	4.4	2	4	5	6
4	类别 3	3.5	1.8	3	4	5	6
5	类别 4	4.5	2.8	5	4	5	6
6							

图 3-46　在弹出的 Excel 表中添加“系列 4”“系列 5”和“系列 6”三列和相应的内容

第 2 步:配色方案的创建。

• 选择任意一张幻灯片(如第一张幻灯片)后,单击“设计”→“变体”选项组中的“其他”按钮,选择“颜色”选项,在打开的“Office”菜单中点击“自定义颜色”命令,如图 3-47 所示。在“新建主题颜色”对话框窗口的名称栏中输入“我的配色”,然后点击各个颜色右侧的向下箭头按钮,将所有颜色设置为白色,如图 3-48 所示,最后点击“保存”退出。

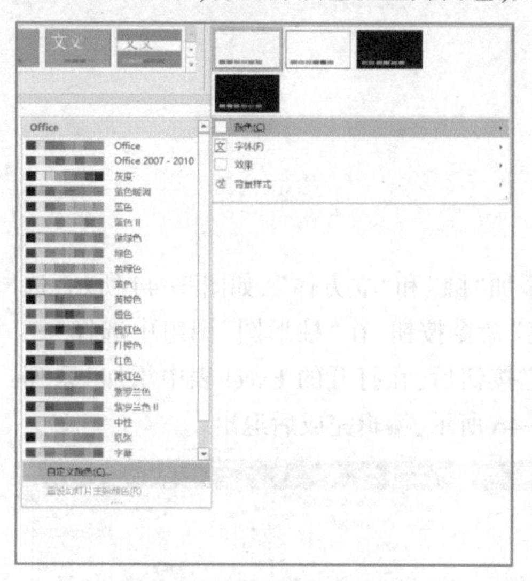

图 3-47 “自定义颜色”设置

图 3-48 “我的配色”方案的设置

• 选择任何一张幻灯片,单击“设计”→“变体”选项组中的“其他”按钮,选择“自定义”栏下的“我的配色”方案,点击鼠标右键,从弹出的菜单中选择“编辑”命令,并依据任务要求依次设置相应的颜色,如图 3-49 所示,最后点击“保存”退出。

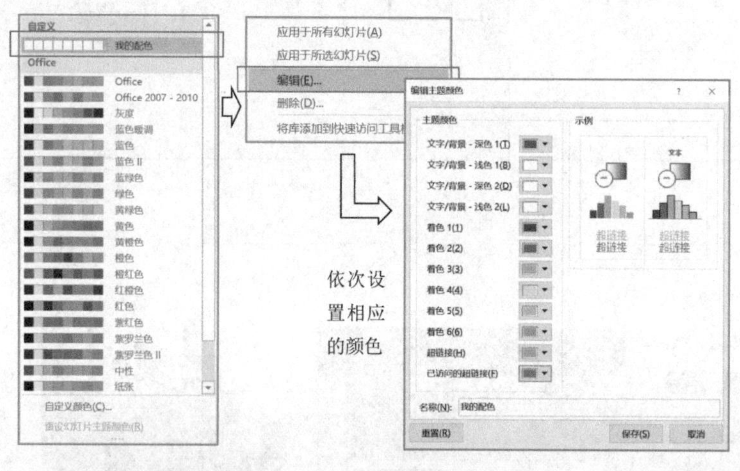

图 3-49 “我的配色”方案进行编辑

• 选择任意一张幻灯片,单击“设计”→“变体”选项组中的“其他”按钮,选择“自定义”栏下的“我的配色”方案,点击鼠标右键,从弹出的菜单中选择“编辑”,并将“文字/背景-浅色 1(B)”的颜色设置为“深蓝,已访问的超链接,淡色 80%”,如图 3-50 所示。

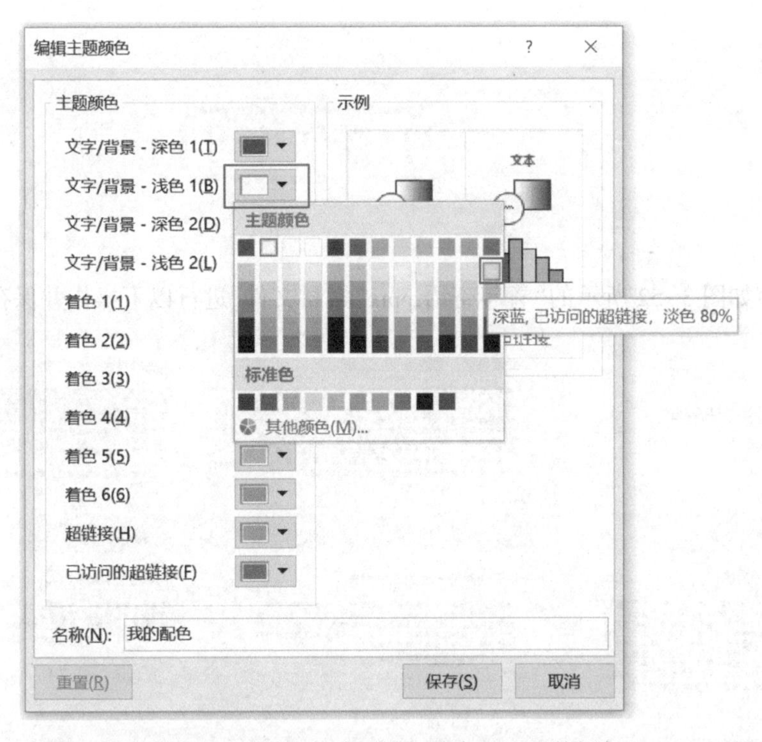

图 3-50 设置"文字/背景-浅色 1(B)"的颜色

第 3 步:其他配色方案的应用

● 选择任何一张幻灯片,单击"设计"→"变体"选项组中的"其他"按钮,如图 3-51 所示,可点击相应配色方案并观察幻灯片显示效果。

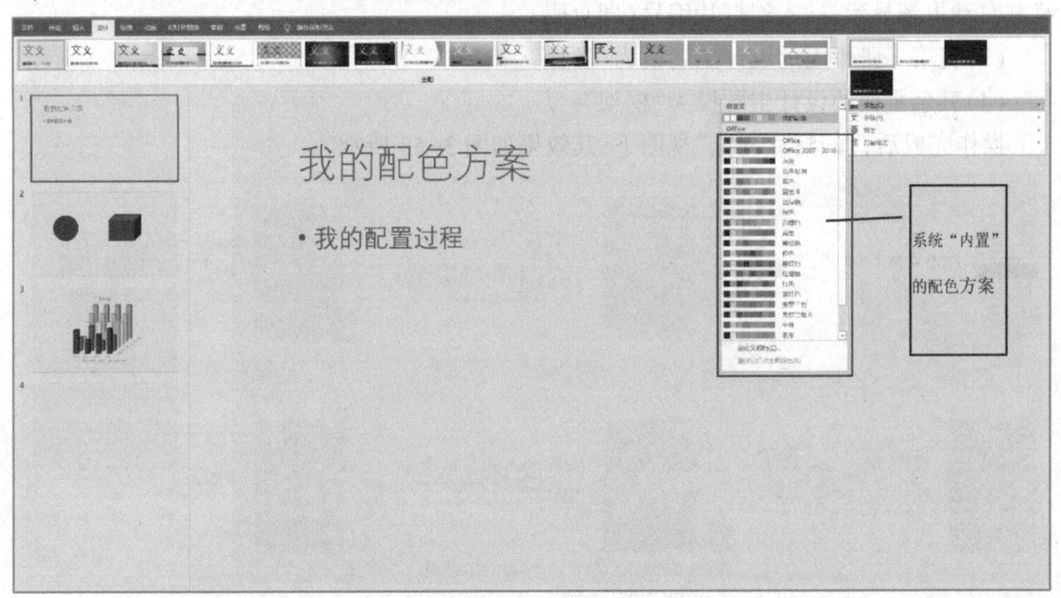

图 3-51 选择系统"内置"的各个配置方案

3.1.3 操作练习

打开内容如图 3-52 所示的“青年寄语.pptx”素材文件，进行以下操作并保存。

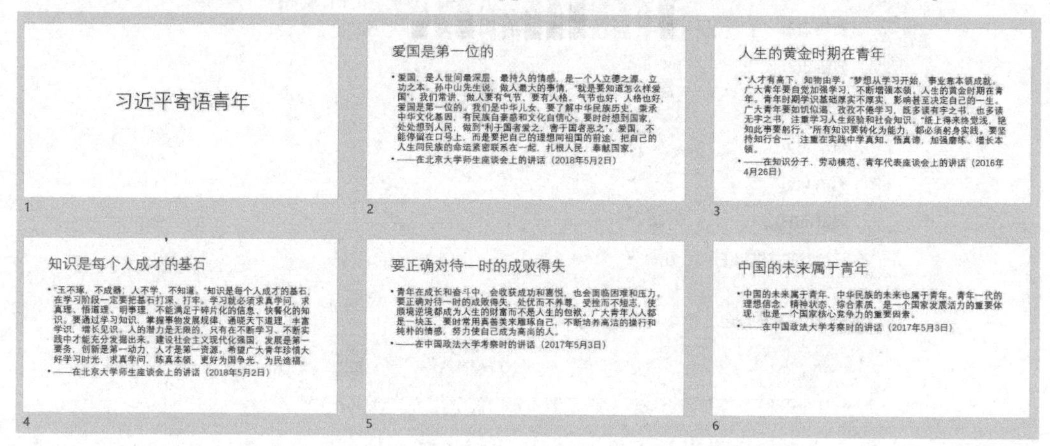

图 3-52　幻灯片“青年寄语”素材文件内容

(1)对于首页所应用的标题母板，将其中的标题样式设为“隶书，60 号字”

(2)对于其他页面所应用的一般幻灯片母板，在日期区中插入格式为“×年×月×日星期×”并自动更新显示，插入幻灯片编号(即页码)。

(3)将第一张页面的设计主题设为“环保”。

(4)其余页面的设计主题设为“框架”。

操作完成后，“幻灯片浏览”视图下，其效果如图 3-53 所示。

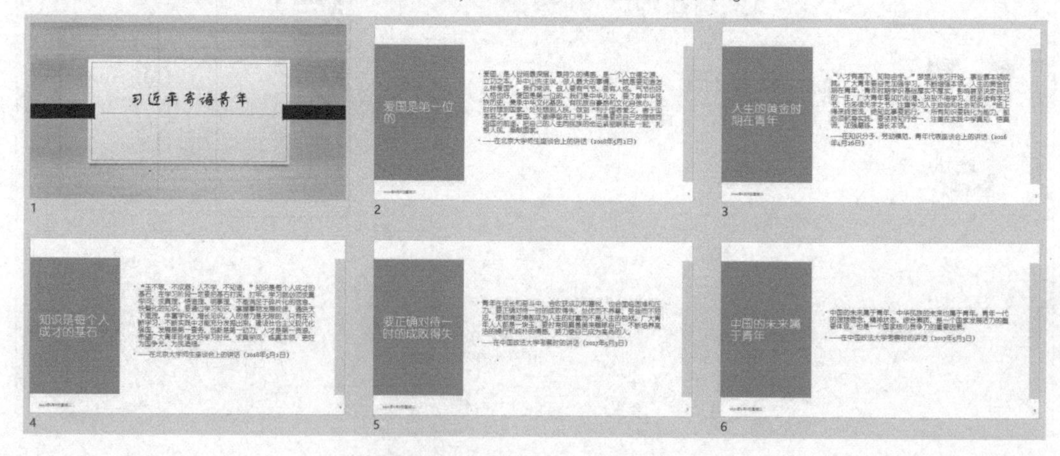

图 3-53　操作练习完成后效果

项目十三 幻灯片的动画、切换和放映设置

3.2.1 知识点

在幻灯片中常使用动画与切换效果,二者在使用对象及设置方式均有所不同,主要体现为:

(1)在使用对象方面:切换效果是针对幻灯片从一张幻灯片移到下一张幻灯片(即幻灯片之间)切换时的动态效果;动画效果是针对当前幻灯片模版内的标题和正文内容,包括图形、表格进行动态效果的设置。

(2)在设置方式方面:切换效果是在"切换"选项卡中设置;动画效果是在"动画"选项卡中设置。

1.幻灯片动画方案

动画是给文本或对象添加特殊视觉或声音效果,因此可以将演示文稿中的文本、图片、形状、表格、SmartArt 图形和其他对象制作成动画,赋予它们进入、退出、大小或颜色变化甚至移动等视觉效果。

如图 3-54 所示,Power Point 2019 中有四种不同类型的动画效果:

- "进入"效果,如可以使对象逐渐淡入焦点、从边缘飞入幻灯片或者跳入视图中。
- "退出"效果,这些效果包括使对象飞出幻灯片、从视图中消失或者从幻灯片旋出等。
- "强调"效果,这些效果的示例包括使对象缩小或放大、更改颜色或沿着其中心旋转等。
- 动作路径(是指文本或指定对象运动的路径,是幻灯片动画序列的一部分),该效果可以使对象上下、左右移动或者沿着星形或圆形图案移动。

上述动画可以单独使用,也可以将多种效果组合在一起。

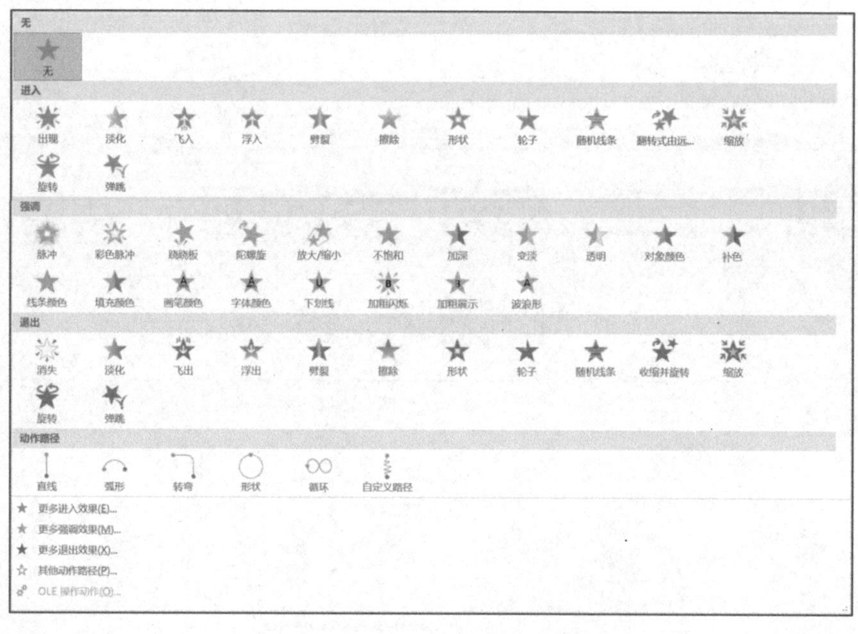

图 3-54　动画选择对话框

1) 添加动画

选择要制作成动画的对象,在“动画”选项卡上的“动画”组中,单击“其他”按钮,在弹出的对话框中选择所需的动画效果。

如果没有找到所需的进入、退出、强调或动作路径动画效果,可单击“更多进入效果”“更多强调效果”“更多退出效果”或“其他动作路径”命令,其中“更多进入效果”“更多强调效果”和“更多退出效果”的显示内容如图 3-55、图 3-56、图 3-57 所示。

图 3-55　“更多进入效果”

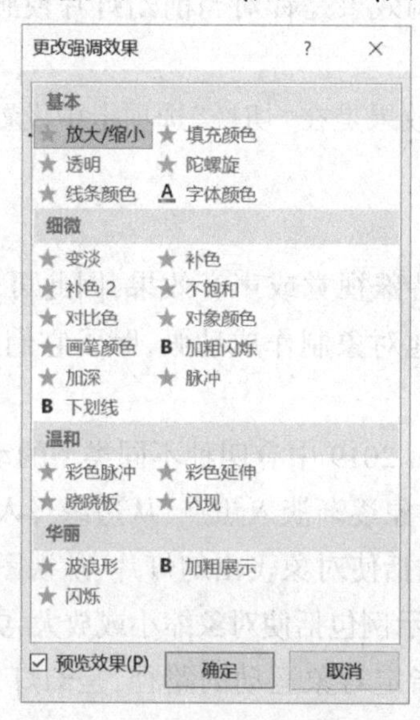

图 3-56　“更多强调效果”

图 3-57　“更多退出效果”

在将动画应用于对象或文本后，幻灯片上已制作成动画的项目会标上不可打印的编号标记，该标记显示在文本或对象旁边。仅当选择“动画”选项卡或“动画”任务窗格可见时，才会在“普通”视图中显示该标记。

添加动画效果时：

(1)当为一个对象添加一个动画效果时，即可在“动画”→“动画”组中添加，也可在“动画”下“高级动画”组中单击“添加动画”命令按钮进行添加。

(2)当多种动画效果组合在一起添加到一个对象时，第二个及以上动画效果，需通过“高级动画”组的“添加动画”命令进行添加。

---

2)动画的效果、计时或顺序设置

(1)动画效果设置

不同的动画其效果选项不同，而有的动画没有效果选项，若要为动画设置效果选项，可单击“动画”下“动画”组中的“效果选项”命令按钮，在打开的选项菜单中点击所需的效果，“飞入”与“劈裂”的效果选项分别如图 3-58 及图 3-59 所示。

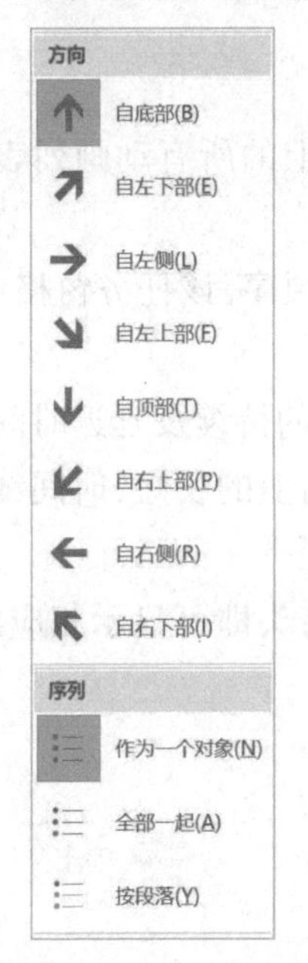

图 3-58 “飞入”的效果选项

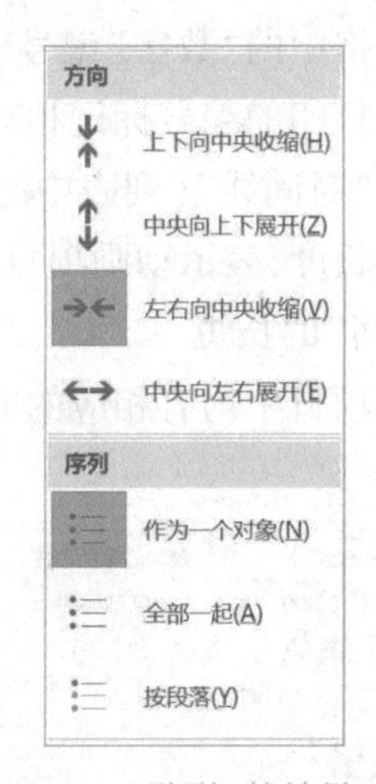

图 3-59 “劈裂”的效果选项

(2)动画计时设置

可以在“动画”选项卡上为动画指定开始、持续时间或者延迟计时，若要为动画设置开始计时，可单击“动画”→“计时”组中“开始”栏的右侧向下箭头，选择所需的计时时刻(分别为“单击时”“与上一动画同时”和“上一动画之后”)；设置动画将要运行的持续时间时，可在“持续时间”框中输入所需的秒数；设置动画开始前的延时，可在“延迟”框中输入所需的

秒数。

例如,为 ppt 文档中某一动画对象设置为:当鼠标单击时开始计时,持续时间为 2 秒,延迟时间为 1.5 秒,则动画计时的设置如图 3-60 所示。

(3)动画排序设置

若要对列表中的动画进行排序,可单击“动画”→“高级动画”组中的“动画窗格”命令,在打开的“动画窗格”窗口中选择要重新排序的动画,点击如图 3-61 所示中的“向前移动”或“向后移动”命令按钮,或“动画窗格”窗口中向上、向下的箭头 ,使所选动画在列表中另一动画之前或之后发生。

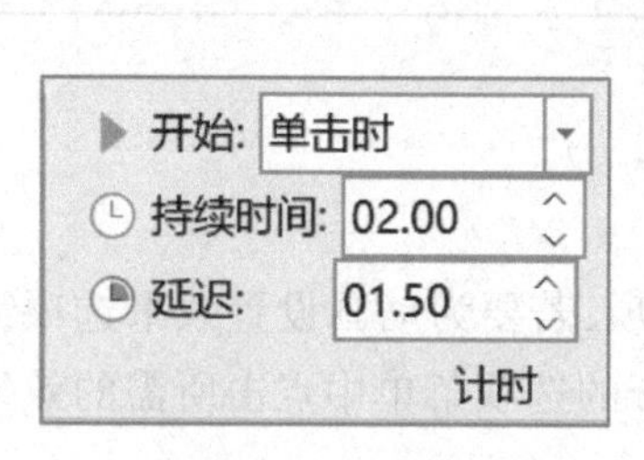

图 3-60 动画计时的设置

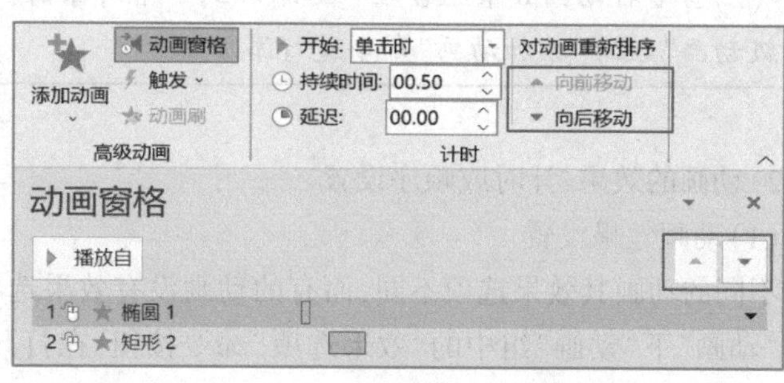

图 3-61 动画排序的设置

3)查看幻灯片当前的动画列表

如图 3-62 所示,可在“动画窗格”中查看某个幻灯片上的所有动画列表的对象名称、多个动画效果之间的播放顺序、效果的持续和延迟时间等。

• 该任务窗格中的“数字”编号表示动画效果的播放顺序,该任务窗格中的编号与幻灯片上显示的不可打印的编号标记相对应。

• 各列表的“时间线”(列表中的“矩形”框)表示效果的持续及延迟时间。其中,各项目时间线间的间距长度,表示动画项目间的相对“延迟”时间上的长短,时间线(“矩形框”)宽窄表示“持续时间”的长短。

• 各个列表项目中均有相应的向下箭头 ,单击该箭头即可显示相应菜单,如图 3-63 所示。

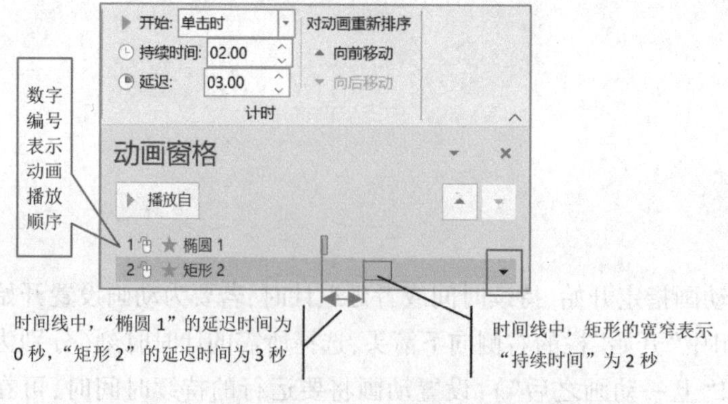

图 3-62 “动画窗格”任务栏

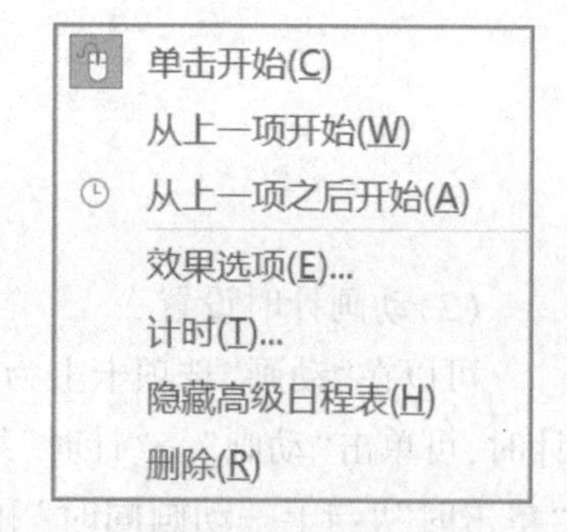

图 3-63 动画项目菜单

2.幻灯片切换

幻灯片切换效果是指，在演示期间从一张幻灯片移到下一张幻灯片时，在“幻灯片放映”视图中出现的动画效果。

1)幻灯片的切换效果

在包含“大纲”和“幻灯片”选项卡的窗格中，选择需要添加切换效果的幻灯片，在“切换”选项卡的“切换到此幻灯片”组中，单击要应用于该幻灯片的幻灯片切换效果，或通过“其他”按钮查看更多切换效果，如图 3-64 所示。

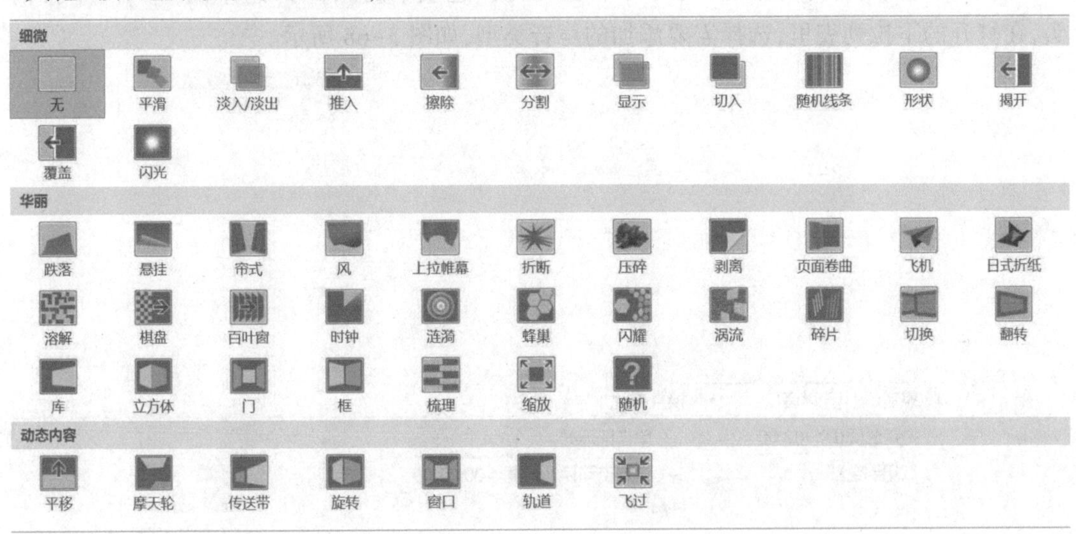

图 3-64　幻灯片切换效果

2)效果选项设置

不同的切换其效果选项不同，有的切换没有效果选项，若要为切换设置效果选项，请在“切换”→“切换到此幻灯片”组中，单击“效果选项”命令按钮，在打开的选项菜单中点击所需的效果，“推入”和“分割”效果选项分别如图 3-65、图 3-66 所示。

图 3-65　“推入”效果选项

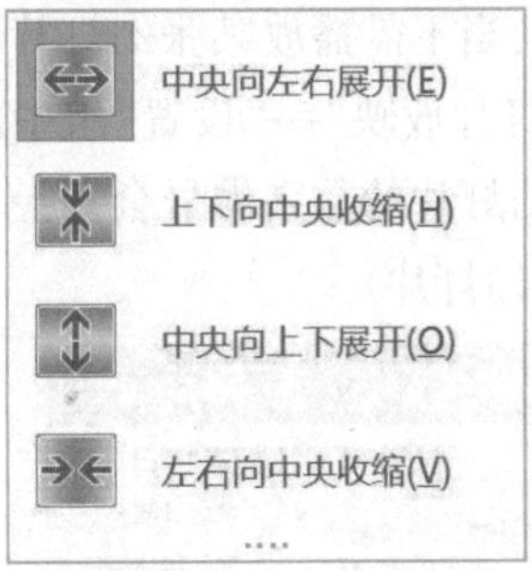

中央向左右展开(E)
上下向中央收缩(H)
中央向上下展开(O)
左右向中央收缩(V)
....

图 3-66　“分割”效果选项

3)效果计时设置

(1)若要设置上一张幻灯片与当前幻灯片之间的切换效果的持续时间，则单击“切换”“计时”组中的“持续时间”框中，键入或选择所需的速度。

(2)若要指定当前幻灯片在多长时间后切换到下一张幻灯片,若需在单击鼠标时换幻灯片,则单击“切换”→“计时”组,选中“单击鼠标时”复选框,当需指定时间后切换幻灯片,则在“设置自动换片时间”栏中选择或输入所需时间,并选中该复选框。

如上一张幻灯片与当前幻灯片之间的切换效果的持续时间是 2 秒,换片方式为:单击鼠标时,切换或自动换片时间为 3 秒,切换效果的计时设置如图 3-67 所示。

4)效果声音设置

为了在切换幻灯片时添加声音,可单击“切换”选项卡的“计时”组中的“声音”下拉箭头,在打开的下拉列表里,选择需要添加的声音类型,如图 3-68 所示。

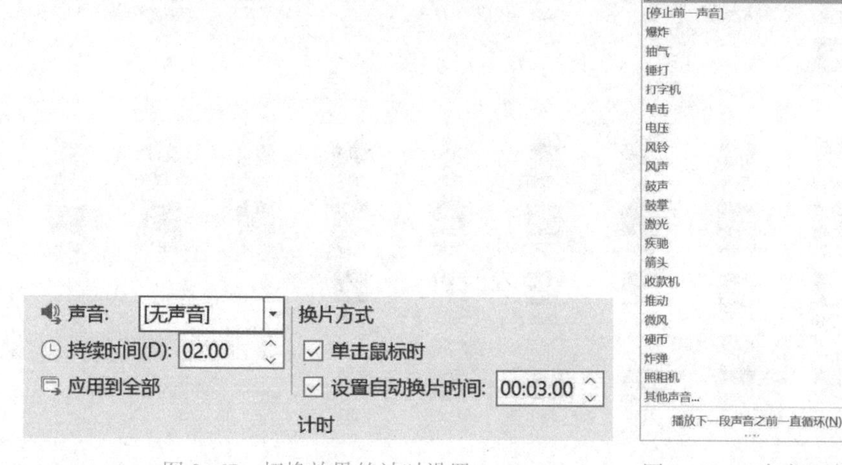

图 3-67　切换效果的计时设置　　图 3-68　“声音”列表

3.幻灯片放映

幻灯片放映时,可根据需要进行放映方式、隐藏幻灯片、排练计时和录制幻灯片演示等设置。

1)隐藏幻灯片

演示文稿中,当不需播放某张幻灯片时,则选中该幻灯片后,右击鼠标,选择“隐藏幻灯片”,或单击“幻灯片放映”→“设置”组中的“隐藏幻灯片”命令按钮,如图 3-69 所示。幻灯片被隐藏后,该幻灯片的数字编号会划上了斜杠,如图 3-70 所示,播放时将直接跳过该隐藏页而显示下一张幻灯片。

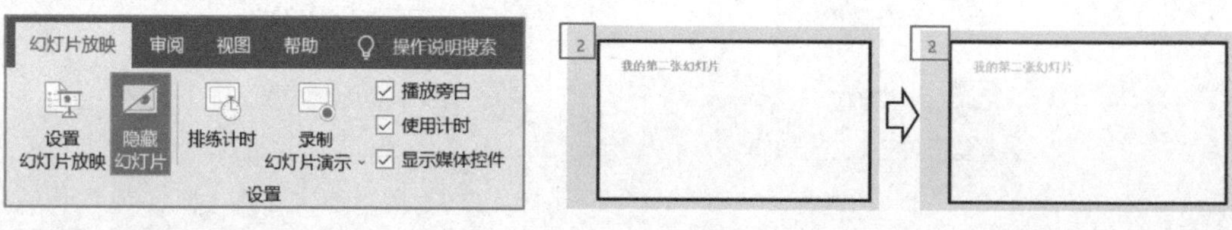

图 3-69　“隐藏幻灯片”设置　　图 3-70　隐藏幻灯片的幻灯片数字编号将被划上了斜杠

2)放映方式设置

设置幻灯片放映方式时,可定位任一张幻灯片后,单击“幻灯片放映”→“设置”组中的“设置幻灯片放映”命令按钮,在打开的“设置放映方式”对话框窗口中进行相应设置,如采用全屏幕放映,且只选取 1 至 4 张幻灯片进行循环放映,幻灯片放映方式的设置如图 3-71 所示。

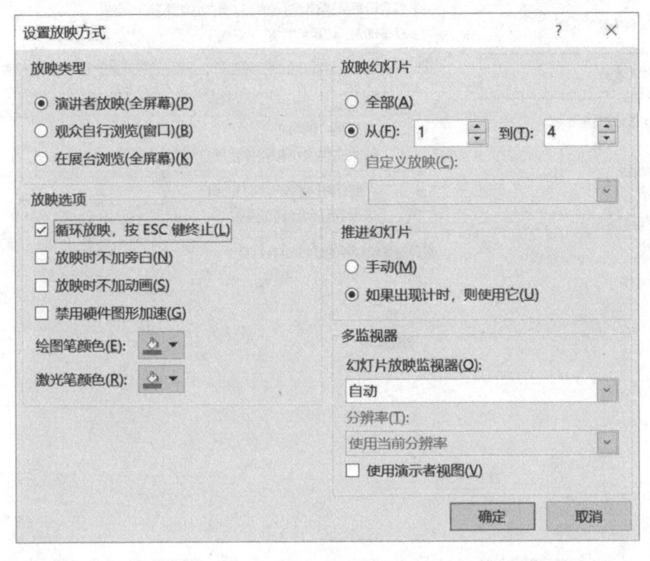

图 3-71 幻灯片放映方式的设置

3) 录制幻灯片演示视频

录制放映幻灯片时,可定位任一张幻灯片,单击“幻灯片放映”→“设置”组中的“录制幻灯片演示”命令按钮,从弹出的菜单中可点击“从当前幻灯片开始录制”或“从头开始录制”选项,如图 3-72 所示。在打开的“Power Point 录制幻灯片演示视图”中,可点击窗口左上角的“录制”按钮开始录制,结束时点击“停止”按钮,如图 3-73 所示。

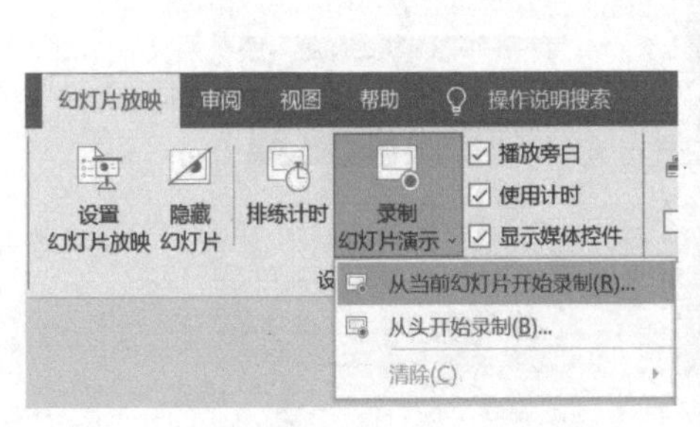

图 3-72 选择幻灯片录制的起始位置

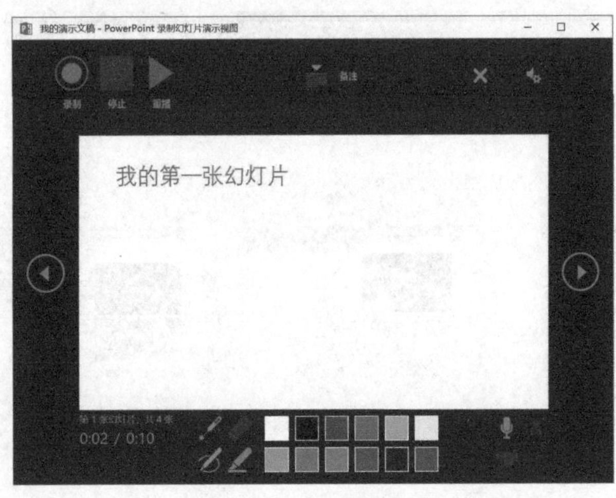

图 3-73 幻灯片的视频录制

需要导出录制好的视频文件时,可单击“文件”→“导出”命令,如图 3-74 所示,在“导出”窗口中,点击“创建视频”,并在打开的如图 3-75 所示“创建视频”窗口中,点击“创建视频”命令按钮,可将录制好的视频以“MPEG-4”或“Windows Media”格式存储至相应的目录中。

导出
开始
新建
打开
信息
保存
另存为
打印
共享
导出
关闭
创建 PDF/XPS 文档
创建视频
将演示文稿打包成 CD
创建讲义
更改文件类型

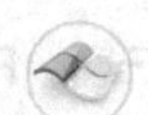

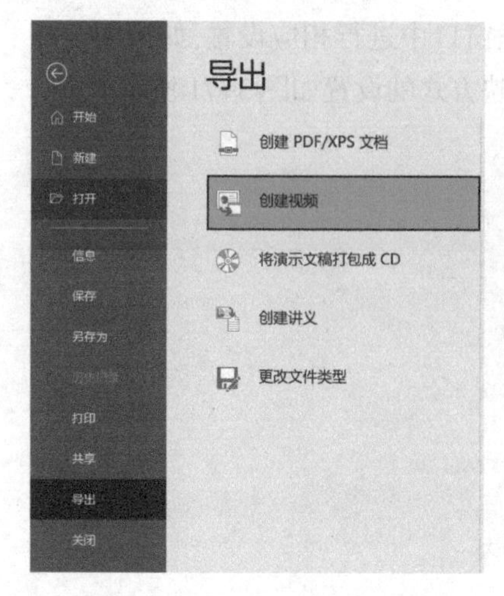

图 3-74 视频文件的导出

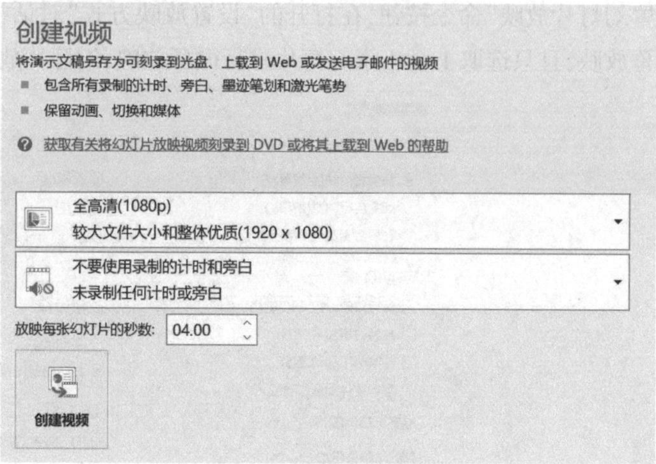

创建视频
将演示文稿另存为可刻录到光盘、上载到 Web 或发送电子邮件的视频
包含所有录制的计时、旁白、墨迹笔划和激光笔势
保留动画、切换和媒体
获取有关将幻灯片放映视频刻录到 DVD 或将其上载到 Web 的帮助
全高清(1080p)
较大文件大小和整体优质(1920 x 1080)
不要使用录制的计时和旁白
未录制任何计时或旁白
放映每张幻灯片的秒数: 04.00
创建视频

图 3-75 通过"创建视频"导出视频文件

3.2.2 任务十三 动画与切换效果的制作

1.任务要求

打开内容如图 3-76 所示的"中国航天.pptx"素材文件,进行以下操作并保存。

中国航天事业的重要成就
典型历程
飞机
火箭
卫星
飞船
飞机
火箭
卫星
飞船
东方红一号
1
2
3
4
5
6
7
8

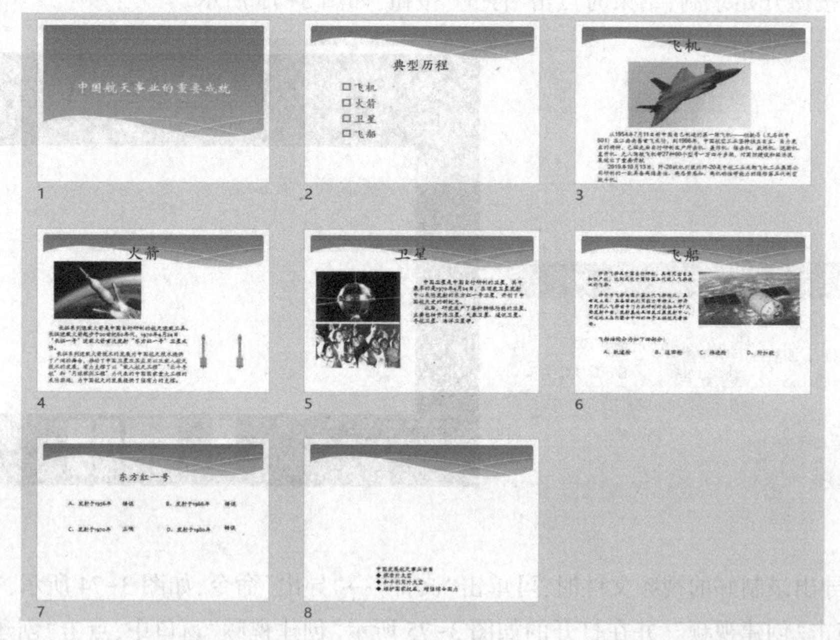

图 3-76 幻灯片"中国航天"素材文件内容

(1) 简单动画效果的添加.

为第 2 页的下述内容，分别添加相应的动画效果：

- 文本内容“飞机”的进入效果设置成“自顶部”飞入。
- 文本内容“火箭”的强调效果设置成“陀螺旋”。
- 文本内容“卫星”的退出效果设置成“浮出”。
- 文本内容“飞船”的强调效果设置成“波浪形”。

动画与切换效果的制作

(2) 动作按钮的添加。

在第 2 页中添加如下动作内容：

- 页面中添加“前进”(后退或前一项)与“后退”(前进或下一项)的动作按钮。

(3) 复杂动画效果的添加。

- 在第 3 页“飞机”页面中，对幻灯片中的飞机图片设计出如下效果：单击鼠标，图形不断放大，放大到尺寸 1.5 倍，重复显示 3 次，其他均为默认设置，如图 3-77 所示。

图 3-77 图片大小顺序依次为原始—放大—原始

- 在“火箭”页面中，对幻灯片中的两枚火箭图片设计出如下效果：同步垂直向上发射，放大尺寸 1.5 倍，重复 3 次，效果如图 3-78 所示。

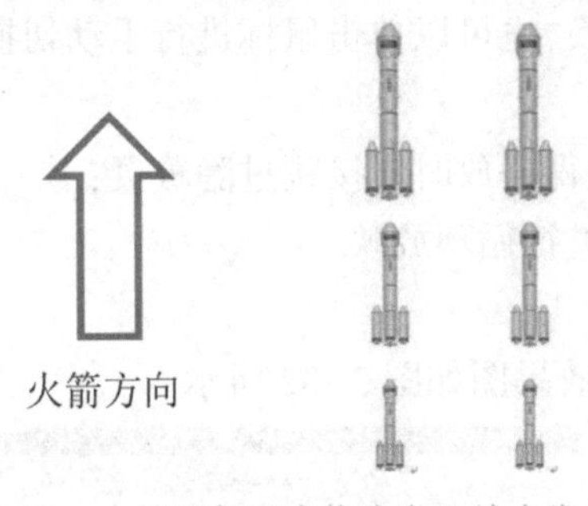

图 3-78 火箭重复三次依次向上放大发射

- 在“飞船”页面中，设计出如下效果：单击鼠标，依次显示文字“A、轨道舱”“B、返回舱”“C、推进舱”“D、附加段”四部分，如图 3-79 所示。

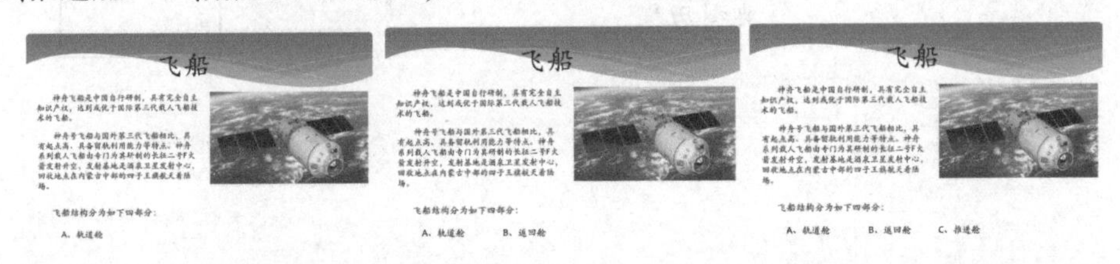

图 3-79 依次显示“A、轨道舱”“B、返回舱”“C、推进舱”“D、附加段”

- 在“东方红一号”页面中，设计出如下效果：当选择“C、发射于 1970 年”时，显示“正确”，否则显示文字“错误”，如图 3-80 所示。

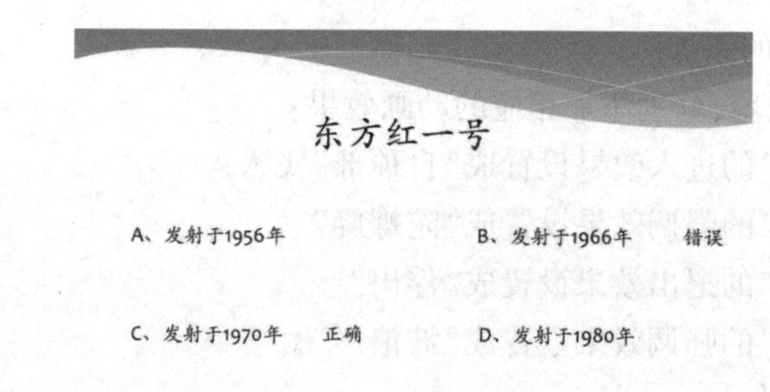

图 3-80　选项正确时显示“正确”

• 在“中国发展航天事业宗旨”文字页中，设计出如下效果：单击鼠标，文字从底部垂直向上显示，默认设置，如图 3-81 所示。

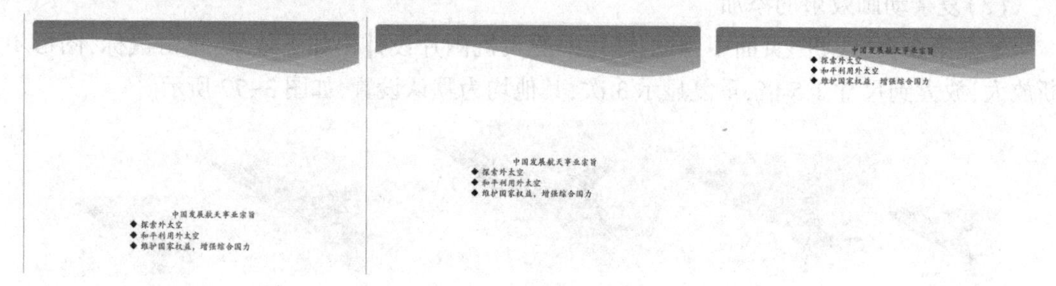

图 3-81　图片文字依次从底部垂直向上移动

(4)切换效果的制作。

• 设置所有幻灯片的切换效果为“自左侧 推入”。

• 实现每隔 3 秒自动切换，也可以单击鼠标进行手动切换。

(5)放映效果的设置。

• 隐藏第 5 张幻灯片，使得播放时直接跳过隐藏页；

• 选择 1 至 8 页幻灯片进行循环放映。

2.任务完成效果

任务操作(1)完成后，其效果图如图 3-82 所示。

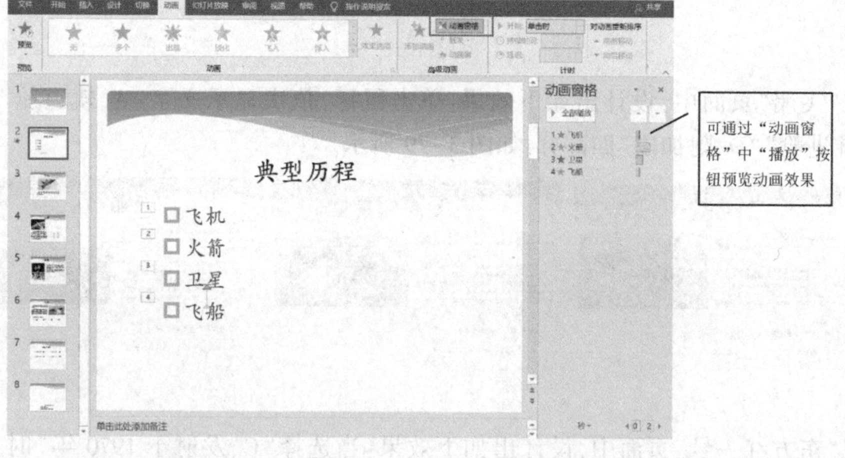

图 3-82　在“动画”菜单下文本添加动画后的效果图

任务操作(2)完成后,其效果图如图 3-83 所示。

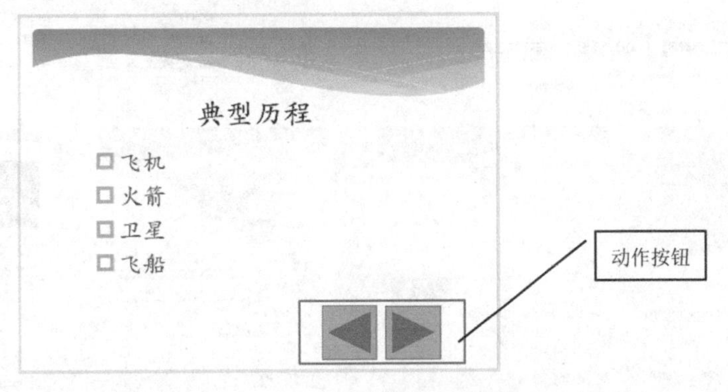

图 3-83 添加了动作按钮的第 2 页幻灯片效果图

任务操作(3)完成后,在“幻灯片浏览”视图下的效果图如图 3-84 所示,其中第 2、3、4、6、8 等幻灯片下方有“播放动画”的图标 。

图 3-84 “幻灯片浏览”视图下的效果图

任务操作(4)完成后,在“幻灯片浏览”视图下,其效果图如图 3-85 所示,其中每张幻灯片下方右侧,都显示自动换片时间“00:03”。

任务操作(5)完成后,在“幻灯片浏览”视图下,其效果图如图 3-86 所示,其中被隐藏的第 5 张幻灯片的数字编号加上了斜杠,播放时将直接跳过该隐藏页。

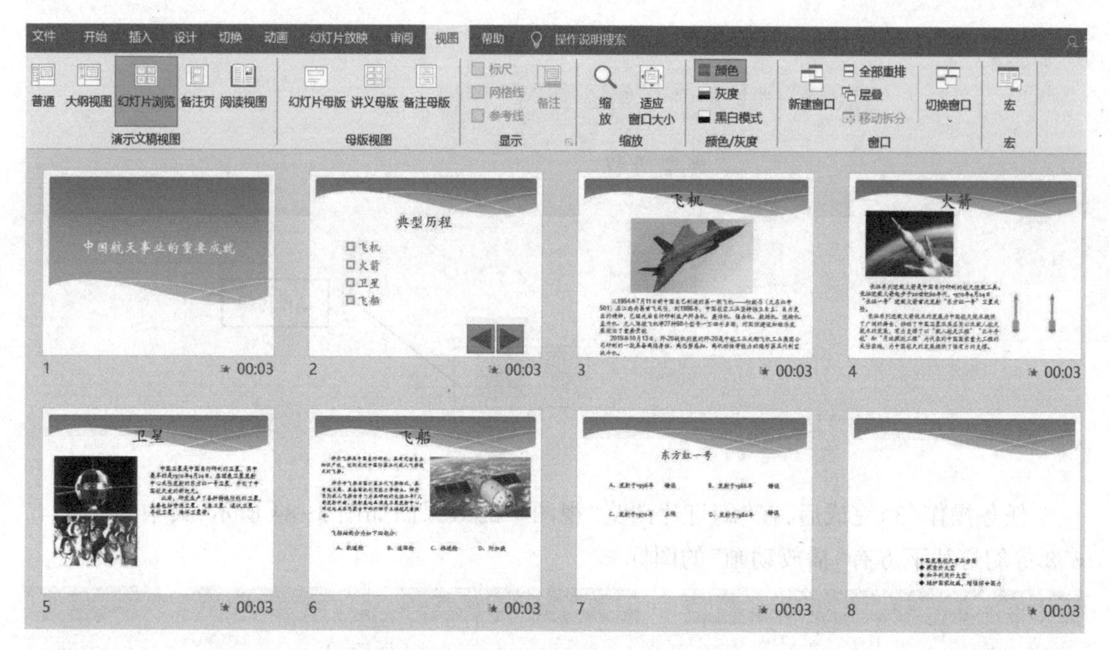

图 3-85 切换效果设置完成后,在"幻灯片浏览"视图下的效果

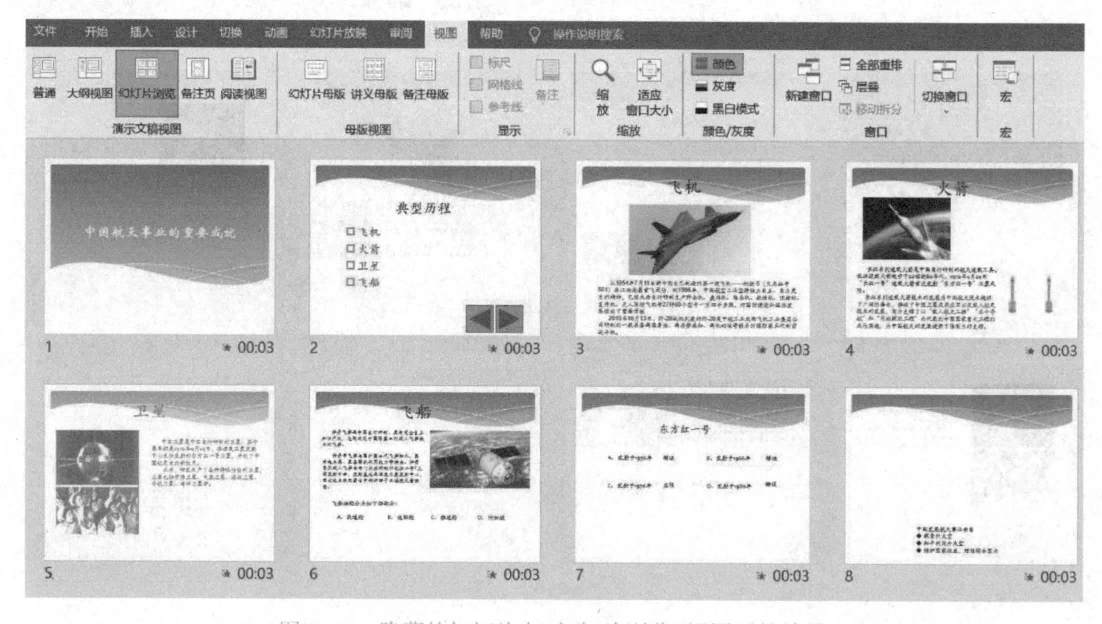

图 3-86 隐藏的幻灯片在"幻灯片浏览"视图下的效果

3.任务分析

任务操作(1)是为幻灯片的文本框,添加"进入""强调"和"退出"等简单动画效果;任务操作(2)是为幻灯片添加动作按钮;任务操作(3)涉及多个动画效果的添加、动作路径的添加及触发器内容设置等,当为一个对象添加多个动画效果时需要通过"高级动画"组的"添加动画"命令进行添加;任务操作(4)是为幻灯片添加定时自动切换效果;任务操作(5)完成对幻灯片隐藏和循环播放设置。

4.任务实施

第 1 步:简单动画效果的添加。

• 在第二页幻灯片中选择 "飞机"文本内容,单击"动画"→"动画"组的"其他"按钮 ▾,在"进入"效果中选择"飞入",再单击"动画"→"动画"组中"效果选项"命令按钮,从弹出的"方向"菜单中点击"自顶部"选项,如图 3-87 所示。

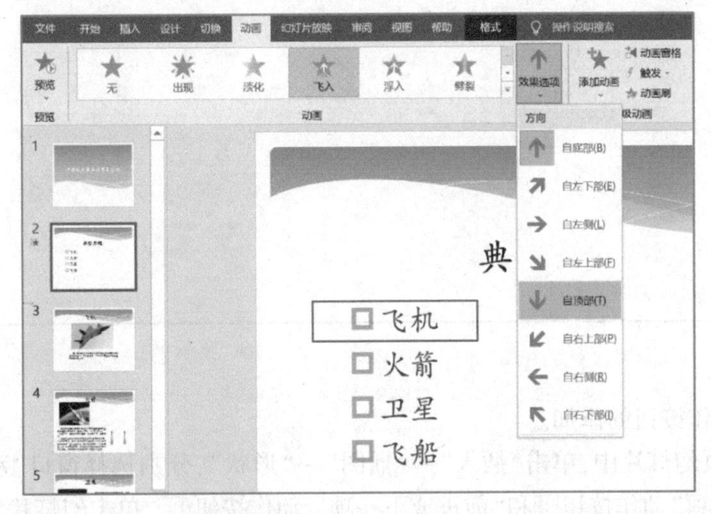

图 3-87 "飞机"的"自顶部"飞入的效果设置

• 在第二页幻灯片中选择 "火箭"文本内容,单击"动画"→"高级动画"→"添加动画"按钮,在"强调"效果组中选择"陀螺旋"(或单击菜单项"动画"→"动画"组中"其他"按钮 ▾,从弹出窗口中的"强调"效果组中,选择"陀螺旋"),如图 3-88 所示。

图 3-88 "火箭"强调效果为"陀螺旋"的设置

• 在第二页幻灯片中分别选择 "卫星"和"飞船"文本内容,依照上述步骤分别选择"动

画”组中的“浮出”及“波浪形”,如图 3-89 所示。

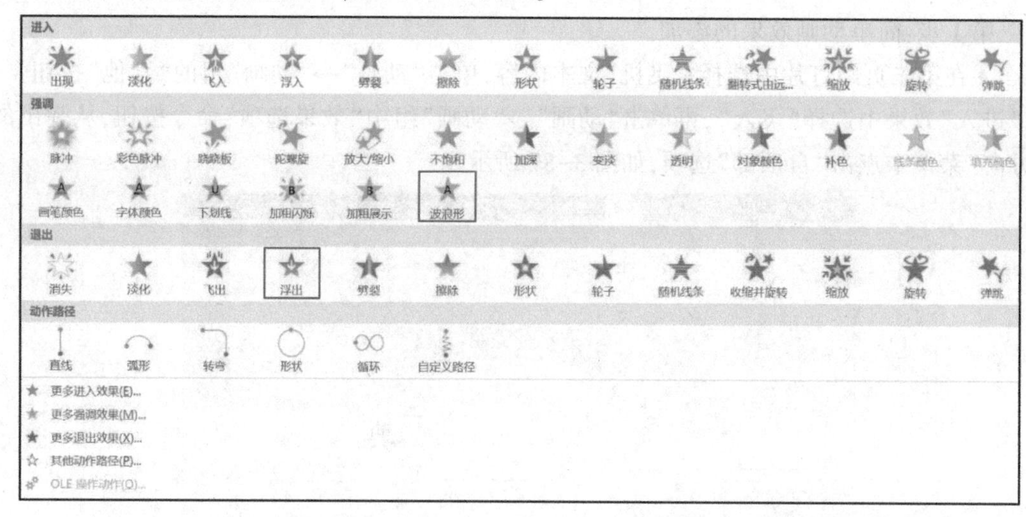

图 3-89 “卫星”和“飞船”文本的“浮出”和“波浪形”动画效果设置

第 2 步:动作按钮的添加。

• 在第二页幻灯片中,单击“插入”→“插图”→“形状”,分别选择窗口“动作按钮”组中的“后退或前一项”动作按钮◁和“前进或下一项” 动作按钮 ▷,单击幻灯片空白处,从弹出的“操作设置”对话框中,分别选择“上一张幻灯片”和“下一张幻灯片”,如图 3-90 所示。

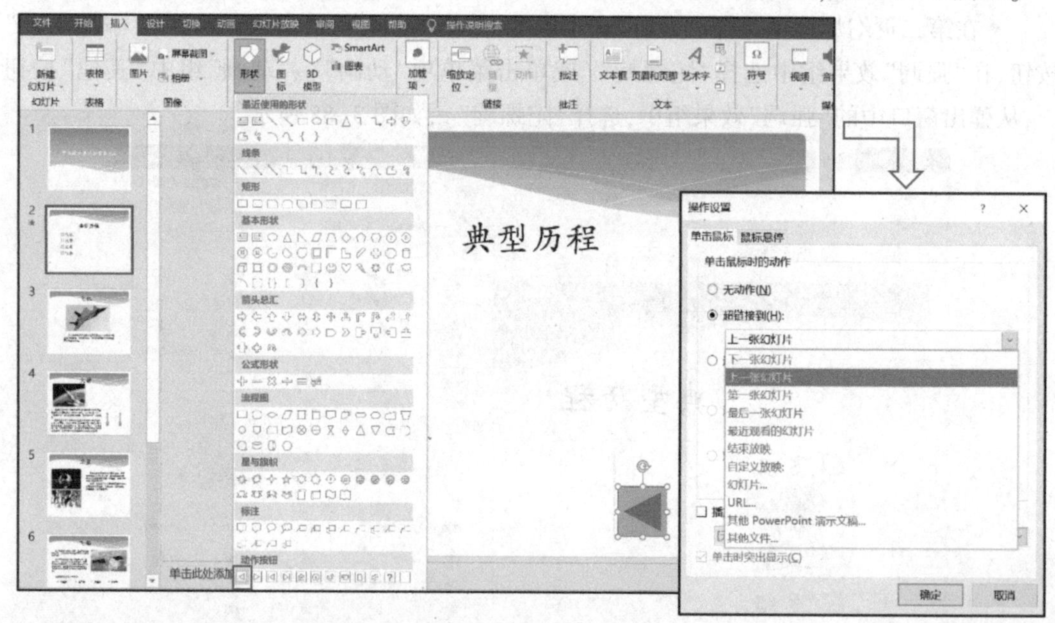

图 3-90 “前进”及“后退”动作按钮的添加

第 3 步:复杂动画效果的添加。

(1) 在“飞机”页面中,对幻灯片中的飞机图片设计出:单击鼠标,图形不断放大,放大到尺寸 1.5 倍,重复显示 3 次的效果。

● 选中第 3 张幻灯片中的飞机图片，单击“动画”→“动画”组中的“强调”效果“放大/缩小”选项；再单击“高级动画”→“动画窗格”命令，并在“动画窗格”窗口中单击“1 ★ Picture 3 ”项目栏中向下箭头按钮▼，选择“效果选项”命令，如图 3-91 所示。

● 在打开的“放大/缩小”窗口中的“效果”和“计时”标签页中进行设置，内容设置如图 3-92 及图 3-93 所示，其中“效果”标签页中的“尺寸”为 150%，“计时”标签页中的“期间”为中速 2 秒，重复 3 次，其他设置均采用系统默认值。

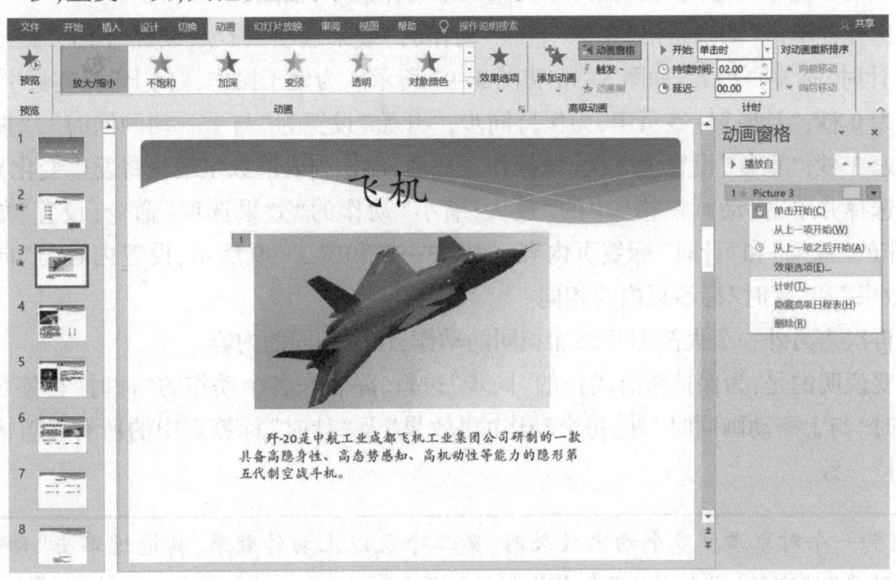

图 3-91 为图片添加“放大/缩小”动画效果并选择“效果选项”命令

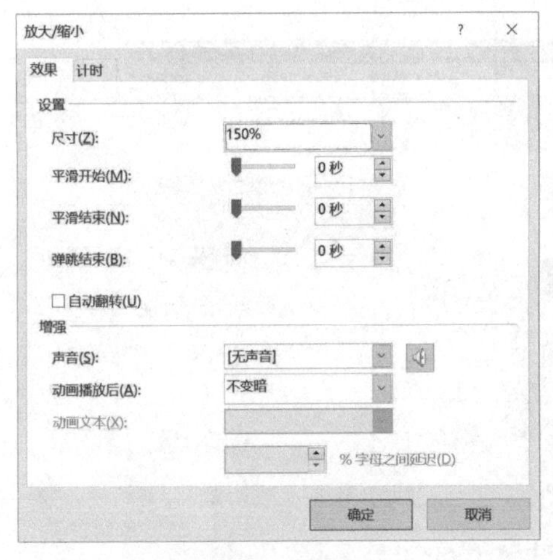

图 3-92 “效果”选项页的内容设置

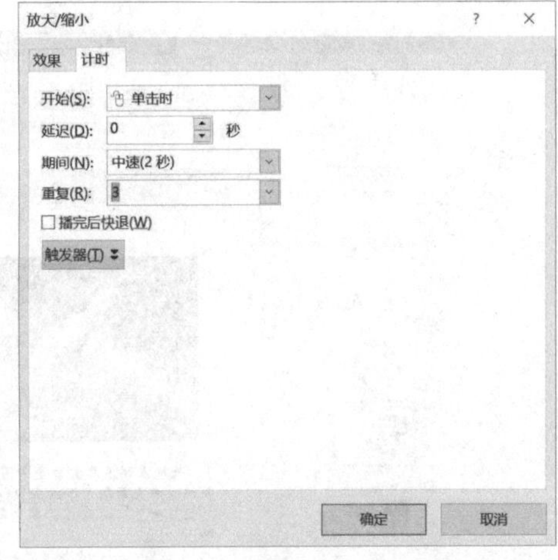

图 3-93 “计时”选项页的内容设置

(2) 在“火箭”页面中，对幻灯片中的两枚火箭图片设计出：同步垂直向上发射，放大尺寸 1.5 倍，重复 3 次的效果。

因为每个火箭图片均涉及两个动画效果，一个是“向上”的动作路径，一个是“放大/缩小”动作效果，因此每个图片均需添加两个动作，并分别在“动画窗格”中为每个动作设置相应的“计时”和“效果”属性。

• 选择第4张幻灯片中的任一个“火箭”图片，单击并选择“动画”→“动画”组中的“动作路径”效果中的“直线”选项；再单击“动画”组中“效果选项”命令按钮，从弹出的“方向”菜单中，选择“上”选项，如图3-94所示。

• 再次选择上述图片后，单击“高级动画”组中的“添加动画”命令按钮，选择“强调”效果中的“放大/缩小”效果，为该图片添加第二个动作效果，如图3-95所示。

• 选择并单击“动画窗格”中的“直线”动作的“效果选项”命令，设置“向上”路径的“效果”和“计时”标签页内容，如图3-96和图3-97所示。为便于操作，“向上”标签页中的所有时间设为0秒，“计时”标签页中，为保持同步，“开始”设置为“与上一动画同时”，“期间”设置为慢速3秒，“重复”设置为3次(该操作完成后，动作列表前数字编号将发生变化)。

• 选择并单击“动画窗格”中的“放大/缩小”动作的“效果选项”命令，设置“放大/缩小”动作的“效果”和“计时”标签页内容，如图3-98和图3-99所示，设置内容与“向上”路径的“效果”和“计时”标签页内容相同。

• 再次为另外一个火箭图片添加相同的动作，设置相同的内容。

需要说明的是：为保持所有动作的“同步”进行，除了在各个动作的“计时”标签页中，设置开始时“与上一动画同时”外，每个动作的“效果”及“计时”标签页中的所有设置内容，也相应保持一致。

当为一个对象添加多个动画效果时，第二个及以上动作效果，需通过单击“动画”→“高级动画”组中的“添加动画”命令按钮进行添加。

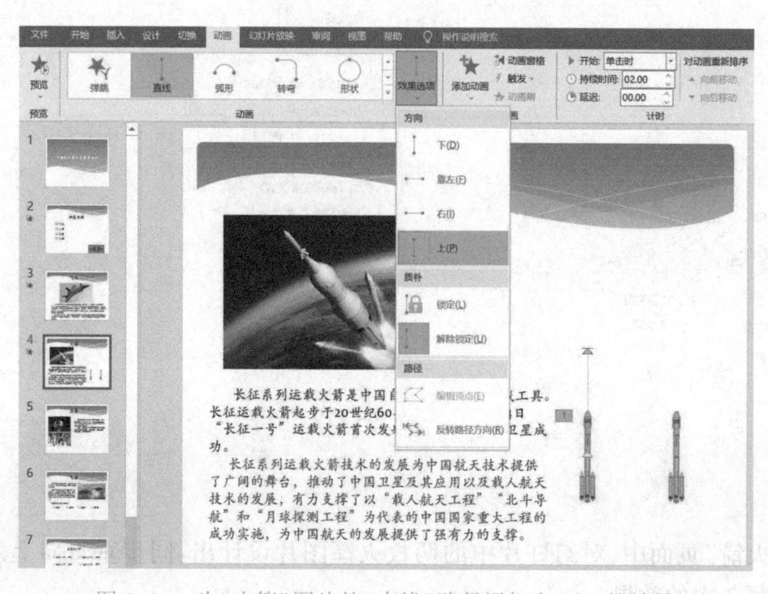

图3-94 为“火箭”图片的“直线”路径添加向“上”的效果

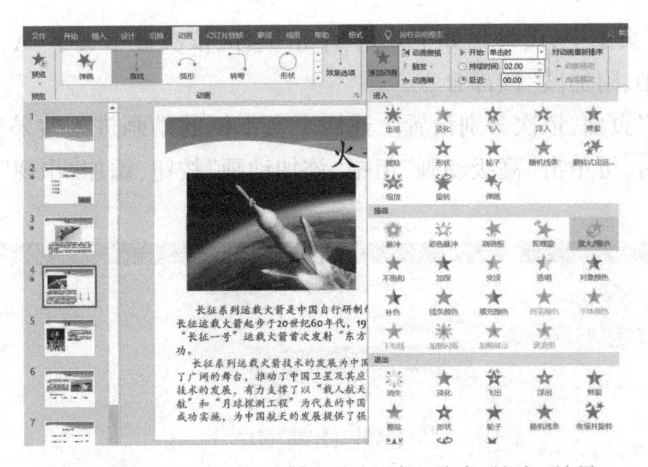

图 3-95 再次为该“火箭”图片添加“放大/缩小”效果

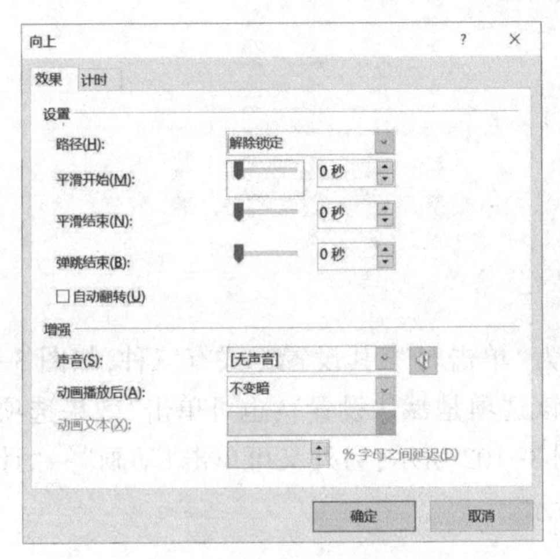

图 3-96 直线“向上”动作的“效果”页设置

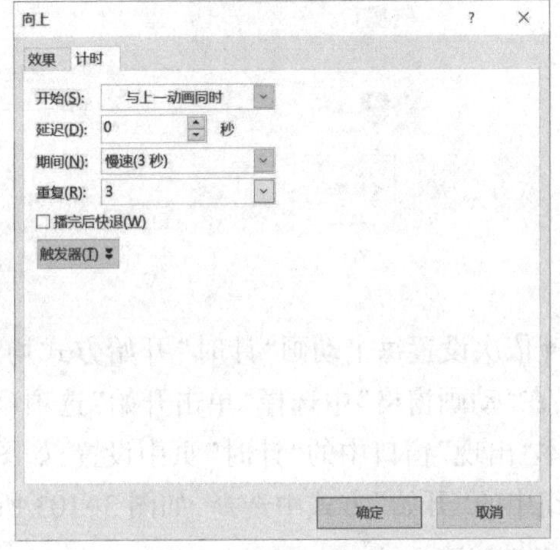

图 3-97 直线“向上”动作的“计时”页设置

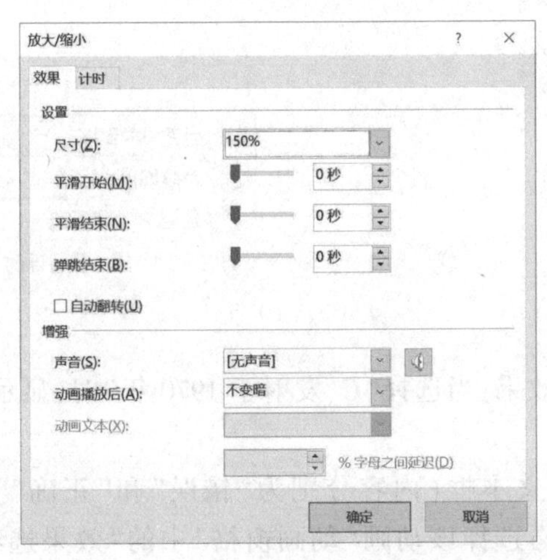

图 3-98 “放大/缩小”动作的“效果”页设置

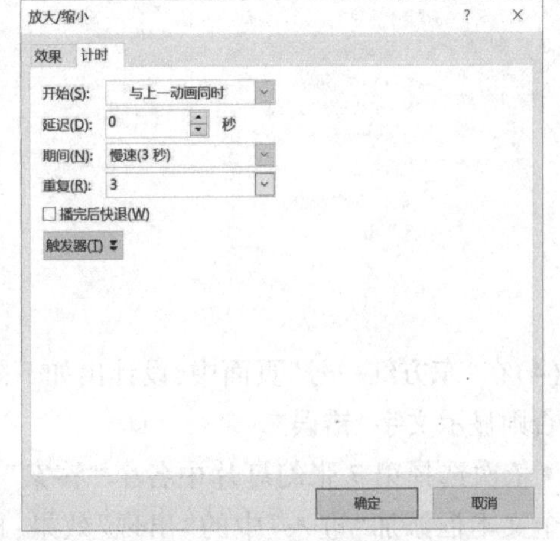

图 3-99 “放大/缩小”动作的“计时”页设置

(3)在“飞船”页面中,设计出如下效果:单击鼠标,依次显示文字“A、轨道舱”“B、返回舱”“C、推进舱”“D、附加段”四部分。

● 选择“飞船”页面,依次分别设置上述四个文本框的动画进入效果为“出现”,如选择文本框“轨道舱”后,可单击“高级动画”组中“添加动画”按钮,添加“出现”效果,如图 3-100 所示。

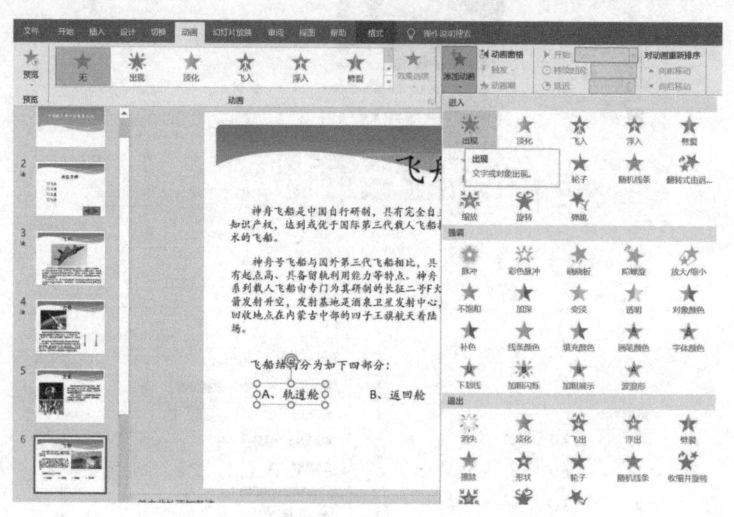

图 3-100　设置动画进入效果为“出现”

● 依次设置每个动画“计时”开始方式均为“单击时”,其设置方式有三种,如图 3-101 所示,在“动画窗格”中选择“单击开始”选项(该选项是默认设置);也可单击“效果选项”后在文本“出现”窗口中的“计时”页中设置,如图 3-102 所示;另外又可单击“动画”→“计时”选项组中的“开始”方式中选择,如图 3-103 所示。

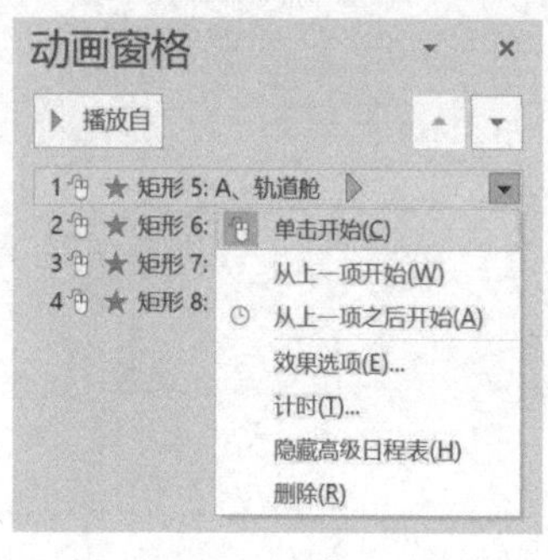

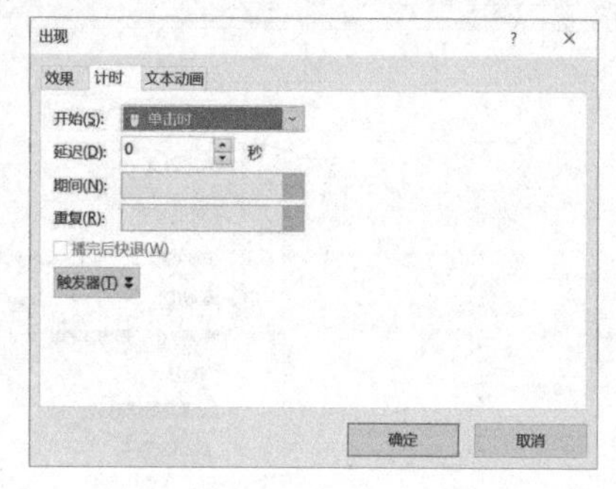

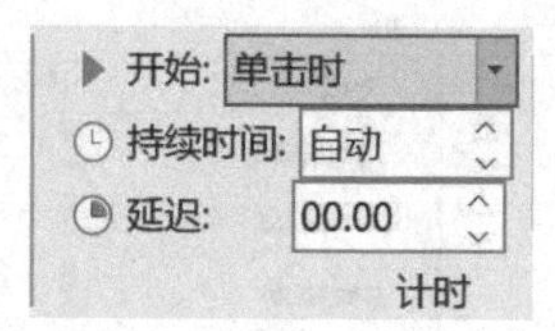

图 3-101　“动画窗格”中设置

图 3-102　“效果选项”中设置

图 3-103　“计时”组中设置

(4)在“东方红一号”页面中,设计出如下效果:当选择“C、发射于 1970 年”时,显示“正确”,否则显示文字“错误”。

● 依次选择第 7 张幻灯片中各个“答案”文本框(内容分别为“错误”和“正确”),并为各个文本框添加“进入”中的“出现”效果;再选择该动画“动画窗格”中的“效果选项”,如图 3-104 所示。

● 在“出现”窗口的“计时”页中,点击“触发器”并选中“单击下列对象时启动动画效果"单选框后，在该栏中依次选择与该"答案"相对应的文本框，例如第一个"错误"文本框对应的是"TextBox 2：A、发射于1956年"，如图3-105所示。

• 依次在剩下三个"答案"文本框的"出现"效果的"计时"标签页中，添加"触发器"对应的"启动动画效果"。

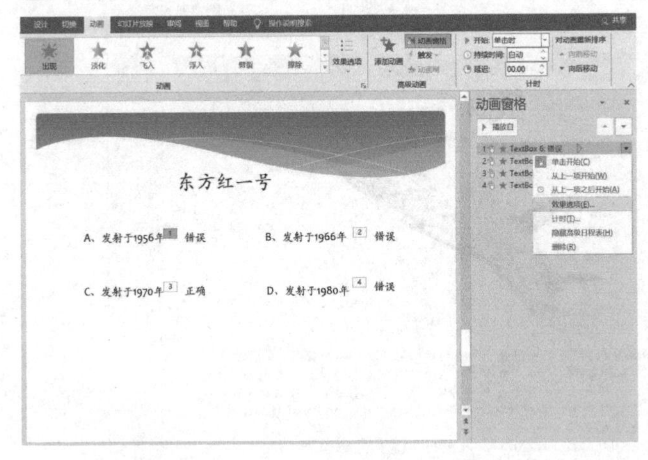

图3-104 添加"出现"效果并依次选择"效果选项"

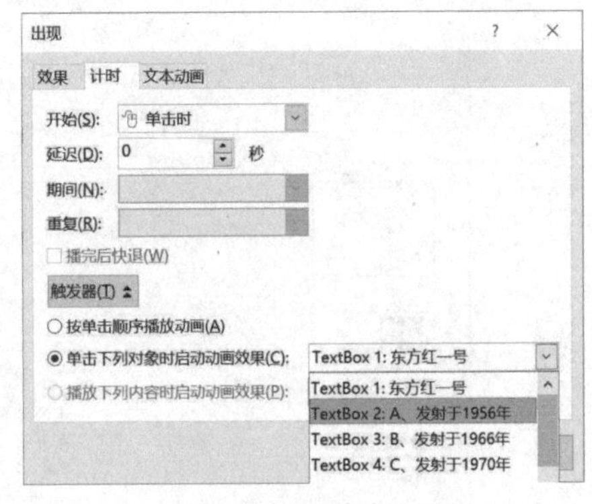

图3-105 "触发器"的内容设置

(5)在"中国发展航天事业宗旨"文字页中，设计出如下效果：单击鼠标，文字从底部，垂直向上显示，默认设置。

• 选中最后一页幻灯片里的"中国发展航天事业宗旨"文本框，单击"动画"→"高级动画"组中"添加动画"命令按钮，选择"更多进入效果"，如图3-106所示；在打开的窗口中选择"字幕式"动画效果，如图3-107所示。

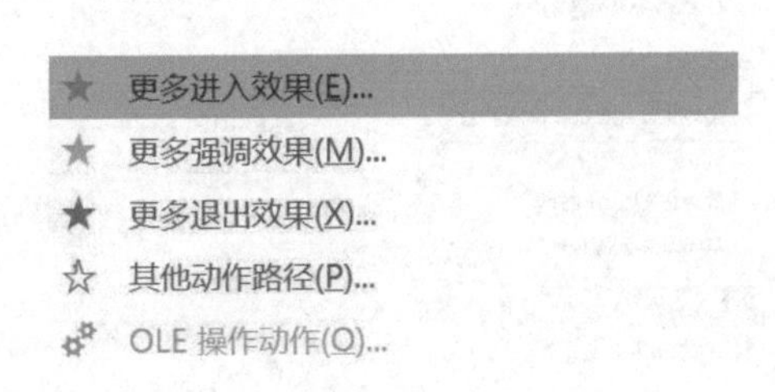

图3-106 选择"更多进入效果(E)"

图3-107 添加"字幕式"动画效果

第4步：切换效果的制作。

• 选择任一张幻灯片，单击并选择"切换"→"切换到此幻灯片"组中的"推入"效果，再单击"效果选项"按钮，选择"自左侧"方向。

• 选中"切换"→"计时"组中"设置自动换片时间"复选框，并设置时间为"00:03:00"，最后点击"全部应用"，如图 3-108 所示。

图 3-108 切换效果及换片时间设置

第 5 步：放映效果的设置。

• 选择第 5 张幻灯片，单击"幻灯片放映"→"设置"组中的"隐藏幻灯片"按钮，使得该幻灯片的数字编号被加上斜杠 5，如图 3-109 所示。

• 选择任一张幻灯片，单击"幻灯片放映"→"设置"组中的"设置幻灯片放映"按钮，在打开的"设置放映方式"窗口中，选择放映幻灯片从 1 到 8，选中放映选项下的"循环放映"，如图 3-110 所示。

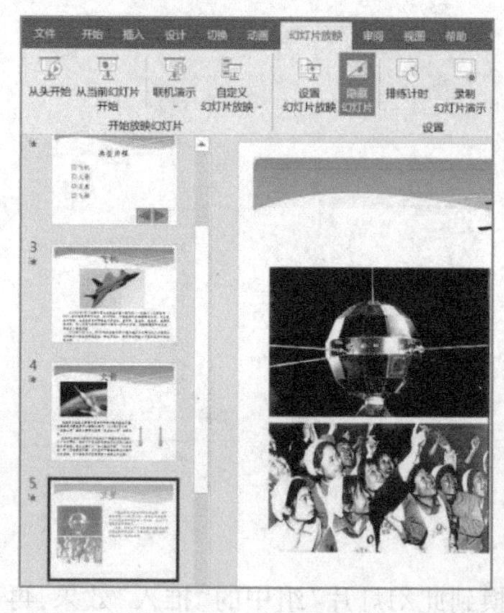

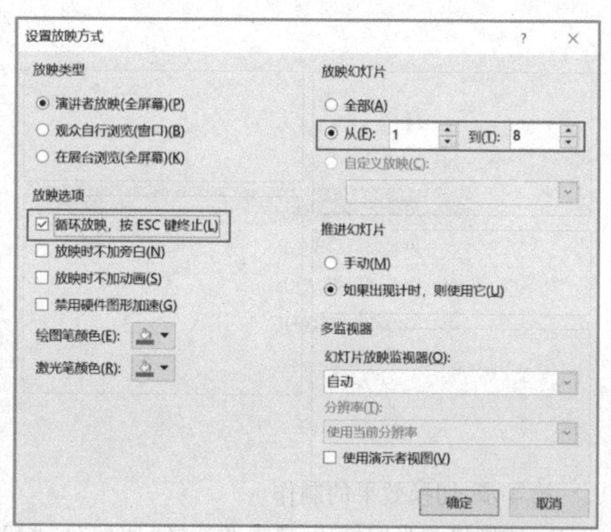

图 3-109 隐藏幻灯片

图 3-110 设置 1 至 8 张幻灯片循环放映

3.2.3 操作练习

打开内容如图 3-111 所示的“校训.pptx”素材文件,进行以下操作并保存。

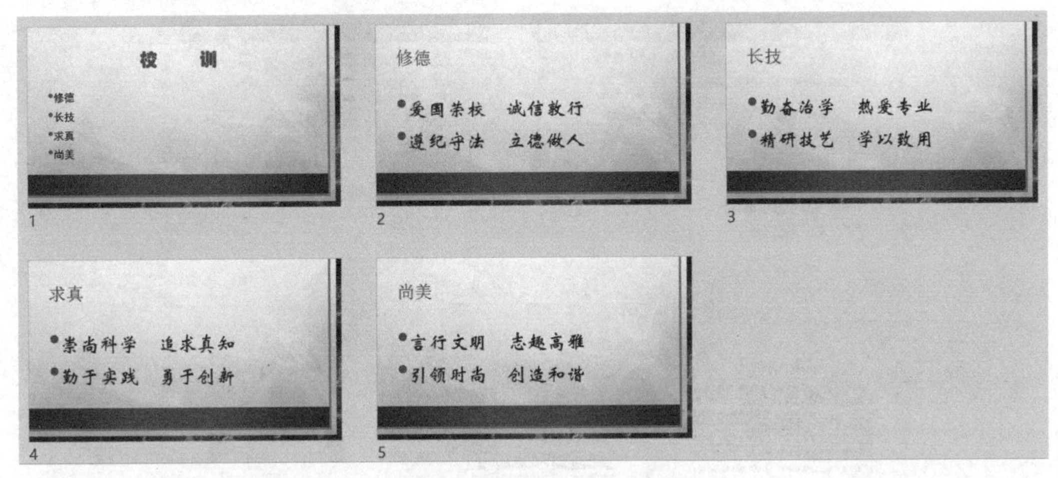

图 3-111 幻灯片“校训”素材文件内容

(1)按以下要求设置幻灯片的动画效果。

针对第 1 页幻灯片,按顺序设置以下的自定义动画效果:

- 将标题内容“校训”的进入效果设置成“棋盘”。
- 将文本内容“修德”的进入效果设置成“菱形”。
- 将文本内容“长技”的强调效果设置成“波浪形”。
- 将文本内容“求真”的进入效果设置成“自左侧飞入”。
- 将文本内容“尚美”的退出效果设置成“层叠”。

(2)按下面要求设置幻灯片的切换效果。

- 设置所有幻灯片之间的切换效果为“页面卷曲”。
- 实现每隔 3 秒自动切换,也可以单击鼠标进行手动切换。

(3)按下面要求设置幻灯片的放映效果。

- 隐藏第 1 张幻灯片,使得播放时直接跳过隐藏页;
- 选择第 2 至第 5 张幻灯片进行循环放映。

(4)按下面要求进行幻灯片的录制。

- 在幻灯片放映过程中进行视频的连续录制,录制内容为四页,标题顺序为“修德”“长技”“求真”和“尚美”。
- 导出录制的视频文件,文件名为“校训”,其他均采用默认设置。

Power Point综合操作任务

打开内容如图 3-112 所示的“垃圾分类.pptx”素材文件,进行以下操作并保存。

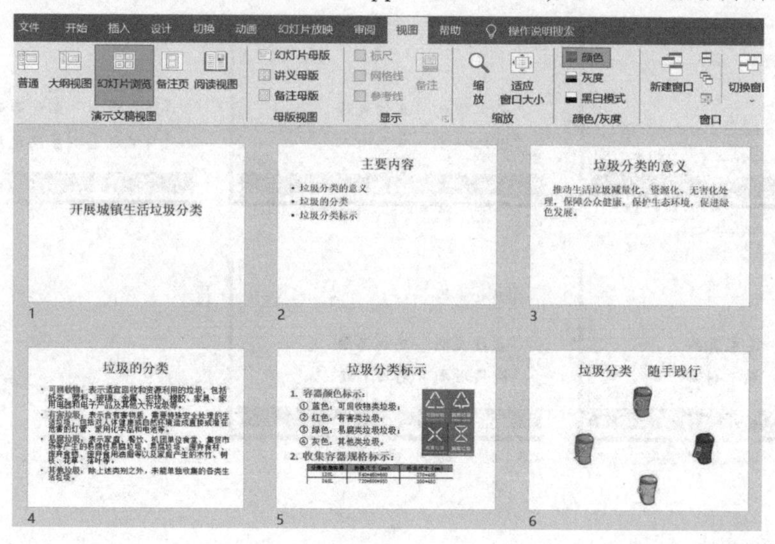

图 3-112 “垃圾分类”素材文件内容

(1)按下面要求,对幻灯片母版进行设计。

• 对于首页所应用的标题母板,将其中的标题样式设为“华文琥珀,54 号字”。

• 对于其他页面所应用的一般幻灯片母板,在日期区中插入格式为“×年×月×日星期×”并自动更新显示,插入幻灯片编号(即页码)。

(2)按下面要求,对幻灯片主题进行设计。

• 将第一张页面的设计主题设为“带状”。

• 其余页面的设计主题设为“丝状”。

(3)按下面要求,为幻灯片添加简单的动画效果。

针对第二页幻灯片,按顺序设置以下的自定义动画效果:

• 将标题内容“主要内容”的进入效果设置成“棋盘”。

• 将文本内容“垃圾分类的意义”的进入效果设置成“自左侧 飞入”。

• 将文本内容“垃圾的分类”的进入效果设置成“下浮”。

• 将文本内容“垃圾分类标示”的强调效果设置成“波浪形”。

• 在页面中添加“前进”(后退或前一项)与“后退”(前进或下一项)的动作按钮。

(4)按下面要求,对幻灯片添加复杂的动画效果。

• 在幻灯片最后一页后,设计出如下效果,添加圆形和箭头,使得圆形四周的箭头向各自方向同步扩散，放大尺寸1.5倍，重复3次。注意：圆形无变化，圆形、箭头的初始大小可自定，效果分别如图3-113及图3-114所示。

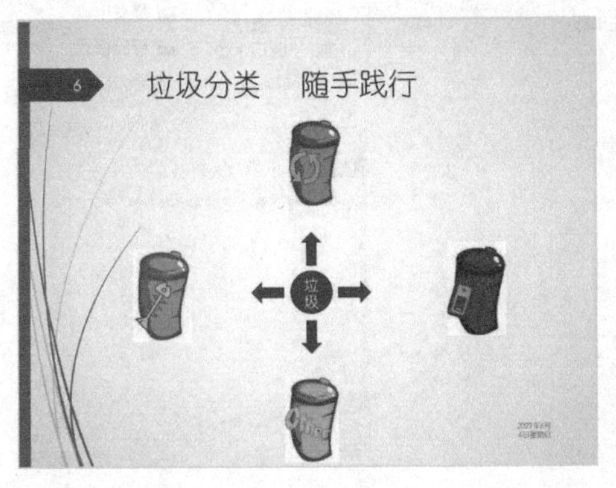

图3-113　初始界面

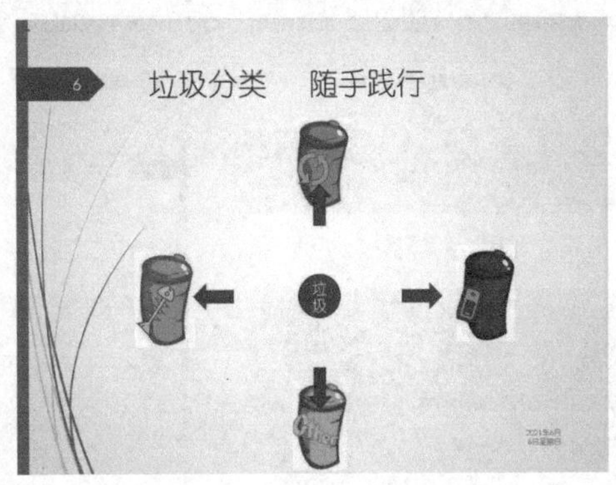

图3-114　单击鼠标后，四周箭头同步扩散，放大，重复3次

(5)按下面要求，设置幻灯片的切换效果。

- 设置所有幻灯片的切换效果为“自左侧 推入”。
- 实现每隔3秒自动切换，也可以单击鼠标进行手动切换。

(6)幻灯片的放映设置。

- 隐藏第3张幻灯片，使得播放时直接跳过隐藏页。
- 选择第4至6张幻灯片进行循环放映。

任务操作(1)至(6)完成后，“幻灯片浏览”设置的效果分别如图3-115、图3-116、图3-117、图3-118、图3-119和图3-120所示。

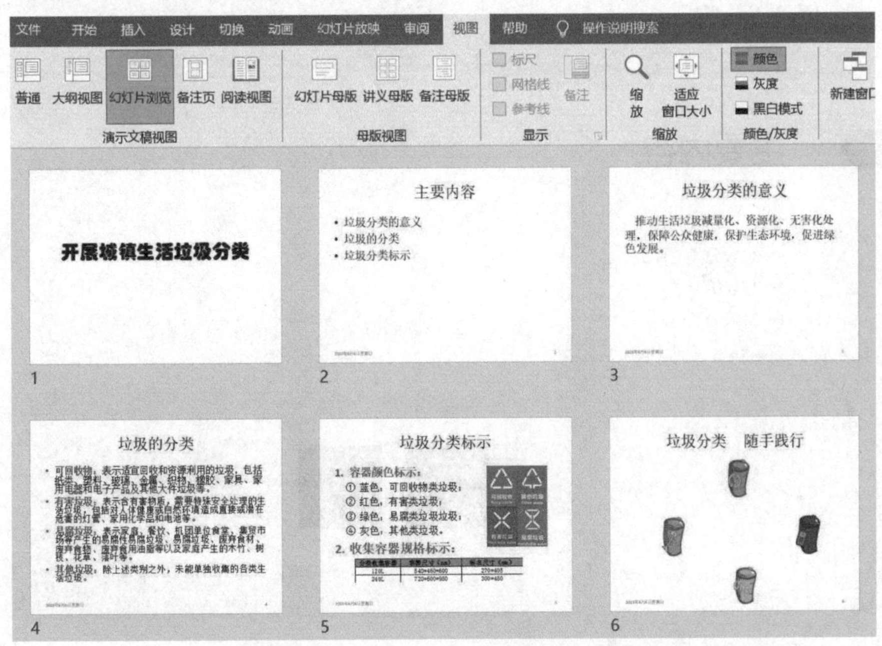

图3-115　任务操作(1)完成后的效果图

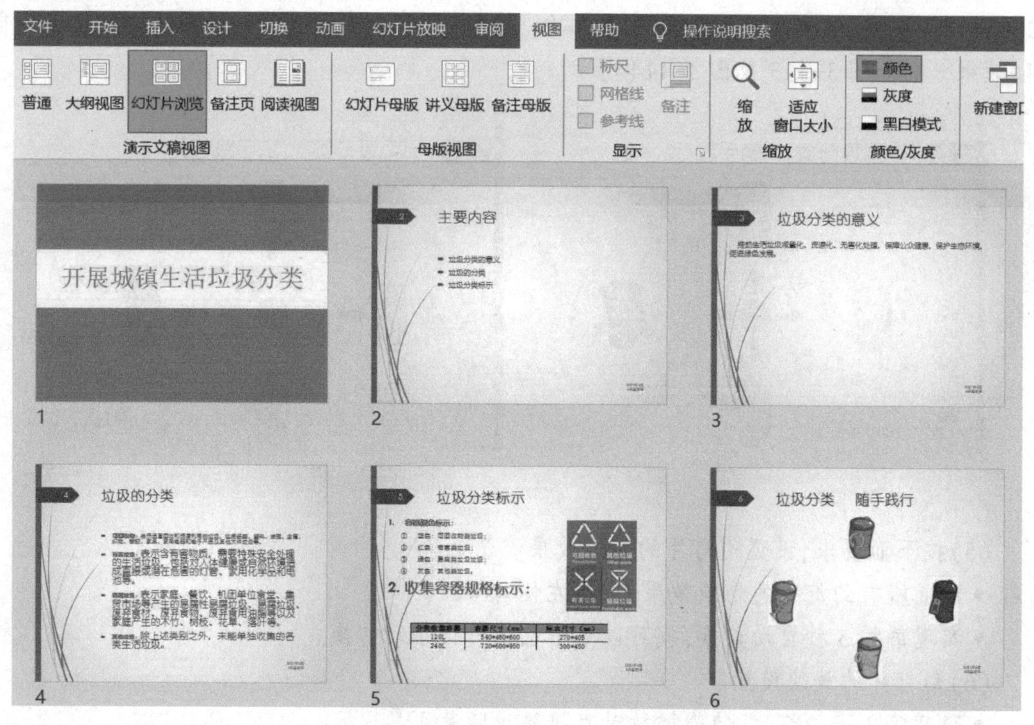

图 3-116 任务操作(2)完成后的效果图

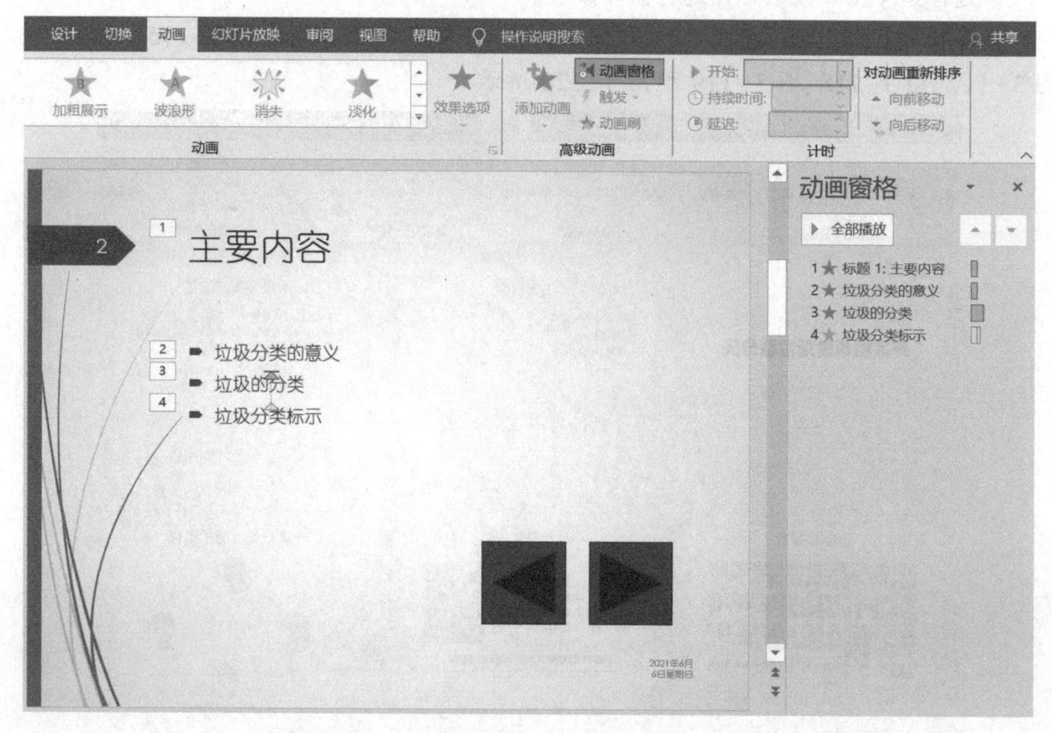

图 3-117 任务操作(3)完成后的效果图

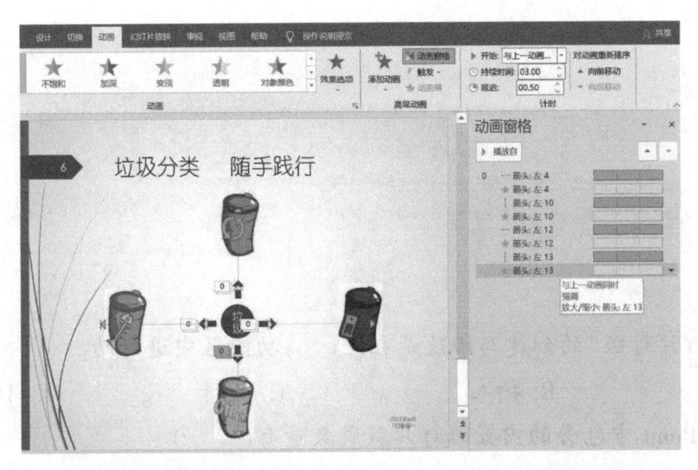

图 3-118 任务操作(4)完成后的效果图

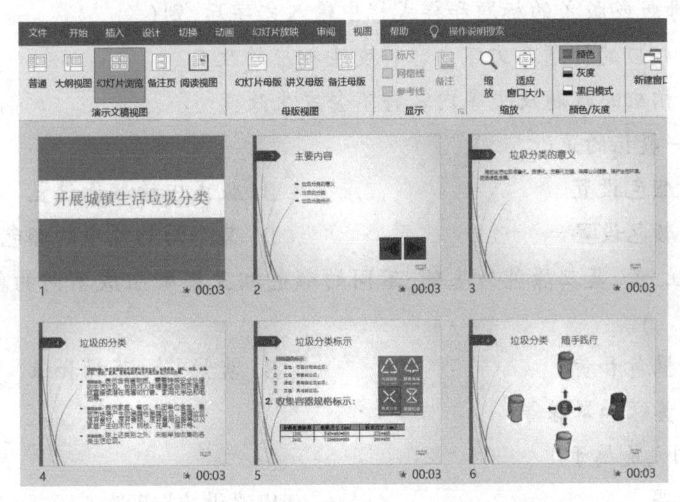

图 3-119 任务操作(5)完成后的效果图

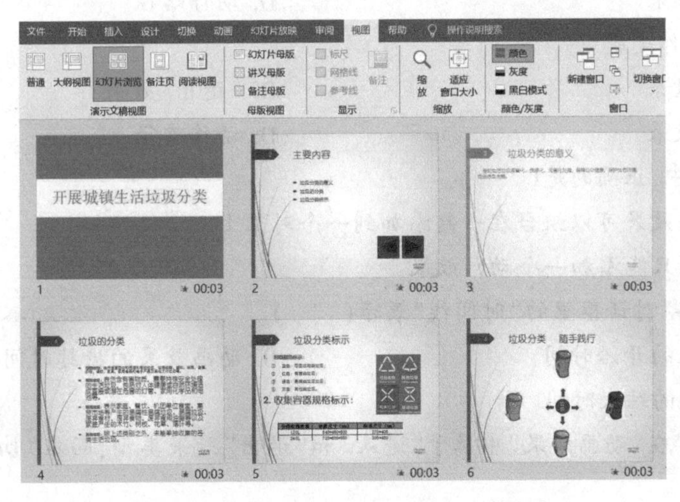

图 3-120 任务操作(6)完成后的效果图

Power Point试题

一、单项选择题

1.一般“幻灯片母版”的创建与修改是在(　　)功能区中进行的。

A. 开始　　B. 插入　　C. 设计　　D. 视图

2.在 Power Point 中包含的内置幻灯片版式数量有(　　)。

A. 10 种　　B. 11 种　　C. 12 种　　D. 13 种

3.在幻灯片母版或版式的标题和样式栏中输入文字后,则(　　)。

A. 幻灯片中相应的标题及文字内容将发生相应的改变

B. 幻灯片中相应的标题及文字内容将不会发生改变

4.配色方案一般指的是(　　)。

A. 母版中的颜色设置　　B. 版式中的颜色设置

C. 主题中的颜色设置　　D. 某个幻灯片中的颜色设置

5.配色是以红、黄、蓝三原色为基础,不同的颜色相互搭配组成不同的色系,其中“中性色系”指的是(　　)。

A. 红、橘红、橘黄和黄　　B. 蓝紫、蓝、蓝绿和绿

C. 紫红、紫、黄绿和翠绿等

6.“放大/缩小”是属于(　　)。

A. “进入”效果　　B. “退出”效果

C. “强调”效果　　D. 动作路径

7.“直线”动作是属于(　　)。

A. “进入”效果　　B. “退出”效果

C. “强调”效果　　D. 动作路径

8.以下描述中,正确的是(　　)。

A. 多种动画效果可以组合在一起添加到一个对象上

B. 一个对象只能添加一个动画效果

9.“动画窗格”对话框里的“时间线”表示(　　)。

A. 动画效果的开始时间　　B. 动画效果的持续时间

C. 动画效果的结束时间

10.“百叶窗”在“动画效果”中属于“进入”和“退出”效果类型,而在“切换效果”中属于(　　)。

A. 细微型　　B. 华丽型　　C. 动态内容

二、多项选择题

1.下述有关“幻灯片母版”论述正确的是（　　）。

A. 一个幻灯片母版可具有多个不同的幻灯片版式

B. 幻灯片母版是幻灯片层次结构中的顶层幻灯片

C. 使用幻灯片母版的主要优点是可以对演示文稿中的每张幻灯片进行统一的样式更改

D. 最好在开始构建各张幻灯片之前创建幻灯片母版

2.有关幻灯片母版、版式和主题间关系，论述正确的是（　　）。

A. 每个演示文稿至少包含一个幻灯片母版

B. 幻灯片母版存储有关演示文稿的主题和幻灯片版式信息

C. 幻灯片版式包含要在幻灯片上显示的全部内容的格式设置、位置和占位符等

D. 主题则是颜色、字体、效果的组合，体现的是一种风格

3.占位符是版式中的容器，可容纳的内容有（　　）。

A. 文本　　B. 图表　　C. 媒体　　D. 图片

4.一般配色方案还可以根据所处的行业来设计，下述论述中正确的是（　　）。

A. 党政机关，多以红色／蓝色为主

B. 互联网、科技行业，多以蓝色为主

C. 医疗、环保等行业，多以绿色／蓝色为主

D. 时尚杂志、门户网站需有自己特有色调来突出自己的品牌和文化

5.下述论述中，正确的是（　　）。

A. 使用相同的主题可使得演示文稿、文档、工作表和电子邮件间具有统一的显示风格

B. 幻灯片母版的应用不仅提高了工作效率，而且也便于今后对幻灯片的修改及维护

C. 在幻灯片版式的应用中，只能采用系统内置的版式，不能自定义版式

D. 每个演示文稿只能包含一个幻灯片母版

6.Power Point 2019 中具有的动画效果类型有（　　）。

A. “进入”效果　　B. “退出”效果　　C. “强调”效果　　D. 动作路径

7.动画是给幻灯片中的文本或对象添加特殊视觉或声音效果，其中可在幻灯片中添加动画效果的有（　　）。

A. 演示文稿中的文本　　B. 演示文稿中的图片

C. 演示文稿中的形状　　D. 演示文稿中的表格

8.以下是对有关“切换”与“动画”效果的描述，正确的是（　　）。

A. “切换”也是一种动画效果

B. “切换”效果指的是幻灯片演示时，从一张幻灯片移到下一张幻灯片时的动画效果

C. Power Point 中的“切换”效果与“动画”效果所应用的具体对象不同

D. “动画”效果指的是对幻灯片中某个文本或对象添加动画效果

参考文献

［1］ 贾小军，童小素.办公软件高级应用与案例精选（OFFICE 2016）［M］.北京：中国铁道出版社有限公司，2020.

［2］ 李建刚 李强.计算机应用基础案例教程［M］.成都：电子科技大学出版社，2019.

［3］ 叶苗群.办公软件高级应用与多媒体案例教程［M］.北京：清华大学出版社 ，2015.

［4］ 侯丽梅，赵永会，刘万辉.Office2016 办公软件高级应用实例教程［M］.2 版.［北京］：机械工业出版社，2019.